自由自在 小学3・4年 理科

From Basic to Advanced

小学３・４年自由自在理科と出会ったみなさん，ようこそ！

自由自在は，みなさんの深い学習の道しるべとなってくれることでしょう。この本は，毎日の予習・復習用として活用できるように，3・4 年の理科の内容を重点的にとり上げています。また，将来の中学入試対策にも活用できるように，発展的な学習内容もまとめてありますので，しっかりとした準備ができます。

そのような学習を，効果的に進めるために，

○同時に学んでおきたい５年以上の学習内容もとり上げていますので，興味や関心のあるところからとり組むことができます。

○理科の実験・観察などを多くしょうかいしています。

○図表や写真を使って，ひと目でわかるようにくふうしています。

さて，自由自在理科では，理科実験をたいせつにしています。どうして理科では実験がたいせつなのでしょうか。

理科実験の歴史は，人類が生きのびていくうえで，とてもたいせつなものでした。ノーベル物理学賞・化学賞のメダルでは，自然という女神のベールを科学の女神が明らかにするようすがあらわされています。これは，人類が自然をよく観察し，危険から身をまもってきたことを意味します。

燃料電池自動車などの高度かん境エネルギー技術や高度医りょう技術，高度情報社会における高度科学技術は，すべて理科の学習をもとにしたものです。人類がこれからも，幸せに安全・安心で持続可能な生活を続けることができるように，理科の学習を進めていきましょう。そのためにも，しっかりと，自分自身の目で観察し，自分自身のうでで実験を行い，理科の学習を深めていきましょう。

執筆者代表　東京理科大学教授　川村 康文

特長と使い方

●学習のまとめ

最初に学習のポイントをたしかめましょう。

学習内容に応じて，次の特集を設けています。

実験・観察

実験・観察の手順と，その結果をのせています。

実験器具の使用方法をくわしく説明しています。

中学入試にフォーカス

中学入試で問われそうな発展的な内容を解説しています。

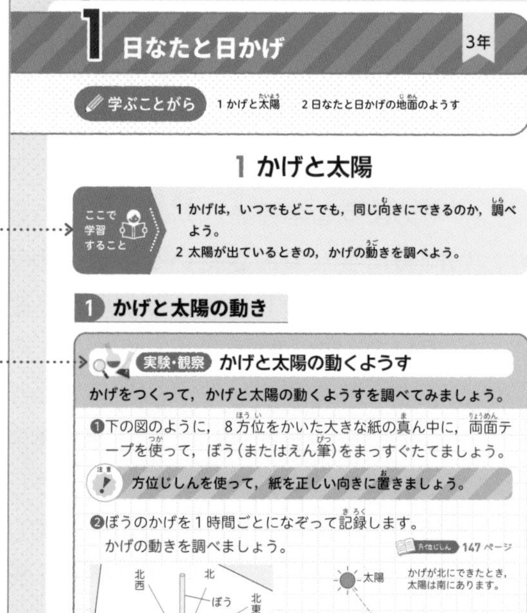

第2章 地球

1 日なたと日かげ　3年

学ぶことがら　1 かげと太陽　2 日なたと日かげの地面のようす

1 かげと太陽

ここで学習すること

1 かげは，いつでもどこでも，同じ向きにできるのか，調べよう。

2 太陽が出ているときの，かげの動きを調べよう。

1 かげと太陽の動き

実験・観察　かげと太陽の動くようす

かげをつくって，かげと太陽の動くようすを調べてみましょう。

❶下の図のように，８方位をかいた大きな紙の真ん中に，両面テープを使って，ぼう（またはえん筆）をまっすぐたてましょう。

注意　方位じしんを使って，紙を正しい向きに置きましょう。

❷ぼうのかげを１時間ごとになぞって記録します。

かげの動きを調べましょう。　方位じしん 147 ページ

雑学ハカセ　太陽の位置が変わるにつれて，かげの位置も変わっていきます。かげの動きを記録すると，日時計（⇒148 ページ）をつくることができます。日時計には，さまざまな形のものがあります。

146

●ここからスタート！

各節はじめの「ここからスタート！」では，その節の内容をマンガで楽しくしょうかいしています。各キャラクターは本文中にも登場します。

しん
明るく元気な男の子。

ゆい
しんのおさななじみ。しっかり者。

先生
やさしい新米先生。少し天然。

タロ
ゆいの飼い犬。ダジャレ好き。

最重要語句は**色文字**，重要語句は**黒太字**，そのまま覚えておきたい重要なところには色下線を入れています。

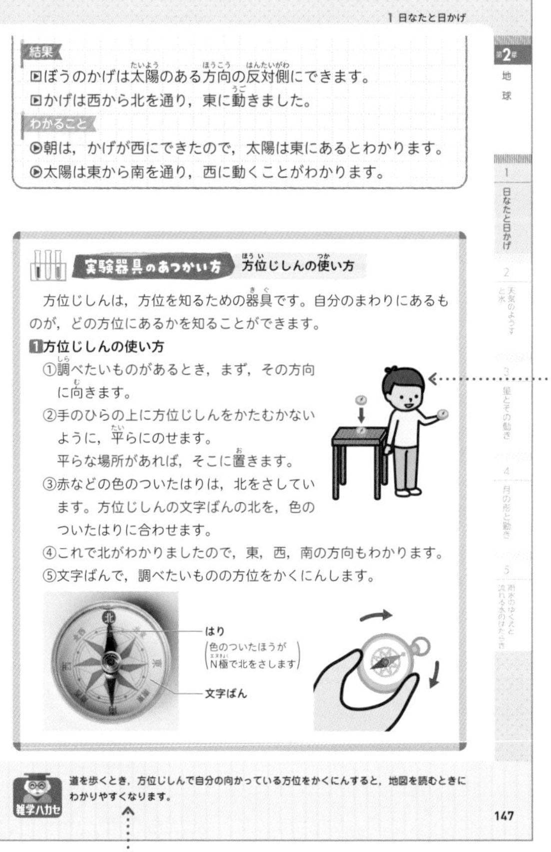
1 日なたと日かげ

第2章 地球

1 日なたと日かげ　2 天気のようすと水　3 星とその動き　4 月の形と動き　5 雨水のゆくえと流れる水のはたらき

結果

▶ぼうのかげは太陽のある方向の反対側にできます。

▶かげは西から北を通り，東に動きました。

わかること

▶朝は，かげが西にできたので，太陽は東にあるとわかります。

▶太陽は東から南を通り，西に動くことがわかります。

実験器具のあつかい方　方位じしんの使い方

方位じしんは，方位を知るための器具です。自分のまわりにあるものが，どの方位にあるかを知ることができます。

1 方位じしんの使い方

①調べたいものがあるとき，まず，その方向に向きます。

②手のひらの上に方位じしんをかたむかないように，平らにのせます。平らな場所があれば，そこに置きます。

③赤などの色のついたはりは，北をさしています。方位じしんの文字ばんの北を，色のついたはりに合わせます。

④これで北がわかりましたので，東，西，南の方向もわかります。

⑤文字ばんで，調べたいものの方位をかくにんします。

はり（色のついたほうがN極で北をさします）

文字ばん

雑学ハカセ　道を歩くとき，方位じしんで自分の向かっている方位をかくにんすると，地図を読むときにわかりやすくなります。

147

グラフ，イラスト，写真をたくさんのせています。これらを見て，理解を深めましょう。

学習に役立つお助け情報を活用しましょう。

さんこう

本文に出てくる内容の解説や，その内容に関連した知っておくべきことがらをのせています。

重要語句などをよりくわしく解説しています。

参照ページ

重要語句などを最もくわしく解説しているページをのせています。

●ページ下部には，次のようなコーナーを設けています。

雑学ハカセ　理科に興味・関心がもてるような，おもしろい雑学など。

パワーアップ　小学3・4年生が読んでも役立つような小学5・6年や中学での学習内容など。

学習内容に関連した「ミッション！」にチャレンジしよう。

8つのミッション！

思考力，作図力，記述力などが試される課題を設けています。

(くわしくは6～11ページ)

8つのミッション！クリアのヒント

この本には「8つのミッション！」として，実さいに自分で調べる活動を用意しています。本や資料で調べたり，外へ調べに出かけたりしよう。

おうちの方へ　このミッションを通して，子どもたちは学習指導要領のアクティブラーニング，つまり「主体的な学び」「対話を通した学び」「深い学び」を体験し，未来を生きる力を養います。

ミッションの始め方の例

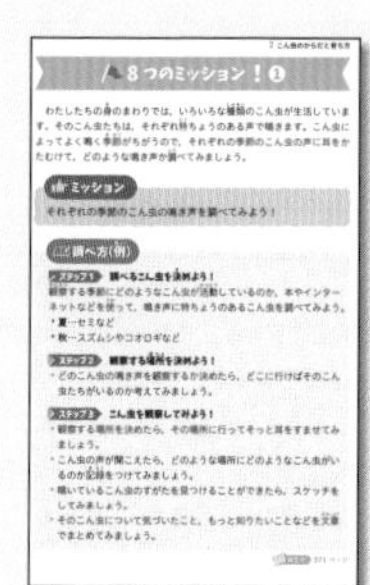
7 こん虫のからだと育ち方

8つのミッション！①

わたしたちの身のまわりでは，いろいろな種類のこん虫が生活しています。そのこん虫たちは，それぞれ特ちょうのある声で鳴きます。こん虫によってよく鳴く季節がちがうので，それぞれの季節のこん虫の声に耳をかたむけて，どのような鳴き声か調べてみましょう。

ミッション

それぞれの季節のこん虫の鳴き声を調べてみよう！

調べ方(例)

ステップ1　調べるこん虫を決めよう！

観察する季節にどのようなこん虫が活動しているのか，本やインターネットなどを使って，鳴き声に特ちょうのあるこん虫を調べてみよう。

・夏…セミなど
・秋…スズムシやコオロギなど

ステップ2　観察する場所を決めよう！

・どのこん虫の鳴き声を観察するか決めたら，どこに行けばそのこん虫たちがいるのか考えてみましょう。

ステップ3　こん虫を観察してみよう！

・観察する場所を決めたら，その場所に行ってそっと耳をすませてみましょう。
・こん虫の声が聞こえたら，どのような場所にどのようなこん虫がいるのか記録をつけてみましょう。
・鳴いているこん虫のすがたを見つけることができたら，スケッチをしてみましょう。
・そのこん虫について気づいたこと，もっと知りたいことなどを文章でまとめてみましょう。

★まずは自分で考えてみよう！

「調べ方(例)」を見る前に，どうやって調べるのかを考えてみよう。

・何から始める？　・どこに行く？
・何で調べる？　・何を持って行く？

上のような気づきをうながす質問をすれば，子どもたちは自由な発想で答えを出します。これが主体的な学びにつながります。本書のステップ通りでなくてもよいので，子どもの答えにそった調べ活動をさせてあげてください。

★結果を想像してみよう！

どのような結果になりそうか，自分で考えたり，友だちと話をしたりしながら，結果を想像してみよう。

自分の想像した結果とちがっていてもよいのです。対話をして，友だちの考えを聞き，結果までたどりつこうとすることをたいせつにしてあげてください。

★発表してみよう！

自分が調べた内ようをまとめて，家や教室で発表しよう。資料や図，写真を用意して，発表のしかたをくふうしてみよう。

聞いている人は，発表している人に質問することで，気づきをうながしてあげてください。発表の聞き方を子どもに質問してあげるのもよいです。

外へ調べに行くときのヒント

「楽しくなければ上達しない」（シェークスピア）ということばがあります。いろいろな道具を使って自分の力で楽しめば，調べ方もどんどん上手になります。

★道　具

いろいろな道具をかばんに入れて観察に出かけよう。写真をとったりスケッチをしたりして，記録を残そう。

道具を入れよう。　写真をとろう。　メモをしよう。　スケッチをしよう。

▲リュックサック　▲カメラ　▲筆記用具　▲ボード

場所を調べよう。　方位を調べよう。　日差しをさけよう。　時間をまもろう。

▲地　図　▲方位じしん　▲ぼうし　▲時　計

★調べる場所

知りたいことを調べられる場所をさがして出かけよう。地図やインターネットなどで，行き方をたしかめてから出かけるようにしよう。バスや電車に乗る場合は，時こく表も調べておこう。

▲図書館　▲公　園　▲川　原

レポートの作成

調べ終わったら，わかったことをレポートにしよう。レポートは，観察結果などを読む人に伝えるたいせつなものです。相手に話して説明をするときは，まちがえても言い直しをしたり，聞こえなくてもくり返して話をしたりできますが，書いて残す場合はそれができません。自分の伝えたいことが相手に正しく伝わるように，絵や写真を使ったり，わかりやすいことばで書いたりして，くふうして作成しましょう。

アドバイス 調べた日(レポートを作成した日)と名まえを書こう。調べた場所を書いてもよいです。

わかりやすいタイトルをつけよう。目だつように大きく書くとよいです。

絵や写真を使って，見やすくしよう。絵をかく場合は，色もつけるとよいです。表などを使っても，見やすくまとめることができます。

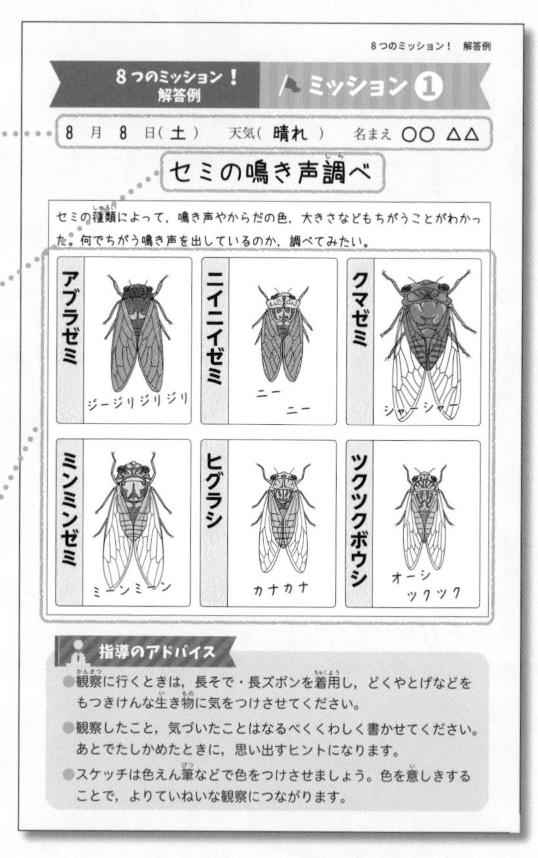
8つのミッション！ 解答例

8つのミッション！ 解答例　ミッション❶

8 月 8 日(土) 天気(晴れ) 名まえ 〇〇 △△

セミの鳴き声調べ

セミの種類によって，鳴き声やからだの色，大きさなどもちがうことがわかった。何でちがう鳴き声を出しているのか，調べてみたい。

指導のアドバイス

- 観察に行くときは，長そで・長ズボンを着用し，どくやとげなどをもつきけんな生き物に気をつけさせてください。
- 観察したこと，気づいたことはなるべくくわしく書かせてください。あとでたしかめたときに，思い出すヒントになります。
- スケッチは色えん筆などで色をつけさせましょう。色を意しきすることで，よりていねいな観察につながります。

8つのミッション！ 解答例

8つのミッション！解答例 / **ミッション④**

6 月 22 日(月) 天気(晴れ) 名まえ ○○ △△

川の石の形と大きさ調べ

場所	予想／結果	記録	気づいたこと
上流	予想：大きくてごつごつしている。 結果：大きくてごつごつしている。		川の流れは急ではやいけれど，水の量は少ない。
中流	予想：大きくてまるい。 結果：大きい石と小さい石がある。少しまるい。		川原が広い。
下流	予想：小さくてまるい。 結果：小さくてまるい。		川のはばが広い。
考えたこと	上流の大きい石を運ぶ川の水の力はすごいと思った。		

指導のアドバイス

- まずは予想させ，その理由も言えるように練習させてください。自分で考えることで思考力を養えます。
- 石を集めた地点のまわりのようすも記録することで，上流，中流，下流のちがいがイメージしやすくなります。
- 観察したことをもとに，自分で考えたことを整理させてください。

調べる前に予想した結果と，実さいに調べてわかった結果を書こう。

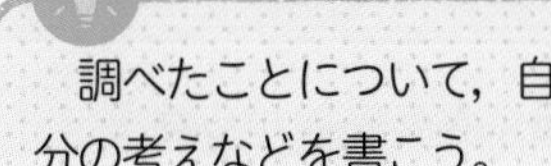

調べたことについて，自分の考えなどを書こう。

書き終わったら読み返して，漢字のまちがいがないか，話しことばになっていないか，句読点は正しく使えているかをチェックしよう。

「８つのミッション！解答例」では，ミッションにとり組むときのポイントを「指導のアドバイス」としてのせています。ご指導のさいにご参照ください。

えんぴつで軽く下書きをしてからペンでなぞるとよいです。

また，文字や絵が曲がらないようにするには，じょうぎを使おう。

色ペンなどでかこって，伝えたいことを目だたせよう。

発表のしかた

発表のコツを見て，くふうして発表しましょう。

★発表のコツ１ 〜はじめに〜

・最初にあいさつをしよう。
・聞く人に質問をしてみよう。

★発表のコツ２ 〜上手な話しかた〜

聞く人を見ながら話そう（アイコンタクト）。

みんなに聞こえるように，ゆっくりと大きな声で話そう。

話す内ように合わせてジェスチャーをしよう。

★発表のコツ３ 〜絵や写真，資料などを使うとき〜

自分の顔をかくさないようにおなかのあたりで持とう。

２〜３秒待ち，聞く人がじっくりと見る時間をつくろう。

注目してもらいたいポイントは，指やぼうでさししめそう。

★発表のコツ４ 〜最後に〜

最後に「これで発表を終わります。聞いていただいてありがとうございました。」といって，おじぎをしよう。

最後は聞く人に発表者の印象を残すことがたいせつです。

発表の聞きかた

上手に聞くことは話すことと同じくらいたいせつです。

★聞くときの注意点

発表する人をおうえんする気もちで発表を聞こう。

発表を聞いていて，わかったときは，うなずこう。

資料と話す人の両方を見よう。

大事なことばや数字など，印象に残ったことがらをメモしよう。

最後に大きなはくしゅをおくろう。

発表後は，気になったことを発表した人に質問しよう。

〈「8 つのミッション！」を通して〉

この活動を通して，子どもたちは「自分で調べる」「人に聞く・相談する」「だれかにそれを伝える」方法を知り，その中で知しきをえます。この体験は大人になっても役立つざい産になるでしょう。

子どもはつねに知りたいことをたくさんもっています。本書の「8 つのミッション！」以外にも知りたいことをどんどん追究させてあげてください。人生を自由自在に楽しむ力を育んであげてください。

もくじ

第1章 生き物

第2章 地 球

第3章 エネルギー

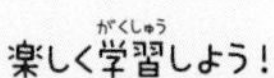
楽しく学習しよう！

写真提供・協力一覧（敬称略・五十音順）

浅野浅春
アフロ
ESA / NASA / SOHO
小花浩文
株式会社内田洋行
株式会社島津理化
株式会社ピクセン
気象庁
シャープ株式会社
JAXA / SELENE
JAXA，東大など
JR 東海
ソーラーフロンティア株式会社
東京大学　木曽観測所
NASA
パナソニック ソーラー アモルトン株式会社
ピクスタ

ありがとうございました！

本書に関する最新情報は、小社ホームページにある**本書の「サポート情報」**をご覧ください。(開設していない場合もございます。)
なお、この本の内容についての責任は小社にあり、内容に関するご質問は直接小社におよせください。

生き物

季節で変わる いろいろな食べ物

何をやっているの？

アサガオのたねを植えているんだよ

わあ！これがアサガオのたねなんだね！

そうだよ！こんなに小さいのにあんなに大きな花をさかせるんだ。不思議だね！

ほかにも,たくさんのたねがある！

おばあちゃんにいろいろなたねをもらったんだ

いいな～！これは何のたね？

白と黒のしましまはヒマワリのたねだね！

このたねはオシロイバナだ！わると中から白いこなが出てくるよね

このたねたちは春に植えるといいよっておばあちゃんが教えてくれたんだ！

わたしも植えるの手伝うよ！

季節によって,たねを植える植物も
しゅうかくされる植物もちがうよね
スーパーにならんでいる野菜とかも
季節によってちがうよね
今が旬!
春はよくおかあさんが
タケノコごはんを
つくってくれるよ!
夏はスイカ
がいちばん!
秋はクリやキノコや
サツマイモなど
おいしいものがたくさん!
冬はハクサイの
おなべがあった
まるね
何だかおなかが
すいてきた!
家に帰って
ごはんを食べよう
今日のごはんは何かな～!

1 身のまわりの生き物

3年

学ぶことがら

1 身のまわりの自然観察　2 草花の育ち方
3 草花のふえ方　4 草花のつくり

1 身のまわりの自然観察

ここで学習すること

1 身のまわりには多くの生き物が生きています。季節ごとに目についた生き物のすがたを細かく観察しよう。
2 観察のしかたを身につけ，生き物のくらし方やからだのつくりについて，気づいたことをまとめよう。

1 観察のしかた

身のまわりの植物や生き物を虫めがねを使って観察してみましょう。

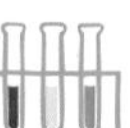

実験器具のあつかい方　虫めがねの使い方

①まず始めに，目を虫めがねにできるだけ近づけます。
②観察します。
・**観察するものが手で持てる場合**
　見ようとするものを虫めがねに近づけて観察するようにします。
・**観察するものが手で持てない場合**
　虫めがねを上下に動かし，よく見える位置で観察します。

虫めがねで太陽を見てはいけません！

▲ものが手で持てる場合

▲ものが手で持てない場合

身近な生き物を観察するとき，生き物の種類によって，その形，大きさや色，生活している場所などがちがっています。注意して観察しましょう。

2 記録のしかた

1 観察カードのつくり方

生き物を観察するときは次のことを調べ，**観察カード**にかきます。

①**い　つ**…調べたときの年・月・日と時こくを書きます。

②**どこで**…調べた場所がわかるようにしておきます。よりくわしく，「草むらの下」などと書くと，時間がたってもそのときのようすが思い出しやすくなります。

③**何　が**…観察した生き物の名まえとスケッチをかきます。

④**どうしていたか**…観察した生き物の色や形・大きさやそのほか気づいたことを書きます。

また，スケッチはていねいにかきましょう。観察したものを大きくかき，色もわかるようにするとよいでしょう。

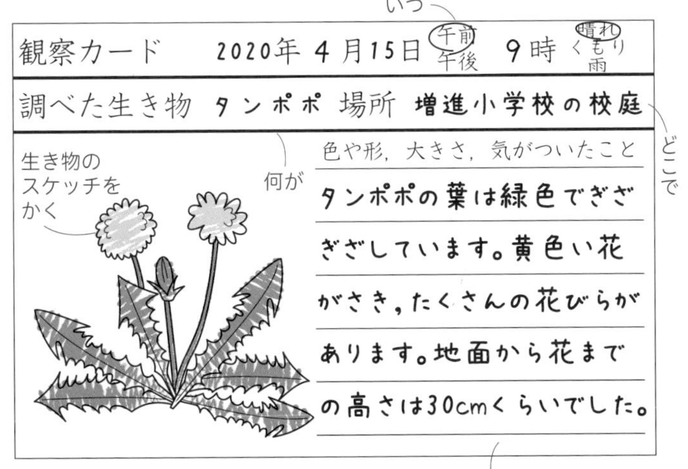

▲観察カードのかき方

2 おし花・おし葉

観察した植物の花や葉を資料として置いておく方法におし花・おし葉があります。必要最小げんの数にとどめ，観察した日時や場所などを記録して残します。

重い本の間にはさんで置いておきます

タンポポには昔から日本にいる種類のものと，海外から入ってきたセイヨウタンポポがあります。身近に見られるタンポポはほとんどセイヨウタンポポです。

3 さまざまな植物

植物はその種類によって，花や葉の大きさ，生えている場所，花がさく時期などもちがっています。特に春は多くの植物が花をさかせます。さまざまな季節の植物を観察してみましょう。

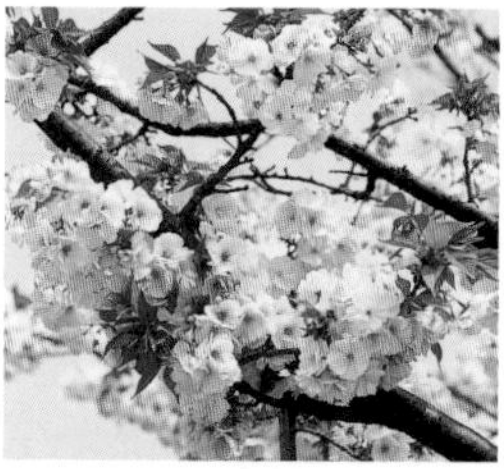

▲サクラ 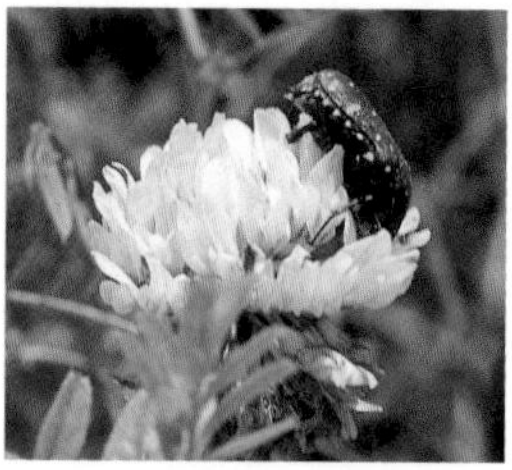　▲シロツメクサ 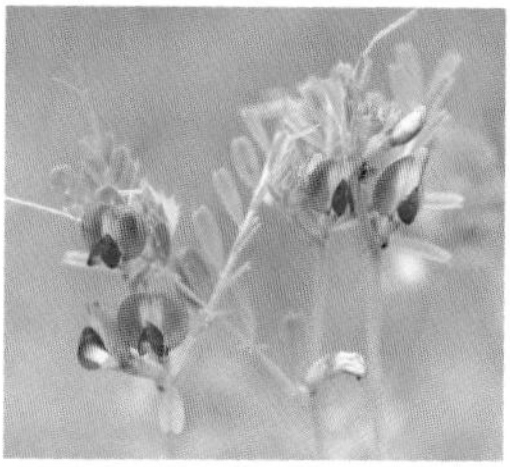　▲カラスノエンドウ

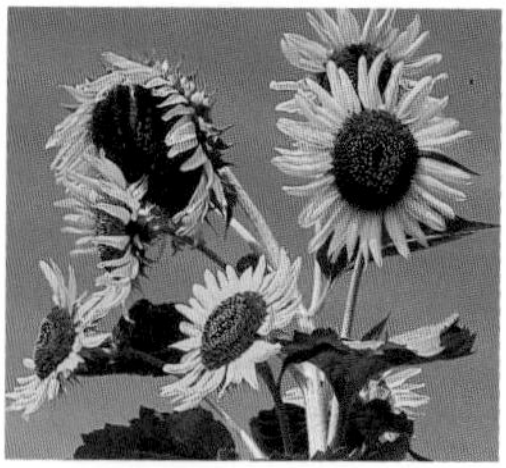

▲ヒマワリ 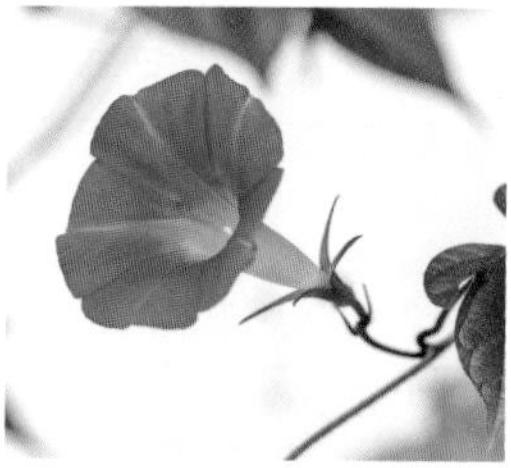　▲アサガオ 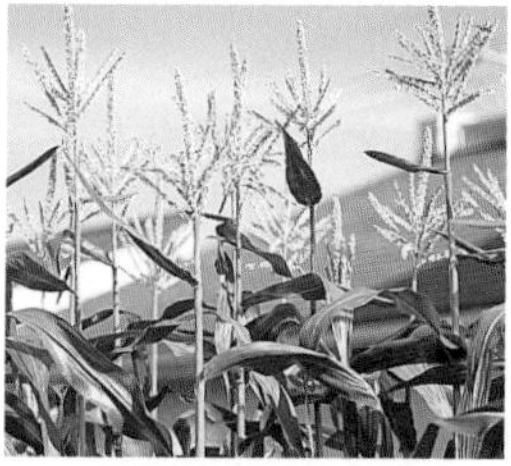　▲トウモロコシ

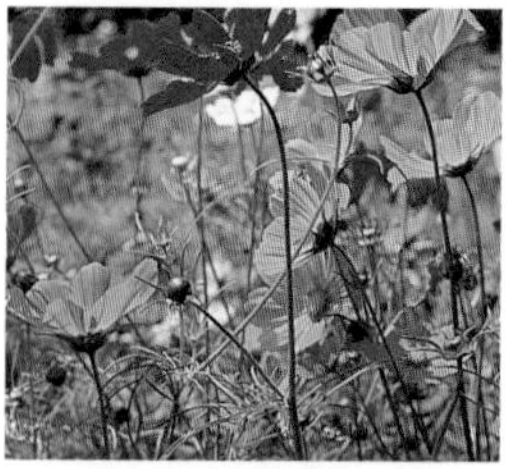

▲コスモス 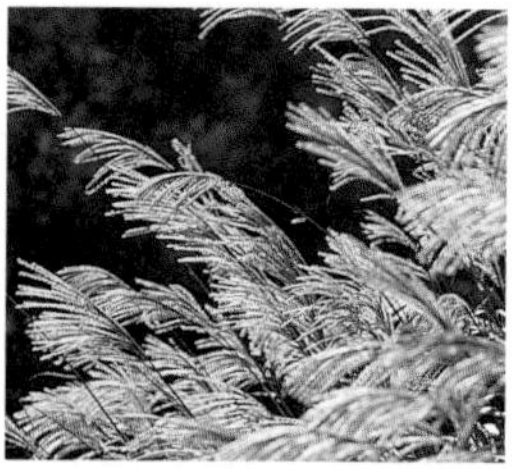　▲ススキ 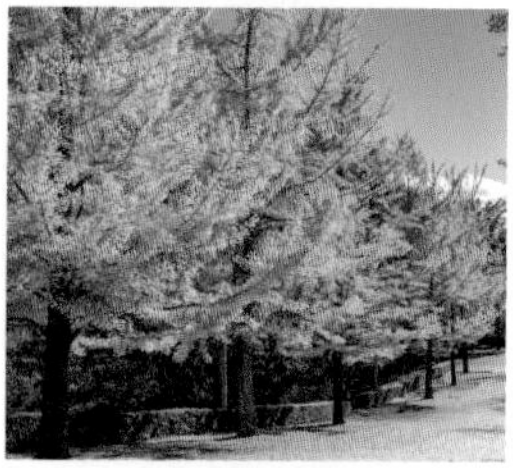　▲イチョウ

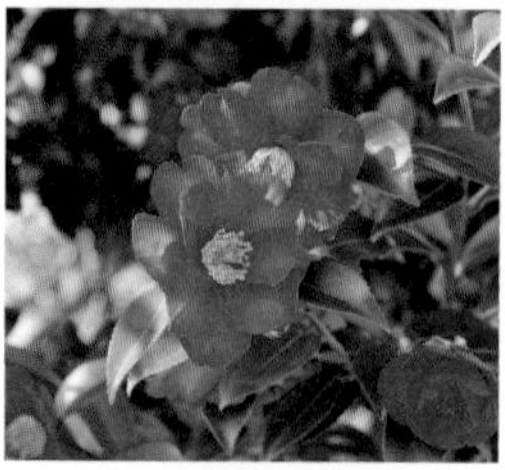

▲サザンカ 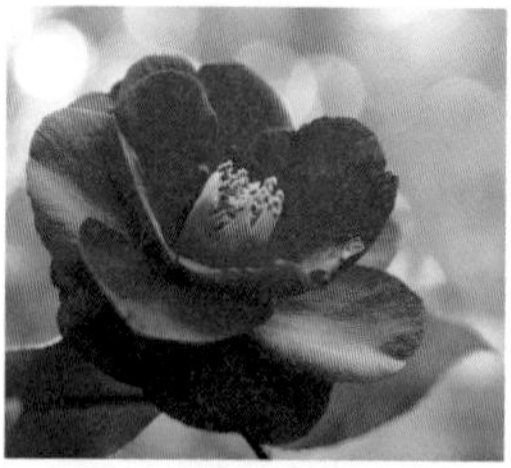　▲ツバキ 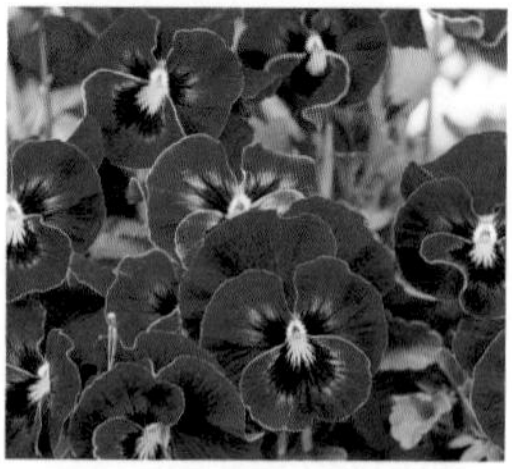　▲パンジー

サクラの花がさく時期と気温には関係があり，南から北のほうへと気温の上しょうにそって開花していきます。これをサクラの開花前線といいます。山の上などの高地は気温が低いので，平地よりも開花がおそくなります。

3 身近な動物の観察

動物はその種類によって，からだの大きさや生活している場所，食べているものもさまざまです。葉のかげや水中などもよくさがして観察してみましょう。

1 陸の上で生きているこん虫

草むらや雑木林などに行くと，さまざまな種類のこん虫に出会うことができます。

こん虫 48ページ

①オオカマキリ

70～90mmぐらいの大きさです。前あしがかまのような形をしています。花や草のかげにいて，ほかのこん虫をつかまえて食べます。

②エンマコオロギ

25mmぐらいの大きさです。草や石のかげにいて，草や動物の死がいを食べます。秋になると前ばねをこすり合わせて美しい音を出します。

③ナナホシテントウ

8mmぐらいの大きさです。赤いはねに7つの黒い星があります。野原など身近なところにいて，アブラムシを好んで食べます。

④ノコギリクワガタ

おすは25mm～70mmぐらいの大きさです。おすは大きな角（あご）をもち，かっ色をしています。クヌギ・コナラ・ヤナギなどの木にいて，木から出るしるを食べます。

こん虫は，そのこん虫が食べているものの近くで見つけることができます。そのこん虫が何を食べているか考えながらさがしてみましょう。

2 水の中で生きているこん虫

水の中で生きているこん虫は，ほかの動物を食べるものが多く，メダカなどの小さな魚やおたまじゃくしがえさとなります。

①トンボ

よう虫のときはやごといい，このとき水の中ですごします。夏にはトンボのめすがおを水面にちょんとうちつけているようすが見られます。これはたまごを産むようすであり，成虫は夏に水面や水の中に生える植物などにたまごを産みます。

②タイコウチ

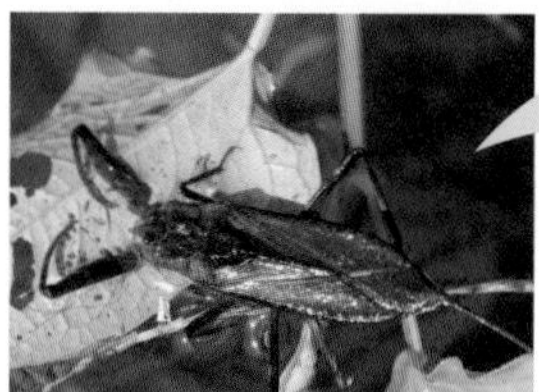

からだが平たく，大きなかまのような前あしがあります。こん虫や小さな魚，おたまじゃくしなどをとらえ，はりのような口をさし，小さな動物たちの体えきをすっています。

③ミズスマシ

ふつう水面にういてすごします。水面にういた動物の死がいや水面に落ちてきた小さなこん虫などをとらえます。

④ゲンゴロウ

うしろあしが太く，長い毛が生えていて，すばやく泳ぎます。小さなこん虫や動物の死がい，小さな魚をえさとしています。

さんこう ムカシトンボ

成虫は5～6月ごろ，山地の谷川で，草のくきなどにたまごを産みます。たまごからかえったよう虫は，急な川の流れの中で，石などにへばりついて数年間くらして成虫になります。このトンボのなかまは数億年前に地球にあらわれ，化石として見つかっています。

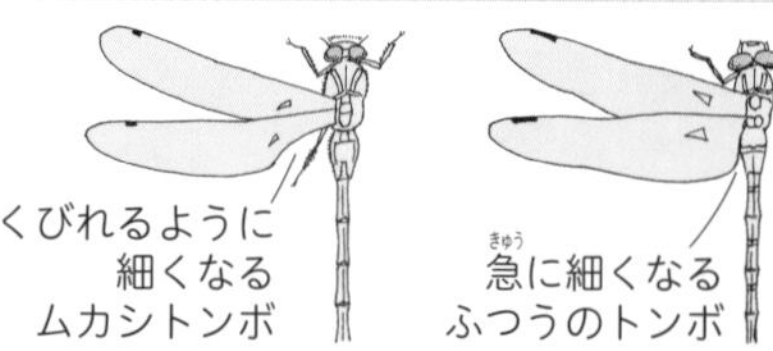

すがたがゲンゴロウにそっくりな，ガムシというこん虫も水の中にすんでいます。すがたはにていますが，ゲンゴロウほどすばやくは泳げません。

3 生き物の観察

季節ごと(春・夏・秋・冬)に10種類ぐらい草花やこん虫・その他の生き物を観察してみると，動植物がそれぞれのくらしにあったからだのつくりをもって生きていることがわかります。観察カードに記録しながら進めます。

4 季節と生き物

①**春**…ミツバチやモンシロチョウの成虫が花のみつをすいにきたり，ハナアブなどが花粉を食べたりしています。

②**夏**…池や川などにいたやごがトンボとなり，決まったはんい(なわばり)を飛んでいます。

③**秋・冬**…秋には，キリギリス・コオロギなどが鳴き，冬になると，こん虫などは木のえだや落ち葉などにかくれ，じっとしています。

実験・観察　こん虫をつかまえにいこう

まずは，つかまえたいこん虫の特ちょうをよく調べましょう。

❶トンボはよう虫のときに水中にいるため，水辺の近くにいることが多いです。トンボは，虫とりあみでつかまえる方法がよく使われています。トンボにあみをかぶせるときは，あわてずゆっくり動きましょう。あみをかぶせたらトンボをきずつけないように虫かごにうつします。

❷カブトムシは6月～8月に多くあらわれます。夜行せいのため，日がくれるころに活動を始めます。じゅえきがしみ出ている木を見つけたら，そのまわりをじっくり観察するとカブトムシがじゅえきをなめているかもしれません。昼間の明るいうちにわなをしかけてつかまえる方法もあります。

- **毛虫やハチなど，きけんなこん虫に気をつけましょう。**
- **必ずおうちの人といっしょにつかまえに行きましょう。**

カブトムシをかうときは，ふたつきの虫かごの中にふ葉土ととまり木を入れ，直せつ太陽の光があたらないすずしい場所に置きましょう。リンゴやキュウリ，さとう水などがえさになります。

2 草花の育ち方

たねをまいた草花は，どのように育ち，花をさかせ，実るのでしょうか。いろいろな草花を育てて観察しよう。

1 たねまき

1 植物のたね

植物のたねは，種類によって，色や大きさ，形，手ざわりなどがちがいます。

実験・観察 たね図かんをつくってみよう

いろいろなたねのようすを調べてみましょう。

❶春にまくたね，夏にまくたねのように，テーマを決めて，たねを集めます。

❷画用紙，またはあつ紙と木工用ボンドを用意します。

❸たねに木工用ボンドをつけ，画用紙にはりつけます。

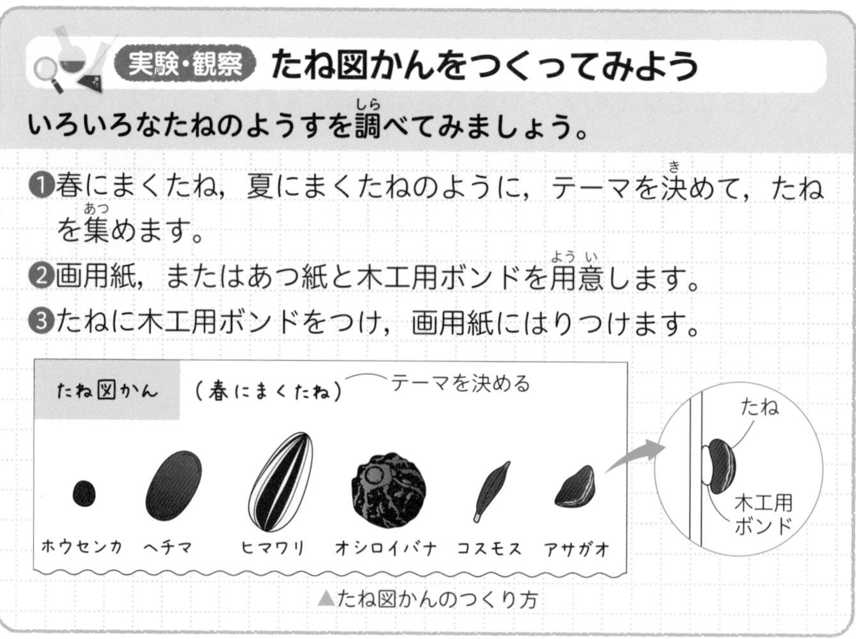

▲たね図かんのつくり方

2 たねまきと発芽

たねをまき，芽が出てくることを**発芽**といいます。

①**たねのようす**…たねは種類によって，色や形，大きさなどがちがいます。また，実の中に入っているたねの数も種類によってちがい，それぞれの実によってもちがいがあります。

ドングリにはいろいろな形のものがあります。ドングリはブナ科の木のたねで，クヌギ・コナラ・カシワ・シラカシなどたくさんの種類があります。

②**たねと発芽**…同じ種類のたねの中でも，よく見ると大きさや重さ，色などがちがい，大きく重いものほど**養分**が多く，発芽しやすくなります。また，たねをまく前日から水にひたしておくと，やわらかくふくらみ，たねが目をさまし，芽が出やすくなります。

③**たねをまく時期**…草花の種類によって，たねをまくのによい時期があります。アブラナのように秋にまくものや，コマツナのように一年中まけるものがあります。たねをまくときには，その草花にとってよい時期を選んでまきましょう。

たねをまく時期	草　花	野　菜
春（3月～5月）	ヒマワリ ヒャクニチソウ コスモス マリーゴールド アサガオ　など	シュンギク ナガネギ ダイコン ミニトマト ブロッコリー　など
夏（6月～8月）	コスモス マリーゴールド ヒャクニチソウ キンギョソウ　など	キャベツ インゲン トウモロコシ　など
秋（9月～11月）	パンジー ビオラ キンセンカ スイートピー　など	サヤエンドウ ゴボウ レタス シュンギク　など
冬（12月～2月）	ラベンダー　など	ホウレンソウ アスパラガス　など

これらは，いっぱん的にたねをまくのによいといわれている時期になりますが，種類や育てる地いきの気温などによって変わることもあります。

注意　この章では，植物が葉でつくるものを栄養分とし，それ以外のものを養分としています。

草花にはサルビアやマリーゴールドのようにプランターやはちに一度たねをまいて育ててから，花だんなどに植えかえるとよいものがあります。ぎゃくに，ニンジンやダイコンのように，植えかえるとあまり育たないものもあります。

2 育つ順じょ

実験・観察 ヒマワリのたねをまいて育ててみよう

ヒマワリの育ち方をたねをまいて調べてみましょう。

❶ヒマワリのたねを春にまいてからどのように育っていくかを，次の①～③を通して観察してみましょう。
①葉の数や形を定期的に調べましょう。
②草たけの高さを定期的に調べましょう。
③たねが何こぐらいできたか調べましょう。

❷ヒマワリ以外の草花もたねをまいて育ててみましょう。

わかること

- 日あたりのよいところにまくと，１週間ほどで芽が出て，まるみをおびた２まいの葉が出てきます。
- まるみをおびた２まいの葉のあとに，ぎざぎざした葉が生え，その後はずっとぎざぎざした葉が生えます。
- ６月ごろ，温度が高くなるにつれ，くきがのび，葉も大きくなってきます。
- ７月ごろには，くきの先に右の図のようなものができ，しばらくすると大きな花がさき始めます。

- 花が下を向き，茶色くなってかれるころには，たくさんのたねができています。たねをまいてから，花がさき，たねができるまでは，ほかの草花も同じように育ちます。

①**芽生え**…たねから芽が出てくるときの最初の葉を**子葉**といいます。子葉はやがてかれ，その後，栄養分をつくったりするぎざぎざの**葉**(本葉ともいう)が生えてきます。

②**つぼみと花**…草花が大きくなってくると，やがて**つぼみ**をつけます。つぼみはしばらくすると開いて，**花**がさきます。

花がかれるころにできるたねの数は，植物の種類や花ごとでも差がありますが，ヒマワリは大きいもので 2500 こくらいのたねができます。

中学入試にフォーカス たねが芽を出すじょうけん

あたたかい季節になると，さまざまな植物が芽を出します。たねが芽を出すためには，どのようなじょうけんが必要かインゲンマメで考えてみましょう。

①水が必要か調べます。

しめったわた

発芽した

かわいたわた

発芽しなかった

②空気が必要か調べます。

しめったわた

発芽した

たくさんの水

発芽しなかった

①**発芽に水は必要でしょうか？**…2つのよう器にわた(だっしめん)を入れます。1つは水でしめらせて，もう1つはかわいたままにし，それぞれにたねを置いて発芽するか観察します。2つとも空気があるじょうたいで，温度は25℃くらいにそろえておきます。

②**発芽に空気は必要でしょうか？**…2つのよう器にわたを入れます。1つは水でしめらせて，もう1つはよう器にたくさんの水を入れます。それぞれにたねを置いて発芽するか観察します。水をたくさん入れたよう器のたねは空気にふれません。2つとも温度は25℃くらいにそろえておきます。

③**発芽にてき度な温度は必要でしょうか？**…2つのよう器にわたを入れ，水でしめらせます。それぞれにたねを置いて1つは25℃くらいの温度で日のあたらない暗いところに置き，もう1つは冷ぞう庫に入れて発芽するか観察します。2つとも空気があるじょうたいにします。

④**結　果**…①は水をあたえたほうが発芽しました。②は空気をあたえたほうが発芽しました。③は25℃くらいの温度のほうが発芽しました。

⑤**わかること**…発芽には①水，②空気，③てき度な温度という3つのたいせつなじょうけんが必要です。

1951年に植物学者の大賀一郎博士は，2000年以上も前のものと考えられるハスの実を発見しました。大賀博士はそれを発芽させ，大きな花をさかせることに成功しました。このハスは「大賀ハス」と名づけられ，世界のいろいろなところに分けられました。

3 草花のふえ方

ここで学習すること

草花のうち，ヒマワリやオシロイバナはたねでふえますが，ほかの方法でふえるものもあります。草花の子孫の残し方について調べよう。

1 いろいろなふえ方

草花は，たねをつくって子孫を残しますが，それよりも早く育つふやし方として，**さし木**や**球根**などのようにからだの一部を使ってふやすことができるものがあります。

①サルビアのように，たねでもさし木でもふえるものがあります。

②チューリップやヒヤシンスなどはたねでなく球根を植えます。球根は花がさいた後，分かれてふえていきます。

このように草花は，たねをつくる以外にもいろいろな方法で，子孫を残しています。

おもにたねでふえるもの	ヒマワリ，オシロイバナ，ホウセンカ，アサガオ，マリーゴールド，サルビアなど
球根でふやすことができるもの	チューリップ，クロッカス，スイセン，ヒヤシンス，ユリ，グラジオラス，シクラメンなど
さし木でふやすことができるもの	オシロイバナ，サルビア，キク，ポーチュラカ，ベゴニア，サツマイモ，アジサイなど

▲たねでふえる（ヒマワリ）

▲球根でふえる（チューリップ）

▲さし木でふえる（キク）

チューリップやヒヤシンスをたねから育てることもできますが，たねを植えてから，チューリップで５～７年，ヒヤシンスで４～５年かかります。

2 植物の実やたねの散り方

ほとんどの植物は，花をさかせ，花粉のついためしべの子ぼうがふくらんで実になります。そして，実の中にはたねができます。植物がなかまを新しい場所に広げることができるのは，たねができるときです。実やたねをどのように散らせていくか，そのくふうを調べてみましょう。

①**風でたねを飛ばす**…**はね**や**わた毛**をもったたねで，風に乗ってより遠くに散ります。タンポポ（わた毛），キョウチクトウ（わた毛），イロハカエデ（はね），アカマツ（はね）などがあります。

②**たねをはじき飛ばす**…実がそり返ったりねじれたりして中のたねを**はじき飛ばして**散らせます。ホウセンカ，カタバミ，ゲンノショウコ，カラスノエンドウなどがあります。

③**動物のからだにくっつく**…**かぎ**や**ピン**，**ねばねば**をもつたねで，動物のからだにくっついて散らせます。オナモミ，センダングサ，イノコヅチなどがあります。

④**動物に食べられる**…たねのまわりがぬるっとしていて，動物が実を食べるときに**飲みこませて**散らせます。ナンテン，リンゴ，スイカなどがあります。

⑤**水でたねを流す**…水にうくたねで，**水の流れ**で散らせます。タカサブロウ，ヤシなどがあります。

タンポポ

わた毛で飛ばす

イロハカエデ

はねで飛ばす

ホウセンカ

実がはじけて飛ばす

オナモミ
動物にくっつく

スイカ

動物に食べられる

ヤシ
水に流される

▲たねや実の散らばり方

パワーアップ

タンポポやキク，ヒマワリなどは，たくさんの小さい花が集まって１つの大きな花のように見えています。このような花を集合花といいます。

実験・観察　カエデのたねのもけいをつくろう

もけいをつくって，たねが落ちるようすを調べてみましょう。

❶長方形の紙の短い辺の真ん中に印をつけます。

❷印をつけたところと，反対側の角を結ぶ位置で折ります。

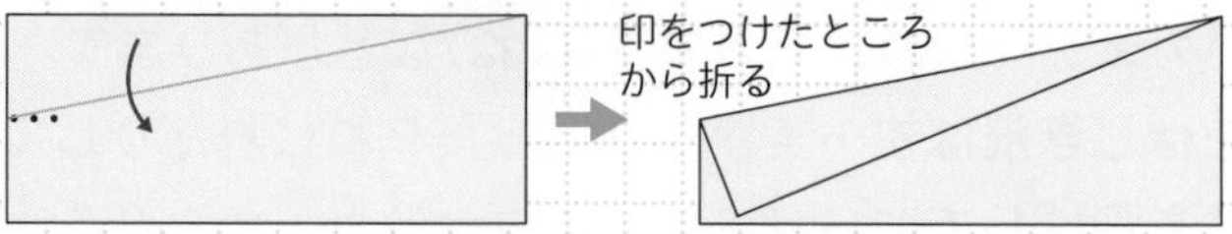

❸図のようにはしから 1〜2 cm ぐらいの位置で折ります。

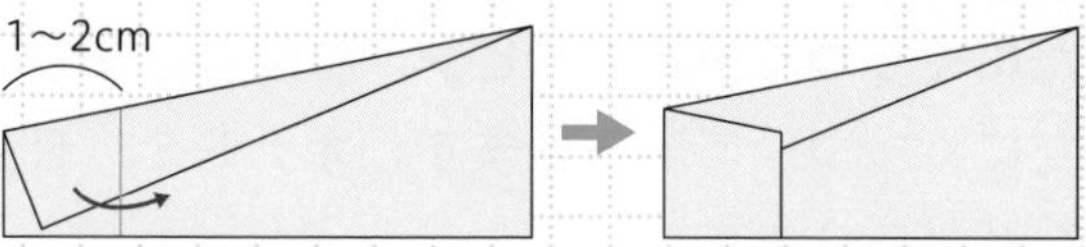

❹❸で折ったところにクリップなどの重しをつけます。

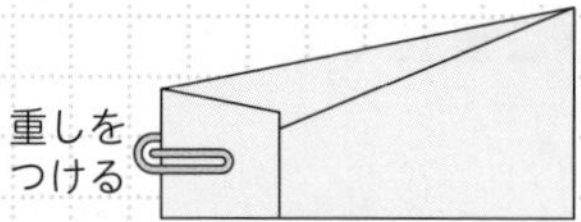

❺クリップをつけていないほうのはしを少しそり返らせます。

❻完成したもけいを上から落としてみます。くるくる回りながら落ちていくようすがわかります。

わかること

▶カエデのたねはゆっくり落ちることで，遠くまで飛ぶことができます。

カエデのたねは長い間空中にとどまりながら落ちていきます。これは，落ちるときにくるくると回転することではねに小さな空気のうずができるからです。トンボやハチドリも同じ原理を利用して飛んでいます。

3 球根でのふえ方

実験・観察 球根からの育ち方

チューリップの育ち方を調べてみましょう。

ヒマワリやオシロイバナはたねをまいて育てました。草花には，球根を植えて育てるものもあります。チューリップの球根を植えて，育ち方やふえ方を調べましょう。

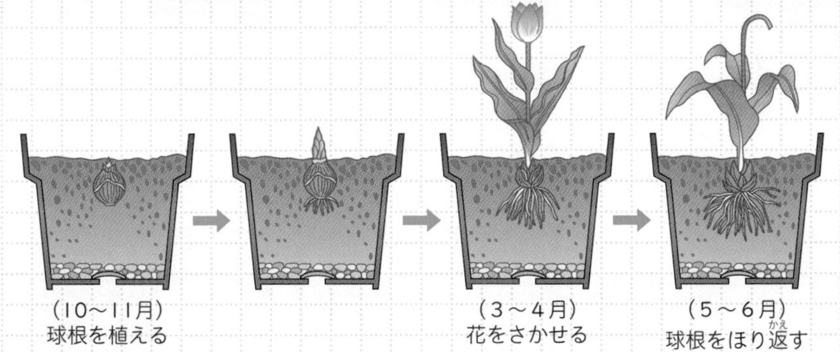

わかること

- 球根を植えると，はじめに1まいの葉が出てきます。そして花のくきが立ち上がり，花をさかせます。
- 花をさかせると，古い球根はしぼみ，新しい球根がそのわきにできます。

1 チューリップの植えつけ

球根は，大きくてかたい球根を選ぶとよく育ちます。右の図のように，はちと花だんで球根を植える深さを変えましょう。

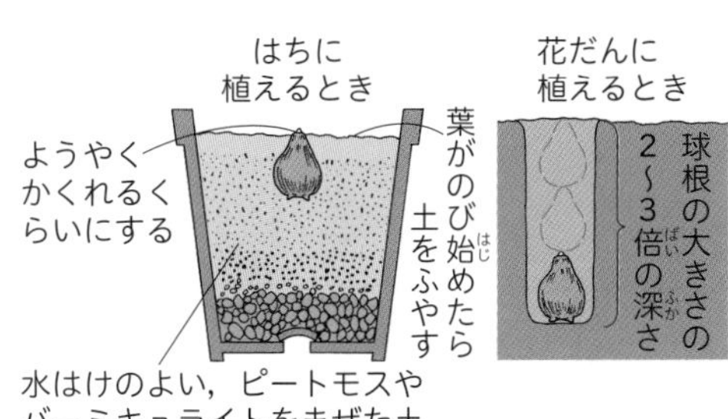

▲チューリップの球根の植え方

チューリップの花がさいたら，ほかのチューリップの花のおしべの花粉をめしべの先につけて，花が終わってもそのまま育ててみましょう。やがてめしべの根もとの子ぼうがふくらんできます。自然にかれるまで置いておくと，実がわれ，中からたねが出てきます。

2 さまざまな球根

球根は植物のからだのつくりが変化してできています。何が変化したものか調べてみましょう。

葉の変化した球根

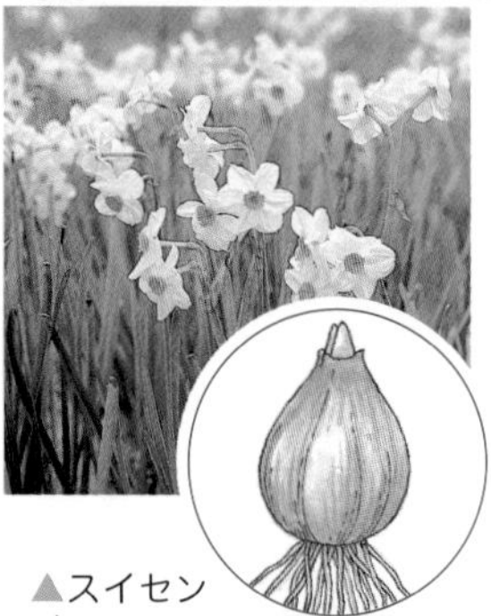

▲スイセン

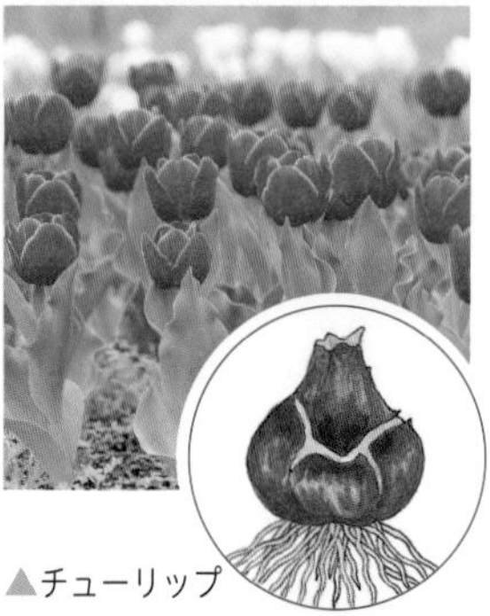

▲チューリップ

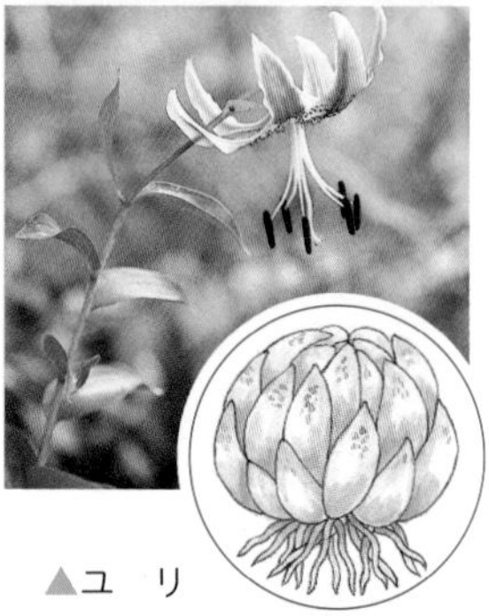

▲ユ リ

根の変化した球根

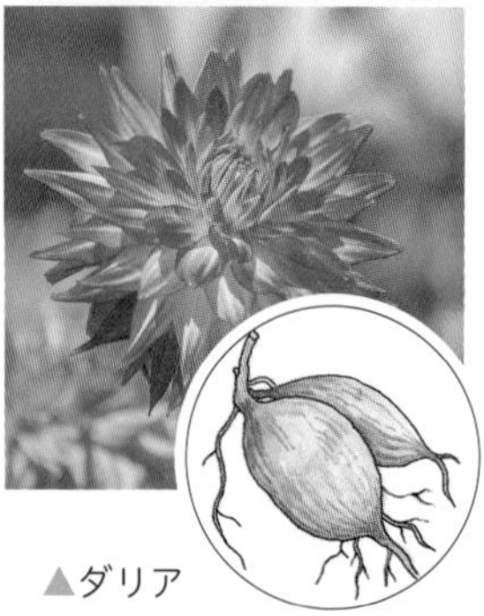

▲ダリア

くきの変化した球根

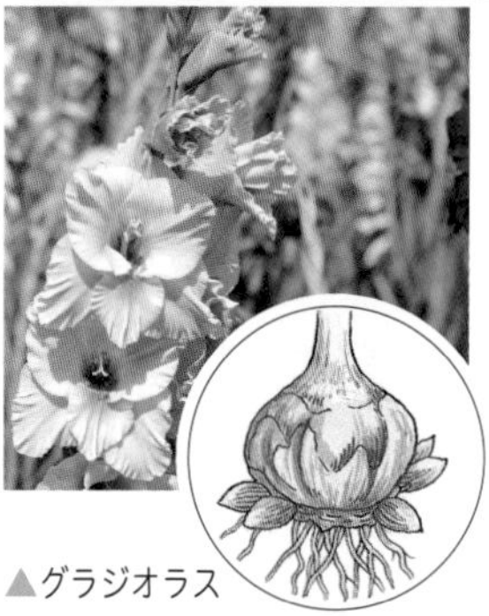

▲グラジオラス

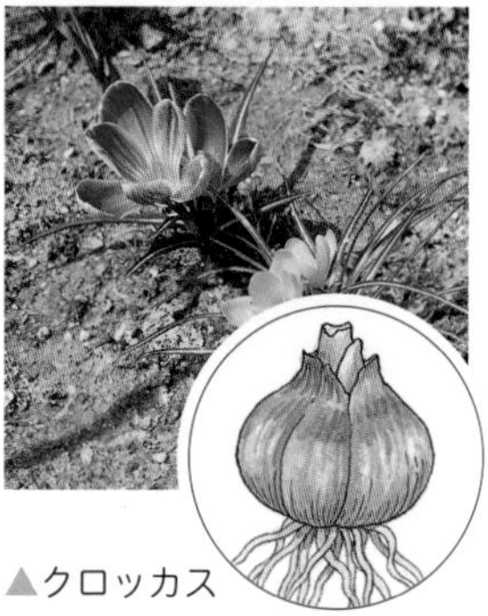

▲クロッカス

地下けい(地下のくき)の変化した球根

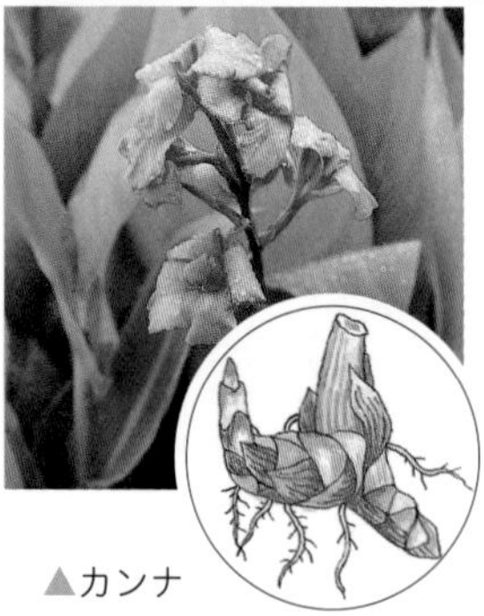

▲カンナ

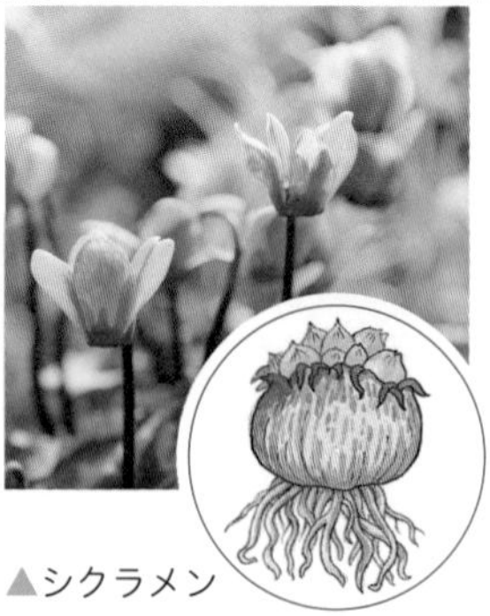

▲シクラメン

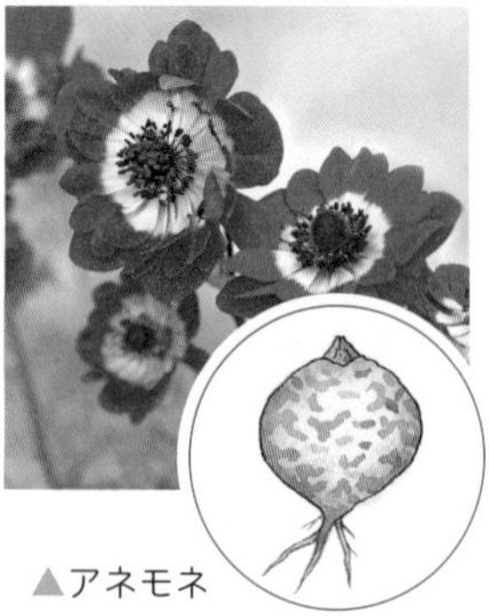

▲アネモネ

チューリップやユリの球根は，地下の短いくきに，何まいもの葉が重なってできたものです。これらの植物は球根のすがたで冬をこします。

4 さし木でのふやし方

実験・観察 さし木でのふやし方

ポーチュラカ（ハナスベリヒユ）はよくえだ分かれする草花です。えだ分かれしたくきを切りとり，水はけのよい土にさして育つかどうか調べてみましょう。

❶手でえだ分かれしたくきをちぎります。
❷バーミキュライトなど水はけのよい土にさし木をします。
❸しばらくすると根が出てきます。

▲ポーチュラカ

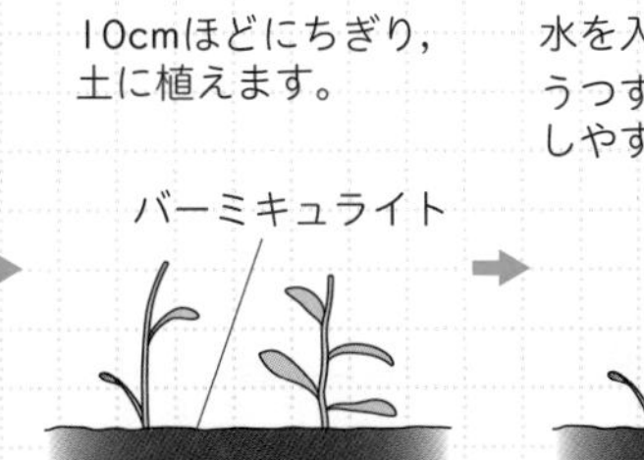

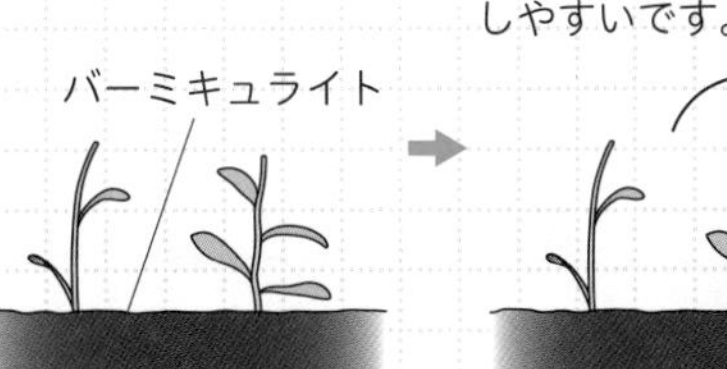

わかること

- しばらくすると，くきから根が出てきて，根が出てくると新しい芽や葉が出てきます。
- 根が出てきて葉がのび出すと，大きく育ち始めます。
- 草花が大きく育つためには，根と葉とくきがそろっていることが必要です。

1 さし木のしかた

①植物のくきをとちゅうから切りとって，すなや土にさし，根や芽を出させて育てることを**さし木**といい，さしているえだを**さしほ**といいます。植物はたね以外にも子孫を残す方法をもっています。

②土などを入れてさしほを育てるところを**さしどこ**といいます。日かげに置き，土がかわかないように時々水をあげます。

パワーアップ

さしほは，前の年に芽が出てのびたえだを使います。切り口を２～３時間水につけてからさすと根つきがよくなります。発根そく進ざいも売られているので，これを使うのもよいでしょう。

5 その他のふえ方

▲葉から芽を出すセイロンベンケイソウ

草花や木などの植物は，ふつう**たね**で子孫を残しますが，球根やさし木以外の方法でも，自分のからだの一部から新たになかまをつくり出すことができます。セイロンベンケイソウやコダカラベンケイソウは，葉を土の中や水の中に入れると，葉のふちに芽が出ます。この芽を土に植えるとそのまま育ちます。植物は，日光のあたらない夜のために，昼間につくった栄養分をためていて，くきなどにためた養分を子孫を残すために使っているものも多いです。

1 人の手によるふやし方

人々は植物と古くからかかわり，その子孫を残してきました。さし木もその１つですが，さし木ではふやしにくい木は，**つぎ木**や**とり木**をして育ててきました。

①**つぎ木**…例えば自然に強いカラタチを台木に，ウンシュウミカンのえだを**つぎほ**としてついで育てる方法を**つぎ木**といいます。

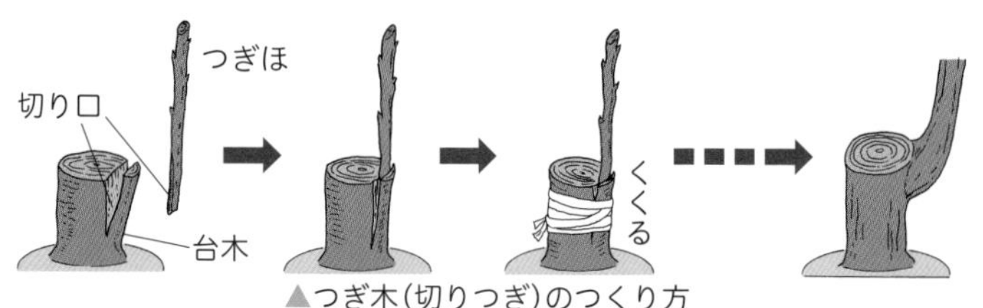

▲つぎ木（切りつぎ）のつくり方

②**とり木**…えだのとちゅうの皮をはがし，そこに根を出させ，切りとり育てる方法を**とり木**といいます。さし木のできないゴムやザクロなどもこれで育てます。

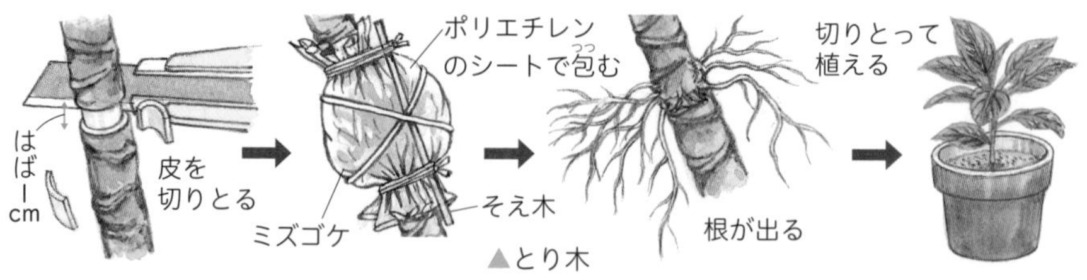

▲とり木

ヤマノイモは，くきにむかごというまるいいものようなものができます。これを土に植えると芽が出てきます。これも，たね以外で子孫を残す方法の１つです。

4 草花のつくり

道ばたや野山の草花，花だんの草花などは，どのようなからだのつくりをしているのでしょうか。いろいろな草花を手にとって調べよう。

1 草花のつくり

草花は種類によって，形・色・大きさなどのちがいがありますが，どれも，**根・くき・葉**の３つのからだのつくりからできています。

①**根**…地面の中にある部分で**緑色をしていません**。地中に広く根をのばしてからだをささえ，その根で**水分や養分（肥料分）**をすい上げています。

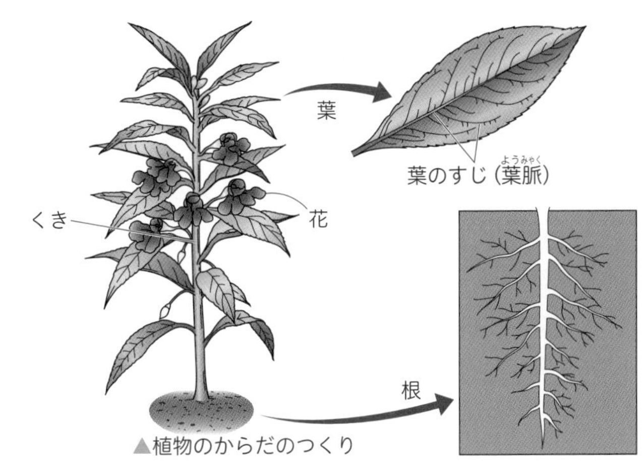

▲植物のからだのつくり

②**くき**…葉をつけているところです。ほかの草花より高くのびて**日光があたりやすく**しています。

③**葉**…くきについているもので，**多くの日光を受けやすい向き**についています。**緑の部分**で日光を受け，**栄養分**をつくっています。

▶**花**は，葉・くきが成長したもので，４つ目のからだのつくりと考える場合もあります。花はさいたあと，実になります。

▶草花と同じように，木（じゅ木）も根・くき・葉の３つのからだのつくりからできています。中心のくきがみきで，そこから分かれたくきがえだになります。

ヒマワリは太陽のほうを向いてさく花が多いことで有名です。これは，太陽の光があたる側と反対側のくきがよくのびるためです。ダリアやマリーゴールドなども太陽のほうを向いてさく花です。

2 いろいろな草花のからだのつくり

実験・観察 草花のくらし方とからだのつくり

草花のくらし方によって，根・くき・葉の形，大きさ，ようすがどのようにちがうか調べてみましょう。

わかること

- 根には，タンポポやアサガオのように地面にまっすぐのびる太い根(**主根**)とそこから出る細い根(**側根**)があるものと，エノコログサのように同じような細い根(**ひげ根**)がいっぱいあるものがあります。地中の根のはり方はいろいろです。
- くきには，ヒメジョオンのようにまっすぐに立つもの，アサガオのようにつるになってまきつくもの，タンポポのように根の上に少しあるもの，シロツメクサのように地面をはうものもあります。
- 葉には，すじがあります。そのすじの入り方には，エノコログサのようにたてに平行にならんでいるものと，ヒメジョオンやアサガオのようにあみの目になっているものがあります。

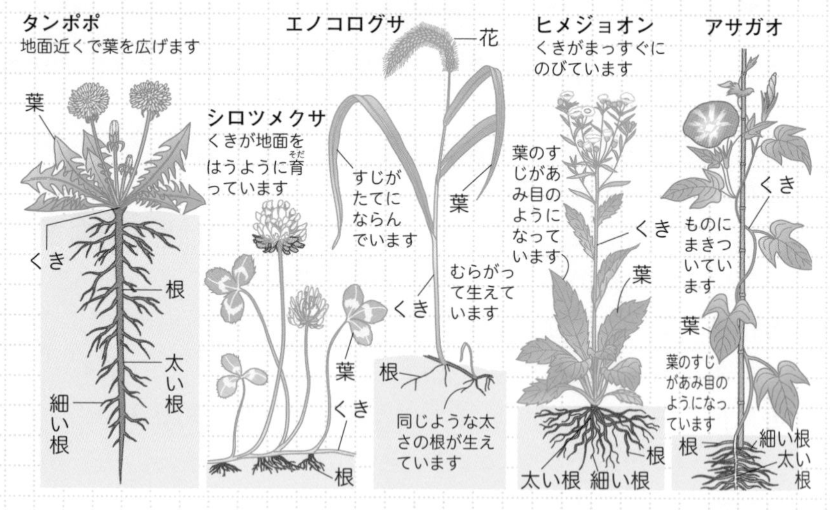

パワーアップ

わたしたちが食べているものにも，植物のくきや根があります。ジャガイモの食べているところはくきで，ダイコンの食べている白いところは根です。ダイコンの首の緑色のところはくきになります。

3 葉のつくりとはたらき

1 葉のようす

葉は，くきの上から見ると，太陽の光(日光)を受けやすいように広がっていることがわかります。くきへのつき方や下の葉ほど大きくするなどのくふうをしています。

2 葉のつくり

葉には，**葉脈**という栄養分や水の通り道になるすじがあり，タケのようにたてに平行にならぶものと，サクラのようにあみの目になっているものがあります。

▲葉のつくり

葉脈がたてにならぶのは，発芽のときに子葉が１まい出る**単子葉類**のなかまの特ちょうで，葉脈があみの目にならぶのは，発芽のときに子葉が２まい出る**そう子葉類**のなかまの特ちょうですが，例外もあります。

3 葉のはたらき

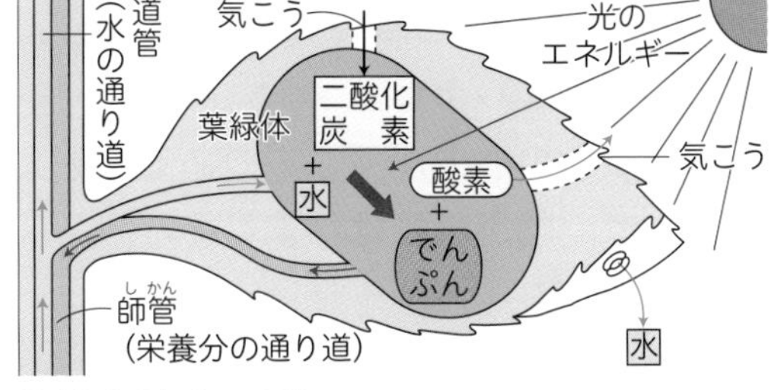

葉は緑色をしていますが，葉の緑色のもとは**葉緑体**という目には見えない小さなつぶです。この葉緑体が根からすい上げた水と空気中の二酸化炭素を使い，日光のエネルギーを受けて栄養分をつくります。このはたらきを**光合成**といいます。

①葉で光合成が行われると，**でんぷん**と**酸素**ができます。酸素は，生き物が生きていくうえでかかせない気体です。

②でんぷんは養分としてたくわえられます。このでんぷんは子孫を残すために使われ，根(サツマイモなど)・くき(ジャガイモなど)・実・たねにもたくわえられます。

③でんぷんがあるかどうかは，ヨウ素液をジャガイモなどにかけたとき，茶色からむらさき色に変化することでたしかめられます。

植物は，葉のうらに多く見られる気こうから水をじょう発させています。このはたらきをじょう散といい，このはたらきによって新しい水を根からすい上げています。また気こうでは，酸素や二酸化炭素の出し入れをしています。

第1章 生き物
1 身のまわりの生き物
2 こん虫のからだと育ち方
3 季節と生き物
4 人のからだのはたらき

4 花のつくり

1 アブラナの花のつくり

アブラナの花には，**がく**，**花びら**，**おしべ**，**めしべ**の４つの花のつくりがあります。めしべの根もと(**子ぼう**)はふくらんでいて，たねのもと(**はいしゅ**)が入っています。花びらのつき方から十字花植物といわれ，キャベツやダイコンも同じアブラナ科のなかまです。

十字花植物 45ページ

実験・観察 アブラナの花のつくり

アブラナの花をかいぼうして調べてみましょう。

❶アブラナの花を２つ，花のついたくき(花けい)ごととり出しましょう。
❷１つはそのまま画用紙にはりましょう。
❸もう１つは，指先やピンセットなどで，花を外側からていねいにはずしましょう。
❹同じ形のものが何こずつあるか数えながら，外側から順にならべて，画用紙にはりましょう。

わかること

▶１つの花には外側から，がく，花びら，おしべ，めしべの４つの花のつくりがあります。
▶アブラナの花は，真上から見ると，花びら４まいのつき方が，漢字の「十」のような形になっています。

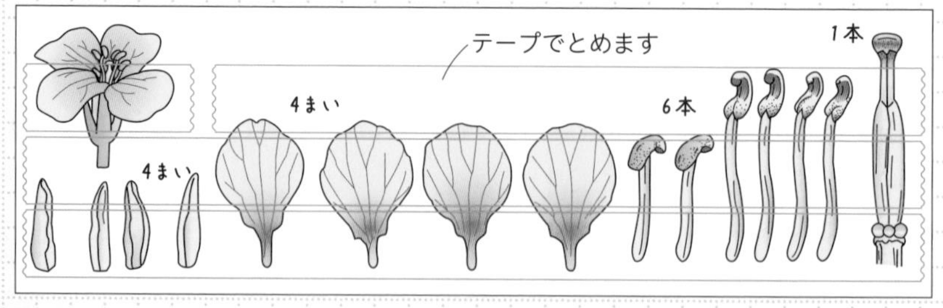

「つくしだれの子，スギナの子」という言葉があります。スギナ(シダ植物)はなかまをふやすためにほう子をつくりますが，ほう子をつくるところがつくしなのです。

①**が　く**…がくは，つぼみのときに花をまもっている部分です。アブラナの花では，黄緑色の小船のような形をしています。１つの花に４まいあります。

▲アブラナの花

②**花びら**…花びらは，受粉を手伝ってくれるこん虫に花の位置を知らせる役わりをしているものが多いです。アブラナの花では，黄色のうちわのような形をしています。がくとがくの間についていて，１つの花に４まいあります。

③**おしべ**…おしべは，花粉が出てくる部分で，花粉ぶくろ(やく)がその先にあります。アブラナの花では１つの花に，めしべをかこむように６本ありますが，そのうち２本は短くなっています。

④**めしべ**…めしべは花の真ん中に近いところにあり，実になる部分です。アブラナの花では１つの花に１本あり，うすい緑色です。めしべの先はねばねばしていて，花粉がつきやすくなっています。

▶めしべの形は植物によってさまざまですが，それぞれの実の形にそっくりです。めしべの根もと(子ぼう)が大きくなって実になるので，めしべの形と実の形がにています。

▲ミカンのめしべ

▲ミカンの実

▲ハスのめしべ

▲ハスの実

⑤**みつせん**…めしべの根もとにあり，**みつを出す**ところです。みつは，花粉を運んでくれるこん虫たちへのごほうびです。これとひきかえに花粉を運んでもらいます。ほかの植物にも同じようなところにみつせんがありますが，アブラナのように緑のつぶになっているものは少ないです。

つゆの時期にさくアジサイはとても種類が多いです。花には，花びらの下にがくとよばれるつくりがあります。アジサイのがくは特別に大きく，花のように見えます。

5 いろいろな花のつくり

実験・観察 いろいろな花のつくり

いろいろな花のつくりを調べてみましょう。

❶さいている花を２つとって，花のつくりを調べましょう。

❷花をかいぼうし，がくや花びら，おしべ，めしべの形や数がどのようになっているか調べましょう。

❸調べた花とアブラナの花のつくりをくらべて，つくりのにているところとにていないところを調べ，なかま分けをしましょう。

わかること

▶春にヒラドツツジの花を観察すると，根もとがくっつき，先が５まいにさけたがくと，同じように先が５まいにさけた花びらがあります。おしべは10本で，めしべは１本です。

▶夏にアサガオの花を観察すると，ヒラドツツジと同じように先が５まいにさけたがくと，つつのようになった花びらがあります。おしべは５本で，めしべは１本です。

▲アサガオ

▶花のつくりをくらべると，アブラナのように花びらが１まい１まいはなれているものや，アサガオのように根もとでくっついたものがあります。

▶花を調べると，がく・花びら・おしべ・めしべのどれかがないなど，いろいろなちがいがあります。

1 花びらのつき方

花には，花びらの根もとがくっついた花と，数まいの花びらが１まい１まいはなれた花があります。根もとがくっついた花を**合弁花**，１まい１まいはなれた花を**離弁花**といいます。

▲アサガオ(合弁花)

▲アブラナ(離弁花)

パワーアップ

花のつくりで，がく，花びら，おしべ，めしべの４つのつくりをもっている花を完全花といいます。アブラナ，タンポポ，サクラなどです。キュウリ，トウモロコシ，イチョウなど４つのつくりがそろっていないものを不完全花といいます。

2 アブラナのなかま(アブラナ科)

アブラナのなかま(アブラナ科)はアブラナのほかに，コマツナ(小松菜)，ダイコン(大根)，ハクサイ(白菜)，キャベツなどがあり，これらの植物には共通してにているところがあります。その１つが花のつくりで，下の図のように，花びら４まいが十字にならんで見えます。このような花のつくりをしている植物のなかまを**十字花植物**ともいいます。

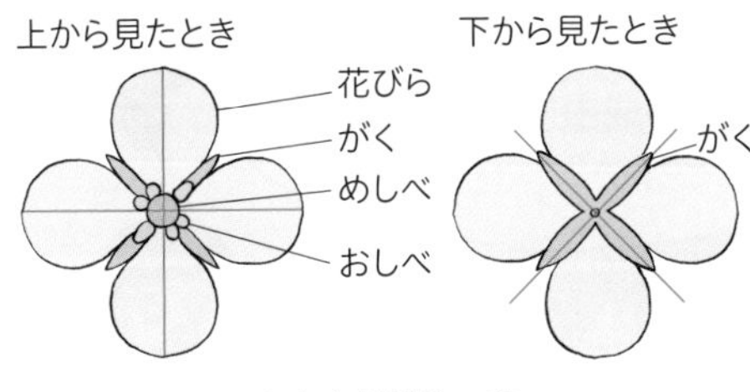

▲十字花植物の花

> **さんこう うら作**
>
> アブラナのなかまは，イネを育てた田で冬に育てるうら作の作物として日本に古くから伝わってきた野菜です。原産地は地中海えん岸などで，冬に雨がよくふるところで育つ植物なので，うら作に生かせたのです。

3 花のつくり

花のつくりは次のように分けられます。

①**柱　頭**…花粉がつく先のところです。

②**子ぼう**…根もとの少しふくらんだところで，花粉がめしべにつくと実になります。

③**花　柱**…柱頭と子ぼうの間の部分です。

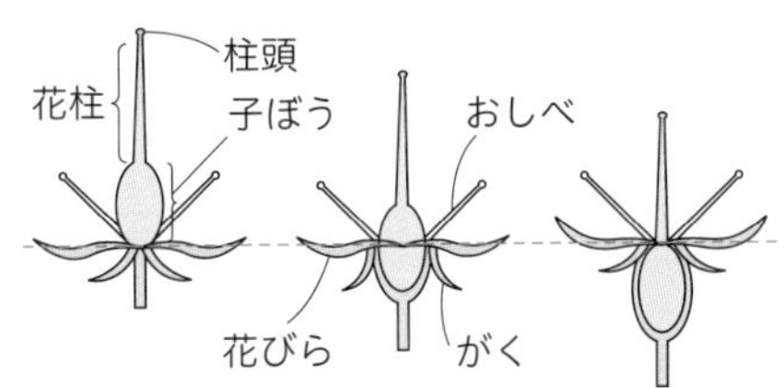

▲子ぼう上位　▲子ぼう中位　▲子ぼう下位

4 実のなるところ

実のなる位置によって，次のように分けられます。

①**子ぼう上位**…アブラナのように，がくや花びらのつけ根より上に実がなります。

②**子ぼう中位**…がくと花びらのつけ根あたりに実がなります。

③**子ぼう下位**…リンゴやナシのように，がくや花びらのつけ根より下に実がなります。

花のつくりで，１つの花におしべとめしべがそろっている花を両性花といいます。１つの花におしべかめしべのどちらか一方しかない花を単性花といいます。単性花はすべて不完全花です。

こん虫を さがしにいこう

よーし！
今日(きょう)から
夏休みだ！

海にも行きたいし
山にキャンプにも
行きたいな！

そうだ！
ぼくのかってるアゲハチョウが
そろそろ成虫(せいちゅう)になりそうなんだ
見にこない？

アゲハチョウを
かってるの？
すごい！

今年の春に
よう虫を見つけて，
育(そだ)てたんだ！
今はさなぎだよ

わーい！
見に行く！

夏はたくさんの
こん虫を見ること
ができるね

夏休みの間にわたしも
こん虫を観察(かんさつ)したいな

どんなこん虫が
いるかなあ

あ！セミが
鳴いてる！

ジジジジ…

あれ？よく聞いてみると
いろいろな声がするよ

ミーンミンミン…
ジリジリジリジリ…
シャーシャー…
セミはセミでもいろいろな種類のセミがいて鳴き声もちがうんだって！
へえ！そうなんだ！
そういえば，こん虫も季節によって見ることができるものがちがうよね
夏はセミだけじゃなくて，カブトムシやクワガタもいるよな！
SUMMER
つかまえたい!!
そうだね，今はセミが鳴いているけど，夏が終わって秋になるとコオロギやスズムシが鳴くよね
今年の夏は毎日虫とりに行こうよ！
宿題があるから毎日は行けません！
わすれてた…
ずい

2 こん虫のからだと育ち方

3年

学ぶことがら

1 こん虫のなかま　2 こん虫の育ち方
3 こん虫の食べ物とくらし

1 こん虫のなかま

虫には多くの種類があり，形やつくり，食べ物はいろいろです。虫のからだの形とつくりのにているところや，どんなものを食べるかを調べよう。

1 チョウのからだのつくり

実験・観察 チョウやガのからだのつくり

チョウやガのなかまのからだのつくりを調べてみましょう。

❶モンシロチョウのからだのつくり，あしやはねの数，頭やはねのようすを観察しましょう。また，けんび鏡も使ってみましょう。
❷アゲハやカイコガのからだの形やつくりも観察しましょう。

わかること

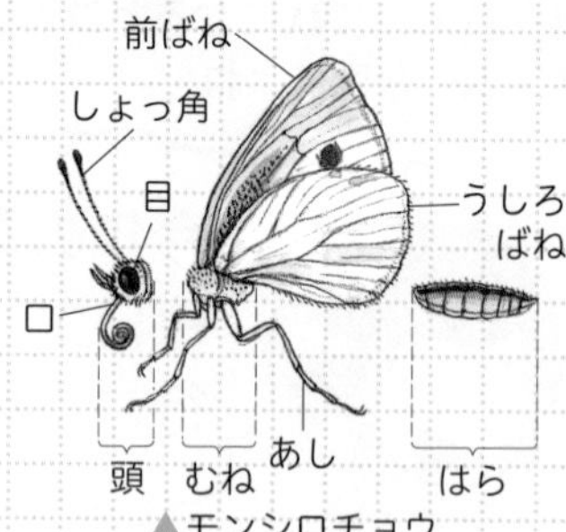

▲モンシロチョウ

- 目は大きく，光たくがあります。けんび鏡で見ると，小さな目がたくさん集まっています。
- しょっ角は，こんぼうのような形になっています。
- はねはいろいろなもようがあり，色のついたこなでおおわれています。このこなをけんび鏡で見ると，魚のうろこのようにきれいにならんでいます。
- はらにはいくつかの節があって，毛でおおわれています。

モンシロチョウを見ると，わたしたちの目にはおすもめすも同じように見えますが，モンシロチョウの目にはちがって見えているといわれています。紫外線という特しゅな光でとった写真では，おすとめすのちがいがわかります。

▶モンシロチョウ・アゲハ・カイコガのからだのつくりをみると，頭，むね，はらに分かれます。頭には大きな目が２つと口，しょっ角が２本あります。むねにはあしが６本，前ばね２まいとうしろばね２まいがあります。はらはいくつかの節からできていて，全身は細い毛でおおわれています。

1 チョウとガのからだ

頭，むね，はらの３つの部分に分けられます。

①**頭**…頭には，小さな目が集まってできた**複眼**が２つあります。ほかに，においや味を感じたりする**しょっ角**が２本とストローのような口があります。頭を**頭部**ともいいます。

②**む　ね**…むねには，**あし**が６本とこなのついた**はね**が合計４まいあります。むねを**きょう部**ともいいます。

③**は　ら**…はらは，いくつかの**節**がつらなるようにつながっています。はらを**ふく部**ともいいます。

2 チョウやガのなかま

チョウもガも種類によって，はねのもようは大きくちがい，こな(**りんぷん**)をけんび鏡で見ると，こなのもようもちがいます。

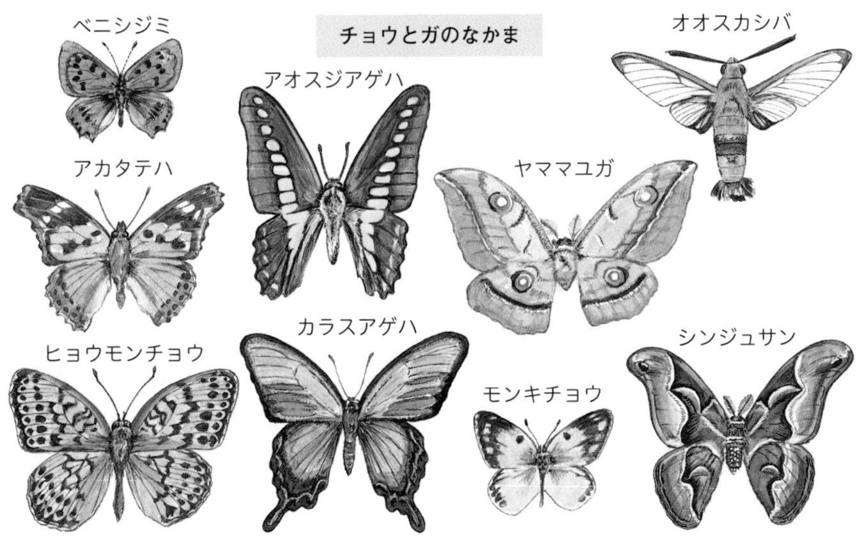

チョウは雨にあたってもぬれることはありません。これは，はねについているりんぷんが水をはじいているからです。

2 こん虫のからだのつくり

観察 こん虫のからだのつくり

いろいろなこん虫のからだのつくりを調べてみましょう。

チョウ・ハエ・アリ・トンボ・バッタ・ハチのからだのつくりを調べ，も式図をかいてくらべましょう。

わかること

- どのこん虫も，からだの分かれ方は，頭，むね，はらの３つになっています。口が１つ，複眼が２つ，あしが６本，しょっ角が２本でできているところは同じです。
- からだの分かれ方(頭，むね，はら)，からだのしくみ(しょっ角，目，口，はね，あしの数やようす)が，チョウと同じか，にているものは，トンボ・バッタ・ハチです。
- ハエは，チョウとちがい，はねが２まいしかありませんが，よく調べると，はねのうしろ側に小さなたいこのばちのようなものがついています。
- アリは，チョウと同じように，頭・むね・はらに分かれていますが，ふつうはねはありません。

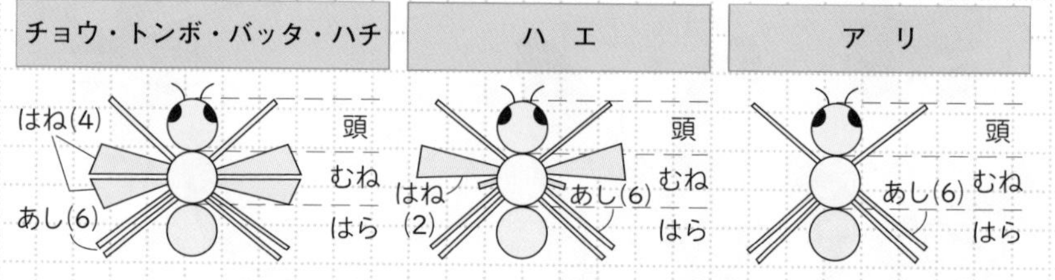

1 こん虫のからだ

頭，むね，はらの３つの部分に分かれ，むねには**左右２まいずつのはね**と**３本ずつのあし**をもった虫を**こん虫**といいます。

①**はねが左右１まいずつのこん虫**…ハエやアブ，カのなかまは，はねが左右１まいずつで計２まいです。

パワーアップ

ハエやアブなど，はねが左右１まいずつのこん虫は，前ばねをはばたかせて飛びます。また，うしろばねが変化した平きんこんというものがあります。平きんこんには，飛ぶときにからだをまっすぐにするはたらきがあると考えられています。

②**はねをもたないこん虫**…ノミ・シミ・トビムシ・シラミ・アリマキ(アブラムシ)などがいます。

▲アリマキ(アブラムシ)

アリは，はたらきアリにははねがありませんが，巣づくりするときには，はねが生えたおすアリと女王アリが出てきます。

▲トンボ

③**こん虫のはねと進化**…地球はできてから約 46 億年たつといわれ，生き物も地球上に出てきてからとても長い年月がたちます。この長い年月の間に生き物はすがたを変えてきました。このことを**進化**といいます。

▲セ　ミ

こん虫も進化してきましたが，ひかく的古い時代の変化と新しい時代の変化があります。古い時代の変化をもったこん虫か，新しい時代の変化をもったこん虫かは，次のことからだいたいわかります。

- **はねのたたみ方**…はねが上下にだけ動き，うしろにたためないもの(カゲロウ，トンボなど)は古い時代の変化をもったこん虫で，うしろにたためるはねをもつもの(バッタ，セミなど)は，新しい時代の変化をもったこん虫です。

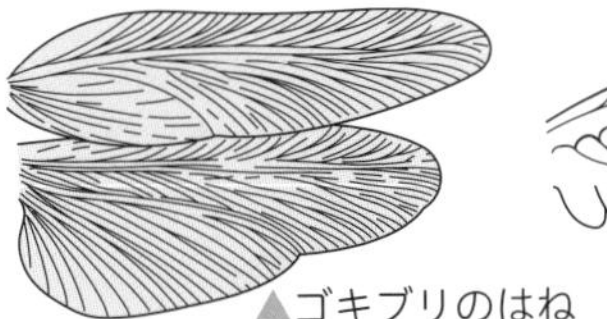

▲ゴキブリのはね

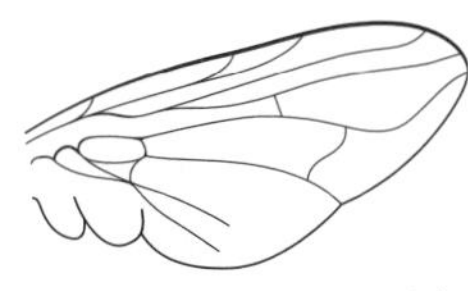
▲ハエのはね

- **はねのすじ**…はねに見られるすじを**しみゃく**といいます。しみゃくが細かいもの(トンボ，ゴキブリなど)は，古い時代の変化をもったこん虫が多く，あらいもの(ハエ，チョウなど)は新しい時代の変化をもったこん虫が多いようです。

④**こん虫のあし**…こん虫のあしは歩くだけでなく，種類によっていろいろなはたらきをしています。

コオロギやスズムシはおすしか鳴きません。おすは前ばねをすばやくこすり合わせて鳴き声(鳴音)を出しています。鳴き声を出さないめすは，はねが小さいです。

▶バッタ…うしろあしが太く長いので，とびはねるのに便利なようになっています。

▶ゲンゴロウ…うしろあしが長く平たいので，泳ぐのに便利なようになっています。

▶カブトムシ…つめがするどいので，木にのぼるのに便利なようになっています。

▶タガメ，タイコウチ…かまのような前あしでえさをとらえます。

▶ケラ，セミのよう虫…シャベルのような前あしで土をほります。

▶カマキリ…かまのような前あしでえさをつかまえます。

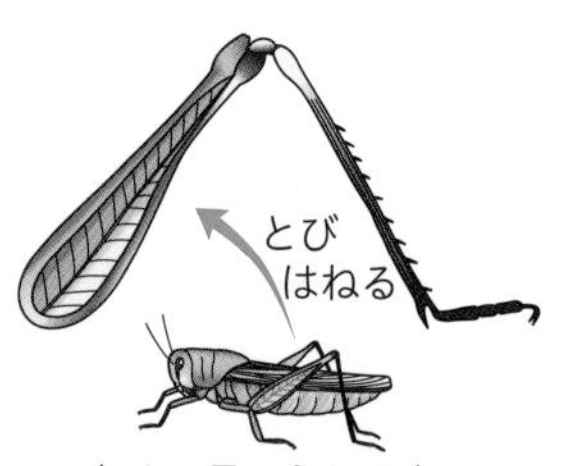

太くて長いうしろあし
▲バッタのあし

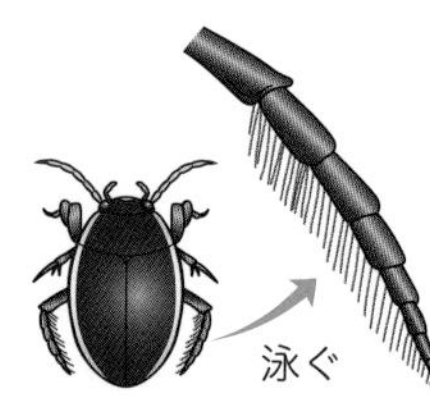

長く平たいうしろあし
▲ゲンゴロウのあし

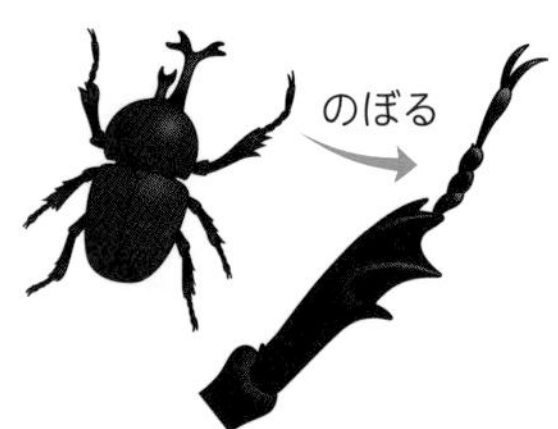

つめがするどいあし
▲カブトムシのあし

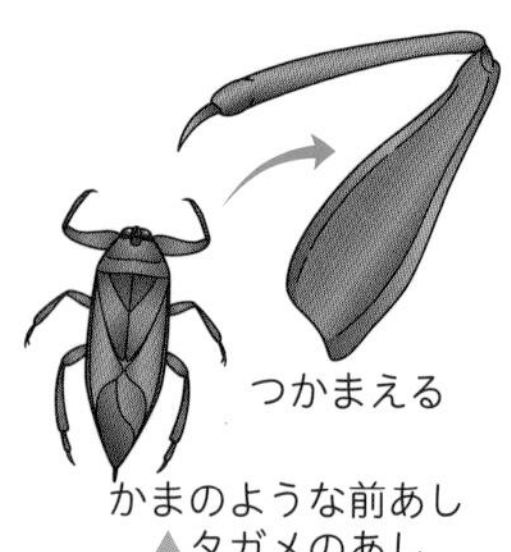

かまのような前あし
▲タガメのあし

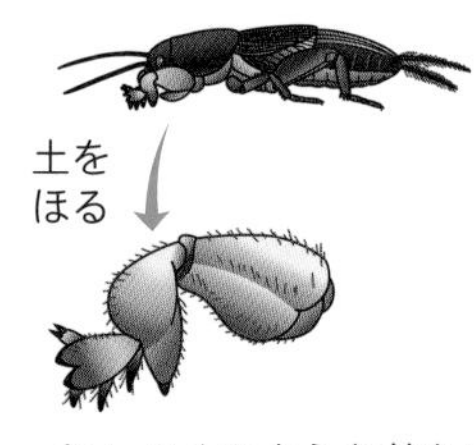

シャベルのような前あし
▲ケラのあし

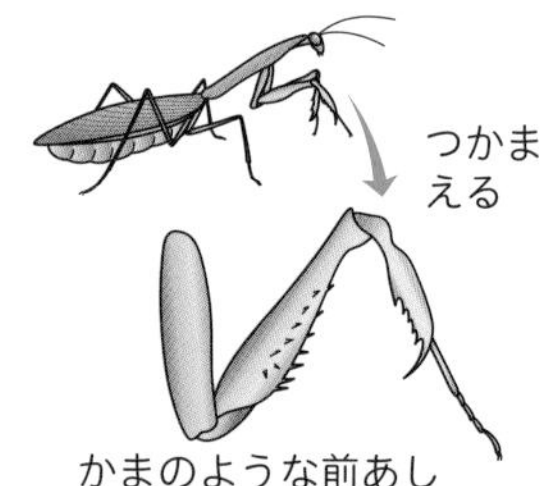

かまのような前あし
▲カマキリのあし

2 いろいろなこん虫の特ちょう

こん虫の種類は 100 万種またはそれ以上いるといわれています。そのうち，身近に見られるこん虫のからだのつくりをよく見ると，いろいろとちがいがあります。

①**コガネムシ・カブトムシ**…4 まいのはねのうち，前ばねの 2 まいは，かたくてあつく，うしろばねの 2 まいは，うすくて広くなっています。はねをおりたたむときは，うしろばねをたたみ，前ばねの下におさめます。

バッタはその太くて長いうしろあしを使ったジャンプが得意です。ジャンプをしたときの高さはからだの大きさの数倍から数十倍にもなり，人の大きさでいうと，建物の 8 階ぐらいの高さになります。

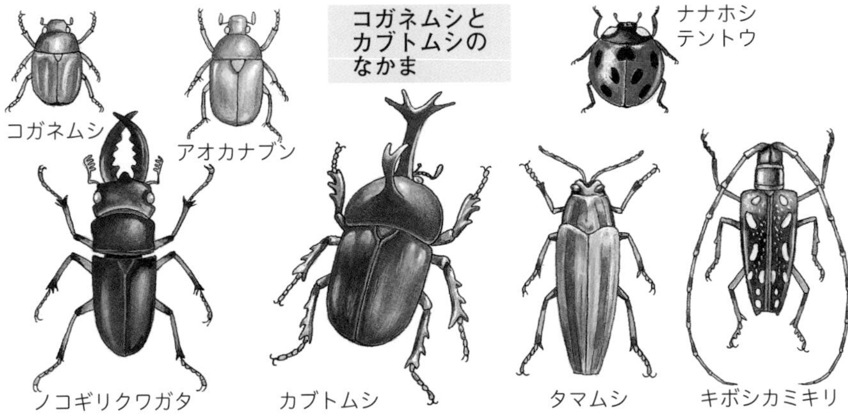

しょっ角はチョウよりも短く，コガネムシの口は草をかみ切るのにつごうのよい形に，カブトムシの口はじゅえきをすうのにつごうのよい形になっています。

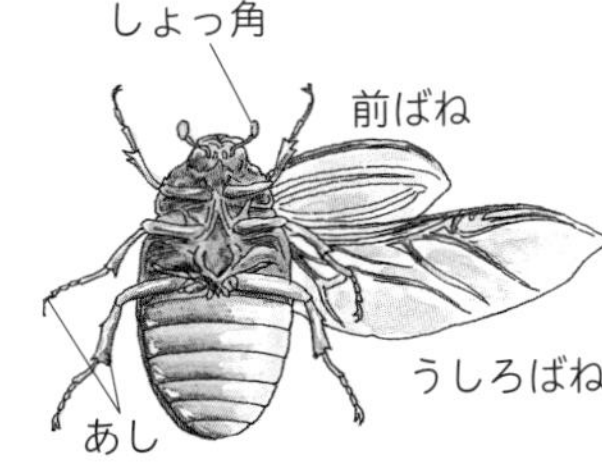

▲コガネムシのからだのつくり

②**バッタやコオロギ**…バッタやコオロギのはねにはすじがあり，前ばねとうしろばねはせんすのようにたたまれています。

▶コオロギのおす…前ばねをこすり合わせて鳴きます。

▶コオロギのめす…はらの先にたまごを産む管をもっています。

③**ハチやトンボ**…ハチやトンボのはねは4まいあり，飛ぶのにつごうのよいように，うすくて軽く，じょうぶにできています。

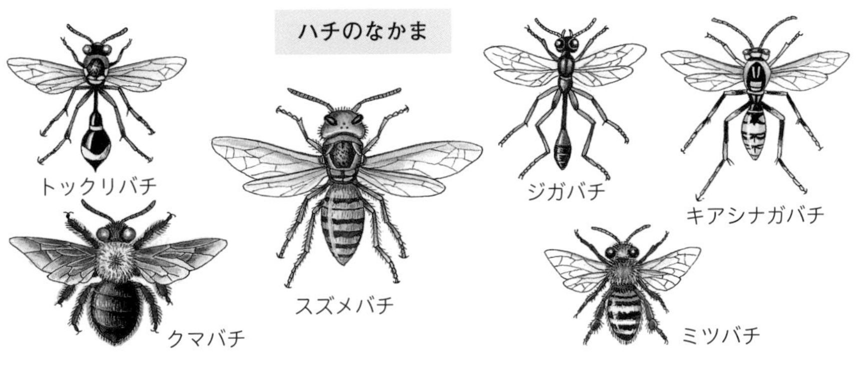

同じハチでも，おとなしいせいかくのミツバチもいれば，こうげき的なスズメバチまでいろいろいます。ハチを見かけたら近づかないようにしましょう。

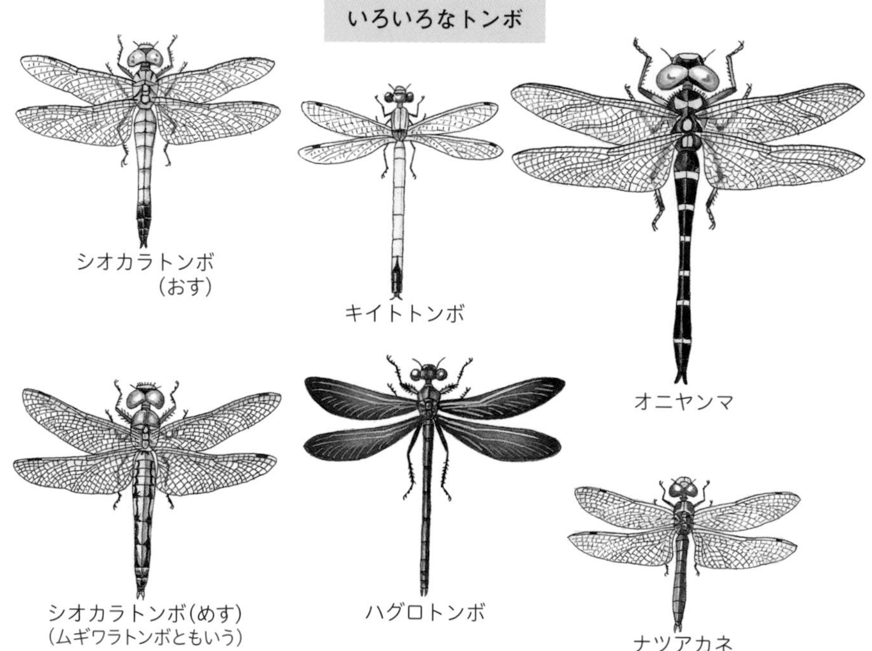

④**チョウ**…チョウには大きくてこなのついたはねが４まいあり，あしはふつう６本ありますが，タテハチョウのようにあしが４本に見えるものもいます。

　また，口は花のみつをすうのにつごうがよいように，ストローのような形をしています。

3 その他のからだのつくり

こん虫には多くの種類があり，からだのつくりは，頭・むね・はら，複眼，しょっ角以外にも，次のようなつくりをもつこん虫がいます。

①**単　眼**…複眼とは別に，光や色を感じる目をもっているこん虫がいます。トンボなどは，２つの大きな複眼と３つの単眼をもっています。

②**どくばり**…ハチのなかまには，はらのうしろのほうにどくばりをもっているものがいます。食べるものをとったり，身をまもるために使います。

ハチのどくばりはめすにしかありません。どくばりはたまごを産む管が変化したものなので，たまごを産まないおすにどくばりはありません。

4 いろいろなこん虫のからだのつくり

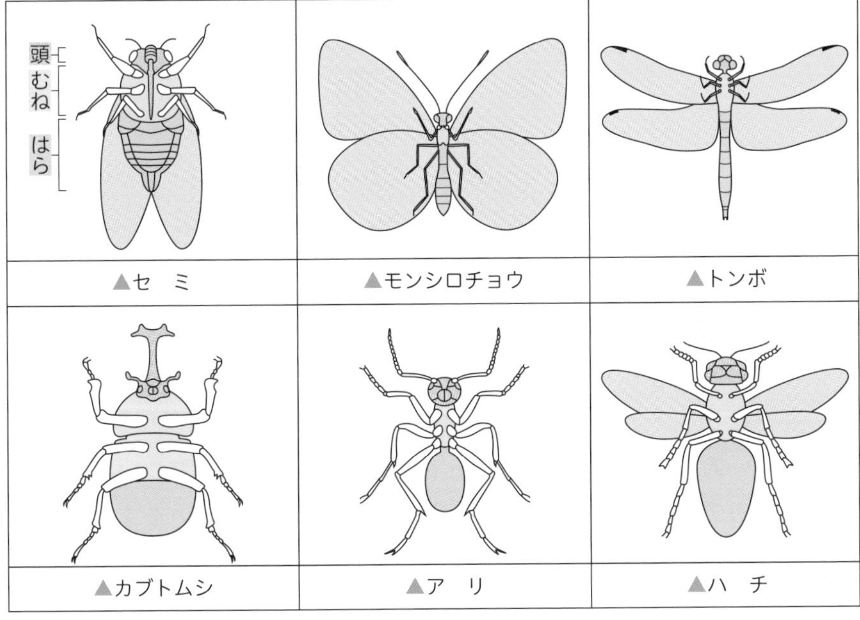

▲セミ　▲モンシロチョウ　▲トンボ

▲カブトムシ　▲アリ　▲ハチ

3 こん虫以外の虫

観察 クモとこん虫をくらべてみよう

クモのからだのつくりをこん虫と同じように調べてみましょう。

クモのからだのつくりを 50 ページのこん虫と同じように調べ，こん虫とのちがいをくらべましょう。

❶目，口，しょっ角，はね，あしがどこについているか調べましょう。
❷糸を出すところのつくりを調べましょう。
❸調べた結果をも式図にかいてくらべましょう。

わかること

▶クモとこん虫のからだのつくりをくらべてみると，こん虫は頭，むね，はらの 3 つに分かれていますが，クモは 2 つに分かれています。

カブトムシはかたい前ばねでからだをまもっています。スズメバチのどくばりも通さないので，食べ物（木のしる）をとりあってもあまり負けません。

▶クモには2つに分かれた部分の一方に，しょっ角のようなものが2本と，あしが8本，目があります。もう一方には糸の出るところがあります。

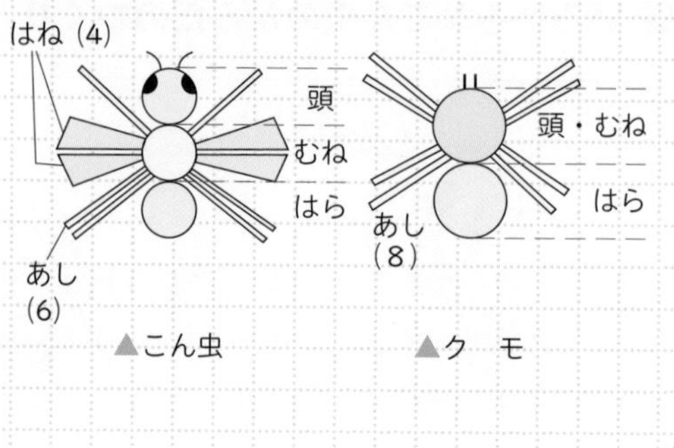

▲こん虫　▲クモ

1 クモのからだのつくり

クモは，こん虫ににた虫ですが，からだのつくりを調べてみると，**こん虫でない**ことがよくわかります。クモのからだは，2つに大きく分かれ，一方には目やあしがついています。目やあしのついている部分はこん虫の**頭**と**むね**にあたり，2つが1つとなっています。この部分を**頭きょう部**といいます。また，もう一方は**はら**（**ふく部**という）になります。

①**クモの目**…クモは，目が8つあるものが多いです。こん虫とちがい，それぞれの目は**単眼**でできています。

②**クモのしょくし**…クモにはこん虫のもつしょっ角はなく，あしが変化した**しょくし**があります。

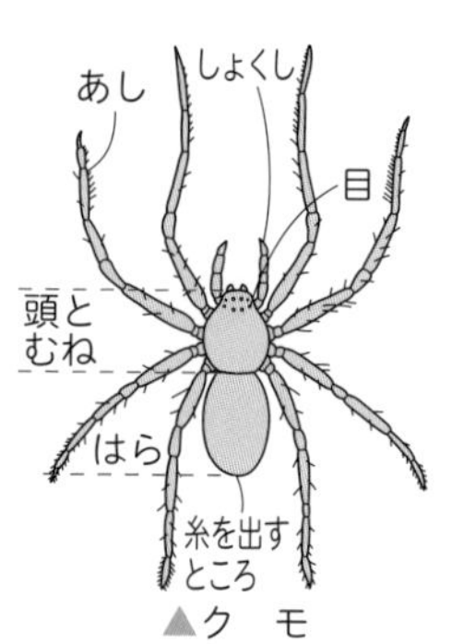

▲クモ

③**クモの口**…こん虫は種類によって形が大きくちがいますが，クモはどれもきばのある口になっています。

④**クモの糸**…こん虫であるカイコガがさなぎになるときは，口から糸を出しますが，クモははらの先にある2～4対(4～8こ)のとっきじょうのところから糸を出します。出てくるときはえき体ですが，空気にふれるとかたまって糸になります。

⑤**クモのくらし方**…クモは，こん虫とちがって，あみをはってすみかにしたり，虫などの食べ物をとるわなにしたりします。

クモの糸の太さは人のかみの毛の$\frac{1}{10}$ぐらいとかなり細いですが，小石をもち上げることもできます。2013年に日本の会社が世界で初めてクモの糸を人工的につくり出すことに成功しています。

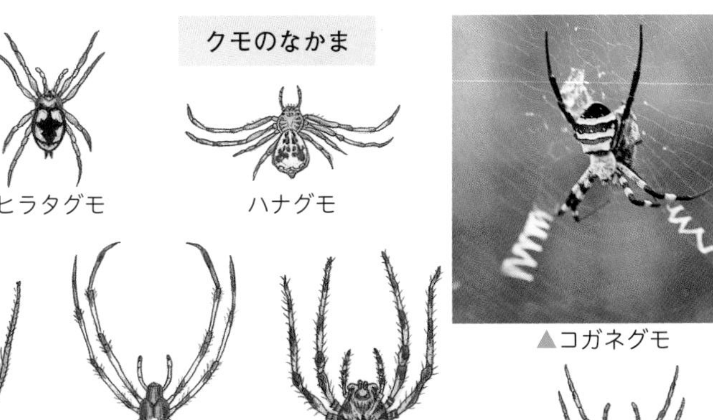

▲コガネグモ

2 クモのなかま

クモのなかまは約3万種以上いるといわれています。

①**ジグモ**…人家のゆか下や木の根もとに，細長いふくろのような巣をつくります。

②**オニグモ・コガネグモ**…木のえだ先にまるいあみをつくって，それにかかる虫などをとらえます。

③**ハエトリグモ**…巣もあみもはらないで，虫のそばにそっと近づいてとびかかるなどしてつかまえます。

> **さんこう クモににた虫**
>
> クモと同じくあしが8本のものにダニがいます。からだは頭・むね・はらに分かれず1つです。
>
> ダニには，人や家ちくについて病気を伝えるものもいます。ワクモのようにニワトリなどについて血をすいとるものもいます。
>
> 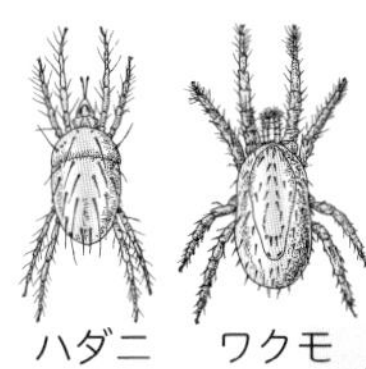
>

3 ダンゴムシ

からだはかたいこうらでおおわれ，体長は15 mmぐらいで，あしの数は左右合わせて14本あります。かれ葉やかれ木の下でくらしています。からだにふれるとからだをまもるため，まるくなります。エビやカニのなかまに入ります。

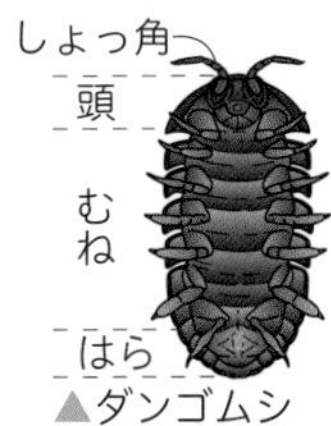

▲ダンゴムシ

ダンゴムシのせなかはかたくなっていますが，おなかはやわらかくなっています。きけんを感じると，おなかをまもるようにまるくなります。

4 こん虫と人のからだ

人もこん虫も，身のまわりのじょうきょうをからだで感じながら生きています。身のまわりのじょうきょうを感じることとして，見る，聞く，においを感じる，味を感じる，ふれるなどがあり，それぞれ感じるからだの部分がちがいます。

①**人の感じる部分**…人がものを見るときは**目**を，音を聞くときは**耳**を，においを感じるときは**鼻**を，味は口の中の**した**で感じ，ふれたり，熱い・冷たいを感じたりするのは**皮ふ**を使っています。

見る
聞く
ふれたこと・熱さや冷たさを感じる
においを感じる
したで味を感じる

②**こん虫の感じる部分**…こん虫は種類によって，感じるところがちがいます。

- **ものを見る**…こん虫には小さな目がたくさん集まった**複眼**があり，ここでものを見ています。
- **音を聞く**…シャクガやトノサマバッタははらに音を聞くところがあり，コオロギはあしにあります。
- **においを感じる**…頭についている**しょっ角**で感じとっています。
- **味を感じる**…こん虫は口の近くにあるひげや，チョウやハエのように**前あし**で感じとるものもいます。
- **ふれたり，熱い，冷たいを感じる**…しょっ角やからだにはえている**毛**で感じとります。

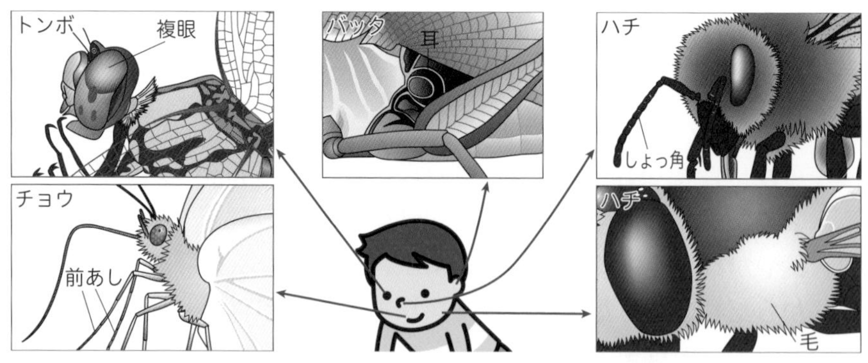

人もこん虫も目でものを見ていますが，その見え方は同じではありません。こん虫には紫外線という人には見えない光が見えているため，わたしたちとはちがった風景が見えているのです。

2 こん虫の育ち方

こん虫はそれぞれどんな育ち方をするのでしょうか。いろいろなこん虫の育ち方を調べよう。

1 完全変態と不完全変態

1 こん虫の育ち方のちがい

こん虫はさなぎの時期がある**完全変態**をするものと，さなぎの時期がない**不完全変態**をするものと，変態しないものがあります。

①**完全変態**…カブトムシ・チョウ・ハチ・アリなど，さなぎの時期がある育ち方をいいます。多くの場合はさなぎの時期をさかいにからだのつくりがまったくちがうすがたになります。食べ物もよう虫と成虫ではことなることがほとんどです。

②**不完全変態**…セミ・バッタ・コオロギ・カマキリ・トンボなど，さなぎの時期がない育ち方をいいます。よう虫と成虫で全体的なからだのつくりがにていることも多いです。

③**変態しないこん虫**…シミやトビムシなど，成虫とほぼ変わらないすがたをしています。成長するにつれてからだは大きくなりますが，からだのつくりは変わらないままです。

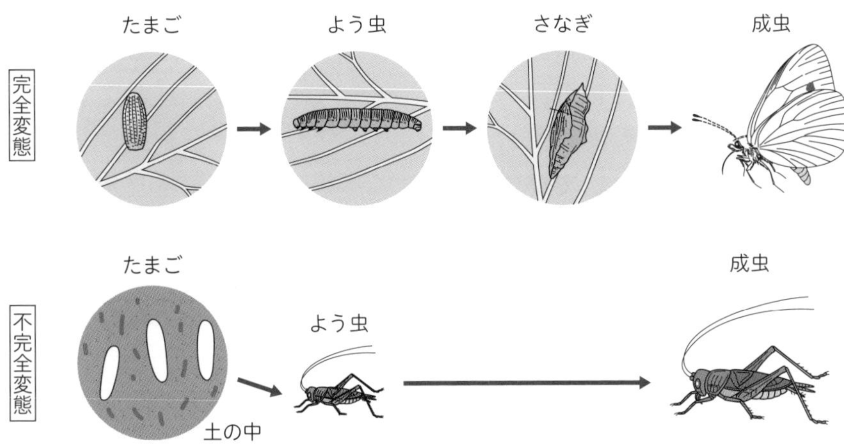

変態しない育ち方を**無変態**(または**不変態**)といいます。皮をぬぐことで大きくなりますが，からだの外見はほとんど変化しません。

2 さまざまなこん虫の育ち方(完全変態)

1 モンシロチョウの育ち方

①**たまご**…モンシロチョウのたまごは小さく，産みつけられたばかりのときは白色で，しだいに黄色に変わります。モンシロチョウは，アブラナやキャベツなどアブラナ科の**葉のうら**にたまごを産みます。モンシロチョウがたまごを産むときは，はらの部分を曲げて１つずつ産みつけます。

たまごを１か所に１つずつ産みつけるのは，たまごからかえってよう虫になったとき，食べ物が不足しないようにするためです。

②**よう虫**…たまごからかえったよう虫の体長は約 2～3 mm で，最初はたまごのからを食べます。キャベツなどの葉を食べ始めると，からだが食べた葉の色と同じ緑色をした**よう虫(あおむし)**になります。

たまごからかえった(**ふ化**した)ばかりのころは，葉のうらのほうにいますが，**皮をぬいで**大きくなってくると，葉の表のほうに出てきてキャベツやアブラナ，ダイコンの葉を，どんどん食べて育っていきます。

よう虫は，皮をぬぐたびに大きくなっていき，**5 回ぬぐ**と**さなぎ**になります。よう虫はさなぎになるまでに大きさのちがう５つのよう虫になります。

よう虫のからだは**頭**，**むね**，**はら**，**お**の部分に分けられます。頭には口と目があり，むねには**6 本のあし**がついています。はらには **8 本のあし**，おの部分には **2 本のあし**があります。はらとおの部分にあるあしは，すいつくようにきゅうばんのようになっていて，葉などにしっか

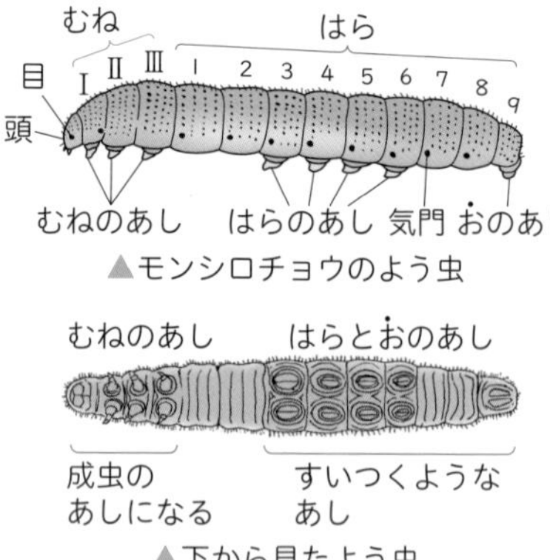

▲モンシロチョウのよう虫

▲下から見たよう虫

モンシロチョウは，一度に 100 ～ 200 こくらいのたまごを産みます。ただし，その多くが成虫になるまでにほかの生き物に食べられたりするため，全体の数はあまり変わりません。

りつかまって落ちることなく葉を食べることができます。

よう虫のからだの節の数は，頭の部分が 1，むねの部分が 3，はらの部分が 9（おの部分 1 も入れて）で，全部で 13 あります。それぞれの節の両側に黒い点が見られます。これは**気門**とよばれ，こきゅうするためのものです。

③**さなぎ**…たまごからかえってさなぎになるのに，約 20 日ほど（気温によってちがってきます）かかります。

さなぎの色は，ふつううす緑色になりますが，まわりの色によってはうす茶色になります。さなぎは，日がたつにつれて少し色が変わり，外からはねのもようがすきとおって見えるようになります。

④**さなぎから成虫へ**…さなぎの皮がわれて，皮からチョウが出てくる（羽化）のは，ふつう**夜から朝方**にかけてです。

夜中に，皮をぬぐじゅんびができて，朝方せなかにあたるところがさけると，頭，むね，あし，はらの順に出て，はねをのばして飛びたっていきます。

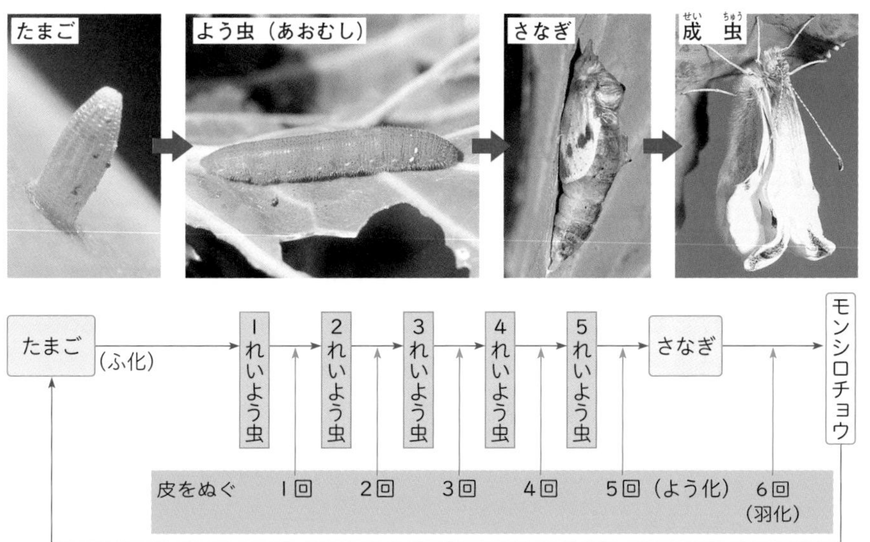

▲モンシロチョウの育ち方

ほとんどのこん虫はさなぎのじょうたいでは動けませんが，オニボウフラとよばれる力のさなぎは自由に動くことができます。

2 アゲハの育ち方

アゲハはモンシロチョウと同じように，完全変態で成虫まで大きくなります。

① 5 月の中ごろ，カラタチ・ミカン・サンショウなどの葉に**たまご**を産みつけます。

アゲハのたまご

小さいときのアゲハのよう虫

大きくなったアゲハのよう虫

さなぎになる前のアゲハのよう虫

アゲハのさなぎ

さなぎから出てすぐのアゲハの成虫

②たまごはまるく黄色で，葉の表にも産みつけることがあります。

③産みつけられてから 1 週間ぐらいで**よう虫**がかえります(**ふ化**)。よう虫は黒っぽくて白いもようがあります。

④ 4 回皮をぬぐと，緑色のよう虫にかわります。(よう虫にさわると赤いつのを出し，くさいにおいがします。)

⑤ふ化してから 5 回皮をぬぐと**さなぎ**になり，2 週間くらいで，アゲハの**成虫**が出てきます。

アゲハを漢字で書くと揚羽となります。「揚」は高くあがるという意味があり，花のみつをすっているときにはねを高くあげているすがたから，アゲハという名まえになったという説もあります。

3 カイコガの育ち方

カイコガはアゲハやモンシロチョウと同じように，完全変態で成虫まで大きくなります。

①カイコガが，**たまご**を産みつけます。

②産みつけられたたまごは，1～2 週間ぐらいすると，毛の生えた黒い**よう虫（けご）**がたまごからかえります。

③よう虫は，クワの葉を食べて育ち，まゆになるまでに 4 回皮をぬぎます。

④ 4 回皮をぬぎ，たくさんクワの葉を食べたよう虫は，頭を 8 の字に動かし，口から糸を出して**まゆ**をつくります。

⑤まゆの中で，よう虫は皮をぬぎ，**さなぎ**になります。（まゆからは，**生糸**をとることができます。）

⑥さなぎになって 2～3 週間たつと，カイコガの**成虫**が出てきます。

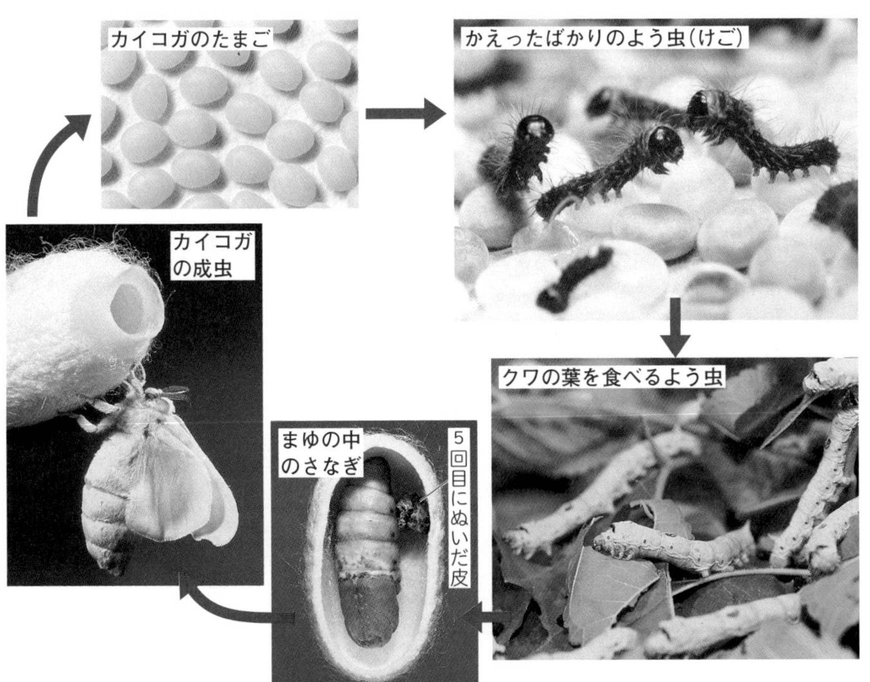

▲カイコガの育ち方

カイコガのまゆを材料にしてつくられたものをシルク（きぬ）せい品といいます。まゆからきぬをつくる工場だった，群馬県富岡市にある富岡せい糸場は世界い産に登録されています。

4 カブトムシの育ち方

カブトムシはアゲハやモンシロチョウと同じように，完全変態で成虫まで大きくなります。

①カブトムシは，落ち葉の積もった土の中に，白い**たまご**を産みつけます。また，木のくずが古くなって土のようになりかかったところでも産みつけます。

②たまごからかえった白い**よう虫**は，落ち葉などを食べてしだいに大きく育ち，やがて動かなくなり，**さなぎ**になります。

③さなぎからかえった**成虫**は，土や落ち葉などをおしのけて地上に出てきます。

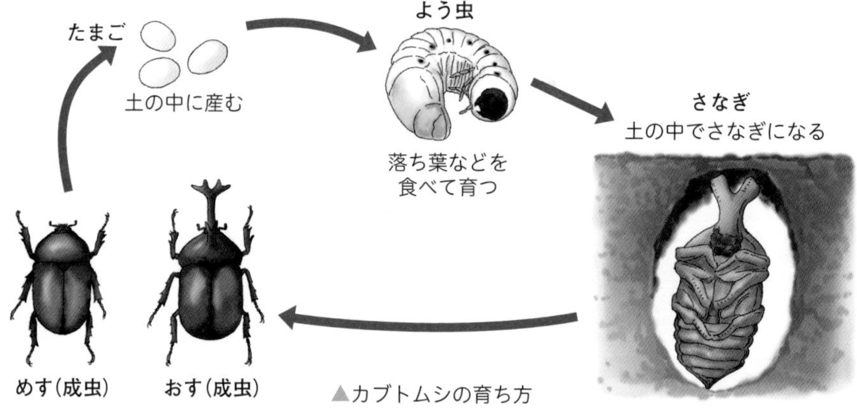

▲カブトムシの育ち方

3 さまざまなこん虫の育ち方（不完全変態）

1 コオロギの育ち方

コオロギは不完全変態で成虫まで大きくなります。

①秋，めすの**たまご**を産む管（**産らん管**）から，土の中に産みつけられたたまごは，暑くなる夏がやってくると**よう虫**にかえり，土の中からはい出し，皮をぬいで大きく育っていきます。

②コオロギのよう虫の形は成虫とあまりちがいがありません。最後の５回目の皮をぬぐと，はねも大きくのびて**成虫**になり，おすは鳴き出します。コオロギのなかまは，おすのはねに音を出し鳴くためのしくみがあります。

カブトムシはこん虫の王様ともよばれ，人気のあるこん虫です。大きさは 50 mm くらいが多いですが，し育されたカブトムシで 88 mm という大きさに育ったものもいます。

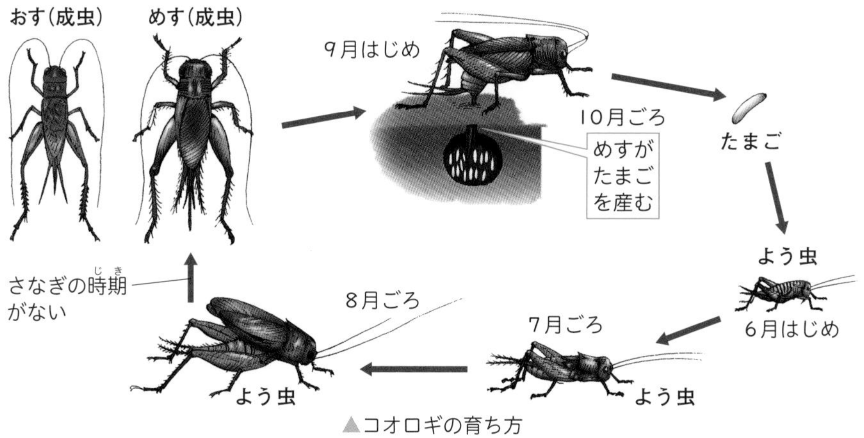

▲コオロギの育ち方

2 トンボの育ち方

コオロギと同じように，不完全変態で成虫まで大きくなります。

①トンボの成虫は，水面におしりをつけながら水中や水辺の植物に**たまご**を産み落とします。産み落とされたたまごは水中で**よう虫（やご）**になります。

②よう虫は，水中の生活に合ったからだのつくりをしていて，成虫とはちがった形をしています。皮をぬぐ回数は種類によってちがいますが，ギンヤンマで 13 回です。

③大きく育ったよう虫は水中から出て，皮をぬぎ，はねのあるトンボの**成虫**となります。

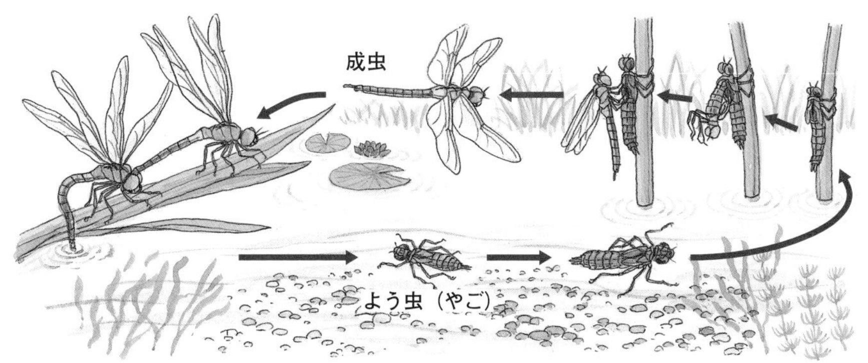

▲トンボ（ギンヤンマ）の育ち方

トンボは飛ぶのがとても上手なこん虫です。ギンヤンマの速さは，いちばんはやいときで時速 100 km にもなるといわれています。これは高速道路を走る車と同じくらいの速さです。

実験・観察　モンシロチョウを育てよう

モンシロチョウをたまごから育ててみましょう。

❶たまごがついている葉を，図のようなふたのついた入れ物の中に入れておきましょう。

❷たまごの形・色・大きさ・ようす，よう虫がたまごからかえるようすを調べましょう。

❸よう虫が育っていくようすについて，えさの食べ方，からだの大きさの変化と色や形，動くようすを調べましょう。

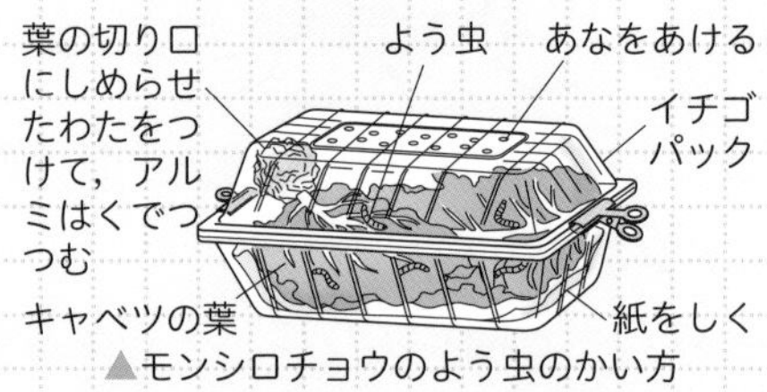

▲モンシロチョウのよう虫のかい方

❹よう虫からさなぎになるときのさなぎの色のようす，形と大きさを調べましょう。

❺さなぎからチョウが出てくるところや，ぬけがらを観察しましょう。

わかること

▶たまごは，産みつけられたあと 5 日ぐらいでかえります。よう虫は長さが 1.5 mm ぐらいのこい黄色をしたからだで，黒い毛がたくさん生えています。

▶たまごからかえったばかりのよう虫は，入っていたたまごのからを食べます。そのあと，キャベツの葉を食べ始め，しだいに緑色になっていきます。

▶よう虫は，3.5 cm ぐらいまで育つと葉を食べなくなり，口から糸を出してからだをささえます。せなかに糸をかけて動かなくなり，皮をぬいでさなぎになります。

▶さなぎのせなかがわれて，成虫の頭の部分があらわれてきます。さなぎから出たばかりのチョウは，はねがやわらかくのびていませんが，時間がたつにつれて，はねがのびて開いていきます。

モンシロチョウのよう虫に食べさせるキャベツの葉は，農薬のついていないものにしましょう。農薬は虫から葉をまもるためのものなので，よう虫にとってはどくになります。

4 こん虫とこん虫の関係

1 ともに生きるこん虫たち

こん虫の中には，ちがう種類のこん虫がおたがいに助け合って生活しているものがいます。このような生活のしかたを**共生**といいます。

①**アブラムシとクロクサアリ**…クロクサアリはアブラムシのおしりから出るみつをもらっています。クロクサアリはアブラムシの**天てき**(その虫を殺してしまうてき)のテントウムシがよってこないようにしています。

②**クロシジミとクロオオアリ**…クロオオアリはクロシジミのよう虫を土の中の巣に運び育てます。クロシジミのよう虫は，せなかからみつを出し，クロオオアリにあたえます。

③**ツノゼミとアリ**…ツノゼミははらの部分の先からみつを出します。アリは，それをなめるためにやってきて，ツノゼミがほかのてきからおそわれないようにしています。

2 他のこん虫を利用して生きるこん虫

畑からとってきたモンシロチョウのよう虫(あおむし)のからだに，たくさんのまゆができていることがあります。これは，**アオムシコマユバチ**がよう虫のからだにはりをさして，たまごを産みつけたからです。このたまごは，あおむしのからだの中でかえり，あおむしのからだを食いやぶって出てまゆをつくります。よう虫はそのために死んでしまいます。

このように他の生き物のからだにつき，そこから養分をえて生活することを**寄生**といいます。

よう虫のからだに，たまごを産みつける。

からだを食べて育ち食いやぶって出る。

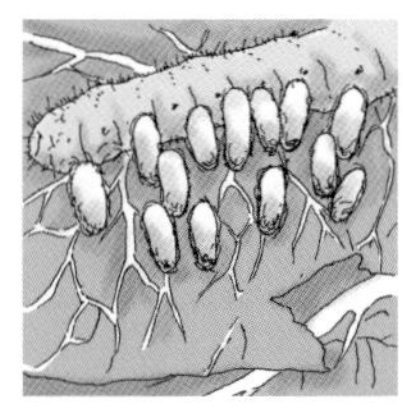
まゆをつくってさなぎとなる。

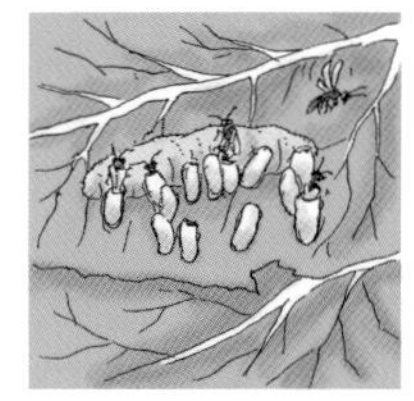
さなぎから成虫が出てくる。

▲アオムシコマユバチの寄生

こん虫にはそれぞれ天てきとなる生き物がいますが，人も天てきだといえます。山を切り開いたりして自然をはかいすると，こん虫のすんでいる場所をなくしてしまうなどのえいきょうがあります。

5 こん虫と植物の一生をくらべてみよう

モンシロチョウとアブラナの育っていくようすをくらべてみると，すがたや形はちがっていても，生命をつないでいくところは同じです。

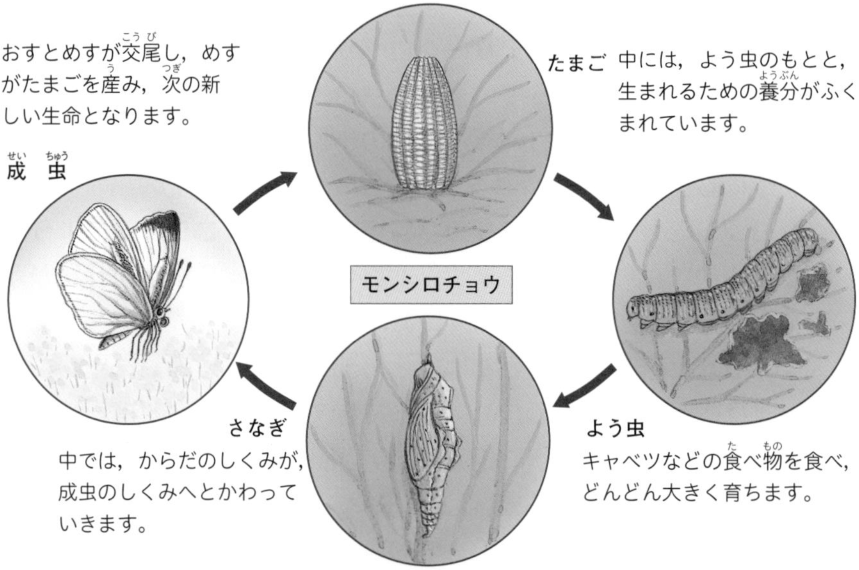

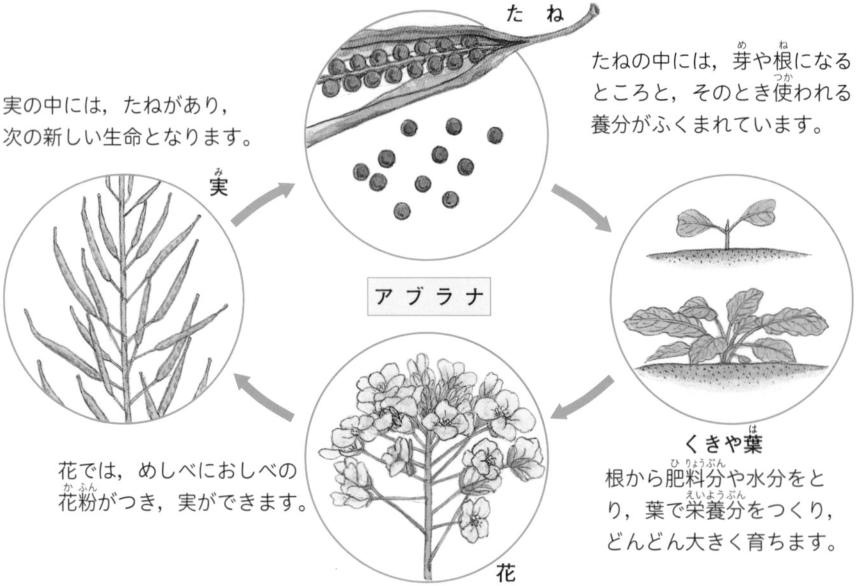

おすとめすが交尾し，めすがたまごを産み，次の新しい生命となります。

成虫

たまご 中には，よう虫のもとと，生まれるための養分がふくまれています。

モンシロチョウ

よう虫 キャベツなどの食べ物を食べ，どんどん大きく育ちます。

さなぎ 中では，からだのしくみが，成虫のしくみへとかわっていきます。

たね たねの中には，芽や根になるところと，そのとき使われる養分がふくまれています。

実 実の中には，たねがあり，次の新しい生命となります。

アブラナ

くきや葉 根から肥料分や水分をとり，葉で栄養分をつくり，どんどん大きく育ちます。

花 花では，めしべにおしべの花粉がつき，実ができます。

こん虫も植物も生命をつなぐ中で，おたがいが関係しながら生きています。こん虫は植物から花のみつをもらい，そのこん虫が植物の受粉を手伝うなど，助け合って生きているといえます。

3 こん虫の食べ物とくらし

こん虫は，たまごからかえるとよう虫となり，やがて成虫になります。その間，こん虫たちは何を食べてどのようにくらしているのか調べてみましょう。

1 こん虫の食べ物

実験・観察 こん虫の食べ物のちがい

いろいろなこん虫の食べ物を調べてみましょう。

モンシロチョウやアゲハ，カブトムシ，バッタのよう虫や成虫を観察し，どんなものを食べているか調べ，くらべてみましょう。

わかること

- モンシロチョウやアゲハ，カブトムシは，よう虫と成虫で食べるものがちがいます。
- バッタは，よう虫・成虫ともに食べるものに変化がありません。

こん虫の名まえ	よう虫の食べ物	成虫の食べ物
アゲハ	カラタチ・ミカン・サンショウなどの葉	アザミ・ツツジ・ヤブガラシなどのいろいろな花のみつ
モンシロチョウ	キャベツ・アブラナ・ダイコンなどの葉	アザミ・アブラナなどの花のみつ
カブトムシ	落ち葉やくさった木	クヌギ・コナラ・クリなどのじゅえき（木のしる）
アブラゼミ	木の根のしる	じゅえき，くだもののしる
バッタ	いろいろな草	いろいろな草

▲おもに植物を食べ物にするこん虫

こん虫ゼリーという，こん虫せん用のゼリーが売られています。これはカブトムシのように木のしるを食べるこん虫用につくられたものです。

こん虫の名まえ	よう虫の食べ物	成虫の食べ物
ゲンジボタル	カワニナ・ヒメタニシなど	水だけで何も食べない
ナナホシテントウ	アブラムシ	アブラムシ・カイガラムシ
トンボ	水中のぼうふら・イトミミズ・メダカ・ミジンコなど	カ・ハエ・小さなこん虫
オオカマキリ	小さなこん虫	あらゆるこん虫
エンマコオロギ	草や小動物を食べる	草や小動物を食べる
クロオオアリ	育つために必要な養分は女王アリからもらう	花のみつ，虫の死がいなど

▲植物以外のものを食べ物にするこん虫

1 こん虫の口の形

こん虫はそれぞれちがったものを食べますが，その食べ物が食べやすいように口の形もちがっています。

①**すう口**…木のじゅえきやほかの生き物のしるをとがったストローのような形の口をつきさしてすうこん虫や，花のみつをすうこん虫がいます。

▲セ　ミ　▲チョウ

▶セ　ミ…とがった口でじゅえきをすいます。

例 カメムシ，アメンボ，カなど

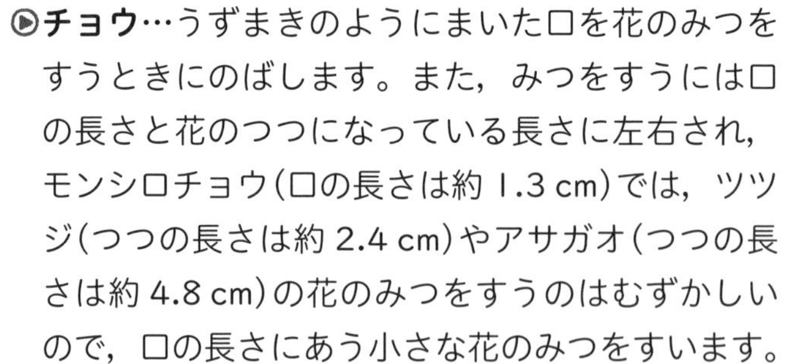

▶チョウ…うずまきのようにまいた口を花のみつをすうときにのばします。また，みつをすうには口の長さと花のつつになっている長さに左右され，モンシロチョウ(口の長さは約 1.3 cm)では，ツツジ(つつの長さは約 2.4 cm)やアサガオ(つつの長さは約 4.8 cm)の花のみつをすうのはむずかしいので，口の長さにあう小さな花のみつをすいます。

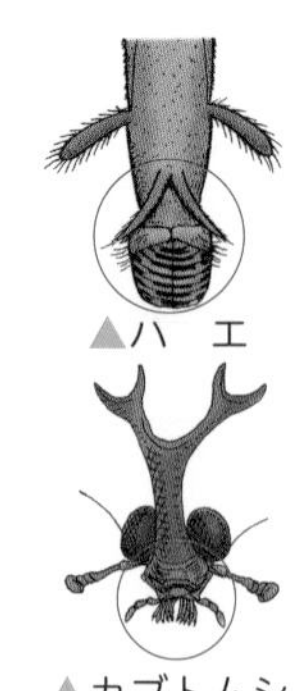

▲ハ　エ

▲カブトムシ

②**なめる口**…ハエなどは，口の先が広がり，やすりの

成虫になったばかりのチョウの口は２本に分かれています。この２本がくっつきストローのような口になっていきます。

ような口になっていて，食べ物をなめてとりやすいようになっています。

③**なめるようにすう口**…カブトムシは，ブラシのようになった口でじゅえきを集め，その集めたじゅえきをすっています。

④**かむ口**…トンボやカマキリなど小さな動く生き物(小動物)を食べるこん虫や，バッタなど草を食べるこん虫は，大きなあごが発達しています。

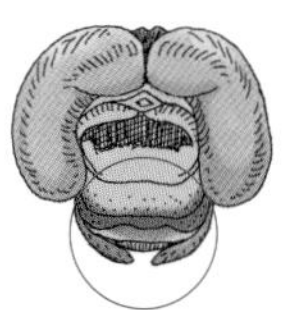
▲トンボ

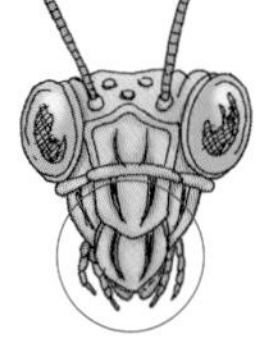
▲カマキリ

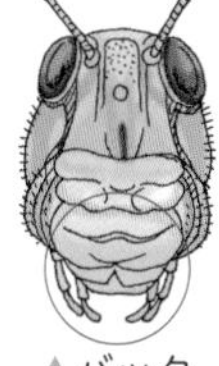
▲バッタ

2 こん虫のくらし

①**すみかと食べ物**…多くのこん虫は，成虫もよう虫も食べ物のあるところをすみかにしています。植物を食べ物にしているこん虫は，その植物の近くに，また，こん虫を食べ物にしているこん虫は，そのこん虫がたくさんいるところにすんでいます。

②**たまごを産む場所**…成虫は，よう虫の食べ物のあるところにたまごを産みます。また，ほかのこん虫や動物に食べられないようにするため，葉のうらや土の中にたまごを産むこん虫もいます。

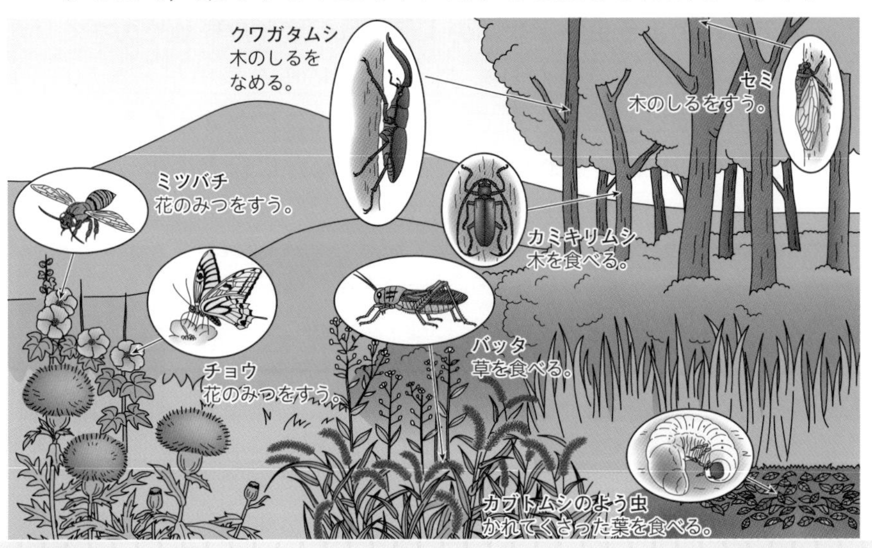

トンボやカマキリなど，かむ口をもっているこん虫は人の皮ふをかむこともあるので，けがをしないように注意しましょう。

3 こん虫の身のかくし方

こん虫は，てきから自分の身をまもるために，さまざまなくふうをしています。

①**ほご色**…からだの色やもようをまわりのものににせて，てきやえものから自分のからだを見えにくくしてます。

- **モンシロチョウのよう虫**…よう虫のからだの色と，キャベツやアブラナの葉の色がにています。
- **カマキリ**…からだの色と，草の葉の色がにています。
- **セ　ミ**…からだの色と，木の皮の色のもようがにています。

▲モンシロチョウのよう虫

▲カマキリ

▲セ　ミ

②**ぎたい**…ほかの生き物のすがたににせることで，てきから身をまもっています。

- **シャクトリムシ**…木のえだにそっくりな外見をしています。また，成長してガになると，木の皮ににたもようになります。
- **アゲハのよう虫**…アゲハのよう虫は何度か皮をぬぐのをくりかえしながら大きくなります。1回目に皮をぬいだときから，4回目の皮をぬぐときまでは，鳥のふんににたすがたをしています。4回目に皮をぬいだあとは，せなかに目玉のようなもようができて相手をおどろかせます。

▲シャクトリムシ

▲アゲハのよう虫①

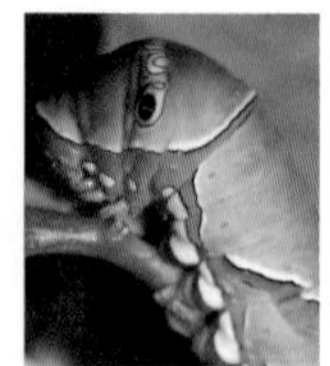
▲アゲハのよう虫②

こん虫以外の生き物も，身をまもるためにさまざまなくふうをしています。カメレオンはからだの色を変えることで有名ですが，ライチョウも季節ごとにまわりの景色に合わせてはねの色を変えています。

8つのミッション！①

わたしたちの身(み)のまわりでは，いろいろな種類(しゅるい)のこん虫が生活しています。そのこん虫たちは，それぞれ特(とく)ちょうのある声で鳴きます。こん虫によってよく鳴く季節(きせつ)がちがうので，それぞれの季節のこん虫の声に耳をかたむけて，どのような鳴き声か調(しら)べてみましょう。

ミッション

それぞれの季節のこん虫の鳴き声を調べてみよう！

調べ方（例(れい)）

ステップ1　調べるこん虫を決(き)めよう！

観察(かんさつ)する季節にどのようなこん虫が活動(かつどう)しているのか，本やインターネットなどを使(つか)って，鳴き声に特ちょうのあるこん虫を調べてみよう。

- **夏**…セミなど
- **秋**…スズムシやコオロギなど

ステップ2　観察する場所(ばしょ)を決めよう！

- どのこん虫の鳴き声を観察するか決めたら，どこに行けばそのこん虫たちがいるのか考えてみましょう。

ステップ3　こん虫を観察してみよう！

- 観察する場所を決めたら，その場所に行ってそっと耳をすませてみましょう。
- こん虫の声が聞こえたら，どのような場所にどのようなこん虫がいるのか記録(きろく)をつけてみましょう。
- 鳴いているこん虫のすがたを見つけることができたら，スケッチをしてみましょう。
- そのこん虫について気づいたこと，もっと知りたいことなどを文章(ぶんしょう)でまとめてみましょう。

解答例 371ページ

季節のうつり変わり

りりりり…

りりりり…

まだ暑いけどコオロギのりりり…が聞こえると夏の終わりを感じるね

ちょっとすずしくなってきたしね

季節を感じるということは，その生き物はその季節しかいないってことよね？

そういえば，春はカエルが鳴いていたり，ツバメが飛んでいたりするけど，それって一年中いつでもじゃないね

うんうん

たしかに

花も季節によってさくものがちがうし，果物や野菜もその季節にしかないものもあるね

お店には夏はスイカがたくさんあるけど，冬はみかんがたくさんあったりするね

夏のスーパー

大玉すいか

カットすいか

冬のスーパー

みかん1はこ

みかん1ふくろ

今年の春，お花見もしたね
去年の秋，落ち葉拾いしたね！落ち葉のしおりもつくったよね
1年を通して，季節ごとに注意して見てみようか
はーい
暑いときと寒いときでちがうものがたくさんあるみたい
夏のようす
冬のようす
アイスは一年中食べてもいいよね？
ヤレヤレ…
どうしたの？
ビクッ
ゴリゴリ

3 季節と生き物

4年

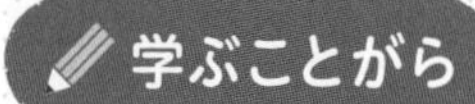

1 春の生き物のようす
2 夏の生き物のようす
3 秋の生き物のようす
4 冬の生き物のようす
5 生き物の1年，1日のようす
6 よく見られる野鳥

1 春の生き物のようす

1 草花の芽の出方や，育ち方を調べよう。
2 花に集まるこん虫や，身近な動物のようすを調べよう。

1 春の植物の育ち方

1 たねまき

実験・観察 ヘチマのたねまき

ヘチマのたねまきをしてみましょう。

❶ヘチマのたねについて，色，手ざわり，形，大きさなどを観察しましょう。
❷春になってから，ビニルポットに土を入れて 2 cm くらいの深さにたねをまき，土をかけましょう。
❸まわりの草花や虫のようすなども観察しましょう。

ヘチマのたね

たねを1こ2cmくらいの深さにまいて，水をかけ，あたたかいところに置いておきます。

ネットや小石をビニルポットのあなにおいてから，土を入れます。

植物のたねは寒い日が続いている間は発芽しにくいです。そのため，たねをまいたビニルポットやプランターを温室などであたたかくしておくと，発芽しやすくなります。

わかること

- ヘチマのたねは，黒く平らで，スイカのたねににています。
- ヘチマのたねには，小さなへそのようなものがあります。

2 芽生え

実験・観察 ヘチマの芽生え

芽が出て，葉が出るまでのようすを観察してみましょう。

❶土がもち上がるとき，芽が出るとき，子葉が開くとき，葉が出るときのようすを観察しましょう。

わかること

- たねをまいて，7〜10日ぐらいで芽が出てきます。
- 芽が出てくるときは，くきの部分から先に出てきます。
- 2まいの子葉が手を合わせたようにくっついたまま，黒いたねの皮をかぶって地面から出てきます。
- やがてたねの皮が落ち，子葉が左右に開きます。子葉の間から芽がのび，葉が出てきます。

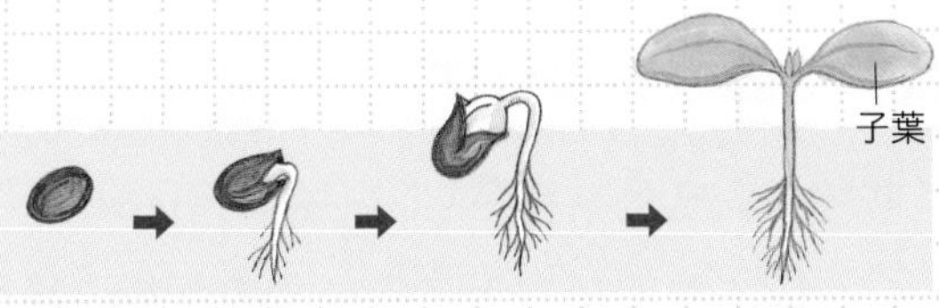

①**子　葉**…多くの植物が土から芽が出たときに最初に広げるもので，ヘチマの子葉はまわりに切れこみがなく，つるつるしています。

②**葉（本葉）**…子葉が出てきたあとに出てくるもので，ヘチマの葉は切れこみがあり，ざらざらしています。

③**芽生えと温度や水分**…植物のたねが芽生える（**発芽**）には，てき当なあたたかさとてき当な水分が必要です。

ヘチマのように，春にたねをまき，夏に花がさく植物はほかにもたくさんあります。同じように観察できる身近な植物に，ツルレイシ（ニガウリ），キュウリ，ヒョウタンなどがあります。

3 植えかえ

植物を育てるとき，はじめにビニルポットなどで育てたときは，植えかえて大きく育てます。ヘチマは次のように植えかえます。

①植えかえる場所(花だんなど)の土にあなをほります。
②土がくずれないようにビニルポットからヘチマを土ごととり出します。
③あなの中に肥料を入れ，その上に土をかぶせます。
④あなに静かにヘチマをうつし，土をかけます。
⑤まわりのヘチマとは，50 cm～1 m くらいはなして植えます。
⑥ヘチマのまわりに水やりのためのみぞをつけます。
⑦みぞに水を静かにたっぷり入れ，土にしっかりとしみこませます。

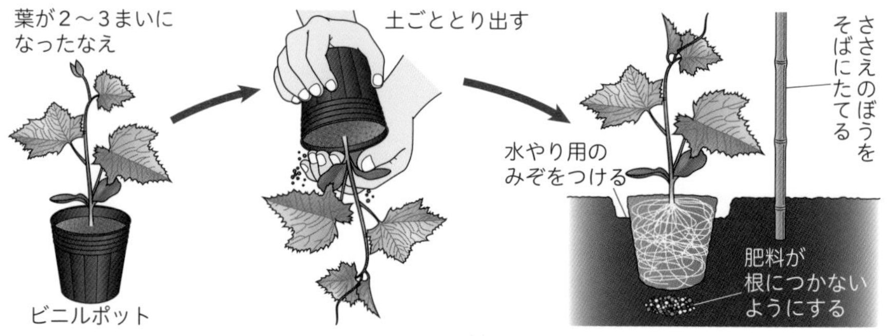

▲ヘチマの植えかえ

実験・観察 ヘチマの根のようす

ヘチマの根のようすを観察してみましょう。

❶葉が 2～3 まい出たころに，育てたヘチマのなえのうち，育ちの悪いものを 1 つ選びましょう。
❷ビニルポットからなえをとり出し，土を静かに落として根のようすを観察しましょう。

わかること

▶根は，あみのようにからみあっていて，よく見ると，太い根から細い根がたくさん出ています。

パワーアップ

よく育つように，植えかえたあとに固形やえき体の肥料をあたえることを追肥(または追い肥)といいます。ヘチマの場合は 3 週間に 1 回くらい根もとから 30 cm ほどはなれたところに肥料をあたえます。

2 春にさく花

①春に花をさかせる花だんの草花

アネモネ
（キンポウゲ科）
花４～５月

アヤメ
（アヤメ科）
花５月

パンジー
（スミレ科）
花４～５月

ラッパスイセン
（ヒガンバナ科）
花３～４月

②春に花をさかせる野山の草花

ハルジオン
（キク科）
花４～６月

シロツメクサ
（マメ科）
花４～７月

カタクリ
（ユリ科）
花４月

ゲンゲ（レンゲソウ）
（マメ科）
花４～６月

オオイヌノフグリ
（ゴマノハグサ科）
花３～４月

スミレ
（スミレ科）
花４月

木々の花には目だたないものも多くあります。スギなどは春に開花し，花粉を飛ばすことで有名です。秋になると木の実ができます。

3 サクラと季節ごとのようす

1 サクラの花

毎年，春になると，サクラの花が日本列島の南からさき始めます。南から北へ，低地から高地へと花がさき始めます。右の図のように，花がさき始めた日をつないでいくと，そのようすがよくわかります。花がさき始めた日をつないだ線を**さくら前線**といいます。

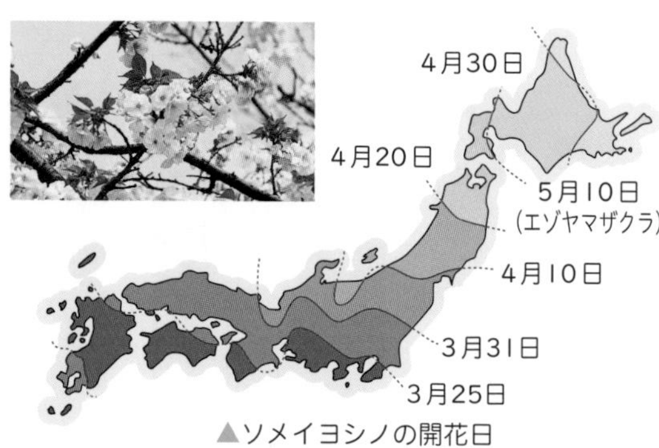

▲ソメイヨシノの開花日

2 季節によるサクラの木のようす

①**春**…気温が上がり始める春に，いっせいに花をさかせます。葉は花がさいている間に成長し，花が散るころには成長が進んでいます。

②**夏**…葉の色は黄緑色からこい緑色になり，葉の数も多くなります。このころ，サクラのつぼみができます。

③**秋**…葉が色づき赤色になります(葉が赤色になることを**紅葉**といいます)。

④**冬**…葉がほとんど落ち，そのあとに，うろこのような皮に包まれた**冬芽**がついています。

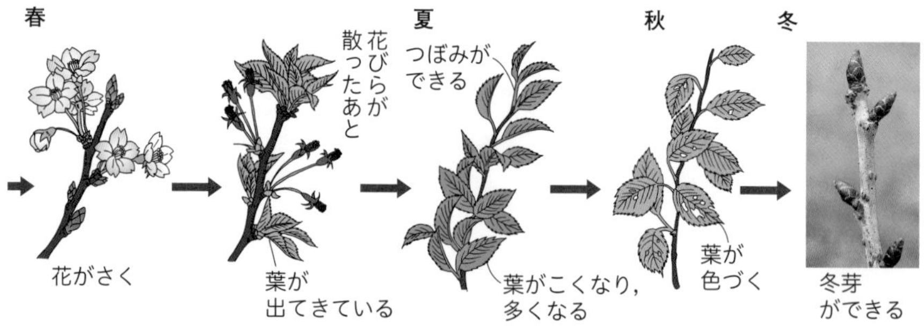

秋になると日本列島の北からモミジやイチョウの紅葉，黄葉が始まります。その時期と場所を結んだものを紅葉前線，黄葉前線といいます。その年の気しょうじょうけんによって変化するため，気しょうのじょうたいを知ることができます。

4 春の動物のようす

1 花だんに集まるこん虫

実験・観察 花だんに集まるこん虫

花だんに集まるこん虫の種類やようすを調べてみましょう。

❶アブラナの花やツツジの花にやってくるこん虫の種類を調べ，やってきたときのようすを観察しましょう。

❷植物の葉やくきにやってくるこん虫の種類やようすを調べましょう。

わかること

- アブラナの花には，ミツバチ・ハナアブ・モンシロチョウなどがやってきます。ツツジの花には，クロアゲハ・カラスアゲハ・アゲハ・ハナムグリなどがやってきます。
- チョウのなかまは，口をストローのようにのばしてみつをすいます。ハチやアブのなかまは，花の中にもぐってみつをとります。このとき，花粉がこん虫のからだにつきます。
- 葉やくきには，アリ・テントウムシ・アブラムシ・コガネムシなどがやってきます。

まいた管のような口をのばしてみつをすいます

花粉があしなどにつきます

①アブラナの花とツツジの花では，花に集まってくるこん虫がちがいます(➡ 69 ページ)。また，気温が低い朝や夕より，気温の高い昼間のほうがこん虫がよく活動し，たくさん見ることができます。

パワーアップ

チョウなどのこん虫は花からみつや花粉をえます。からだに花粉をつけたこん虫が同じ種類のほかの花にとまると，花粉がめしべについて受粉し，実ができ，たねがつくられます。

②アブラムシを食べているテントウムシ，アブラムシをテントウムシからまもっているアリ，のようにこん虫がほかのこん虫を食べたり，助けたりするのが見られます。

▲テントウムシ

2 身近な動物

①春になると野山でウグイス・ヒバリ・ホオジロなどがさえずり始めます。また，ツバメが人家ののき先に土を運んで巣づくりをしたり，飛びながらえさをとるすがたが目だってきます。

▲ツバメの巣

②池や小川では，カエルのたまごが見られたり，かえったおたまじゃくしやメダカが群れで泳いでいるようすが見られたりします。

- 春になって，空気や土や水の温度が高くなってくると，いろいろな動物が活発に活動し始めます。
- 春になると，さえずりをする鳥はさえずりを始め，巣をつくり，たまごを産みます。ひなが育つころになるとさえずりをやめます。
- 池や小川では，**冬みん**していたカエルがたまごを産みます。寒い冬をこしたフナ・メダカはえさをとったり活発に泳ぎ始めます。

水そうのメダカは水温が 25 ～ 28℃，日照時間が 13 時間のじょうけんが整うと活発に産らんするようになります。産らんのためには栄養のあるえさが必要になります。

2 夏の生き物のようす

1 夏になりだんだん暑くなると，ヘチマはどのように育っていくのか調べよう。
2 夏の生き物の生活のようすを調べよう。

1 夏の植物の育ち方

1 ヘチマの成長

ヘチマが大きく育ってくると，まきひげがそばに立てたぼうにからみつき，たおれることなくくきがのびていきます。

実験・観察 ヘチマのまきひげ

ヘチマのまきひげのようすを調べてみましょう。

❶まきひげがどのような形になっているか調べましょう。
❷まきひげのある付近のくきを手でつかみ，ささえのぼうから遠ざけるように軽く引いたときのようすを調べましょう。
❸アサガオのくきのようすとくらべてみましょう。

わかること

- まきひげはばねのようにまいていますが，とちゅうでまく向きがぎゃくになっています。
- ささえのぼうから遠ざけるように引いてみると，まきひげがのび，手をはなすともとにもどろうとします。
- アサガオはくきがささえのぼうにまきついています。

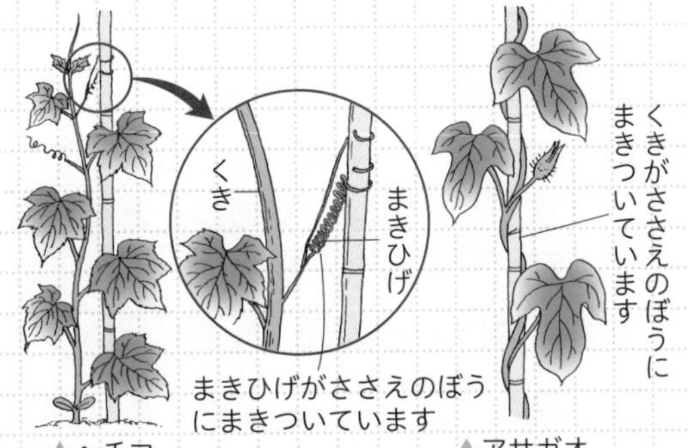

▲ヘチマ　▲アサガオ

ヘチマのまきひげは，くきが変わったものです。キュウリ・スイートピー・エンドウなどもにたようなまきひげがあります。キュウリのまきひげはくき，スイートピー・エンドウのまきひげは，葉の変わったものです。

2 ヘチマのくきののび方

実験・観察 ヘチマのくき

ヘチマのくきののび方と気温について調べてみましょう。

❶観察する時こくを決め，決めた時こくの先たんの高さのところに印をつけましょう。

❷次の日に，❶と同じように印をつけ，くきののびた長さをはかりましょう。

❸のびた長さをはかるときに，気温もはかっておきましょう。

❹植えかえたころからの葉の大きさの変化についても調べておきましょう。

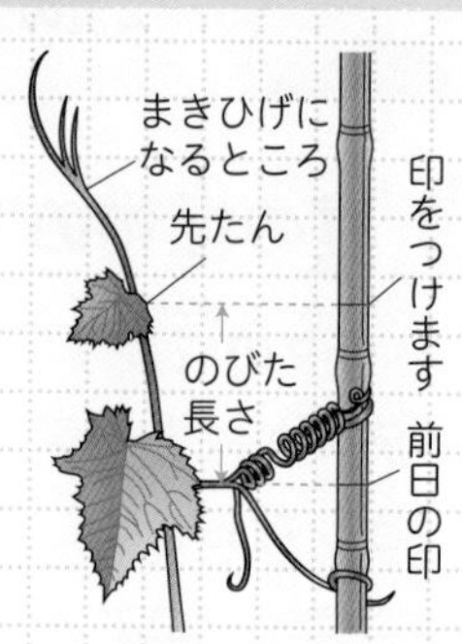

わかること

- ヘチマは，夏に向かって気温が高くなるほど，くきがどんどんのびます。
- くきは気温が高いときほどよくのび，よくのびるときには，1日に 10 cm 以上のびることもあります。
- 植えかえた葉が 2～3 まいのときにくらべ，気温が高くなったときのほうが，葉が大きく育ちます。

①**ヘチマのくきののび方**…葉と葉のつけ根の間のくきの長さをはかってみると，間の広いところ，せまいところがあります。間が広いとき，ヘチマはよくのびたということがわかります。また，よくのびたころにできた葉は，大きく育っています。

②**くきののび方と気温**…ヘチマはいつも同じようにのびるのではなく，あまりのびないときと，よくのびるときがあり，おもに気温と関係があります。夏になって気温が高くなると，ヘチマはよく育ちます。1日のうちでも，あまりのびないときと，よくのびるときがあります。

ヘチマのつるは，3 m 以上のびます。また，大きな実をつけるので，じょうぶなささえのほうが必要になります。

3 ヘチマの花のつくり

実験・観察 ヘチマの花のつくり

ヘチマの花のつくりを調べてみましょう。

❶花がさいているヘチマをさがし，色や形，がく・花びら・おしべ・めしべなどの花のつくりを調べましょう。

❷ヘチマの花とアブラナの花のつくりのちがいを調べましょう。

わかること

- ヘチマは２種類の形のちがう黄色の花をさかせます。
- ２種類の花のうち１つは，くきの先にいくつかのつぼみとともに，くきからすぐにがくがあり，黄色の花びらと花粉をもったおしべがあります。
- ２種類の花のうちもう１つは，がくの下の部分がふくらみ，黄色の花びらがあり，先たんがねばねばしためしべがあります。
- ヘチマの花の２種類の花は，それぞれめしべかおしべのどちらかしかありません。アブラナの花は１つの花におしべとめしべの両方があります。

ヘチマのように２種類の花をさかせる植物があります。それぞれ**お花とめ花**といいます。

①**お　花**…めしべがなく，おしべがあります。

②**め　花**…おしべがなく，めしべがあります。

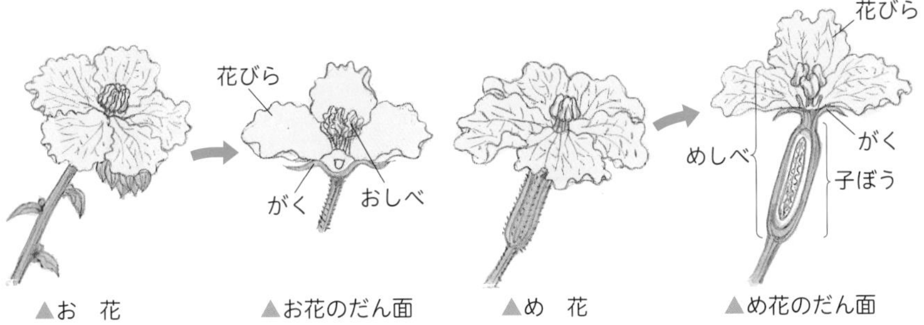

▲お　花　▲お花のだん面　▲め　花　▲め花のだん面

まどの外にはったネットなどにヘチマをまきつけながら育てると，緑のカーテンとよばれるものができます。キュウリやアサガオでもつくることができ，太陽の光をさえぎるので部屋の中がすずしくなります。

③**両性花**(りょうせいか)と**単性花**(たんせいか)…アブラナの花のように，1つの花におしべとめしべの両方があるものを**両性花**といい，ヘチマの花のように，1つの花におしべとめしべのどちらか1つしかもたない花を**単性花**といいます。

▲アブラナの花

4 ヘチマの花のさくようす

実験・観察 ヘチマの花のさき方

ヘチマの花のさき方を調(しら)べてみましょう。

❶ヘチマの花をつぼみから観察(かんさつ)し，どのようにさいていくかを調べましょう。

❷お花とめ花のさいたあとのようすを調べましょう。

わかること

▶お花のつぼみはくきの先にいくつか集(あつ)まっていて，そのうち1つが花びらを広げてさきます。さいた花がしぼむと，集まったつぼみのうち，さいたつぼみとは別(べつ)の1つがさきます。

▶め花は，お花がいくつかさいてからさき始(はじ)めます。め花がしぼむと，花びらやがくの下のふくらんだ部分(ぶぶん)が大きくなり，実(み)ができます。

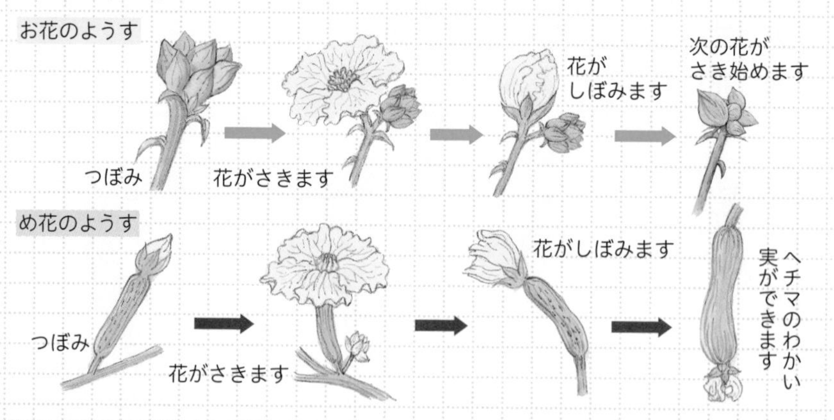

花のつくりとして，がく，花びら，おしべ，めしべがあります。それらすべてが1つの花にあるものを完全花(かんぜんか)といい，どれか1つでも欠(か)けているものを不完全花(ふかんぜんか)といいます。

5 夏にさく花

①夏に花をさかせる花だんの草花

オシロイバナ
(オシロイバナ科)
花7～9月

ペチュニア
(ナス科)
花5～9月

ホウセンカ
(ツリフネソウ科)
花7～9月

ヒマワリ
(キク科)
花7～9月

②夏に花をさかせる野山の草花

ドクダミ
(ドクダミ科)
花6～7月

オニユリ
(ユリ科)
花7～8月

マツヨイグサ
(アカバナ科)
花6～7月

カワラナデシコ
(ナデシコ科)
花7～10月

③サクラは春に花がさきましたが，夏のころは葉(は)がよくしげっています。

④春にたねをまいた草花や葉がしげった庭(にわ)の木，野山の草木などの多くは，夏になってたくさんの花をさかせています。

植物(しょくぶつ)の葉は，色のこいものが多いです。また，たくさんの葉をつける植物が多いです。

2 夏の動物のようす

1 野山のこん虫

実験・観察 野山のこん虫

草木とこん虫の種類，活動のようすについて調べてみましょう。

❶野原や畑，花だんや木などには，どのようなこん虫が集まるか調べましょう。

❷食べ物をとるようす，争うようす，たまごを産むようすを調べましょう。

わかること

- チョウやハチのなかまが花にやってきて，みつをすったり，からだに花粉をつけていたりします。
- 木のしるをなめに，カブトムシ・コガネムシ・ハチ・チョウなどがやってきて，とりあうようにしてなめています。
- 木や草の葉には，葉を食べるガやチョウのよう虫，バッタ，ハムシのなかまなどがやってきます。草むらにはクツワムシやキリギリスなどが見られます。
- 草や木の葉をよく観察すると，モンシロチョウのたまごはキャベツやアブラナ・ダイコンの葉に，アゲハのたまごはカラタチやサンショウの葉に産みつけられています。

①チョウやガのなかまは，よう虫の食べ物になる植物にたまごを産みつけます。たまごからかえったよう虫は，えさの草木をさかんに食べ大きくなっていきます。

②鳴くこん虫は，自分たちの出す音でなかまをさがしたり，相手の音を聞いてにげたりします。音は合図として使われています。

③木のしる（じゅえき）は木のみきの一部から出ています。それをすいにやってくるこん虫たちの間で，よく争いがおこります。

特定の動物が好んで食べる特定の植物のことを食草といいます。モンシロチョウのキャベツやアゲハのカラタチ・ミカンなどがそれにあたります。

 2 身近な動物

実験・観察 夏に目だつ動物

鳥と，水の中やまわりの動物のようすを調べてみましょう。

❶野山や草原，身のまわりの鳥のようすを調べましょう。
❷水辺，水面のすぐ上，水面近く，水中や水の底には，どんな動物がいるかを調べ，それらの動物のえさをとるようす，たまごを産むようすなどを観察しましょう。

わかること

▶野山のウグイス・ヒバリ・ホオジロなどはさえずり，たまごからかえった子(ひな)を育てています。ツバメのたまごもかえり，ひなが育っています。親鳥は子を育てるためにえさを運んで巣と巣の外をいったりきたりしています。

▶水辺にいるカエルは，その近くにやってくるこん虫や小さな生き物を食べます。また，水の中にたまごを産みます。

▶水面のすぐ上では，水にうかんでいるアメンボが一定のはんいを泳ぎ，えさをつかまえて食べています。トンボはおを水面にちょんとうちつけては飛んでいます。

▶水面近くでは，やごやタガメが，群れで泳いでいるメダカやおたまじゃくしをつかまえて食べています。

▶水中や水の底では，フナ・ザリガニ・タニシ・ゲンゴロウなどがえさをとって食べたり，動いたりするようすが見られます。

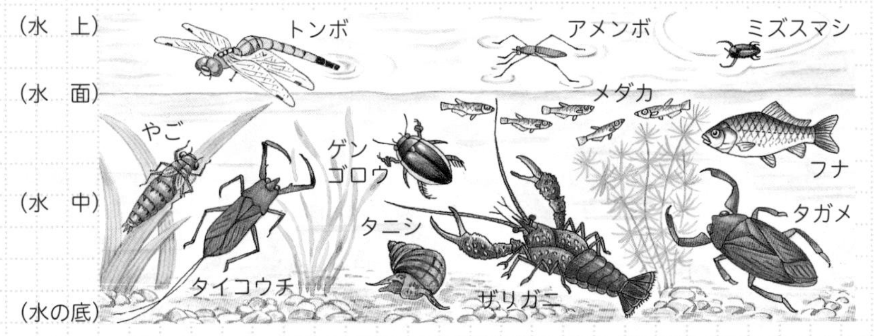

こん虫は，人のように口から声を出して鳴くのではなく，セミははらをふるわせて鳴き，コオロギははねをこすり合わせて鳴きます。

3 水辺や水の中で生きる生き物

①**水の中で生きているこん虫**…水の中で生きているこん虫は，ほかの動物を食べるものが多く，メダカなどの小さな魚やおたまじゃくしがえさとなります。

▶**トンボ**…トンボはよう虫のときに水の中ですごします。このよう虫を**やご**といいます。トンボの成虫は，水面や水の中に生える植物などにたまごを産みます。トンボのめすがおを水面にちょんとうちつけるのは，たまごを産みつけているところです。

産みつけられたたまごはふ化してやごになり，あたたかくなる春から夏にかけて，水中のえさをさかんにとり，数回(種類によってちがいます)皮をぬいで大きくなり，水上に出てからをやぶり，成虫となります。

▶**ゲンゴロウ**…うしろあしが太く，長い毛が生えていて，すばやく泳ぐことができます。小さなこん虫や動物の死体，小さな魚をとらえて，えさとします。

▶**ガムシ**…すがたがゲンゴロウににた水草を食べるこん虫です。

▶**タイコウチ**…からだが平たく，大きなかまのような前あしがあり，こん虫や小さな魚，おたまじゃくしなどをとらえ，はりのような口をさし，小さな動物たちの体えきをすいます。

②**カエル**…虫がふえる夏に，長いしたを出して虫をつかまえて食べ，大きく成長します。カエルは，自分の身があぶなくなると，水の中にもぐったり，目と鼻だけ水面に出してかくれたり，泳いでにげたりします。

③**メダカ・フナ**…メダカは水中にいるイトミミズやぼうふら，ミジンコなどを食べ，たまごを産んでふえていきます。また，メダカににているアメリカからやってきたカダヤシも野生化し，多く見られるようになっています。フナは，水中の小さな動植物や水中のこん虫，イトミミズなどをおもに食べています。

アメンボのように決まった一定のはんいを泳いだり，鳥がさえずりをしたりするのは，その動物になわばりがあるからです。動物は自分のなわばりをまもろうとします。

4 こん虫と気温の関係

春あたたかくなると，チョウ・ハチなどが花に飛んでくるのが見られますが，夏になるとその数が多くなります。気温が高くなる夏に，なぜこん虫の数が多くなるのでしょう。下のショウジョウバエの育ち方と気温の関係の図から，こん虫が気温の高いときによくふえるわけを考えてみましょう。

下の図からわかるように，気温が高いほうが，たまご→よう虫→さなぎへ育つ期間が短く，はやく成虫になります。成虫はしばらくすると，また，たまごを産み，短い間にどんどん成虫が出てくることになります。

日数	1	2	3	4	5	6	7	8	9	10	11	12	13	14	15	16
15℃のとき	たまご					よう虫				成虫			さなぎ			
25℃のとき	たまご		よう虫				さなぎ			成虫	たまご		よう虫			さなぎ

▲ショウジョウバエの育ち方と気温

実験器具のあつかい方　かいぼうけんび鏡の使い方

かいぼうけんび鏡は，小さな生き物を観察するときに，大きくして見るための器具です。

①日光が直せつあたらない，明るく水平なところに置きます。

②レンズをのぞきながら反しゃ鏡を動かして，明るく見えるようにします。

③ステージに見るものを置き，横から見ながら，その近くまでレンズを下げます。（倍りつの低いレンズから使います。）

④レンズをのぞきながら，調節ねじを自分のほうへ回してレンズを上げ，見るものがはっきり見えるようにピントを合わせます。

まわりの温度（気温，水温，地面の温度）が高くなると草木がよく成長し，草木の花のみつや葉を食べるこん虫の種類や数がふえます。

3 秋の生き物のようす

1 ヘチマの花がさいたあとにできる実について調べよう。
2 秋の生き物の生活のようすを調べよう。

1 秋の植物のようす

1 ヘチマの実

実験・観察 ヘチマの実のつくり

ヘチマの実のつくりを調べてみましょう。

❶ヘチマのわかい実とじゅくして茶色くなった実の，長さや太さ，表面のようすを調べましょう。

❷わかい実とじゅくした実を切って，中のようすを調べましょう。

わかること

▶わかい実はじゅくした実とくらべて，短くて細く，緑色をしています。

▶実を切ってみると，部屋のように多く分かれ，たねがたくさん入っています。

▶じゅくした実のたねは黒くてかたいですが，わかい実のたねは白っぽくてやわらかいです。

▶じゅくした実はかたく，スポンジのような小さな空どうがたくさんあります。わかい実はやわらかくて，水分が多くふくまれています。

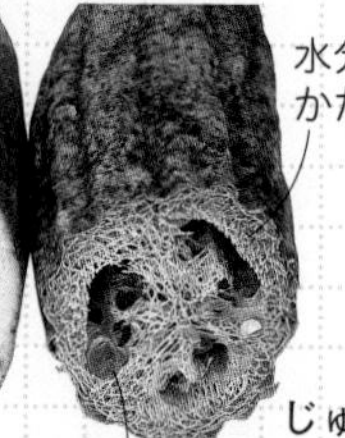

▲輪切りにしたところ

ヘチマの 20 cm くらいのわかい実は，食用としていためものなどに使われます。よくじゅくした実でたわしをつくることもできます。

①**ヘチマの実**…ヘチマはめ花がしぼんだあと，がくの下のふくらんだ部分（子ぼう）が大きくなって，実になります。

②**ヘチマのたね**…たねは実の中にあり，子ぼうの中のたねのもとが成長したものです。たねと同じ意味のことばに**種子**がありますが，発芽するときの根や葉になる部分，発芽するまでの養分になる部分，これらを包む皮の部分をまとめて種子といいます。

2 秋にさく花

①秋に花をさかせる花だんや野山の草花

ヒガンバナ
（ヒガンバナ科）
花７～10月

キンモクセイ
（モクセイ科）
花９～10月

サルビア
（シソ科）
花７～11月

リンドウ
（リンドウ科）
花９～11月

- 夏にくらべ，温度も下がり，すずしくなってきます。
- 夏に大きな花をさかせていたヒマワリは，葉が黄色くなったり，かれたりして，花も茶色くなります。
- 夏に花がさいていた草花の多くは，実がついています。
- 夏に見られたこん虫の多くは，秋になるにつれて見られなくなり，見られるこん虫の数がだんだん少なくなります。

ヒマワリ

ナラの実

イナゴ

▲秋に見られる生き物のようす

植物の種類によって，春から長い期間さき続けるものや，秋になってから開花するもの，春と秋の２回開花するものなどさまざまです。１年を通して観察してみると，その植物の特ちょうがわかります。

3 紅葉する木，実をつける木

①秋になり，日照時間が短くなって気温が下がると，カエデのなかまやブドウのなかま，バラのなかまの植物は紅葉します。イチョウは黄色くなるので黄葉ともいいます。

▲イロハカエデ

▲モミジ

▲イチョウ

②春に花がさき，夏に葉がしげったサクラも，秋には紅葉します。

▲春のサクラ

▲夏のサクラ

▲秋のサクラ

③秋に，あざやかな実をつける木もあります。

▲ピラカンサス

▲ナンテン

秋に赤色や黄色に色づかせた葉を落とす木を，落葉樹といいます。葉を落とすことで，水分や養分をあまり使わずに冬をこすことができます。

4 黄葉(紅葉)前線

同じころに葉が色づき始める地点を線でつないだ地図を黄葉(紅葉)前線といいます。天気予報や，いろいろなウェブサイトでしょうかいされています。

①イチョウの黄葉前線

▶黄葉の時期…イチョウの葉は北から南のほうへと，気温の低下にそって黄葉します。山の上などの高地は気温が低いので，平地よりも黄葉の時期がはやくなります。

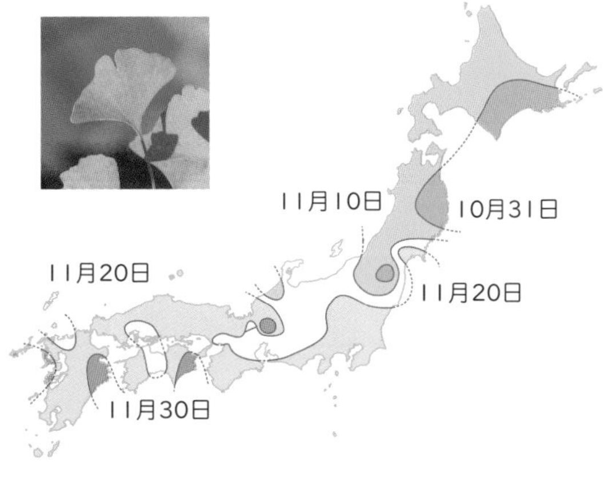

▲イチョウの黄葉前線

②イロハカエデの紅葉前線(もみじ前線ともいいます)

▶紅葉の時期…イロハカエデの葉は，気温の低い北の地方から紅葉が始まります。北海道から東北で10月末ごろ，関東から九州にかけては11月ごろから12月の始めごろまでに色づきます。

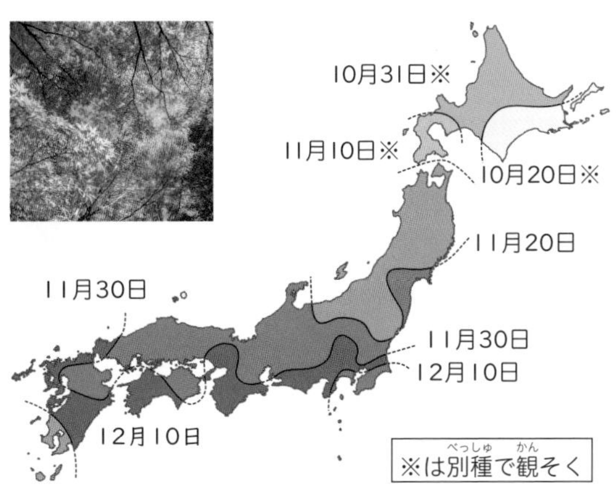

▲イロハカエデの紅葉前線

葉にはクロロフィル(緑色成分)とカロチノイド(黄色成分)がふくまれています。気温が下がり，クロロフィルが分解されるとカロチノイドの黄色が目だつようになります。

2 秋の動物のようす

1 秋に見られるこん虫

夏に見られたセミやカブトムシなどは見かけなくなりますが，エンマコオロギやスズムシ，カマキリなどが秋になると見られるようになります。

①**秋のこん虫のようす**…夜になるとコオロギやスズムシなどが鳴くようになります。カマキリは次の世代に命をつなぐため，木のえだにたまごを産みつけます。テントウムシは夏の間に成長してさかんに活動し数をふやしますが，秋になり気温が下がると活動がにぶり，植物の間などで寒さをさけてすごします。

▲コオロギ

▲スズムシ

▲カマキリの産らん

▲テントウムシ

2 身近な動物

①夏の間，水中でさかんに活動していたアメリカザリガニは，石の下やあなの中ですごすようになります。

▲アメリカザリガニ

②子育てをしていたツバメはあたたかい南のほうへわたります。また，北国からあたたかい日本にわたる鳥がやってきます。

▲子育てをするツバメ

気温が下がってからは，少しでもあたたかそうな場所をさがすと動物を見つけやすいよ。

コオロギのなかまは両方の前あしにこまくがあり，そこでさまざまな音を感じとります。おすの求愛の音(歌)が聞こえると，めすはおすに近づきます。また，コオロギを食べるコウモリの音が聞こえるとにげ出します。

4 冬の生き物のようす

1 冬の間，ヘチマはどんなようすをしているか調べよう。
2 こん虫などの動物はどのように冬をすごすのか調べよう。

1 冬の植物のようす

1 ヘチマのようす

大きく育ち実をつけたヘチマですが，冬になり気温が下がると，やがて種子を残し，葉もくきも根もかれてしまいます。

▲かれたヘチマ

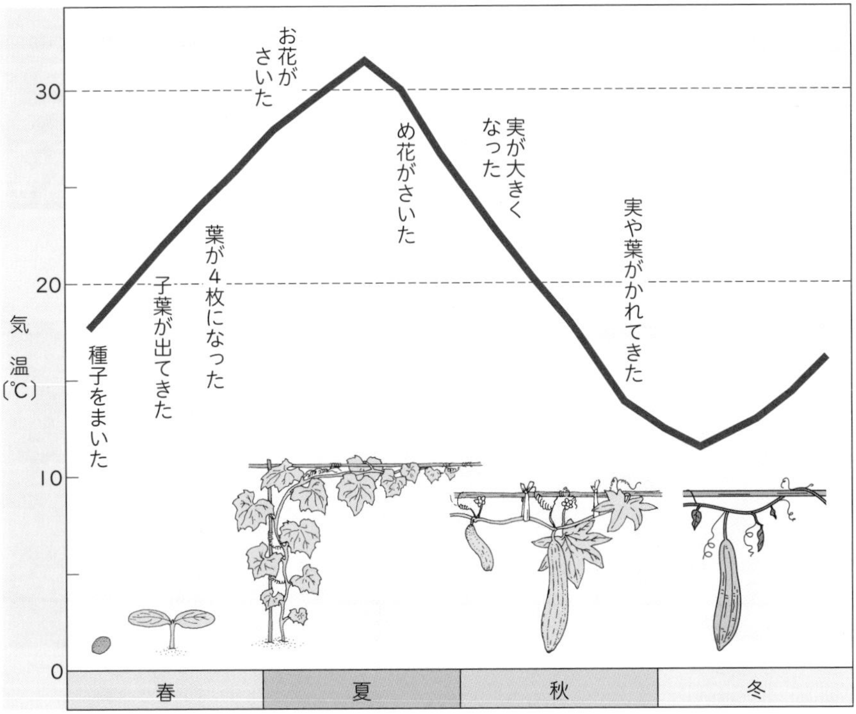

気温（℃）: 0, 10, 20, 30

春: 種子をまいた / 子葉が出てきた / 葉が4枚になった
夏: お花がさいた / め花がさいた
秋: 実が大きくなった
冬: 実や葉がかれてきた

▲気温とヘチマのようす

ヘチマは，春にたねをまいて芽が出たら，夏の間に成長し花をさかせ，秋から冬にかけてたねをつけてかれてしまいます。このような植物を一年生植物といいます。

2 冬にさく花

サザンカ
(ツバキ科)
花10～12月

ツバキ
(ツバキ科)
花12～4月

スイセン
(ヒガンバナ科)
花11～4月

クロッカス
(アヤメ科)
花2～4月

シクラメン
(サクラソウ科)
花11～3月

ヤツデ
(ウコギ科)
花11～12月

パンジー
(スミレ科)
花11～5月

ポインセチア
(トウダイグサ科)
花12～2月

ハボタン
(アブラナ科)
11～3月(葉をかん賞する。)

冬のように日照時間の短い時期に花をさかせる植物は，ある一定の暗い時間がないと花がさきません。このような植物を短日植物といいます。

3 植物の冬ごし(じゅ木)

①**サクラ**…サクラは紅葉した葉を落としてえだだけになっていますが，えだの先に**冬芽**を残しています。冬芽はうろこのような葉(りんぺん葉)でおおわれていたり，みつに生えた毛でおおわれていたりします。

このじょうたいで休みんして冬をこし，春になってあたたかくなると花や葉になります。

▲サクラ

②その他の植物

▲クルミ

▲コナラ

▲ブ　ナ

▲イチョウ

▲モクレン

▲アジサイ

雑学ハカセ　冬芽の下側によく見られる動物の顔のような形は，葉がついていた部分で葉こんといいます。じゅ木の種類によって形に特ちょうがあります。

4 植物の冬ごし（越年草）

①**ロゼット**…夏の間は美しい花をさかせた植物の中には，寒い冬をこすためにその形を変えるものがあります。冬になるとナズナやマツヨイグサなどは，地面に放しゃじょう，らせんじょうに葉を広げていて，これを**ロゼット**といいます。地面にはりついて寒さにたえ，太陽の光をたくさん受けることができるようにしています。

タンポポやオオバコなどは夏の間もロゼット葉しか出しませんが，やはりこのじょうたいで冬をこします。

▲タンポポ

▲ナズナ

▲オニノゲシ

②**球　根**…チューリップやダリアなどは球根のじょうたいで冬をこします。球根は根やくき，葉が変化してできたもので，冬をこすための養分がたまっています。

▲アマリリス

▲ダリア

▲アネモネ

ミントは，冬の間は地上のくきや葉がかれてしまいますが，根は生きています。あたたかくなってくると，また芽を出します。

2 冬の動物のようす

1 こん虫の冬ごし

①**たまごでの冬ごし**…日あたりのよい草木のえだや土の中に，たくさんのたまごを産み，成虫は死んでしまいます。春になると，カマキリ・オビカレハのよう虫が何百ぴきもたまごからかえり，コオロギ・バッタのなかまも，よう虫が土の中から出てきます。

▲カマキリのたまご

▲オビカレハのたまご

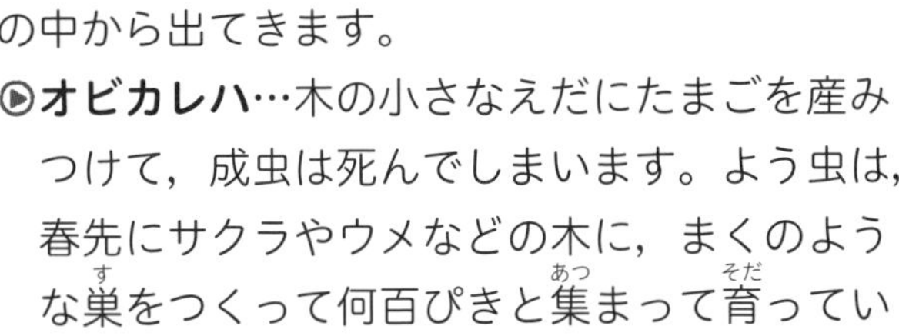

- **オビカレハ**…木の小さなえだにたまごを産みつけて，成虫は死んでしまいます。よう虫は，春先にサクラやウメなどの木に，まくのような巣をつくって何百ぴきと集まって育っていきます。

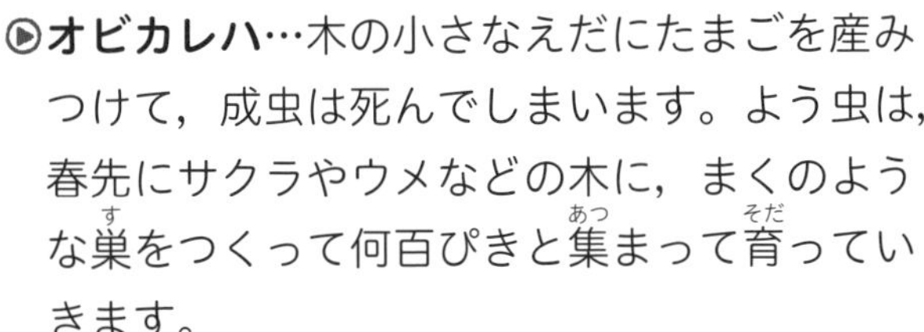

- **コオロギ・バッタ**…秋の終わりになると土の中にたまごを産みつけて，成虫は死んでしまいます。そして，5～6 月ごろになってあたたかくなると，たまごがかえります。

▲コオロギ

②**よう虫での冬ごし**…よう虫は自分のえさがあるところで冬ごしをしています。カブトムシ，コガネムシのよう虫は，落ち葉や木のくずなどのある土の中で冬をこし，ミノムシ(ミノガのよう虫)は木のえだ，やご(トンボのよう虫)は水中の落ち葉の下で冬をこします。春になってあたたかくなると，すぐに活動し始めます。

▲カブトムシのよう虫

▲ミノムシ

たまごやよう虫で冬ごしをするのは，さなぎのじょうたいにならない不完全変態のこん虫(バッタ，トンボなど)に多いです。

▶**イラガ**…白くて小さなたまごの形をしたかたいまゆの中に入って，冬をこします。まゆには，茶色の帯のようなもようがあります。

▲イラガのまゆ

③**さなぎでの冬ごし**…モンシロチョウ・アゲハ・ガの多くは，さなぎで冬をこします(さなぎ以外で冬をこすものもいます)。さなぎで冬をこしたものは，春になるとはやく成虫になります。

▶**ハエ**…さなぎで冬をこすものが多いですが，成虫のまま冬をこすものもいます。

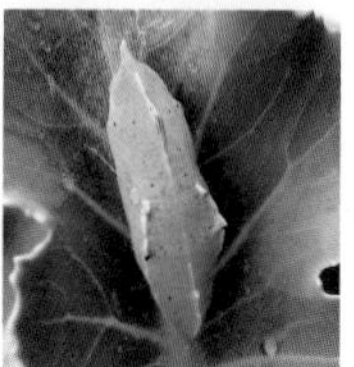
▲モンシロチョウのさなぎ

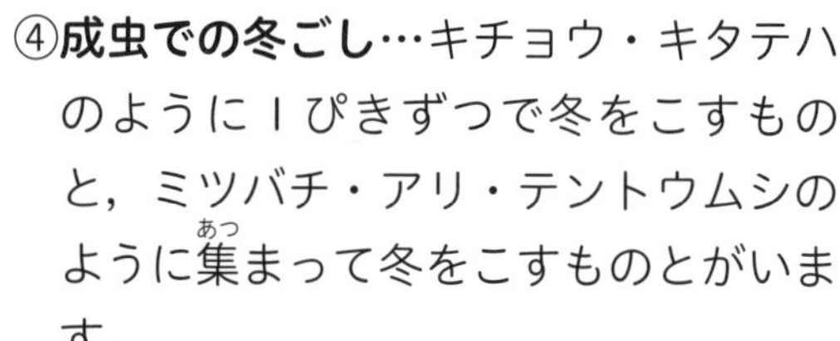

④**成虫での冬ごし**…キチョウ・キタテハのように１ぴきずつで冬をこすものと，ミツバチ・アリ・テントウムシのように集まって冬をこすものとがいます。

▲テントウムシ

2 身近な動物の冬ごし

実験・観察 動物の冬ごしのようす

身のまわりの動物の冬ごしを調べてみましょう。

❶イヌ・ネコ・ウサギ・鳥の，毛のようすを調べましょう。
❷落ち葉や石をひっくり返して，カエルやカタツムリをさがし，ようすを調べましょう。
❸池やぬまの，コイやフナのようすを調べましょう。
❹春や夏に見られた野鳥を調べましょう。また，冬になって見られる鳥を調べましょう。

わかること

▶イヌ・ネコ・ウサギ・鳥などは，冬になると細かいわたのような毛がたくさん生えてきます。また，種類によって夏と冬の毛の色が変わるものがいます。

巣の深さが地下３ｍくらいまでのアリは土の中でじっと動かずに冬をこし，これを冬みんといいます。冬にそなえて食べ物をたくわえているのは，クロナガアリなど巣の深さが地下４ｍ近くになるアリです。

▶カエルは，山や畑の日あたりのよくない，しめった土の中でじっとしています。
▶カタツムリは落ち葉の中などで，からの中に身をかくし，じっとしています。
▶コイやフナは池の底のほうでじっとしています。
▶春や夏に見られたツバメは，巣を残して見られなくなります。また，冬になってから見られるようになる鳥もいます。

①**動物の毛のようす**…日本は春・夏・秋・冬によって，空気や水，土の温度が大きく変化します。そのため，冬をこすためにいろいろな変化が動物におこります。イヌ・ネコ・ウサギは冬になると，細かいわたのような**冬毛**がたくさん生えて，体温をにがさないようにしています。鳥も同じように**冬羽**が生えます。春になると冬毛や冬羽がぬけ落ち，**夏毛**や**夏羽**が生えてきます。

②**池の中の動物**…池の中は底のほうがあたたかいので，コイやフナなどの魚は池の底で食べ物も食べずにじっとしています。

③**冬みん**…冬の朝はやく，空気と土の中の温度をくらべてみると，土の中のほうが少し高いことがわかります。カエルやヘビなどは，寒くなると体温が下がって活動できなくなるので，寒い冬をあたたかい土の中でじっとしてすごします。これを**冬みん**といいます。

④**鳥のわたり**…鳥の中には季節によってくらす場所を大きく変えるものがいます。これを鳥の**わたり**といいます。それぞれの鳥には，子育てがしやすい気温やえさ場のじょうけんがあります。

▲ツバメ

日本の夏が子育てにてきした南方の鳥のツバメなどは，春から夏にかけて日本にやってきて，冬になると南方へ帰っていきます。北方で子育てをする鳥たちは，きびしすぎる北方の冬をさけて，秋から冬にかけて日本にやってきます。そして気温が上がると北方へ帰っていきます。

ライチョウ・テン・オコジョなどの夏羽や夏毛は，茶色やはい色ですが，冬羽や冬毛は雪と同じ白色になります。これも身をまもるためのほご色になります。

5 生き物の1年，1日のようす

1 植物，動物のようすを1年を通してまとめよう。
2 身近な植物や動物の1日のようすを調べよう。

1 季節と生き物

季節の植物や動物をまとめると，その変化がわかります。

花には，こん虫や小鳥が集まり，みつをすったり，実を食べたりしています。

ヒマワリ

春から夏にかけて，気温が高くなるにしたがって，野山や花だんの草木は大きくなり，実もどんどん大きくなります。

ウグイス

春になると野や山，庭や学校の花だんのいろいろな所で，多くの草木が芽を出し，美しい花がさき始めます。

ネコヤナギ

サクラ

モクレン

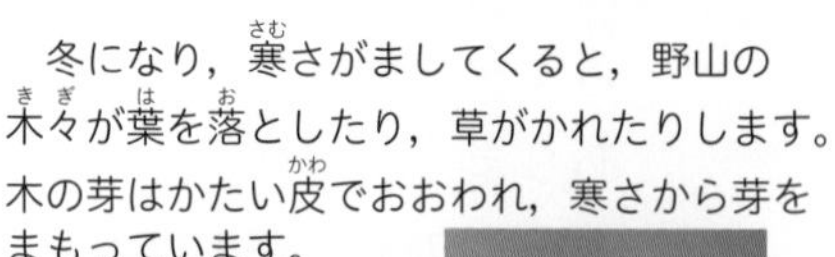

冬になり，寒さがましてくると，野山の木々が葉を落としたり，草がかれたりします。木の芽はかたい皮でおおわれ，寒さから芽をまもっています。

コブシの冬芽

セリ・ナズナ・ゴギョウ（ハハコグサ）・ハコベラ（ハコベ）・ホトケノザ（タビラコ）・スズナ（カブ）・スズシロ（ダイコン）を春の七草といいます。1月7日に七草がゆとして食べる風習があります。

ツバメ

トウモロコシ

春に南の国々(くにぐに)からやってきたツバメが，夏になると，家ののき下などにつくった巣(す)で，子が育(そだ)ち，大きくなっています。

コスモス

ススキ

秋になり，だんだんすずしくなってくると，草木の実(み)がじゅくし，葉(は)が色づいてきます。

ライチョウ

ライチョウのはねは，夏はハイマツなどにかくれて，見えにくい茶色をしています。冬は雪のような白色に変化(へんか)します。

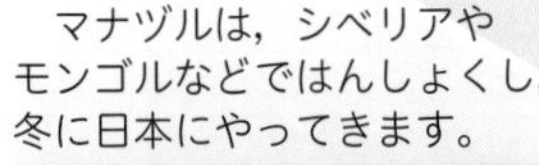

マナヅルは，シベリアやモンゴルなどではんしょくし，冬に日本にやってきます。

マナヅル

サザンカ

ハギ・ススキ・クズ・ナデシコ・オミナエシ・フジバカマ・キキョウを秋の七草といいます。春の七草とはちがい，秋の七草は見るためのもので，食べる風習(ふうしゅう)はありません。

①**一年生植物(一年草)**…たねから芽を出して成長し，花がさいて成長するまでが１年以内の植物のことを**一年生植物**といいます。ヘチマも春にたねをまくと，芽が出て夏に成長し，秋には新しいたねをつけてかれてしまうので，一年生植物のなかまです。次の年の春には，たねをまかないと新しい芽は出てきません。

例アサガオ・ヒマワリ・ホウセンカ・マリーゴールドなど

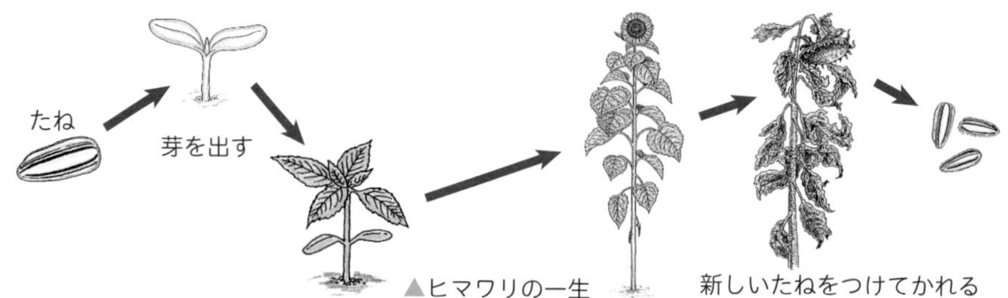

▲ヒマワリの一生

②**多年生植物**…サクラやイチョウは，秋になって葉がすべて落ちてしまっても，かれて死んでしまったのではなく，**冬芽**をつけて冬をこし，次の年の春には，また葉をしげらせて成長します。このように２年以上にわたって生き続ける植物のことを**多年生植物**といいます。

例カキ・クリなどの木で育つ植物，タンポポ・ユリなど

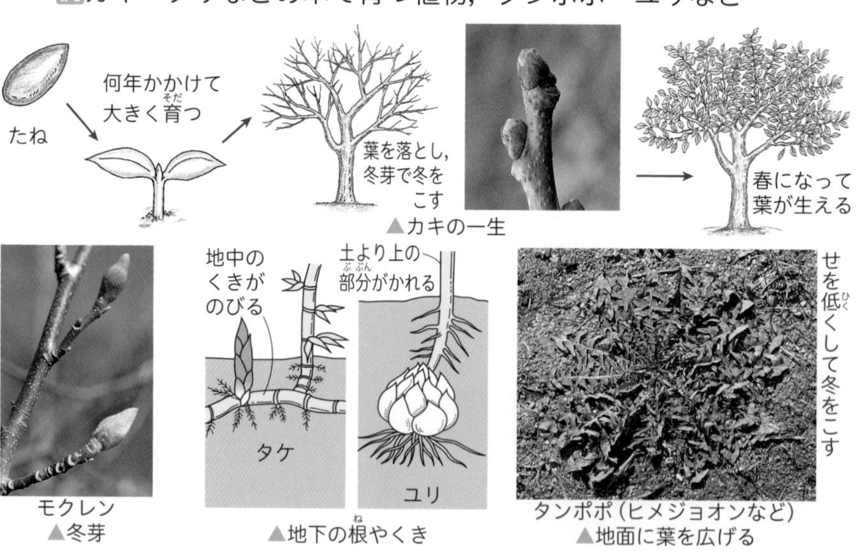

▲カキの一生

▲冬芽

▲地下の根やくき

▲地面に葉を広げる

多年生植物には，毎年花がさいて実をつけるものもあれば，数十年に１回だけしか花がさかないものもあります。

2 植物の１日のようす

1 タンポポの１日のようす

実験・観察 タンポポの１日のようす

タンポポの１日のようすを調べてみましょう。

❶晴れた日のタンポポは，朝，昼，夕，夜では，どんなようすをしているか，時こくを決めてタンポポのようすを観察しましょう。

❷タンポポ以外の植物についても，観察しましょう。

わかること

- 晴れた日のタンポポの花は，朝，まわりが明るくなるにつれて開き始めます。
- 昼間，まわりが明るい間は，タンポポの花が開いています。
- 夕方，まわりが暗くなるにつれて，タンポポの花はだんだんとじていきます。
- 夜になり，まわりが暗い間，花はとじています。
- シロツメクサの葉も昼と夜ではようすがちがい，昼は葉が開き，夜は葉がとじています。
- カタバミやネムノキ・アサガオなどのように，時こくによってようすのちがう植物はたくさんあります。

シロツメクサの葉も，昼と夜ではようすがちがいます。昼は葉が開いていますが，夜は葉がとじています。

2 植物の１日

①植物は，時こくや天気によってそのようすがちがい，花や葉を開いたりとじたりする運動をしています。この運動は明るさや温度のちがいなどが関係しておこると考えられています。

②明るさや温度のちがいだけでなく，オジギソウのように何かにふれることで運動する植物もあります。

③タンポポの花が明るさのちがいによって開いたりとじたりすることは，次のような実験でたしかめられます。

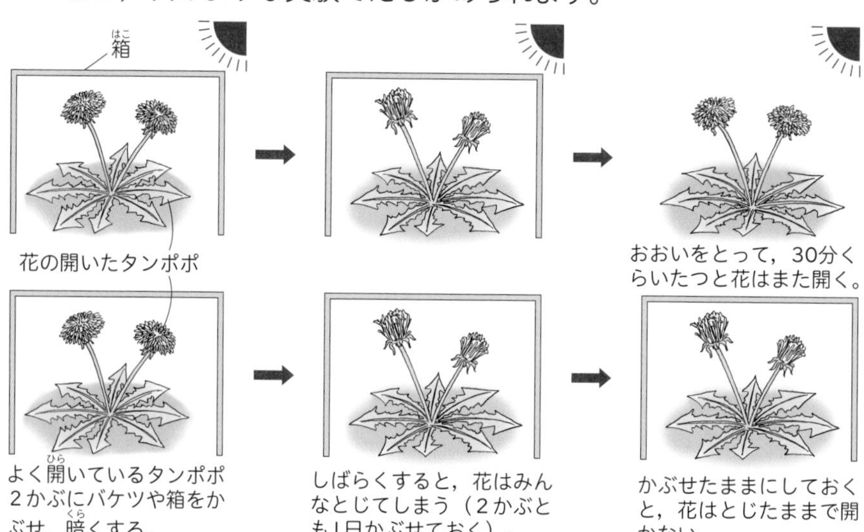

④時こくや天気で，植物の成長のしかたにもちがいがあります。

▶ヘチマの１日のくきののび方…晴れた日を選び，１日にくきがのびる長さを時間で区切ってくらべてみると，１日の中でものびる長さがちがっています。右の図のときは，夕方から朝にかけて，よくのびたことがわかります。

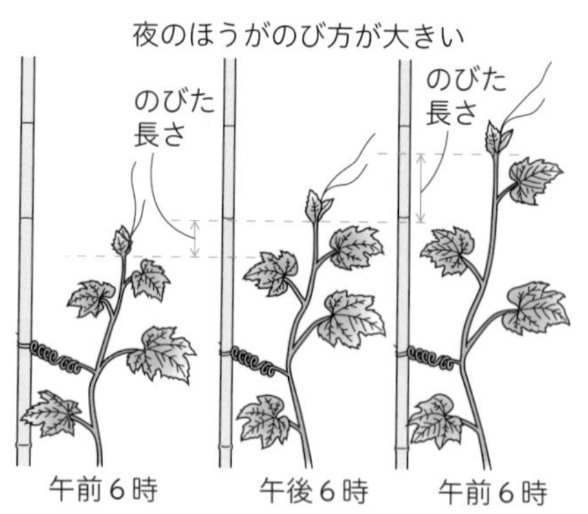

▲ヘチマのくきののび方(晴れた日)

１日の中で花の色を変化させる植物もいます。スイフヨウという植物は，朝に白い花をさかせますが，午後には桃色になり，夕方にはべに色になります。

▶**天気とヘチマのくきののび方**…晴れの日やくもりの日，雨の日にくきののび方をくらべると，晴れの日のほうがよくのびやすいですが，くきののびは天気以外にもいろいろなじょうけんにえいきょうを受けています。

3 温度と花のようす

実験・観察 温度変化と花のようす

温度の変化による花のようすを調べてみましょう。

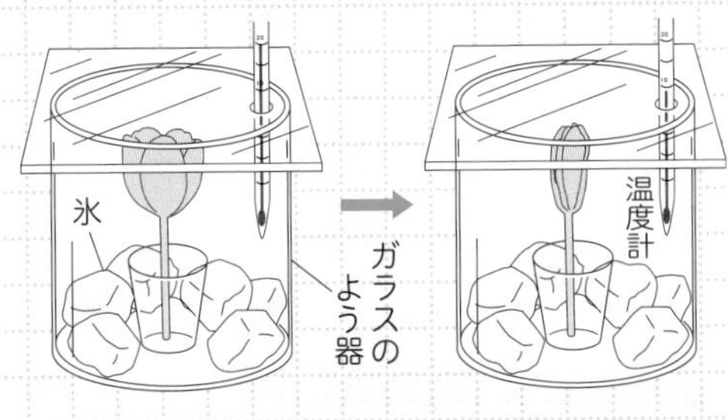

❶切り花にした，花びらの開いたチューリップの花をコップに入れてたて，ガラスのよう器に氷とともに入れ，明るい場所でガラスのよう器の中の温度を下げていきましょう。

❷よう器の中の温度が 10℃くらいまで下がるのを待ち，花がとじることをたしかめましょう。

❸氷をとり出し，温度の変化と花のようすを観察しましょう。

わかること

▶温度が下がるとともに，開いていた花がとじていきます。

▶温度が高くなってくると，とじた花が開いていきます。

①さいたばかりのチューリップは，温度が高い 18℃くらいのときには花が開き，温度が低い 10℃くらいのときには花がとじます。

②チューリップの花びらは，朝に温度が上がると花の内側が成長して開き，夕方に温度が下がると花の外側が成長して花がとじるので，花びらは毎日大きくなっています。

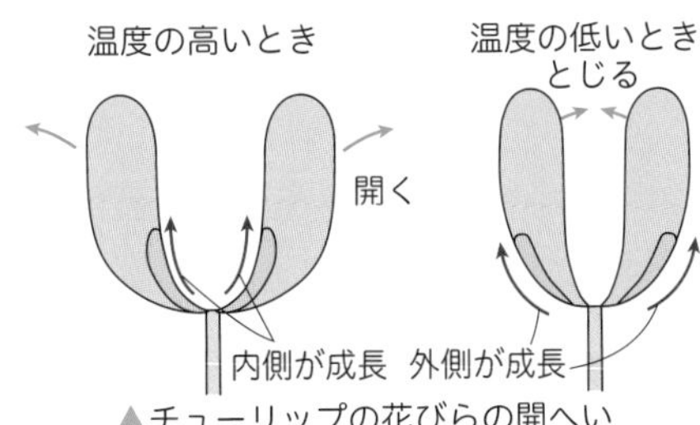

▲チューリップの花びらの開へい

サクラなどの植物は，葉でつくられたアブシシン酸というものをつぼみに送り，冬芽になります。アブシシン酸がつぼみに送られる前に葉がかれてしまうと，秋に花をさかせてしまうこともあります。

③花の成長は 10 日ほどでとまってしまい，そのあとは開いたりとじたりしません。

4 晴れの日と雨の日の植物のようす

実験・観察 天気のちがいと花のようす

タンポポやチューリップについて，晴れの日と雨の日の昼間に，同じ時こくでのようすを観察してみましょう。

わかること

- タンポポの花は，晴れた日には開き，雨の日やくもりの日にはとじています。
- チューリップの花も，雨の日やくもりの日にはとじていることが多いですが，雨の日やくもりの日でもあたたかいときには花が開くことがあります。

①**チューリップ**…チューリップの花は，おもに気温(温度)のちがいにえいきょうを受けて開いたりとじたりします。

②**タンポポ**…タンポポの花は，おもに明るさのちがいにえいきょうを受けて開いたりとじたりします。

雑学ハカセ

サフラン・クロッカス・マツバボタン・カタバミなども温度の変化で花が開いたりとじたりします。受粉を助けるこん虫の活動がさかんになる温度の高いときに花が開くように進化したと考えられています。

3 生き物の１日のようす

1 こん虫の１日のようす

実験・観察 こん虫の１日のようす

花だんに集まるこん虫の，１日のようすを調べてみましょう。

❶晴れた日の朝，昼，夕方の花だんにやってくるこん虫のようすを調べましょう。

❷こん虫の種類や数，そのときの気温も調べましょう。

わかること

▶あたたかくなっていない朝に，花だんにやってくるこん虫はほとんどいません。花も昼間だけ開いて，夜はとじているものもあります。

▶昼になるとあたたかくなり，花だんにやってくるこん虫の数も種類もふえます。

▶夕方になると寒くなり，たくさんやってきたこん虫の数が少なくなってきます。

（天気：晴れ，気温：午前８時…16℃，12時…24℃，午後４時…18℃）

	時間ときたこん虫の数（ひき）			きたこん虫の種類
	8～9	12～1	4～5(時)	
アブラナ	5	46	9	ハナバチ・ミツバチ・キチョウ・モンシロチョウ・ハエ
ツツジ	7	38	12	ハナバチ・ミツバチ・カラスアゲハ・アゲハ・クロアゲハ・クマバチ

▲アブラナとツツジにきたこん虫（観察例）

植物の花は，タンポポのように昼に花びらを広げてさくものもありますが，オシロイバナやマツヨイグサなどのように夕方から夜にかけて花がさくものもあります。

①こん虫は，朝，昼，夕方の**気温のちがい**によって活動のようすがちがっています。多くのこん虫は，気温が低いとあまり活動せず，気温が高いと活発に活動するようになります。

②多くのこん虫は，夜になると木のえだや葉のうら，土の中などでじっとしていますが，中には外灯の光などにさそわれてやってくるものもいます。これは，こん虫が**光に集まるせいしつ**があるからです。また，ホタルやオサムシ・ゴミムシなどのように，夜になると活動する(**夜行性**)こん虫もいます。

▲ホタル

▲オサムシ

▲ゴミムシ

③セミの中には，早朝さかんに鳴くもの(クマゼミなど)や，夕方になるとさかんに鳴くもの(ヒグラシなど)など，時こくによってさかんに鳴く種類がちがっています。

④コオロギ・スズムシ・キリギリスなどのこん虫は，１日のうちで夜に最もよく鳴きます。

2 身近な動物の１日のようす

実験・観察 動物の１日のようす

身近な動物の，１日のようすを調べてみましょう。

❶ニワトリや小鳥の１日のようすを調べましょう。

❷ウサギやハムスターの１日のようすを調べましょう。

わかること

▶ニワトリや小鳥は，早朝，あたりが明るくなるとさかんに鳴きます。昼間はえさを食べたりして動きますが，夜はじっとして動かずにねむっています。

かりをする肉食動物は，体力を温ぞんするためにねむっている時間が長く，草食動物は立ったままでまわりをけいかいしながら短時間のすいみんをくり返すものが多いです。

▶ウサギやハムスターは，昼間にえさを食べたりしますが，あまり動き(うご)ません。夜になると昼間より活発(かっぱつ)に動きます。

▲ニワトリ

①小鳥やニワトリは，まわりの**明るさ**におうじて活動(かつどう)のようすがちがっています。明るいときには活動しますが，暗(くら)いときはあまり活動しません。夏と冬では，朝の明るくなる時こくがちがってくるので，小鳥たちの鳴き始(はじ)める時こくがちがってきます。

②動物(どうぶつ)の中には，コウモリやキツネなどのように夜になると活発に活動するものが多くいます。このような動物のことを夜行性動物(やこうせいどうぶつ)といいます。

③鳥の中にも，フクロウやヨタカのように夜行性のものがいます。

3 晴れの日と雨の日の動物のようす

①**カエル**…晴れた日は，木の葉のかげや水辺(みずべ)，水の中であまり動かずにいます。雨がふると雨のあたる表(おもて)に出てきて，さかんに鳴いたりして活動します。

②**カタツムリ**…晴れた日は，からの中にもぐりこんで動きませんが，雨がふるとからの外にからだを出して動きだします。

③**こん虫や小鳥**…雨の日は，葉(は)のうらや木のかげ，自分たちの巣(す)などで，できるだけ雨にぬれないように動かないでいます。

▲カエル

▲カタツムリ

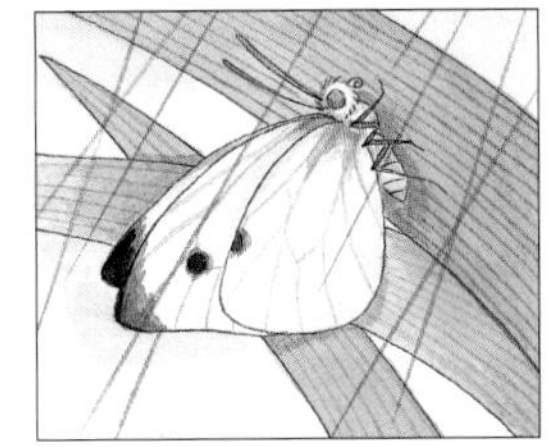
▲モンシロチョウ

カエルやカタツムリは，かわくことに弱いために雨の日に活動します。こん虫や小鳥はからだがぬれることや，気温(きおん)が下がることで動きにくくなるので，雨の日はあまり表に出てきません。

6 よく見られる野鳥

ここで学習すること

日本で見られる野鳥には，1年を通して同じ場所に生息するものと，季節によりい動するものがいます。身近にどんな鳥がいるか調べよう。

1 日本に一年中いる鳥

1 留鳥

1年を通して同じ場所に生息する鳥です。そこで産らんしてひなを育てます。季節ごとにい動はしません。

▲カワラバト

▲キジバト

▲スズメ

▲キ　ジ

▲ムクドリ

2 漂鳥

日本国内を夏と冬ですみ分ける鳥です。夏は山地，冬は平地に生息しています。国内でのい動のため，わたりではありません。

▲ウグイス

▲ヒヨドリ

▲ホオジロ

はんしょく期には，なわばりのせん言や，安全を教え合うために鳴き交わす野鳥が観察しやすくなります。この時期にあたる5月10日からの1週間は愛鳥週間となっています。

2 わたり鳥

1 夏　鳥

春になると南のあたたかい国から日本にわたり，夏の間に産らんしてひなを育て，秋には南の国へわたり冬をこします。気温やえさ場など，日本の夏が子育てのじょうけんにてきしています。

▲ツバメ

▲ホトトギス

▲オオルリ

▲キビタキ

▲クロツグミ

2 冬　鳥

夏の間は北の国で産らんしてひなを育て，きびしい冬をさけるために秋に日本にやってきます。

▲ツグミ

▲マガモ

▲ガ　ン

▲ハクチョウ

▲ユリカモメ

3 旅　鳥

日本より北の国で産らんしひなを育て，日本より南の国で冬をこす鳥です。い動のとちゅうとなる，春と秋に見られます。

▲イソシギ

▲キョウジョシギ

わたり鳥は，とても長いきょりを飛んでいるんだね。

日本に生息する野鳥の約 $\frac{3}{4}$（400 種）がわたりをするので，ほごのために，アメリカ，ロシア，中国，オーストラリアとじょう約や協定を結んでいます。

ものを持つときの きん肉のはたらき

う〜ん

どうしたの？

この箱が持ち上がらなくて…

ゼェゼェ

そんなに重くないでしょ…

ヒョイ

ガ〜ン

ひじを曲げていなかったから持てなかったのね

でも、なんでひじを曲げないと持てないんだろ？

？

ひじを曲げたときに変わることといえば何かな？

う〜ん…

わかったぞ！
これだ！
ムキッ
おお〜
そうよ！
ひじを曲(ま)げることできん肉を使(つか)っているのね
ムキムキーン
せいかい!!
ワー
ワー
よし！
これで何でも持(も)てるぞ！
ゴワリ…
ガンバレ！
ぼくのきん肉！
それは無理(むり)じゃないかなあ…
ふ〜ん!!
いこいこ

4 人のからだのはたらき

4年 発展

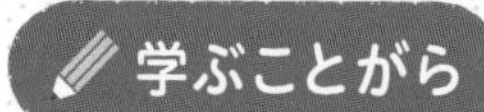

1 ほねやきん肉のはたらき　2 目・耳・皮ふのはたらき
3 こきゅうのはたらき　4 血えきと心ぞうのはたらき
5 消化・きゅうしゅうとはい出　6 人と動物のからだのつくり

1 ほねやきん肉のはたらき

1 人はせぼねをもつせきつい動物です。
2 人のからだをささえて動かすほねやきん肉，関節のつくりやはたらきを調べよう。

1 人のからだのとくちょう

①人は，立って歩くことができる動物です。立ってからだをささえるため，ゴリラなどにくらべてこつばん(おしり)や，うしろ足(かかと)が発達しています。

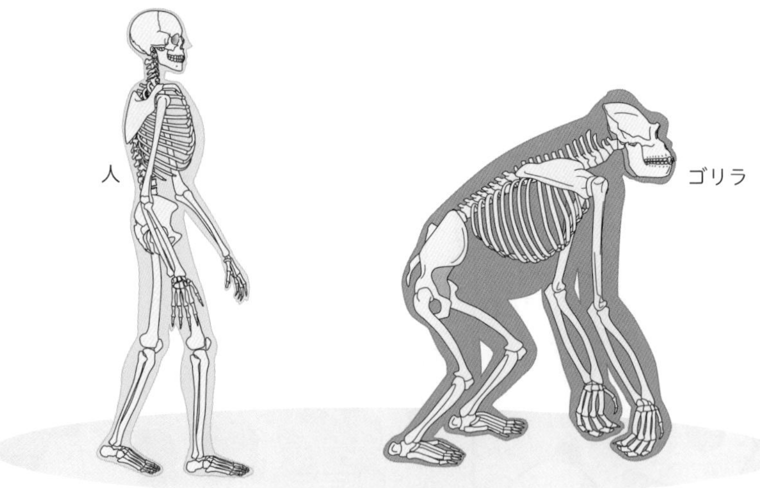

▲人とゴリラのほね組みのちがい

②人のうでや手足は，**ほね**と**きん肉**と皮ふでできています。

人のように，足とせぼねをすい直に立てて歩くことを「直立二足歩行」といいます。全身が直立するため，きん肉をあまり使わずに体重をささえることができ，長いきょりを歩くことができます。

③人のうでや手足を動(うご)かすには，ほねのつなぎ目の部分(ぶぶん)が重要(じゅうよう)な役(やく)わりをしています。このつなぎ目の部分のことを**関節(かんせつ)**といい，うでや手足を曲(ま)げたり，回したりすることができます。

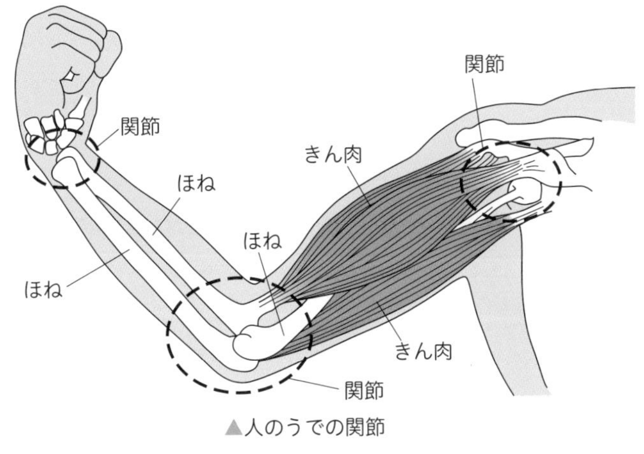

▲人のうでの関節

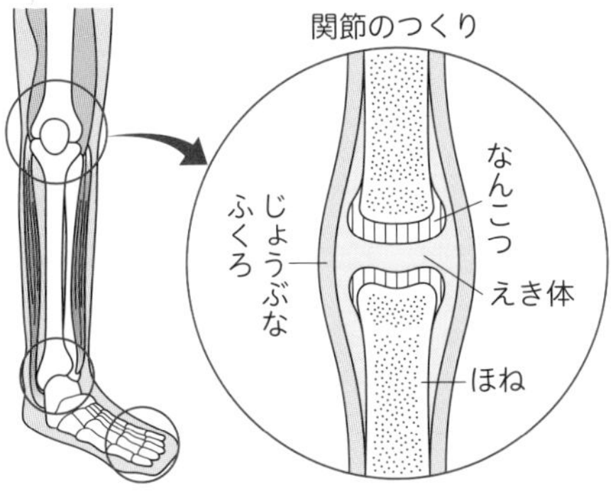

▲足のほねと関節のつくり

2 うでを曲げのばしするしくみ

1 からだを動かすしくみ

人がからだを動かすことができるのは，**ほね**が**きん肉**で動かされるからです。ほねについているいくつかのきん肉がちぢんだりゆるんだりすることで，関節のところで曲げのばしをすることができます。

関節は，ひじ，ひざ，かた，手首，足首など，曲げることができる所にあります。関節の中には，たがいにくっついているだけのものもありますが，いっぱんに関節といえば，曲げることができるところをさします。

①**曲げるとき**…うでを曲げてつくえを持ち上げたとき，右の図のように，上側のきん肉がちぢんでふくらみ，ほねを引っぱって，関節のところで曲がります。このとき，反対側のきん肉はゆるんでいます。

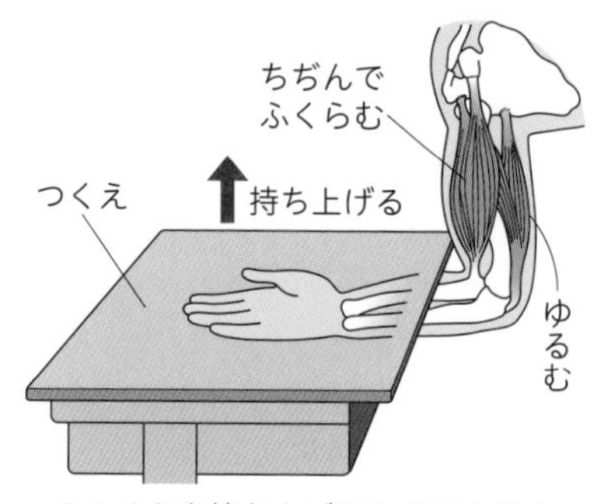

▲つくえを持ち上げるときのようす

②**のばすとき**…うでを曲げるときとは反対に，下側のきん肉がちぢんでふくらみ，上側のきん肉がゆるみます。

2 いろいろな関節

①**かたの関節**…うでが上下左右に大きく動き，回転できるようになっています。

②**ひじ・手首の関節**…うでを一方向に曲げられるようになっています。手首には回転させることができる特別な関節があります。

③**手の関節**…ものをつかむのにつごうがよいよう，内側に曲がるようになっています。手には下の図のように15この関節が集まっています。

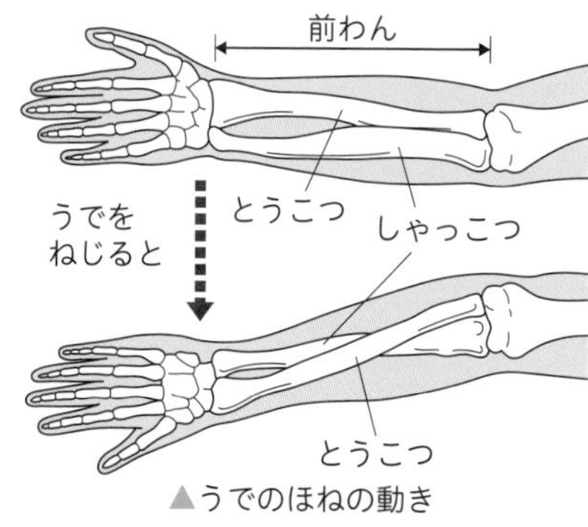

▲うでのほねの動き

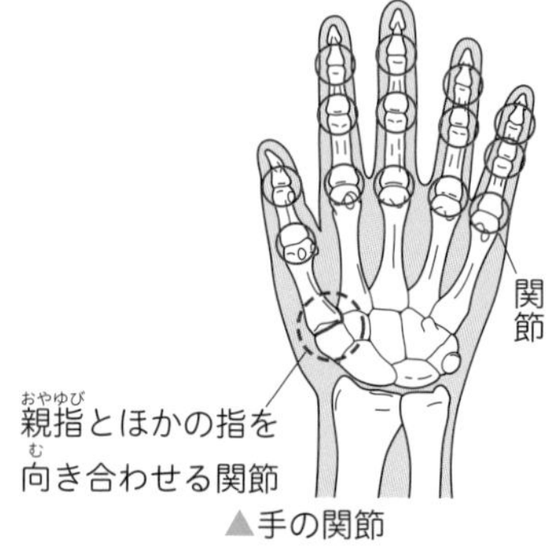

▲手の関節

3 うでの動きをささえるしくみ

ひじから手首までの間を前わんといいます。前わんは2本のほねからできています。この2本のほねをねじることで，手首を回転させたり，手のひらをかえしたりすることができます。

人はボールを投げることができますが，ネコはものを投げることができません。それは，人のかたは360°回すことができても，ネコはそのようにすることができないからです。

3 全身のほねやきん肉

①からだを動かすために，動きが必要な場所には，ほねと関節を動かすための**きん肉**があります。

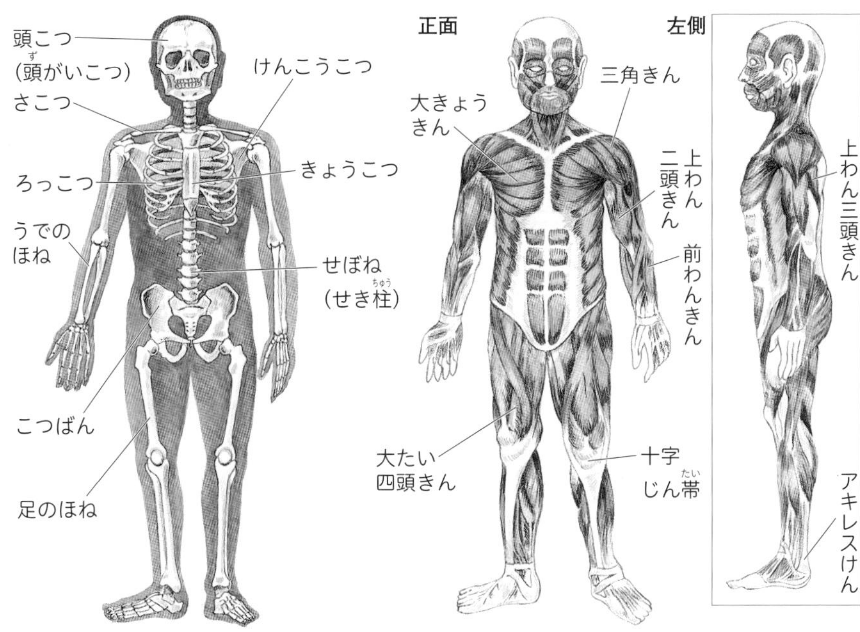

▲からだのほねのようす　　▲からだのきん肉のようす

②ほねには，かたいこうこつと，やわらかいなんこつがあります。ふつう，ほねといっているのはこうこつです。

こうこつには，**頭こつ**や**ろっこつ**のようにからだのたいせつな部分をまもるものや，**せぼね**や**こつばん**のようにからだをささえているものもあります。

③ほねとほねのつながりだけでは，からだは動きません。からだを動かすためにはたらいているのがきん肉です。

きん肉は，動かしたい関節で結ばれた２つのほねにつながっています。きん肉がちぢんで，ほねを引っぱることで，からだを動かすことができます。

人は内骨格なので，体内にほね，きん肉，内ぞうがあります。一方，こん虫は外骨格なので，かたいからの内側にきん肉や内ぞうがあります。きん肉を動かして飛ぶこん虫と，きん肉で外骨格を変形させて飛ぶこん虫がいます。

④きん肉には，ほねについてからだを動かすきん肉と，内ぞうを動かすきん肉があります。からだを動かすきん肉は，自分の意しで動かせるきん肉でずい意きんといい，内ぞうを動かすきん肉は，自分の意しで動かせないきん肉で不ずい意きんといいます。

▶**ずい意きん**…手・足・指などのきん肉

▶**不ずい意きん**…心きん・胃・腸などのきん肉

⑤きん肉には持きゅう力にすぐれたちきんと，しゅん発力にすぐれた速きんの2種類があります。ちきんはミオグロビンというたんぱく質を多くふくんだ赤く見えるきん肉で，速きんはミオグロビンをほとんどふくんでいない白く見えるきん肉です。

ちきんと速きんの割合は人によってちがいます。ちきんはジョギングなどの有酸素運動できたえられ，速きんはきん力トレーニングなどの無酸素運動できたえられるといわれています。

▶**ちきん**…ふくらはぎなどに多い

▶**速きん**…足のうらなどに多い

⑥からだを動かすきん肉は，全部で400種類ぐらいあります。きん肉はほねをつつむようについていて，真ん中が太く，両はしが細くなっています。そして，**けん**という部分で2つのほねにくっついています。

かかとのアキレスけんは，歩くときに大事なけんとして知られています。

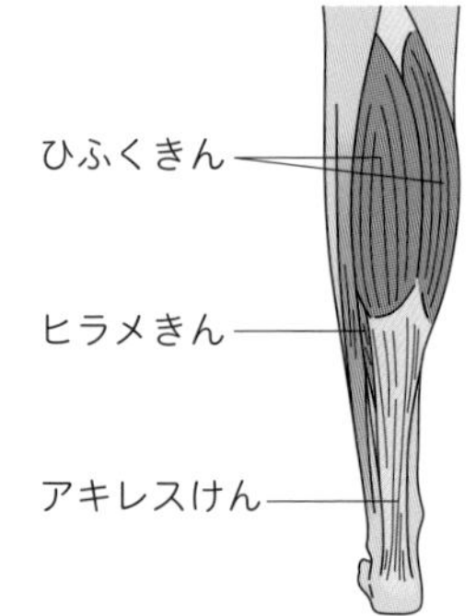

▲かかとのアキレスけん

⑦ほねの中身は，およそ右の図のようになっています。かたいほねの中にありますが，こつずいはやわらかいものです。

⑧人のほねは，全部で205こぐらいあり，たくさんのほねに分かれています。それは，子どものときに成長に合わせて，ほねを大きくする必要があるからです。

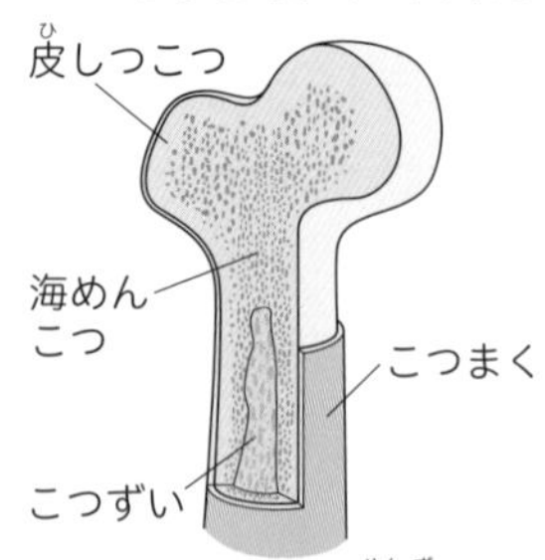

▲ほねのだん面図

人は年令を重ねるとほねがもろくなります。長い人生を送るなかで，ほねがスカスカにならないようにするには，子どものころから，バランスのとれた食事を心がけることがたいせつです。1日に必要なカルシウムを上手にとるようにしましょう。

2 目・耳・皮ふのはたらき

わたしたちのからだの次のようなはたらきについて，調べよう。
1 目でまわりのものを見ること。
2 耳で音を聞くこと。
3 皮ふで温かさや冷たさを感じること。

1 目のつくりとはたらき

1 目のはたらき

目には光を感じとり，明るさ，色，形などを見分けるはたらきがあります。

2 目のつくりとしくみ

下の図のように，目には**レンズ**があります。このレンズを通して目の前のいろいろな方向からくる光を，**もうまく**という目のおくのところに集めて像をつくります。

この像は，もうまくに集まった**神けい**から信号として**のう**に送られます。右目の神けいは左のうにつながっていて，左目の神けいは右のうにつながっています。このようにして，ものが見えます。

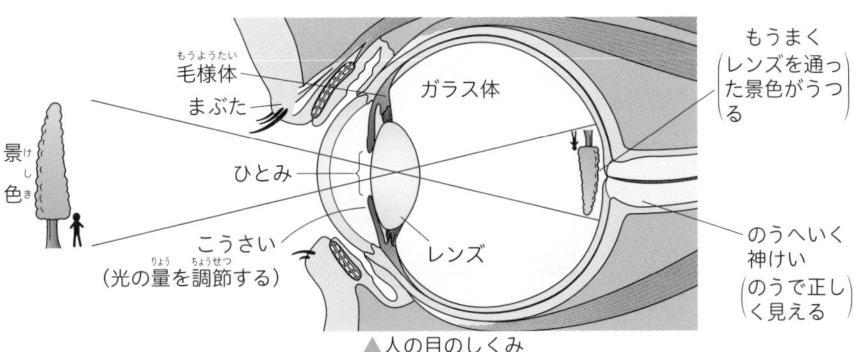

▲人の目のしくみ

目（視覚），耳（ちょう覚），鼻（きゅう覚），した（味覚），皮ふ（しょっ覚）のように外からのしげきを受ける器官を感覚器官といいます。

3 両眼視

人やライオンの目は，顔に前向きに２つあります。２つの目でものを見ることで，自分からものまでのきょりをはかることができます。これを**両眼視**といいます。両目の位置は動物によってことなっていて，その位置が両眼視に深く関わっています。

人やライオンは両眼視ができても，両目がはなれたシマウマは両眼視ができません。そのかわり，シマウマは広いはんいでものが見えるので，ライオンなどのてきをすばやく見つけることができます。

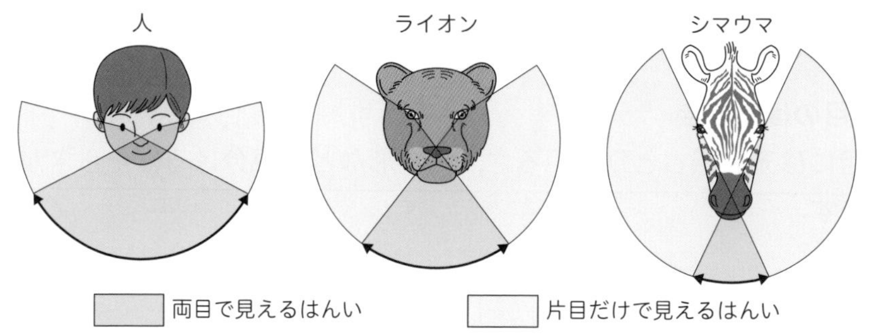

4 ひとみ

目には，まぶしすぎたり，暗くてものが見えにくいときに，目に入る光を調節する**しぼり**のしくみがあります。

目の中央には**ひとみ**とよばれる黒い部分があります。そのまわりの**こうさい**とよばれる部分で，ひとみの大きさを調節してレンズに入る光の量を調整しています。

これらは無意しきにおこる反のうで，**反しゃ**とよばれています。反しゃは，からだのはたらきを調整するときや，きけんからからだをまもるときにおこります。

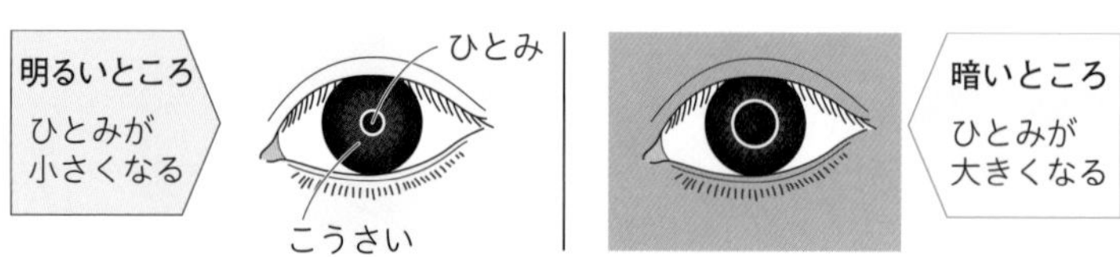

▲明るさと人のひとみ

多くのこん虫では，たくさんのレンズが集まって１つの目ができています。これを複眼といいます。複眼だと単眼よりも広いはんいを見ることができたり，人が見えない紫外線を見ることもできます。

2 耳のつくりとはたらき

1 耳のはたらき

耳は，音を感じとり，音の大きさ，音の高さ，音のくる方向を聞き分けるはたらきをします。

2 耳のつくりとしくみ

音は空気がふるえて伝わります。

①耳で音を聞くことができるのは，音が**耳かく**で集められ，耳のあなを通って**こまく**という「うすいまく」をふるわせることができるからです。

②こまくのふるえは**耳小こつ**とよばれるところで大きくなって，**うずまき管**の中のリンパえきをふるわせます。

③ここで受けとったしげきは，**ちょう神けい**によって電気的信号に変えられて「のう」に伝わります。

このようなしくみで，音が聞こえたと感じることができます。

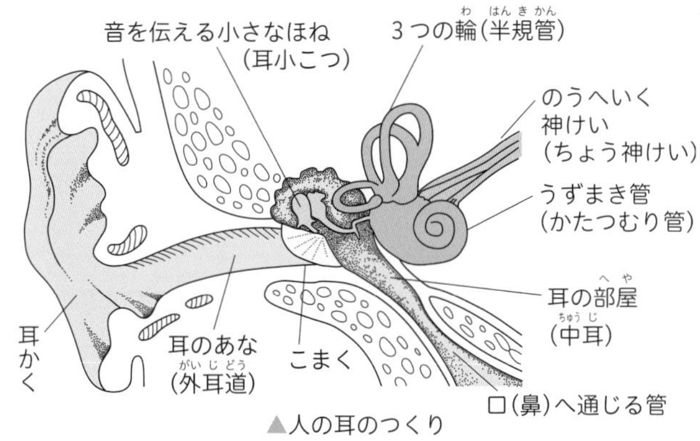

▲人の耳のつくり

3 音の向きやからだのバランスと耳

①人には耳が左右２つあります。人は左と右の耳で聞こえる音のちがいから，音がしている方向がわかります。

②耳のおくのほうに３つの輪(半規管)があります。ここは，からだの回転方向や速さなどのバランスを感じるはたらきをします。

コウモリは大きな耳(耳かく)を音がする方向に向けて動かすことができ，その音でまわりのようすを知ることができます。

3 皮ふのつくりとはたらき

①皮ふには，温かさ，冷たさ，かたさ，やわらかさ，いたさ，おされたことなどを感じとる**感覚器官**としてのはたらきがあります。

②皮ふには，細きんなどからからだをまもるはたらきがあります。

③皮ふには，**体温を調節**する機のうがあります。寒いときには，毛あなをとじて熱が外に出ることをふせいでいます。暑いときにはあせをかき，あせにふくまれる水分がじょう発するときに皮ふの熱をうばうことで，人は体温を調節することができます。

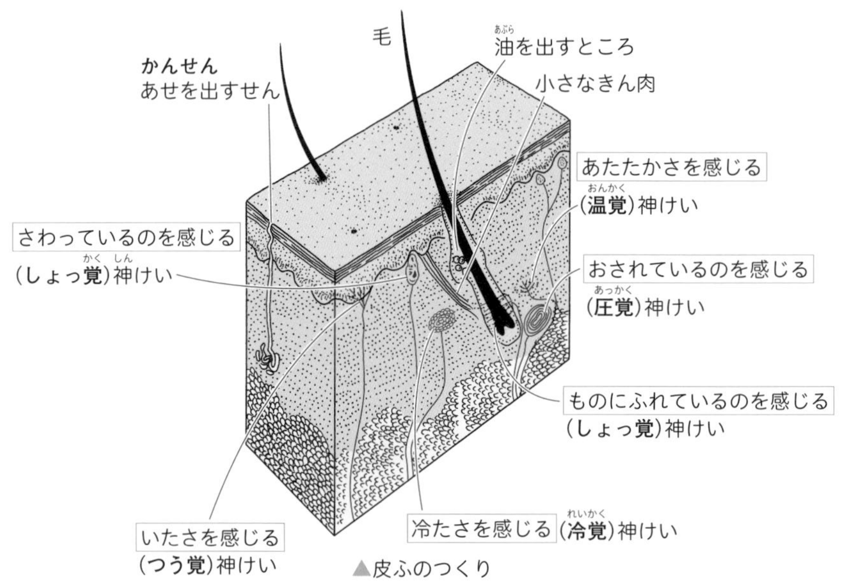

▲皮ふのつくり

④目，耳，皮ふ，鼻，したなど，外からのしげきを受けとる器官を**感覚器官**といいます。目では光のしげき，耳では音のしげき，皮ふでは温度や圧力などのしげきを受けとります。そして，鼻ではにおいのしげき，したでは味のしげきを受けとります。

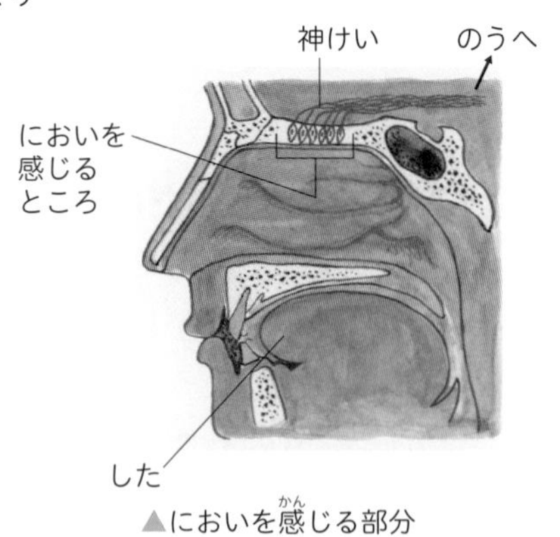

▲においを感じる部分

人や鳥のように体温が一定にたもたれる動物をこう温動物といいます。カエルや魚のように気温にあわせて体温が変化する動物を変温動物といいます。

3 こきゅうのはたらき

ここで学習すること

わたしたちは生きていくために空気をすったり，はいたりして，こきゅうをしています。このこきゅうのしくみを調べよう。

1 こきゅうのしくみ

1 こきゅう

こきゅうとは空気中の**酸素**をとり入れて，体内の不要な**二酸化炭素**を出すことです。こきゅうは，空気の出入り口である**口**，**鼻**とそれにつづく**気管**，**気管支**，**はい**で行います。

2 こきゅうのしくみ

はいにはきん肉がないので，はいは自力でこきゅうをすることはできません。人は，ろっこつの間のきん肉と横かくまくの動きで，空気をすったりはいたりしています。

息をすうときは，ろっこつの間のきん肉がのびてはいが横にふくらみます。同時に横かくまくがちぢんで下がることではいが下にふくらみ，ここに空気が入ります。

息をはくときは，ろっこつの間のきん肉がちぢむことではいもちぢみます。同時に横かくまくがのびて上がることではいが上におし上げられて小さくなります。こうして，はいの中の空気が外に出ていきます。

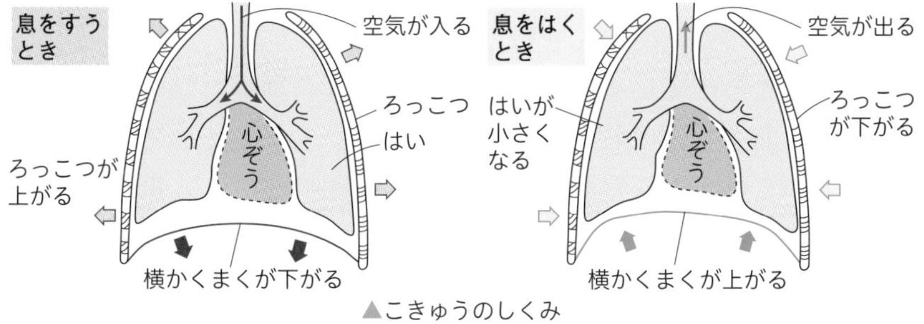

▲こきゅうのしくみ

こきゅうは，からだを動かす前後で大きく変化します。運動すると，からだにより多くの酸素が必要となるため，こきゅうの回数がふえます。

2 はいのしくみとはたらき

①こきゅうをするとき，口や鼻でとり入れた空気は，**気管**を通ってはいに入ります。気管の先は２つに分かれ(これを**気管支**といいます)ていて，その先は細かくえだ分かれをしています。そして，それぞれの先には，**はいほう**とよばれる「酸素と二酸化炭素のガス交かんができるふくろ」がたくさんついています。

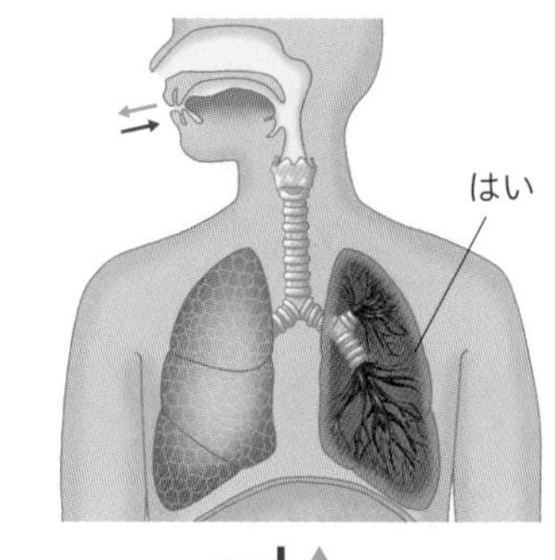

▲こきゅうのしくみ

②はいほうには多くの**毛細血管**がとり巻いています。その血管の中の血えきに新しい酸素が送られ，全身に運ばれていきます。

はいほう内の酸素は，血えき中の**ヘモグロビン**と結びつき，血えき中の不要な二酸化炭素が，はく息として体外に出されます。ヘモグロビンは，はいなどの酸素の多いところで酸素と結びつき，酸素の少ないところで酸素を放すせいしつがあります。

③人のはいにはたくさんのはいほうがあります。そのため，空気にふれる表面積が大きく，こきゅうのさいにこうりつよく酸素と二酸化炭素のガス交かんを行うことができます。

④心ぞうから出ていく血えきが流れる血管を**動脈**といい，心ぞうにもどる血えきが流れる血管を**静脈**といいます。そして，はいから出ていく血えきを動脈血といいます。動脈血には酸素が多くふくまれているので，あざやかな赤色をしています。これにたいして，全身からはいにもどる血えきを静脈血といいます。静脈血には二酸化炭素が多くふくまれているので，暗い赤色をしています。

空気には酸素や二酸化炭素，ちっ素などが混ざっています。空気中にふくまれている酸素の割合は約 21%で，いちばん多くふくまれているのはちっ素で約 78%です。

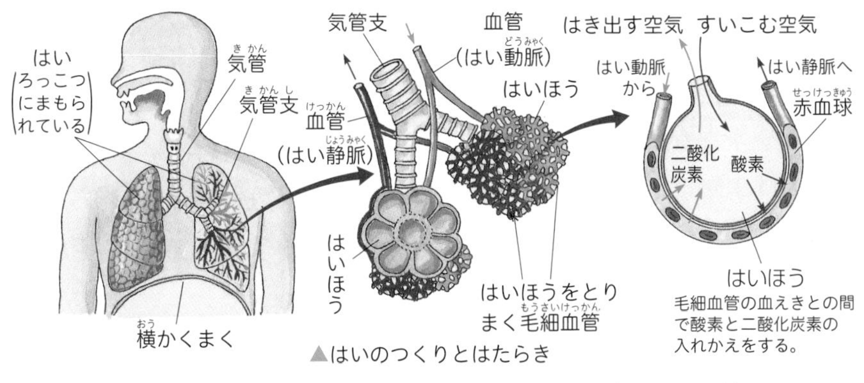

▲はいのつくりとはたらき

⑤人が必要以上に深くてはやいこきゅうをくり返すと，血えき中の二酸化炭素が少なくなりすぎて，しびれやけいれんなどおこすことがあります。これを過こきゅうしょう候群といいます。血えき中の酸素と二酸化炭素のバランスがくずれ，血えきのせいしつが変化することでおこります。

実験・観察 はいのもけいづくり

こきゅうのしくみを，もけい実験でたしかめてみましょう。

❶ペットボトル，ストロー，大小の風船をそれぞれ１つずつ用意しましょう。

❷ペットボトルのふたに，ストローより少し小さいあなを開けましょう。

❸ストローを通し，その先に小さいほうの風船をつけて，空気がもれないようにはり金でしばりましょう。

❹ペットボトルの底を切り落とし，大きいほうの風船を半分に切ったものをかぶせてテープでとめましょう。

❺ペットボトルの底にはった大きいほうの風船を引っぱると，中の風船がふくらみます。

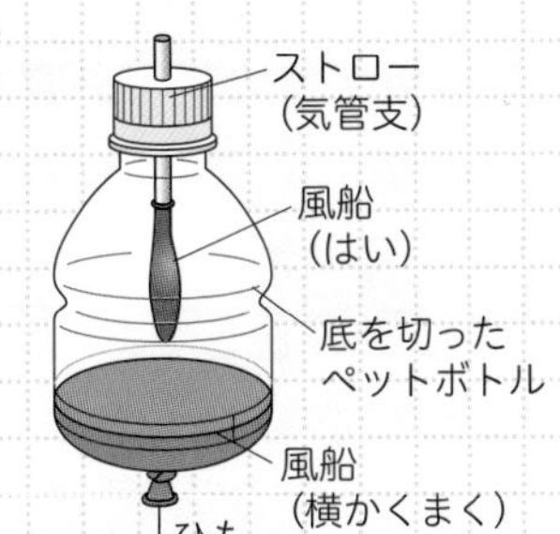

石灰水を入れたポリぶくろに，はき出した息をストローでふきこむと白くにごります。こうすると，はき出した息には二酸化炭素が多くふくまれていることがわかります。

3 動物のこきゅう

1 はいでこきゅうをする動物

イヌやネコなどのほ乳類，ツバメやハトなどの鳥類，ワニやトカゲなどのは虫類は，人と同様にはいでこきゅうをする動物です。

たくさんのはいほうにより，こうりつよく酸素と二酸化炭素のガス交かんを行うことができます。

2 えらでこきゅうをする動物

コイやフナなどの魚類は，えらでこきゅうをする動物です。

魚類のえらが赤いのは，えらには細い血管がたくさんあるからです。魚類では，水の中の酸素がこの細い血管に入りこむことで，体内の二酸化炭素とのガス交かんをしています。

3 はいとえらでこきゅうをする動物

カエルなどの両生類は，はいのつくりが不完全なので，皮ふこきゅうで酸素をおぎなっています。両生類の一例をカエルであげると，おたまじゃくしのときはえらでこきゅうをしていても，成長してカエルになるとはいこきゅうや皮ふこきゅうに変化していきます。

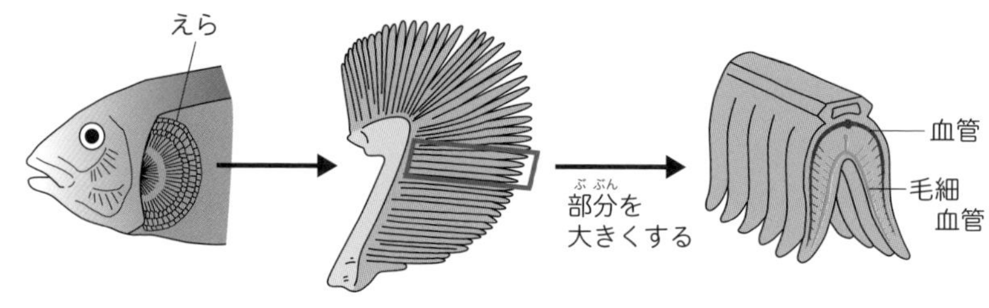

▲魚類のえら

4 こきゅうで酸素が必要な理由

いっぱんに，生き物は生命活動に必要なエネルギーをこきゅうでつくり出しています。からだの中に新しい酸素がとりこまれると，からだの中に栄養としてたくわえられたブドウとうといっしょになって，生命活動に必要なエネルギーに変化します。

こん虫の体の横には気門とよばれるあながあります。ここから体内に空気をとり入れ，気管とよばれる管から酸素が全身に運ばれます。反対に，二酸化炭素は気管から外に出ていきます。

4 血えきと心ぞうのはたらき

1 心ぞうのつくりについて調べよう。
2 血えきの流れについて調べよう。
3 脈はくと心ぞうの動きについて調べよう。

1 心ぞうのつくり

わたしたちのからだにはたいせつな**心ぞう**があります。心ぞうが「ポンプの役わり」としてはたらくことで，からだ中にたえず血えきが流れ続けています。

1 心ぞうのある場所

心ぞうは，むねの中央のやや左側にあります。皮ふの上から手をあててみると，心ぞうがドクンドクンといつもきそく正しく動いているのがわかります。

2 心ぞうの大きさ

ふつう，心ぞうは自分の「にぎりこぶし」ぐらいの大きさです。

3 心ぞうのつくり

心ぞうは厚いきん肉でできています。このきん肉はじょうぶで，のびたりちぢんだりすることができます。

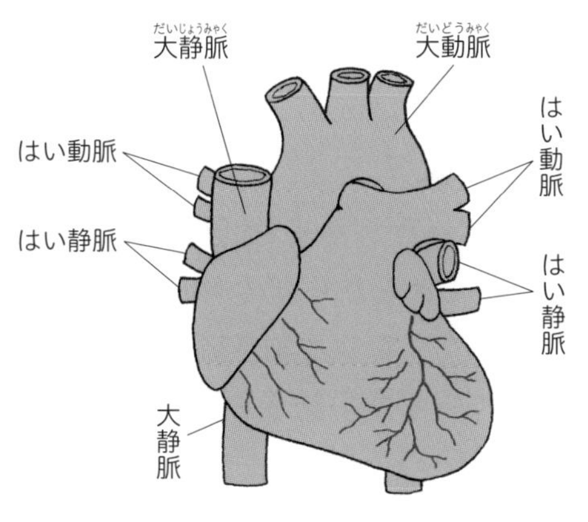

▲心ぞうの外部

にぎりこぶし 1 つ分の大きさしかないのに，いろいろな血管とつながっているのね。

心ぞうのきん肉は，1 日に約 10 万回のかくちょうとしゅうしゅく(大きくなったり小さくなったり)をくり返しています。このきん肉は心きんといって，連続的な運動をしてもつかれずに，ずっと動き続けます。

①心ぞうの内部は，心ぼうと心室でつくられています。

▶心ぼう…静脈から流れてきた血えきを心室に送ります。

▶心　室…心ぼうから流れてきた血えきを動脈に送ります。

②人の心ぞうは２心ぼう２心室からなっていて，「**右心ぼう，左心ぼう，右心室，左心室**」とよばれる４つの部屋に分かれています。これらの部屋は，それぞれ**べん**でつながれています。

心ぞうにべんがあることで，血えきがぎゃく流することをふせいでいます。

③心ぞうの左右は，手や足と同じように自分自身のからだで考えます。からだの右側にあるのが右心ぼうと右心室，左側にあるのが左心ぼうと左心室になります。下の図のようにあらわすと，図の左側にあるのが右心ぼうと右心室になるので注意しましょう。

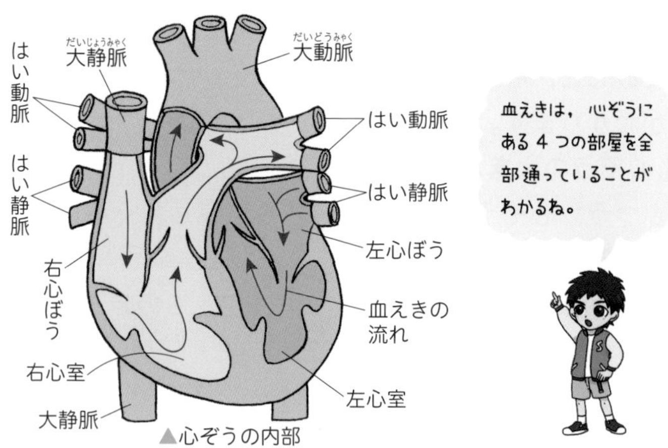

▲心ぞうの内部

4 心ぞうが血えきを送り出すしくみ

心ぼうと心室がかくちょうとしゅうしゅく(大きくなったり小さくなったり)をくり返すことで，血えきをからだ全体に流すことができます。また，心ぞうは休むことなく，ずっと動き続けます。

ふつう，はげしい運動をすると心ぞうの動きがはげしくなります。心ぞうの動きのリズムには，神けいとホルモンのはたらきが関係しています。

パワーアップ

左心室と右心室では，左心室のほうが大きくはり出しています。これは，左心室から大動脈に血えきを送りこむのにたえられるようにするためといわれています。

2 血えきの流れ

心ぞうは血管に血えきを送る**ポンプ**としての役わりをはたしています。ここでは，血えきの流れをくわしく見ていきましょう。

1 血えきの通り道

心ぞうから出た血えきは，血管の中を流れ，全身に**酸素**と**養分**を運びます。そのため，血管はからだのすみずみにまで広がっています。

2 動脈と静脈

血管には，脈を打つ**動脈**と，脈を打たない**静脈**があります。

①**動　脈**…心ぞうから血えきを全身に送り出す血管を動脈といいます。厚くてだん力せいが大きいことが特ちょうです。

②**静　脈**…全身から血えきを心ぞうにもどす血管を**静脈**といいます。動脈にくらべてうすく，だん力せいが小さいことが特ちょうです。

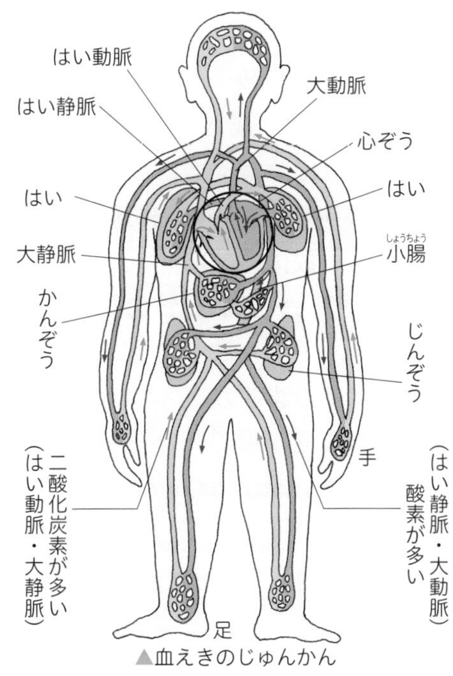

▲血えきのじゅんかん

3 脈はく

1 脈はく

右の写真のようにして，指で手首を軽くおさえると「ドク，ドク，ドク」とリズムをもったふるえが伝わってきます。これを**脈はく**といいます。

脈はくは，首でもはかることができます。

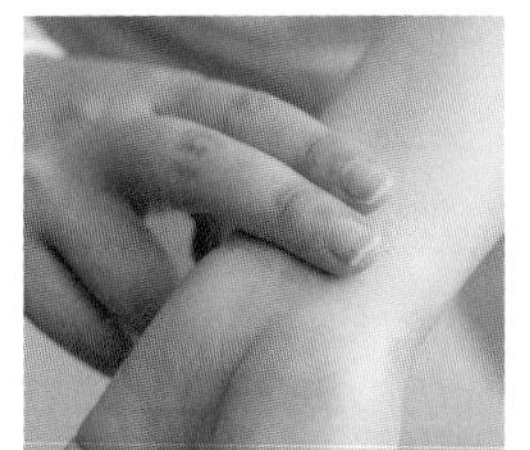
▲手首の脈はく数のはかり方

からだにとりこんだものから養分が使われ，からだにとって不要となったものを老はい物といいます。老はい物は静脈で運ばれます。

2 脈はく数

１分間の脈はくの数を**脈はく数**といいます。運動しているときやストレスをかかえているとき，きんちょうしているときなどは脈はく数がふえます。反対に，リラックスしているときなどは，脈はく数がへります。

①**人の脈はく数**…にゅう児やよう児は 100〜140 回，小学生は 70〜100 回，成人は 70〜80 回ぐらいになります。年令が上がるにつれて脈はく数は少なくなります。

②**人よりも小さい動物の脈はく数**…人よりも小さいハツカネズミの脈はく数は，600〜700 回ぐらいになります。

③**人よりも大きい動物の脈はく数**…人よりも大きいクジラのなかまには，脈はく数が 3 回ぐらいのものもいます。

例外はありますが，ふつう，からだが大きい動物ほど脈はく数が少なくてじゅ命が長く，からだが小さい動物ほど脈はく数が多くてじゅ命が短いけい向があります。

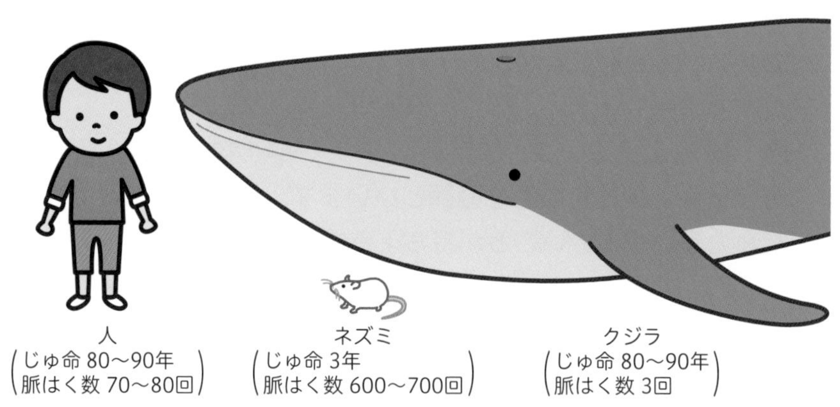

3 脈はくと心ぞうの動き

脈はくは心ぞうの動きといっちしています。そのため，お医者さんがむねにちょうしん器をあてて聞きとることができる**心ぱく数**(１分間の心ぞうの動きの回数)は，手首や首の脈はく数で数えても同じ数になります。

運動をするとからだが多くの酸素を必要とするため，心ぞうがドキドキします。運動をする前後で脈はく数をくらべてみると，運動前よりも運動後の脈はく数がふえていることがわかります。

5 消化・きゅうしゅうとはい出

1 わたしたちが食べたものは，からだの中でどのように変化してきゅうしゅうされるのかを調べよう。
2 わたしたちのからだに不要なものは，どのようにはい出されるのかを調べよう。

1 食べ物の消化

1 消　化

人が生きていくためには，からだの中にとり入れた食べ物を，水にとける小さなもの（**養分**）にして，体内にきゅうしゅうできるようにする必要があります。これを**消化**といいます。

2 消化を行うところ

右の図のように，口からとり入れた食べ物は，**食道**，**胃**，**小腸**，**大腸**という**消化器官**を通る間に少しずつ消化されていきます。口，食道，胃，小腸，大腸からこう門までのひと続きの管を，**消化管**といいます。

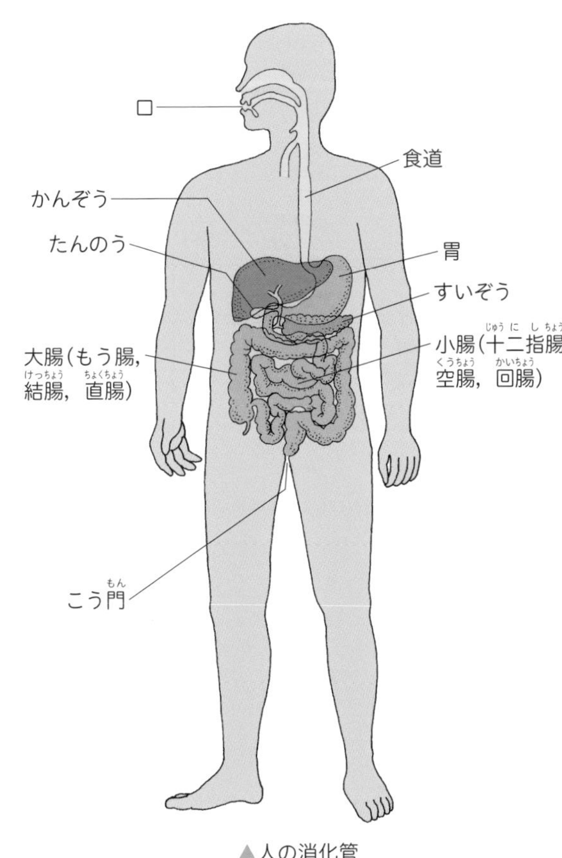

▲人の消化管

ウシやヒツジは，一度飲みこんだ食べ物を，しばらくしてから口の中にもどしてかみ，ふたたび飲みこむ反すう動物です。反すう動物には胃が４つあり，それぞれがことなるはたらきをしていることが関係しています。

3 消化えき

食べ物が小腸までの消化管を通る間に**消化えき**で消化されていきます。人の消化器官から出てくる**だえき**，**胃えき**，**すいえき**などの消化えきには，消化をすすめる**こうそ**がふくまれています。

これにたいして，**たんじゅう**などの消化えきには，消化を進める**こうそ**がふくまれていません。（消化こうそのはたらきを助ける役目をします。）

4 消化えきのはたらき

代表的な消化えきのおもなはたらきは，次のようになります。

消化えき	でんぷんが分かいされるか 消化こうそ	たんぱく質が分かいされるか 消化こうそ	しぼうが分かいされるか 消化こうそ
だえき	アミラーゼ	×	×
胃えき	×	ペプシン	×
たんじゅう	×	×	しぼうの分かいを助ける
すいえき	アミラーゼ	トリプシン，ペプチダーゼ	リパーゼ

①かんぞうでつくられ，たんのうにためられる「たんじゅう」には，消化こうそはふくまれていません。

②すいえきにはとうの消化を進めるマルターゼとよばれるこうそもふくまれています。

胃えきのようにすっぱい消化えきはさんせいをしめします。たんじゅうのような苦い消化えきはアルカリせいをしめします。

2 消化のしくみ

1 口のはたらき

①**歯の役わり**…人の口の中には，門歯，犬歯，きゅう歯などの歯があり，食べ物をかみくだいて細かくしています。

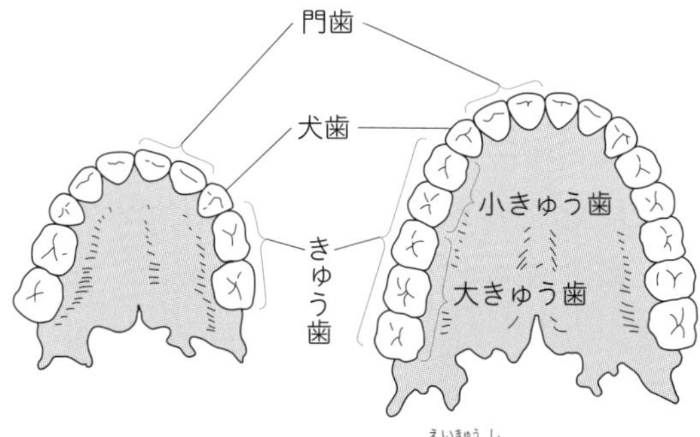

▲人の歯のならび方

②**だえきの役わり**…人のしたのうら側などにだえきせんがあります。食べ物を口の中に入れるとここから**だえき**が出てきます。

そして，だえきにふくまれるアミラーゼとよばれるこうそが，ごはんやパンなどにふくまれているでんぷんをとうに変えて消化が進んでいきます。

2 食道のはたらき

人の食道は，のどと胃を結ぶつつじょうのぞう器です。口で消化された食べ物は，食道に送られます。

食道自体には，食べ物の消化やきゅうしゅうを行う機能はないのですが，ちぢんだりゆるめたりする運動をくり返して食べ物を胃に運ぶ役わりがあります。

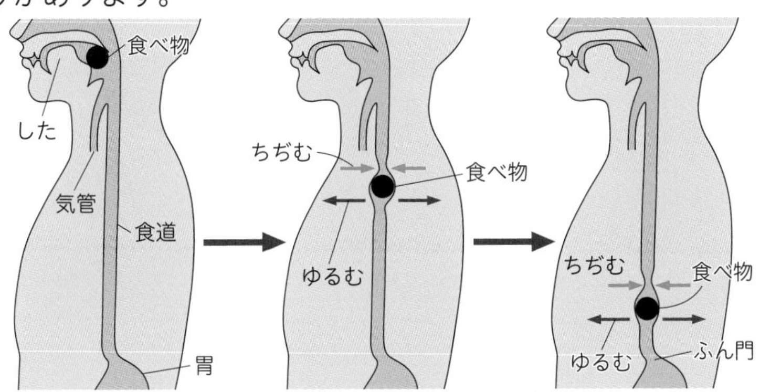

▲食道での食べ物の運ばれ方

したには，食べ物をだえきとまぜ合わせて消化を助ける役わりや，味を感じる感覚器官としての役わりなどがあります。

3 胃のはたらき

人の胃は 1.5〜2.0 L ぐらいの体積をもつふくろじょうのじょうぶなきん肉でできているぞう器です。食べ物が胃に入ると，ちぢんだりのびたりして食べ物と消化えきがまざります。胃では，**胃えき**とよばれるえき体が出てきます。ここでは，たんぱく質が消化されていきます。

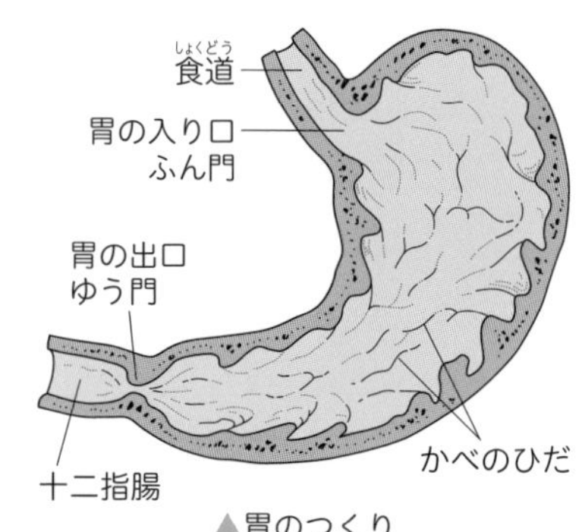

▲胃のつくり

胃の中は胃えきのはたらきにより，細きんがふえないしくみになっています。また，胃の内側のかべは，ねばねばした胃ねんえきとよばれるえき体でおおわれています。たんぱく質からできている胃自身が，胃えきでとけてしまわないのは，胃ねんえきによってまもられているからなのです。

胃えきと胃ねんえきのバランスがくずれると，
胃えきで胃がきずつくこともあります。

4 十二指腸のはたらき

胃で消化された食べ物は十二指腸へと送られます。人の十二指腸は，胃から続く小腸の一部で，長さ 25 cm くらいの管です。十二指腸では，**たんのう**から出たたんじゅうがしぼうを消化・きゅうしゅうしやすい形にして，**すいぞう**から出たすいえきが炭水化物，たんぱく質，しぼうを分かいします。

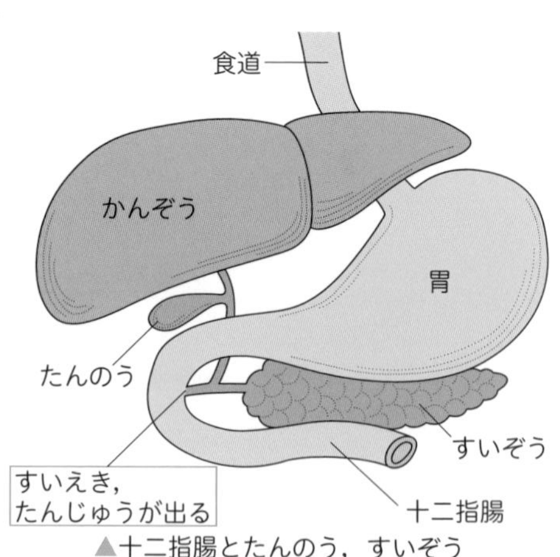

▲十二指腸とたんのう，すいぞう

食べ物が口から消化管を通るとき，きん肉がのびちぢみする運動をぜん動運動といいます。ふん門（胃の入口）からゆう門（胃の出口）まで，およそ 2 〜 6 時間かけて消化します。

5 小腸のはたらき

人の小腸は全長約 4～6 m の長いぞう器です。小腸に入った食べ物は，小腸のかべから出てくる消化こうそで消化されて養分としてきゅうしゅうできるようになります。この養分は，小腸の表面に無数にある**じゅう毛**から体内にきゅうしゅうされていきます。

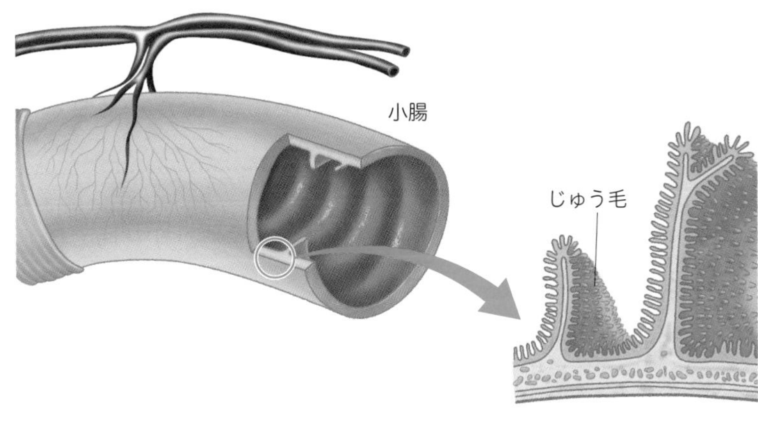

6 大腸のはたらき

人の大腸は全長約 1.5 m のぞう器です。大腸はもう腸，結腸，直腸からなります。大腸では，食べ物からの**水分のきゅうしゅう**と**細きんによる未消化物の分かい**が行われます。

大腸に入った食べ物は，最終的には**ふん**になり直腸のほうへ運ばれます。人がこう門から出すふんは，水分，腸へきの細ぼうの死がい，細きん類の死がい，食べ物の残りかすからできています。また，人がこう門から出すおならは，その約 20 % が腸内のバクテリアなどのはたらきでできたガスであり，残り 80 % は口から飲みこんだ空気だと考えられています。

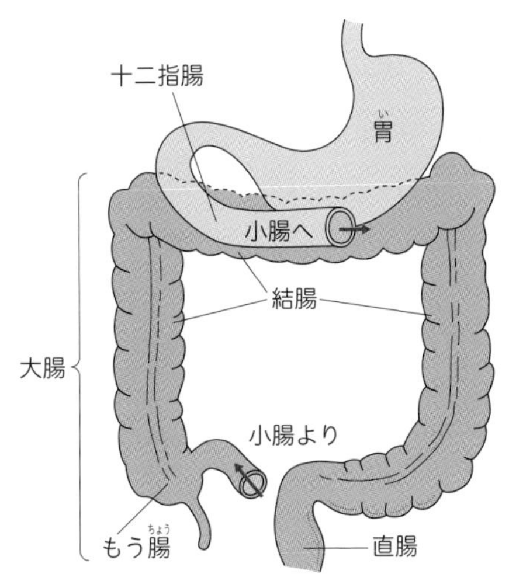

▲大腸のつくり

ライオンのように肉などを食べる肉食動物と，シマウマのように草などを食べる草食動物では，草食動物のほうが腸が長くなっています。草の中の養分（栄養分）が肉にくらべて少なく，時間をかけて消化するのにつごうがよいからです。

3 じんぞうのはたらき(血えきのよごれをきれいにする)

1 血えきのよごれ

人が生きていると体内に不要なものができます。その中で，からだに不要な二酸化炭素と水の一部は「**はい(はいほう)**からはく息」としてからだの外に出します。

これ以外の不要なものは，血えきとまざって**じんぞう**でこしとられ，**ぼうこう**から**にょう**として出たり，**皮ふ(かんせん)**から**あせ**としてからだの外に出たりします。

皮ふ 126ページ

2 はい出器官

じんぞうのように，体内の水分や不要なものをくみ出して体外へ放出する器官を**はい出器官**といいます。

3 じんぞうのはたらき

じんぞうは血えきのよごれをこしとるはい出器官です。人のじんぞうは，背中側のこしの少し上あたりに左右ひとつずつあります。じんぞうはにぎりこぶしぐらいの大きさで，ソラマメのような形をしています。

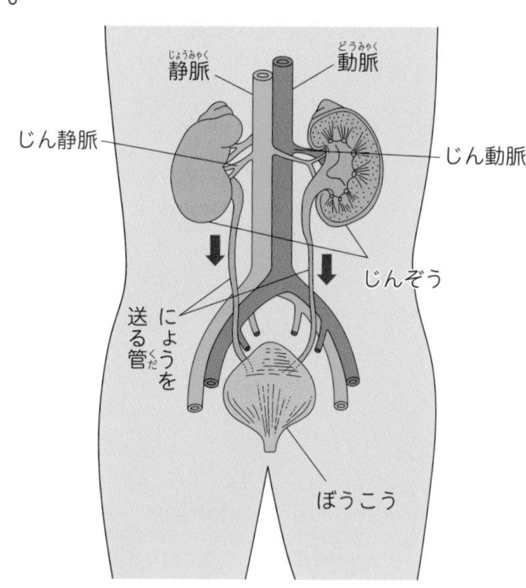

▲じんぞうとぼうこう

じんぞうには，血えきをつくるのを助けるはたらきや，血あつを調整するはたらきもあるよ。

あせとにょうの中身はほとんど同じです。あせは「体温調節」の役わりをし，にょうは体内に不要なものをはい出する役わりをしています。

6 人と動物のからだのつくり

せきつい動物と無せきつい動物のからだのつくりをくらべよう。

1 せきつい動物と無せきつい動物

人やイヌ，ネコなどのせぼねがある動物を**せきつい動物**といい，イカ，タコなどのせぼねがない動物を**無せきつい動物**といいます。人以外のせきつい動物にも**ほね**，**きん肉**，**関節**があり，人と同じようにほね・きん肉・関節のはたらきでからだを動かすことができます。

2 せきつい動物のからだのつくり

代表的なせきつい動物のからだのつくり（ほね組）は次のようになっています。

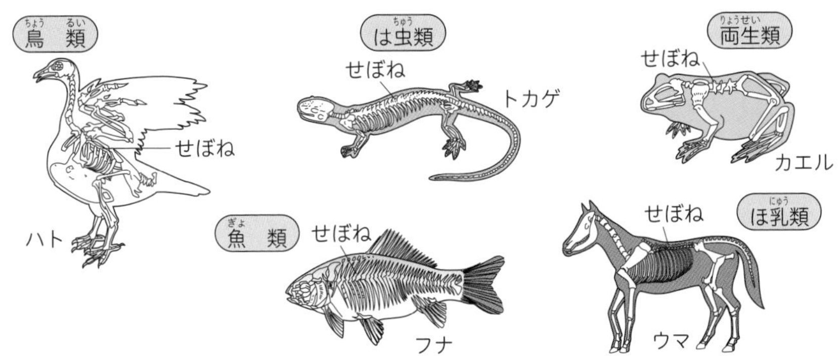

3 無せきつい動物のからだのつくり

代表的な無せきつい動物のからだのつくりは次のようになっています。

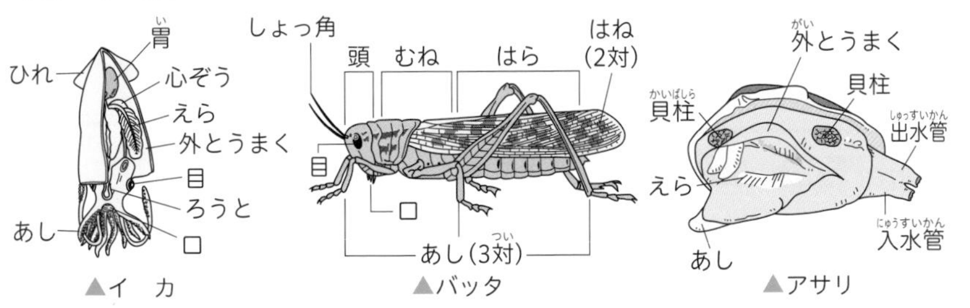

▲イ カ　▲バッタ　▲アサリ

せきつい動物は，ほ乳類，鳥類，は虫類，両生類，魚類に分類することができます。自然界にはせきつい動物よりも無せきつい動物のほうが多くそんざいしていることがわかっています。

8つのミッション！②

人のようにせぼねのある動物を「せきつい動物」といい，イカのようにせぼねのない動物を「無せきつい動物」といいます。

イカはスーパーマーケットで手に入れることができる無せきつい動物です。ここでは，イカのからだのつくりをていねいに調べてみましょう。

ミッション

イカのかいぼうと観察を行って，人とのちがいと共通点を調べてみよ！

調べ方（例）

ステップ1　イカのからだのつくりを調べよう！

- 図かんやインターネットを利用して，イカと人でちがうところや，イカと人で共通するところを探してみよう。
- イカの切り方の順序や観察できるポイントについて調べてみよう。

ステップ2　イカのかいぼうに必要な道具をそろえよう！

- イカ，まな板，はさみ，ピンセットをそろえよう。
- かいぼうを行うことが目的なので，切り分けられていないイカを買おう。

ステップ3　イカをかいぼうし，観察しよう！

- 切り方の順序を考えてからかいぼうしよう。
- 着目するポイントを決めてじっくり観察しよう。
- 観察カードには，観察したことや調べたことをもとに，自分で考えたことをまとめてみよう。

ステップ4　後かたづけをしよう！

- この実験に使ったイカはすてよう。
- まな板，はさみ，ピンセットはせんざいできれいに洗おう。

解答例　372ページ

第2章 地球（ちきゅう）

日なたと日かげで大ちがい

プールの時間

今日は
あたたかいね！

え～
こっちはちょっと
さむいよ？

ぼくも日なたに
入ろっと

すっ

あちっ！

じゅっ

日なただと
地面もこんなに
熱くなるんだね

アチ

アチ

こっちはさっきまで
日かげだったから
そんなに熱くないよ

なんでかげって
動くのかな？

太陽の向きと
関係ありそうじゃない？

ポカポカ

ベランダが南向きだと
せんたく物がよくかわく
っていうよね！

地面の温度をはかって，日なたがどれだけ熱くなっているか調べたいな
ポカポカ
1日の中での温度の変化も調べてみたいね
地面の温度のはかり方は先生が教えましょう！
このように，太陽の光が直せつあたらないようにするのよ！
太陽の光
おおい
ささえ
ぼう温度計
太陽の光で温度計があたためられると正しくはかれないもんね
へぇ〜
くわしくは153ページへ！
はかった結果は表やグラフにまとめるとわかりやすいわよ！
さっそく調べよう！
こんな感じ？
も〜〜！
地面にかいても消えちゃうでしょ〜！

1 日なたと日かげ

3年

学ぶことがら　1 かげと太陽　2 日なたと日かげの地面のようす

1 かげと太陽

1 かげは，いつでもどこでも，同じ向きにできるのか，調べよう。
2 太陽が出ているときの，かげの動きを調べよう。

1 かげと太陽の動き

実験・観察 かげと太陽の動くようす

かげをつくって，かげと太陽の動くようすを調べてみましょう。

❶下の図のように，8方位をかいた大きな紙の真ん中に，両面テープを使って，ぼう（またはえん筆）をまっすぐたてましょう。

注意 方位じしんを使って，紙を正しい向きに置きましょう。

❷ぼうのかげを1時間ごとになぞって記録します。
かげの動きを調べましょう。

方位じしん 147ページ

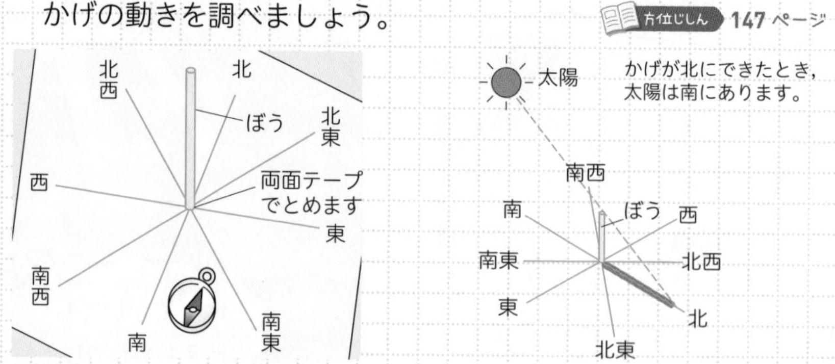

太陽の位置が変わるにつれて，かげの位置も変わっていきます。かげの動きを記録すると，日時計（➡148ページ）をつくることができます。日時計には，さまざまな形のものがあります。

結果

▶ぼうのかげは太陽のある方向の反対側にできます。

▶かげは西から北を通り，東に動きました。

わかること

▶朝は，かげが西にできたので，太陽は東にあるとわかります。

▶太陽は東から南を通り，西に動くことがわかります。

実験器具のあつかい方　方位じしんの使い方

方位じしんは，方位を知るための器具です。自分のまわりにあるものが，どの方位にあるかを知ることができます。

1 方位じしんの使い方

①調べたいものがあるとき，まず，その方向に向きます。

②手のひらの上に方位じしんをかたむかないように，平らにのせます。
平らな場所があれば，そこに置きます。

③赤などの色のついたはりは，北をさしています。方位じしんの文字ばんの北を，色のついたはりに合わせます。

④これで北がわかりましたので，東，西，南の方向もわかります。

⑤文字ばんで，調べたいものの方位をかくにんします。

はり
（色のついたほうがN極で北をさします）

文字ばん

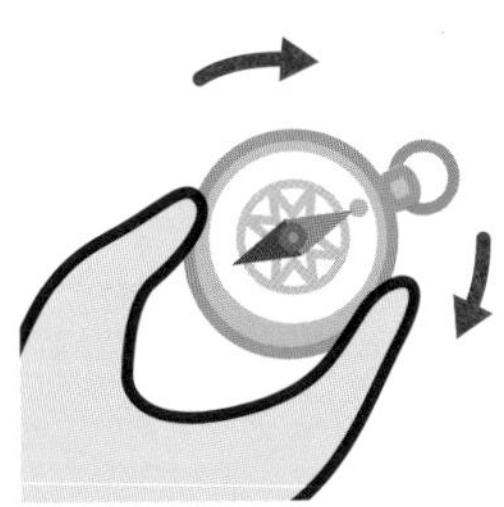

道を歩くとき，方位じしんで自分の向かっている方位をかくにんすると，地図を読むときにわかりやすくなります。

1 かげの動き方と太陽

晴れた日に，外に出て，もののかげを観察すると，決まって太陽の反対側にかげができています。

これは太陽の光(日光)をものがさえぎっているからです。

このことを利用して，かげの動きを調べて，太陽の動きを知ることができます。

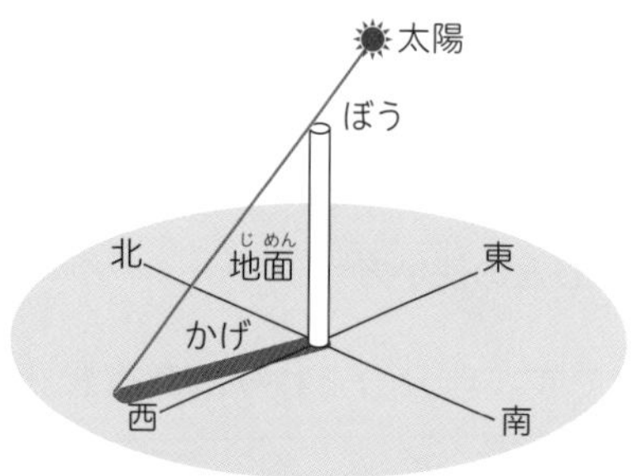

▲太陽とぼうのかげ

▲人とかげ

2 かげの長さと太陽の位置(高さ)

かげの長さはいつも同じではなく，時こくによって変わっていきます。朝，日の出とともにできた長いかげは，だんだん短くなっていき，昼(正午ごろ)に最も短くなります。このとき，太陽は真南にあり，**南中**したといいます。また，太陽の高さは最も高くなります。南中をすぎると，かげはふたたび長くなっていきます。

これらのことから，かげの長さは太陽の位置(高さ)と関係があり，かげの向きと長さから太陽の位置(方角と高さ)がわかります。

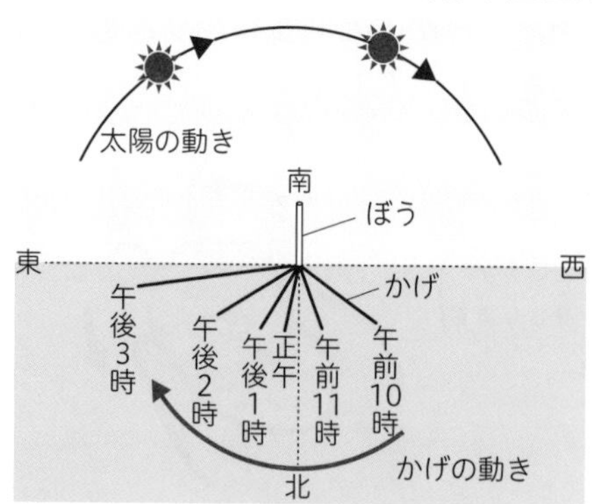

▲1日のかげの動き

▲日時計

太陽は，おおむね朝に東の空からのぼり，夕方に西の空にしずみます。1日で1周しているように見えますが，これは地球自らが回っているためです。(これを地球の自転といいます。)かげはこれにともなって動くので，4分で約1°，1時間で約15°動きます。

2 太陽の見える高さと方向

実験・観察 太陽の見える高さのようす

太陽の見える高さを，朝・昼・夕方にたしかめてみましょう。

❶まず，自分のたつ場所を決めましょう。
朝，昼，夕方と必ず同じ場所で観察しましょう。

❷目の高さに合わせて目印を決めます。まどわくや金あみなどを利用すると，調べやすいでしょう。

❸目印やまわりのようすをかきこんでおいた記録用紙に，しゃ光板という道具を使って，観察した太陽の位置を記録しましょう。

❹朝，昼，夕方それぞれに，10分間かくで数回記録しましょう。

観察には，しゃ光板を必ず使いましょう。太陽を直せつ見てはいけません。

▲しゃ光板

結果

- 朝は東，昼は南，夕方は西に，太陽はあります。
- 朝，昼，夕方で太陽の高さは変わります。

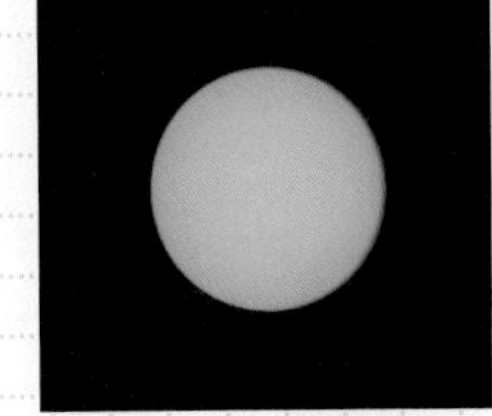

▲しゃ光板で見た太陽

わかること

- 太陽の位置は朝から昼にかけて高くなり，昼から夕方にかけて低くなることがわかります。

パワーアップ

しゃ光板で太陽を見ると，太陽が緑がかって見えます。しゃ光板は，目をいためるおそれがある赤い光をさえぎり，目にやさしい緑色の光が見えるようにつくられています。日食の観察のときもしゃ光板や日食グラスを使うようにします。

中学入試にフォーカス 昼夜の長さと太陽の南中

①**太陽の南中**…太陽の南中は，同じ地点なら１年の中で15分ほどはやくなったりおそくなったりしますが，大きくは変わりません。同じ地点で，南中の時こくがほとんど変わらないのなら，昼の長さや夜の長さは，どうしてちがうのでしょうか。

それは，日の出と日の入りの時こくが関係しています。例えば，夏至の日は１年でいちばん昼が長い，つまり日の出がはやく，日の入りがおそいということです。また，冬至の日は昼がいちばん短い，つまり日の出がおそく，日の入りがはやいということです。

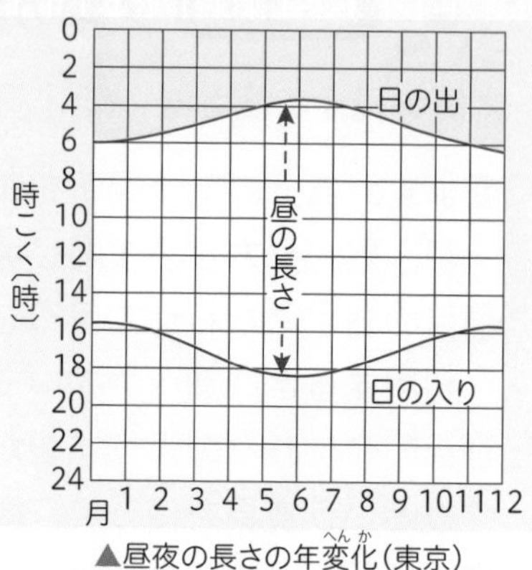

▲昼夜の長さの年変化（東京）

②**太陽の位置**…春分の日と秋分の日は，太陽は真東からのぼり，真西にしずんでいきます。

夏至の日は，太陽が真東の最も北よりからのぼり，真西の最も北よりにしずんでいきます。南中高度は最も高くなります。

冬至の日は，太陽が真東の最も南よりからのぼり，真西の最も南よりにしずんでいきます。太陽の南中高度は最も低くなります。

南中高度とは，太陽が真南にきて，いちばん高く上がったときの地平線との間の角度をいうのよ！！

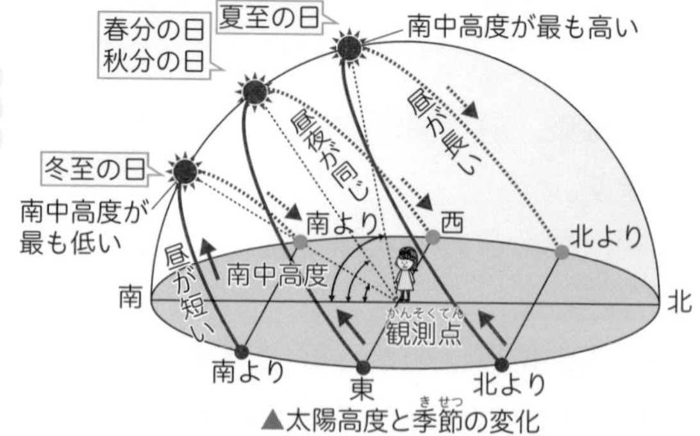

▲太陽高度と季節の変化

むかしの時間は，いまとちがって，太陽がのぼってからしずむまでを６等分していたので，夏と冬で１時間の長さがちがいました。

2 日なたと日かげの地面のようす

1 日なたと日かげでは，地面のようすに，どのようなちがいがあるか，調べよう。
2 日なたと日かげの水の温度のちがいについて調べよう。

1 日なたと日かげの温度

1 日なたと日かげの地面の温度の変わり方

実験・観察 日なたと日かげの地面のようす

日なたと日かげの地面のようすを調べてみましょう。

❶日なたと日かげの地面に，手や足でふれてみて，あたたかさやしめりぐあいを調べましょう。また草のしげり方など，まわりのようすも調べましょう。

❷ぼう温度計を使って，日なたと日かげの地面の温度を，午前9時，午前10時と時こくを決めてはかりましょう。

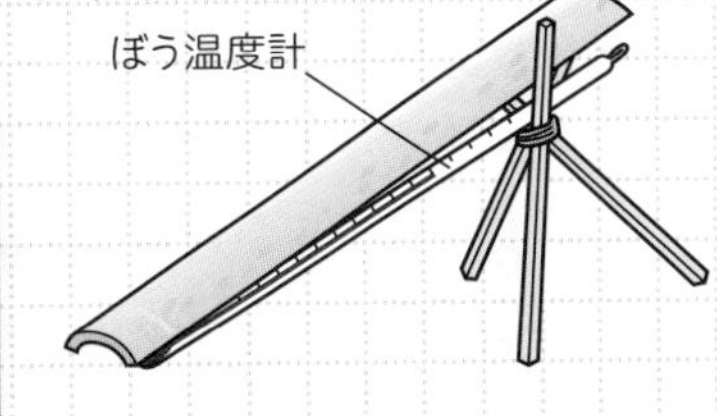

結果

▶右のグラフから，日なたのほうが日かげにくらべて温度が高く，変わり方も大きくなっています。

　また，晴れの日のほうがくもりの日よりも，大きく温度が変わること

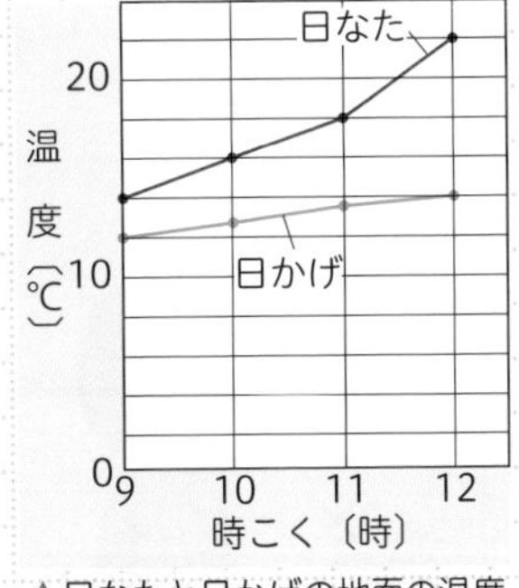

▲日なたと日かげの地面の温度

日かげによく見られるコケなどは，日なたではほとんど見られません。コケなどは，タンポポほど成長のために多くの日光を必要とせず，日当たりがよくない日かげを好みます。

などから，太陽の光(日光)があたると，地面の温度が上がることがわかります。

わかること

▶日なたと日かげでは，地面のあたたかさやしめりぐあいが，ちがっています。日なたの地面はあたたかくかわいていて，日かげの地面はひんやりしてしめっています。

▶日なたの地面の温度のほうが，日かげにくらべて高くなっています。

▶朝のはやい時こくの場合は，日なたと日かげのちがいは，ほとんどありません。

実験器具のあつかい方　ぼう温度計の使い方

ぼう温度計は，えきだめにふれている水や空気，土などのあたたかさをはかり，温度〔℃〕であらわす器具です。

1 目もりの読み方

①えきの先が動かなくなってから読みます。

②温度計と目を直角にして読みます。

③えきの先に近いほうの目もりを読みます。

④えきの先が目もりと目もりのちょうど真ん中のときは，上のほうの目もりを読みます。

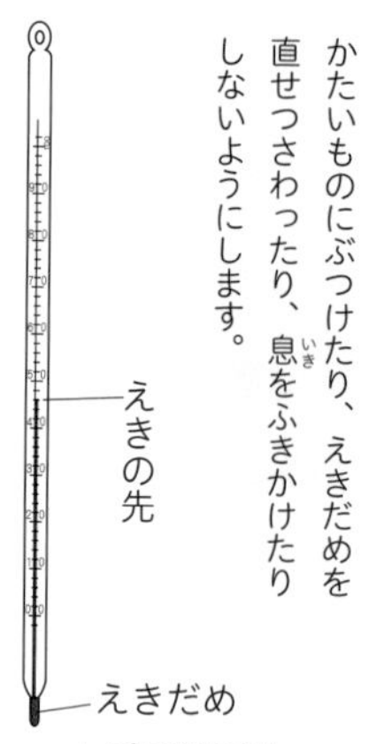

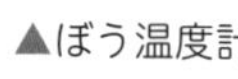
▲ぼう温度計

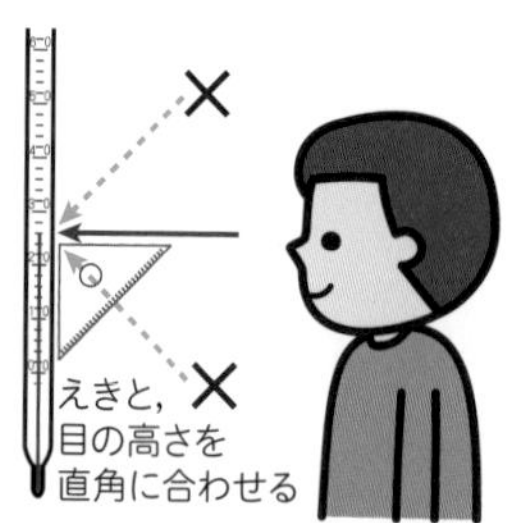

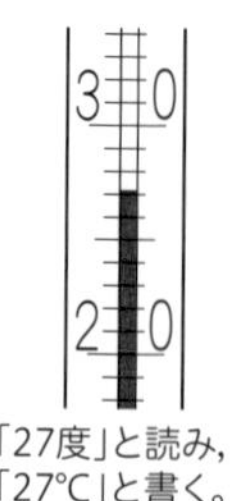
「27度」と読み，「27℃」と書く。

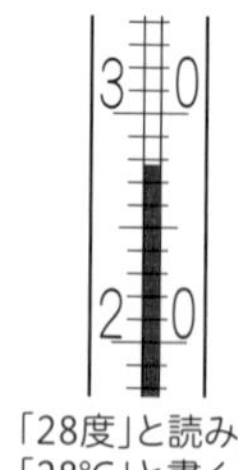
「28度」と読み，「28℃」と書く。

上の目もりの「28℃」とする。

温度計の赤いえき体は，灯油に赤い色そをまぜたものです。最近ではデジタル式の温度計もあり，これを使うと，数字をはっきりと読みとることができます。

2 地面の温度のはかり方

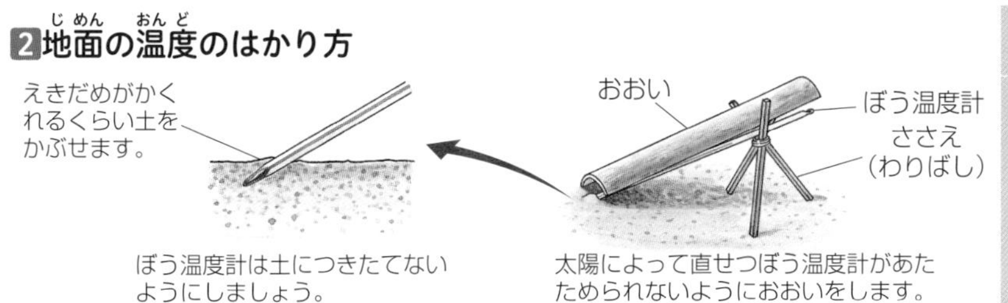

2 日なたと日かげの水の温度

実験・観察 日なたと日かげの水の温度のちがい

日なたと日かげに置いた水の温度の変化を調べてみましょう。

❶せん面器やバケツなどの同じ入れ物を２つ用意しましょう。
❷同じ量の水を入れ，日なたと日かげに置きましょう。
❸昼の，太陽がよく照っているとき，20 分ごとに３～４回温度をはかって，グラフをかきましょう。水の温度をはかるときは，ぼう温度計を使いましょう。 ぼう温度計 152 ページ

結果

▶日なたに置いたほうが，日かげにくらべて，温度が高く，変わり方も大きくなります。

わかること

▶日なたと日かげでは，水の温度にちがいがあります。
▶地面の温度と同じように，日なたに置いた水のほうが，温度が高くなります。

ペットボトルに水を入れてあたためる場合は，ペットボトルを黒くぬると，水温を高くすることができます。（➡237 ページ）

雨，雲，水…どこからやってくる？

まんざい発表会
どうも～
今日は「水のじゅんかん」について，勉強したいと思ってるねん
よし，わたしがなんでも教えたる！
まかしときっ
雨はどこからふってくるん？
雨は雲からふってくるんやで
ほな，雲はどうやってできるん？
雲は空気中の水分が集まってできるんやで
じゃあ，空気中の水分はどこからくるん？
海の水が太陽にあたためられると，空気中に出ていくんやで
すごいわね…関西べんが
ゴクリ
え！？関西べんだけ！？
水について すごく調べて たのに…

海の水は
どこからくるん？
川の水が流れて
くるんやで！
その川の水は
どこからくるん？
山地などにふった
雨が川になるん
やで！
雨はどこから
ふってくるん？
雨は雲から…って
話が「じゅんかん」
してるやん！
「水のじゅんかん」
の話のじゅんかん
やん！
何言ってるん？
もうええわ
ビシ
パチ
パチ
パチ
パチ
パチ
ありがとう
ございました～！
ペコ
ペコ
わたしも
関西べんの
勉強しなきゃ…
なんで
やねん！
よし…
ビシィ

2 天気のようすと水

4年

1 天気の決め方と気象観測　2 天気と気温の変化
3 水のじょう発とそのゆくえ

1 天気の決め方と気象観測

ここで学習すること

晴れ，くもり，雨などの天気を左右する気温やこう水量，雲，風について調べよう。

1 気温やこう水量のはかり方

1 場所による空気の温度のちがい

①**日なたと日かげ**…夏の暑い日に日かげに入るとすずしく感じます。空気の温度は，日なたでは高く，日かげでは低いです。

②**地面のようすと空気の温度**…アスファルトやコンクリートの上よりも，しばふの上のほうが空気の温度は低いです。

③**高さと空気の温度**…地面は太陽の熱であたためられています。空気の温度は，地面に近いほど高くなっています。

2 気温のはかり方

気温は，風通しのよい日かげで，地上 1.2 m～1.5 m ぐらいのところではかった空気の温度です。気温の変化を調べるためには，決まった場所(定点)で観測することがたいせつです。

▶**温度計の使い方**…くわしくは，152 ページを見ましょう。

3 こう水量のはかり方

決まった時間にふった雨の量は，その場所に置いた雨量計にたまった雨水の深さを mm(ミリメートル)であらわします。

▶**雨量計の使い方**…雨量計には口から底までが同じ形の茶づつのようなよう器を用います。

気象ちょうのアメダス(AMeDAS)は，地いき気象観測システム(Automated Meteorological Data Acquisition System)の頭文字をならべたりゃく語です。アメダスについてはミッション(➡171 ページ)でくわしく調べてみましょう。

2 百葉箱

決められたじょうけんで気温をはかるために**百葉箱**が使われます。

百葉箱は，地上 1.5 m ぐらいの風通しのよい日かげで，気温がはかれるようにした箱です。中にはふつうの温度計以外にも，次のような温度計が入っています。

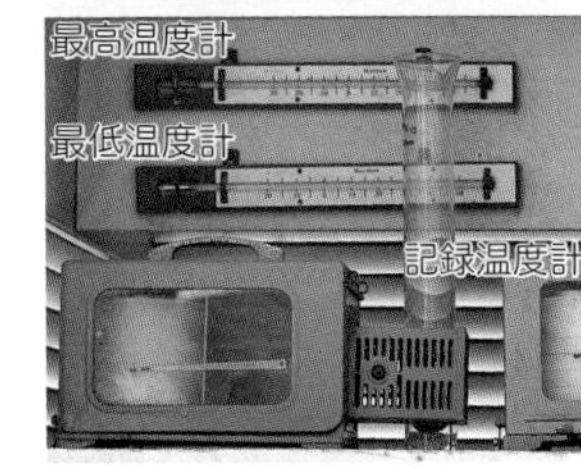

▲百葉箱の中

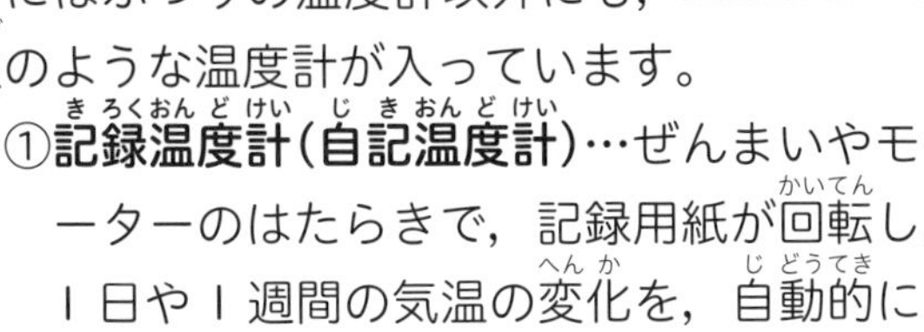

①**記録温度計(自記温度計)**…ぜんまいやモーターのはたらきで，記録用紙が回転し，1日や1週間の気温の変化を，自動的に記録できる温度計です。

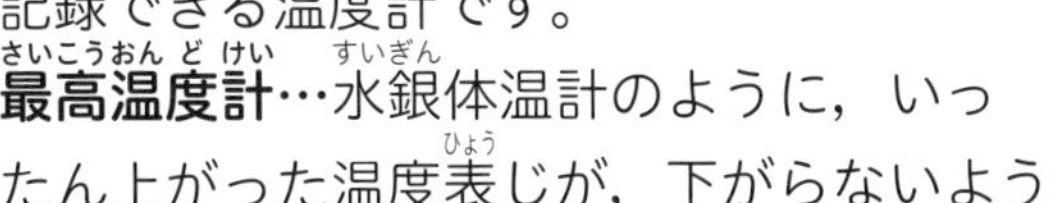

②**最高温度計**…水銀体温計のように，いったん上がった温度表じが，下がらないようにした温度計です。前日の最も高い温度を調べることができます。

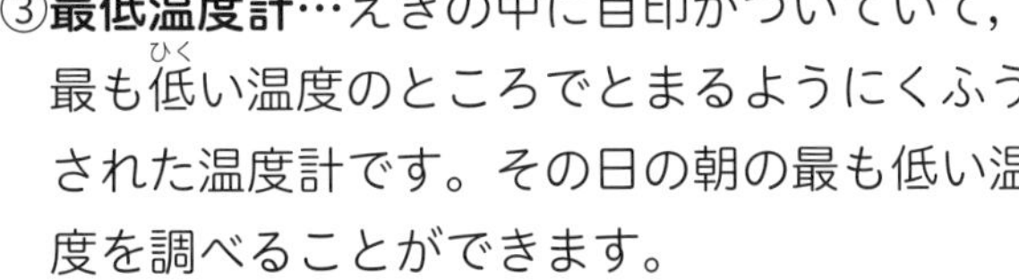

③**最低温度計**…えきの中に目印がついていて，最も低い温度のところでとまるようにくふうされた温度計です。その日の朝の最も低い温度を調べることができます。

④**かんしつ計**…気温とともに，空気のしめりぐあいをはかれるようにした温度計です。

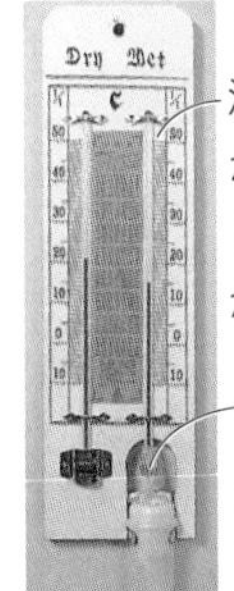

▲かんしつ計

3 天気の決め方

1 晴れとくもりの決め方

「晴れ」や「くもり」という天気は，空をおおう**雲の量**(雲量)で決めています。**空全体の広さを 10** として，雲が 0～1 しかおおっていないときを「かい晴」，2～8 をおおっているときを「晴れ」，9～10 をおおっているときを「くもり」としています。

学校の校庭に百葉箱を置くのではなく，屋上にデジタル百葉箱などの観測そうちを置き，そこからえられるデータを理科室やしょく員室などでただちに見られるようにしている学校もふえてきました。

2 風の向きと強さの決め方

台風のときは強い風がふくように，天気によって風の向きや強さは変化しています。風をとらえ観測するには，ふいてくる向きと強さを調べます。

①**風　向**…風がふいてくる向きを**風向**といい，16方位であらわします。

▲16方位

風のふいてくる向き

プロペラの回るはやさから風力が求められる

▲風向風速計

②**風　力**…空気の動きがはやいほど，風の強さは大きくなります。ふき流しをたなびかせたり，木の葉を飛ばしたりする力を**風力**といい，0～12の13階級があります。かんたんに風力を知るための下の図のような目安があります。

風力	陸上での風のようす
0	けむりはまっすぐにのぼる。
1	けむりはなびくが，風見には感じない。
2	顔に風を感じる。木の葉，風見も動き出す。
3	木の葉，細い小えだがたえず動く。軽い旗が開く。
4	すなぼこりがたち，紙切れがまい上がる。
5	葉のある低木がゆれ始める。池に波がたつ。
6	大きなえだが動く。電線が鳴る。かさがさしにくい。
7	じゅ木全体がゆれる。風に向かって歩きにくい。
8	小えだが折れる。風に向かって歩けない。
9	かわらなど人家にわずかのそん害がおこる。
10	じゅ木が根こそぎになる。人家に大そん害がおこる。
11	めったにおこらない。広いはんいのはかい。
12	

▲風力と風のようす

台風のときは強い風がふいてきけんなので，外に出ないようにしましょう。

熱帯低気圧（熱帯の海上で発生する低気圧）のうち，風力が8以上のものを台風とよびます。風力8のときの風速（風の速さ）はおよそ毎秒17m（1秒間に17m進む速さ）です。

4 雲の種類

雲をよく見ると，形や大きさ・広がり方に，ちがいがあることに気づきます。また，できる高さにもちがいがあります。これらのちがいから，雲は10種類に分類されます。これを十種雲形といいます。

巻雲

巻積雲

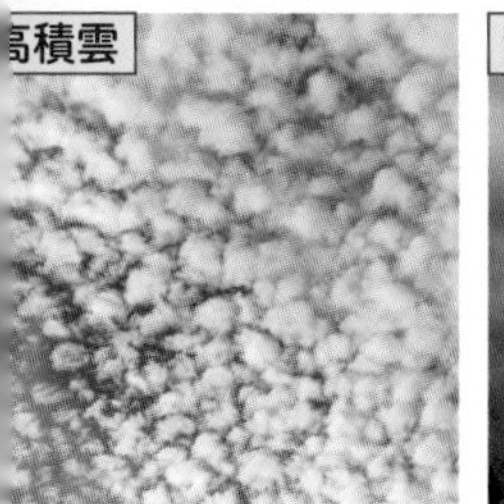
高積雲

乱層雲

層雲

積乱雲

あらわれるところ	十種雲形	特ちょう	別のよび方
上層雲（地面から5km～13km）	巻雲	はけではいたような形をした雲	すじ雲
	巻積雲	小さなかたまりの雲がうろこのようにならんでいる雲	うろこ雲，さば雲，いわし雲
	巻層雲	空全体にうすく広がった白っぽい雲	うす雲
中層雲（地面から2km～7km）	高積雲	巻積雲より少し大きな雲が連なってできた雲	ひつじ雲，むら雲
	高層雲	空全体に広がるはい色がかった雲	おぼろ雲
	乱層雲	あつみがあり，底面は暗く，雨や雪をふらせる雲	雨雲 ゆき雲
下層雲（地表近く～2km）	層積雲	まるい雲や板のような雲が集まり，底面が暗い雲	くもり雲，うね雲
	層雲	山や建物をおおい，きり雨になることがある雲	きり雲
すい直に発達する雲（対流雲）	積雲	こぶのような雲で，発達すると，雄大積雲になる	わた雲
	積乱雲	雄大積雲がより発達した大雨・らくらいをおこす雲	かみなり雲，入道雲

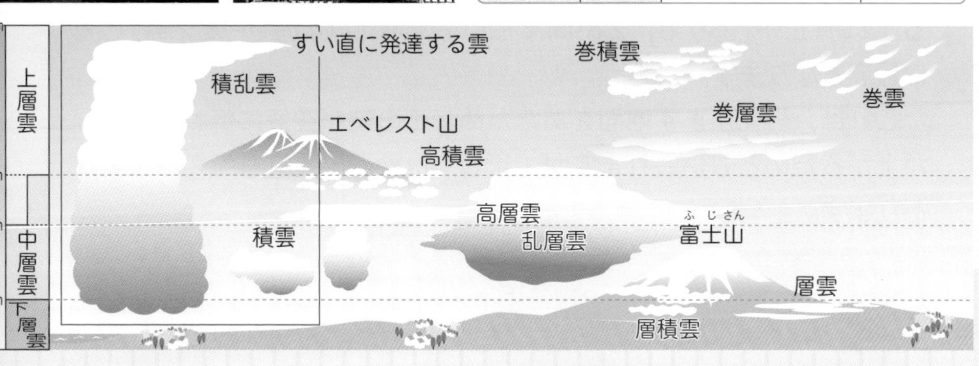

2 天気と気温の変化

1 気温の変化は何と関係しているか，調べよう。
2 定点における観測結果からどのようなことがわかるか，調べよう。

1 太陽の高さと気温

1 太陽の高さと熱

太陽は1日の中で時こくによって高さ（太陽高度）が変わります。また，同じ時こくでも季節によって高さが変わります。

太陽高度がちがうと，地面が受けとる熱の量もちがってきます。右の図のように太陽高度が高いほど，太陽からの熱をよりせまい面で受けとるため，気温もより上がります。

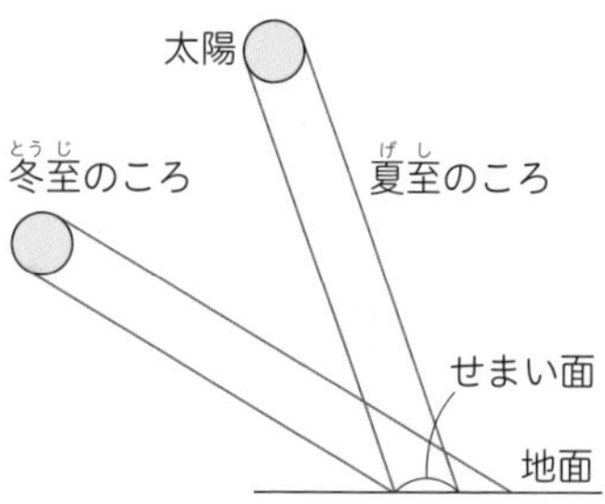

▲太陽高度と熱を受けとる面の広さ

2 太陽の高さと気温

1日の気温の変化は，太陽の動きと関係しています。

気温は，太陽の熱によって上がっていきますが，太陽高度が最高になる12時（正午）よりも，2時間ぐらいおくれて14時（午後2時）ごろに最高となります。

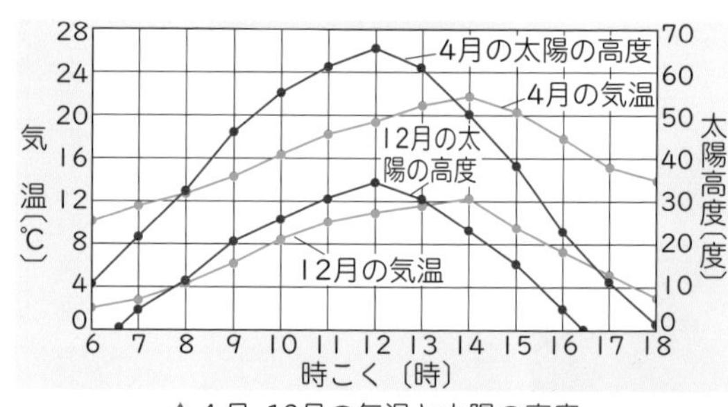

▲4月・12月の気温と太陽の高度

これは，日光がまず地面をあたため，その熱が空気に伝わって気温が上がるためともいわれますが，正しくは熱の出入りも考える必要があります。

赤道上の地いきだけでなく，北回帰線と南回帰線の間にある地いきでは，太陽を真上（太陽高度90度）に見ることができます。日本では沖ノ鳥島がこの地いきにあります。

3 太陽から受けとる熱の量と気温

右のグラフは太陽から受ける熱の量と気温の関係をあらわしています。朝6時の日の出とともに地面があたたまると，12時ごろまでぐんぐん気温が上がっていきます。

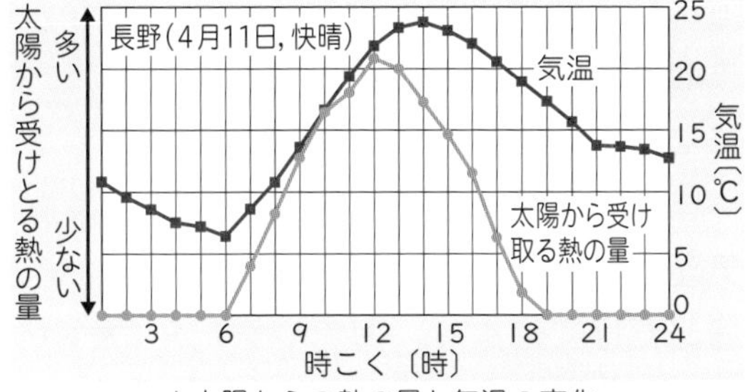

▲太陽からの熱の量と気温の変化

気温が上がるか下がるかは，太陽から受ける日光による熱の量と，大気けん外（地球をとりまく空気の外）に出ていく熱の量の差で決まります。

太陽から受ける熱の量は12時ごろに最大になり，その後は少しずつへっていきます。それでも14時ごろまでは大気けん外に出ていく熱の量よりも，受けとった熱の量のほうが多いため，気温は上がっていきます。14時ごろを過ぎると，受けとった熱の量より大気けん外へ出ていく熱の量のほうが多くなるため，気温は下がっていきます。

2 南中と南中高度

1 南　中

太陽が真南にくることを**南中**といい，その時こくを南中時こくといいます。南中時こくは12時ごろですが，日本の標準時は東けい135°（兵庫県明石市などを通る子午線）をきじゅんにしていますので，それより東の地いきでは南中時こくははやく，西の地いきではおそくなります。

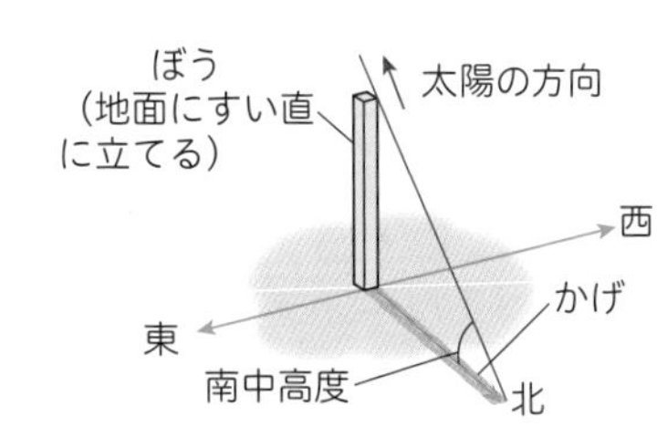

2 南中高度

太陽が南中したときの太陽の高度を**南中高度**といいます。南中高度は夏至の日（6月21日〜22日ごろ）に最も高く，冬至の日（12月21

東けい135°付近の地いきでも，南中時こくはいつも12時というわけではありません。季節により15分ていど早くなったりおそくなったりします。これは地球の太陽を回る道すじが円ではなくだ円であるためです。

日～22日ごろ)に最も低くなります。季節によって南中高度に差があるのは，地球の自転のじく(地じく)が，地球の公転面(地球が太陽のまわりを回る道すじの円をふくむ面)にすい直な向きにたいしてつねに23.4°かたむいているからです。

また，夏至のころに最も気温が高くならず，7～8月ごろのほうが気温が高いのは，6月ごろの梅雨のえいきょうのほか，熱の出入りが日光だけではなく，海流や気だん(大気のかたまり)などによっても行われるためです。このように地球をとりまくさまざまなげんしょうが気温を左右しています。

3 南中高度とい度

- 春分・秋分の日の南中高度＝90°－(観測場所のい度)
- 夏至の日の南中高度＝90°－(観測場所のい度)＋23.4°
- 冬至の日の南中高度＝90°－(観測場所のい度)－23.4°

になります。このことから，夏至の日と冬至の日では南中高度に46.8°も差があるとわかります。

3 天気と気温の変化

晴れやくもり，雨の日の1日の気温の変化を記録温度計で見てみると，下のようになります。太陽が出ていないくもりや雨の日は，気温が1日を通して低くなっています。このことからも，気温は日光によって上がっていることがわかります。天気のよいときでも，雲がかかると一時的に気温が下がります。

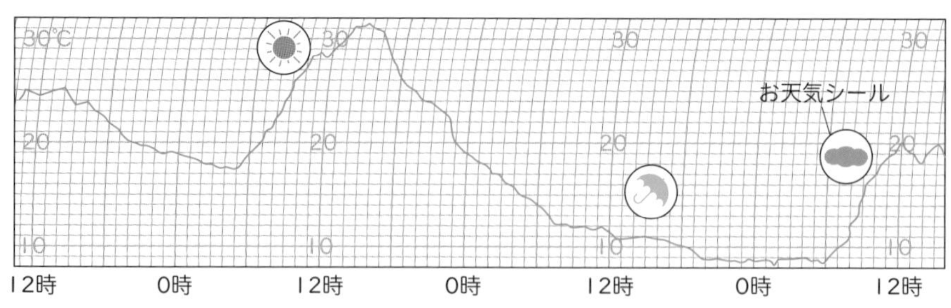

▲記録温度計の記録例

東京のい度(北い)はだいたい35°です。上の式から東京の春分・秋分の日の南中高度は55°，夏至の日は78.4°，冬至の日は31.6°になります。

3 水のじょう発とそのゆくえ

1 いつのまにかへっていく水たまりの水は，いったいどこへいったのか，調べよう。
2 水のゆくえについて，どのようなことがわかるか，調べよう。

1 水のじょう発

実験・観察 試験管の中の水のようす

試験管に入れた水のようすを調べてみましょう。

❶ 2本の試験管に同じ量の水を入れ，1本にはゴムせんをして，もう1本にはゴムせんをしないで，2本とも日なた(日のあたる所)に置きましょう。

❷ もう1組同じものを用意して，日かげに置きましょう。

❸ 数日たってから，試験管の中の水の量やようすを❶と❷とでくらべましょう。

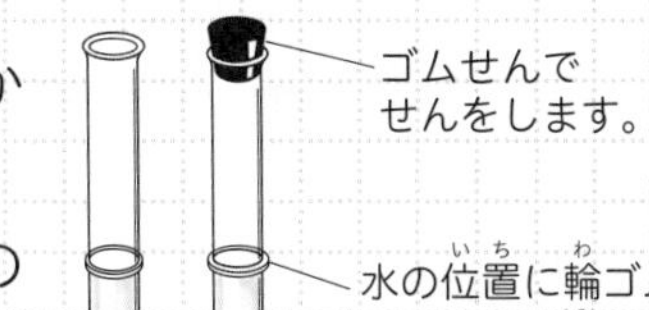

わかること

▶ゴムせんをしなかった試験管の水はへっています。ゴムせんをした試験管の水の量はあまりへっていませんが，試験管の内側に水てきがたくさんついています。

▶日かげでは，日なたほど水はへっていません。

1 水のじょう発

水が水じょう気になっていくことを，水の**じょう発**といいます。やかんで水を熱すると，水がじょう発して注ぎ口から水じょう気が出てきます。水じょう気は目に見えません。

雑学ハカセ

せんたく物を室内ではやくかわかすために，温風をあてたり，じょしつ器を利用したり，せん風機の風をあてたりするのは，せんたく物にふくまれる水のじょう発をさかんにするためです。

①日かげにある水は，太陽の光があたっていないので，水はあまりじょう発しません。

②日かげでも，まわりの温度が高かったり，風がふいたりすると，水のじょう発はさかんになります。

2 空気中の水じょう気

実験・観察　地面からのじょう発

地面からも水がじょう発しているか調べてみましょう。

❶晴れた日に，日なたのしめった地面の上にビニルシートを広げ，１時間後にシートの下側のようすを調べましょう。

❷日かげでも同じように変化するか，たしかめましょう。

わかること

- 地面にしみこんだ水はじょう発し，水てきとなってシートの下側につきます。
- 水がじょう発していくと，地面はかわいていきます。
- 日なたや日かげ，そのほか地面のじょうたいで，水てきの量にちがいがあります。日かげにくらべて日なたのほうが，水てきの量が多くなり，地面がはやくかわきます。

1 空気中の水分の量

空気中にふくまれている水分(水じょう気)の量は，同じ場所でも季節や天気，風向きなどによってもちがい，また，同じ日でも時こくによってちがっています。このことを次のようなセロファンを使った**しつ度計**でたしかめることができます。

セロファンは空気中の水分をきゅうしゅうしやすいせいしつがあります。このときセロファンはのびます。また，空気がかわいてくるときゅうしゅうした水分を放出するせいしつもあります。このときセロファンはちぢみます。

①右の図のように，セロファンにストローとつまようじをつけます。
②発ぽうポリスチレンにくぎをさし，ひもをとりつけ，目もりをかきます。
③ひもにはりを通します。
④セロファンに息をふき，はりのふれを調整します。

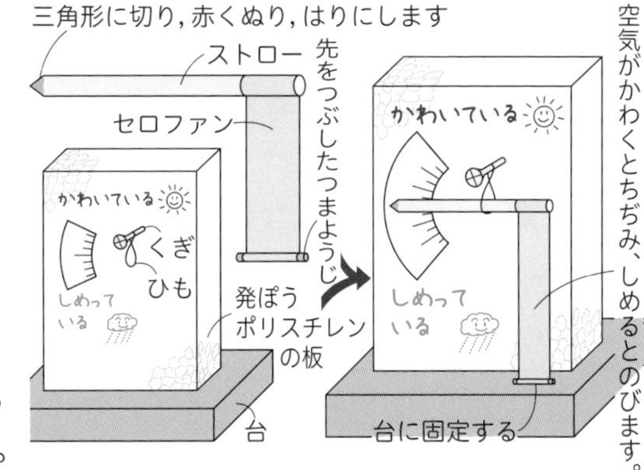

2 地面からの水のじょう発

地面の表面はかわいているように見えますが，少しほってみるといつもしめっています。これは，しみこんだ雨水や，夜のうちに空気中の水じょう気が冷やされて，水てきとなり地面におりてきたものが，全部はじょう発しないで，土の中に残っているためです。

3 水じょう気を冷やす

水じょう気を冷やすと，またもとの水にもどります。

①右の図のように，水を熱して水じょう気をつくり，その水じょう気を冷たいものにあてると，水にもどるようすを観察できます。湯気は水じょう気が冷やされて小さな水のつぶになったものです。

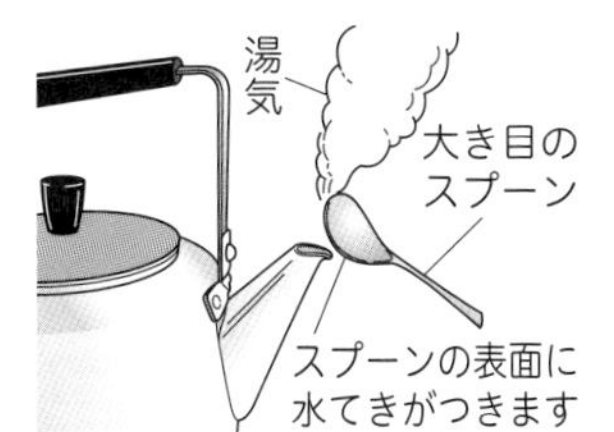

②ぬるま湯を入れたガラスコップを氷で冷やすと，コップの中に雲のようなものが見えます。これは，コップの中の水じょう気が冷やされて小さな水のつぶになったからです。

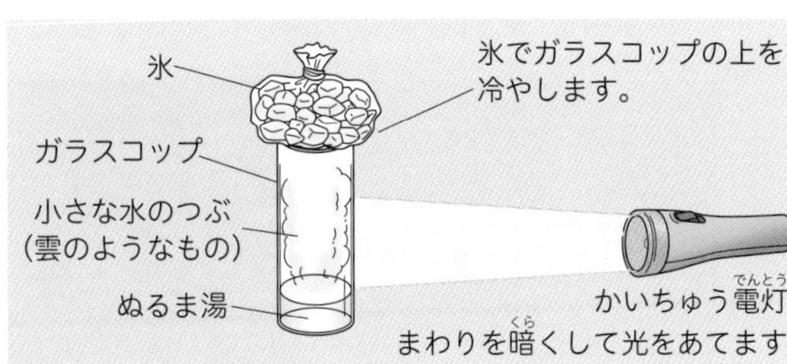

③空気中にある水じょう気が冷たいものにふれて，水にもどることを，**結ろ**といいます。

冷とう庫の中など気温が0℃より低い場所に置かれた氷の表面からも，わずかずつですが水はじょう発しています。この場合，氷がとけて水になりじょう発するのではなく，氷から直せつ水じょう気になり，空気中に出ていきます。

3 空気中への水のじょう発と水のじゅんかん

雨や雪は川の水になって海へ流れていきます。海や川・湖・池・木の葉などからは，水が水じょう気になって，たえず空気中に出ていっています。これらの水じょう気は，空高くもち上げられ，雨や雪をふらせる雲となります。

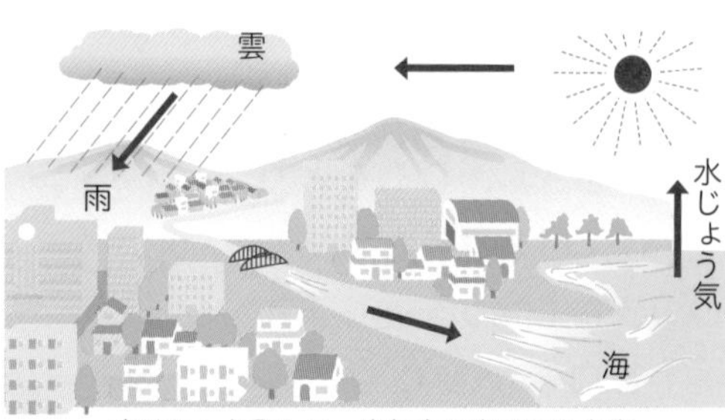

水はじょう発して，空気中に出ていきます。

①**雲**…あたたかいしめった空気が冷たい空気とふれ合うと，あたたかい空気中の水じょう気は冷やされて小さな**水てき**になったり，小さな氷のつぶ（**氷しょう**）になったりして，空中にうかびます。これが**雲**です。

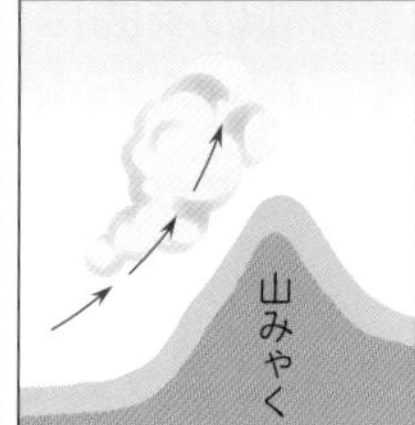

▲雲のでき方

空気の流れ（風）が，高い山などにぶつかって上に向かうと，冷やされて雲ができることもあります。

②**雨・雪**…雲をつくっている小さな水てきや氷しょうの大きくなったものが，**雨**や**雪**となって落ちてきます。地上に落ちた雨水は，池や川・海などに流れ，そこからじょう発して空気中に帰っていきます。それが，また雲をつくるのです。

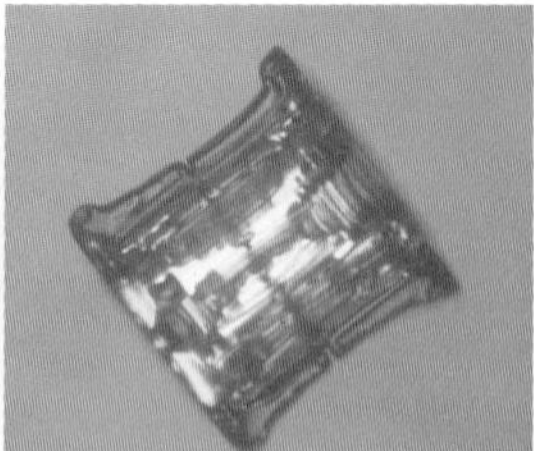
▲雪のいろいろな結晶（雪をけんび鏡で観察）

世界各地の海面の高さが年によってほとんど変化しないのは，地球全体で水のじゅんかんが行われているためです。

③**し　も**…空気中の水じょう気が，草や地面などの表面でこおって，小さな氷のつぶの**しも**になります。

▲し　も

④**つ　ゆ**…空気中の水じょう気が，草や地面などの表面で冷やされて小さな水てきの**つゆ**になります。早朝に見られることがあります。

▲つ　ゆ

⑤**き　り**…空気中の水じょう気が，地面近くで冷やされて小さな水てきの**きり**になります。

⑥**も　や**…きりと同じようにしてできて白く見えますが，きりよりもうすくて見通しのはるかによいものを，**もや**といいます。

きりは 1 km から先を見通せないもので，もやは 1 km 以上見通せ，10 km より先は見通せないものとしています。

⑦**スモッグ**…小さな水てきだけではなくて，えんとつから出るけむりの小さなつぶなどがまじって空をおおうものを**スモッグ**といいます。ときにはきりといっしょになって，高さ 1000 m 以上にもなることがあり，空はどんよりとくもったように見えます。

⑧**空気のしめりぐあいと注意ほう**…空気がかわくと火事がおこりやすく，しめるときりが発生し，こくなると見通しがわるくなります。そのため，かわいてきけんなときには**かんそう注意ほう**，きりが発生しきけんなときには**のうむ注意ほう**が出されます。

⑨**雲をつくるつぶ**…水じょう気は冷えると水てきになりますが，この変化には**しん**になるものが必要です。空気中をただよう小さなちりやほこり，塩のつぶなどがしんになります。上空で雲のつぶができるときにもしんになるものが必要です。雲のつぶの直けいは 0.003～0.01 mm ほどで，雲 1 cm^3 あたり 100～1000 こほどのつぶがふくまれています。

計算によると，雲 1 km^3 にふくまれるつぶの重さは 50～5000 t（1 t＝1000 kg）にもなります。こんな重いものがうかんでいられるのは，上しょう気流（下から上空に向かってふく風）による力などがはたらいているためです。

▲しも柱

⑩**しも柱**…冬の寒い日に，地面に細い氷の柱の集まりができ，地面の土を少しおし上げることがあります。

①まず地面近くの水分が冷たい空気によって冷やされてこおります。

②土のすき間を通って，その下の水分が**毛細管げん象**(細い管の中を水などが上がっていくげん象)により上がっていきます。

③それらの水分が冷たい空気によって次々にこおっていき，氷の柱のようになります。

このように，しも柱ができるためには地面付近の気温が 0℃以下で水分をこおらせることができ，地中では水がこおらない(こおると地面に上がっていけない)ことが必要です。また，土が毛細管げん象をおこしやすいものであることもたいせつです。関東の赤土はしも柱ができやすいことで知られています。

⑪**ダイヤモンドダスト(細氷)**…ひじょうに気温が低いときに空気中の水じょう気がこおり，小さな氷のつぶとなってふってくることがあります。このとき，晴天であれば太陽の光が氷のつぶで反しゃしてキラキラとダイヤモンドのようにかがやくことから**ダイヤモンドダスト**といわれています。

⑫**じゅ氷**…気温が 0℃以下のとき，空気中の水じょう気などが木のえだにふれてこおり，まるで氷や雪のつぶでできたじゅ木のように見えることがあります。これを**じゅ氷**といいますが，山形県の蔵王は美しいじゅ氷が多く見られることで有名です。

▲じゅ氷

ダイヤモンドダストに近いげん象として「氷む(氷ぎり)」があります。これは地表付近にできたきりがひじょうに低い気温のためにこおり，空中をただようものです。これも太陽の光によりキラキラとかがやき，氷のつぶはダイヤモンドダストより小さいです。

4 森林と水

森林と水のかかわるようすをみてみましょう。

①**森林の役わり**…森林の表面をおおっている土は**ふ葉土**とよばれ，落ち葉がくさったり，ミミズなどにたがやされたりしてできた土です。この土は，木や草が育ちやすく，またその中にたくさんの水をたくわえることができます。この水が少しずつ流れ出すため，川の水がかれにくいのです。

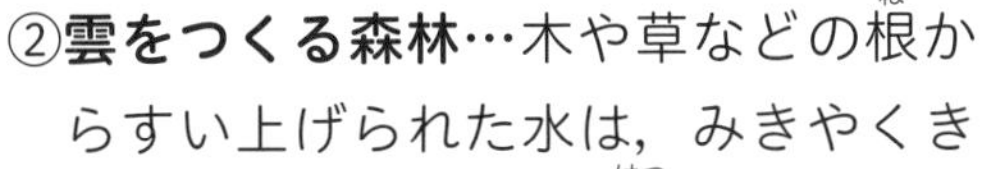

②**雲をつくる森林**…木や草などの根からすい上げられた水は，みきやくきを通り，葉からじょう発していきます(**じょう散**)。植物のたくさんあるところでは，この水じょう気で上空がしめっていて，その空気が冷やされると雲ができることがあります。

▲雲をつくる森林

③**森林の水とさばく**…森林がはかいされ水をたくわえることができなくなると，やがて地面があらわれて**さばく**になります。

▲森林の内部

▲さばく化する地球

森林が水をたくわえることは，水のじゅんかんだけでなく，山くずれやこう水などの大きなさい害をふせぐことからもとてもたいせつなことです。

5 雲ができるわけ

水じょう気をふくむ空気が高くのぼっていくと，上空ほど気あつが低いため，空気はいっきにぼうちょうします。このとき，空気の温度が下がり，水じょう気は冷やされて水てきや氷のつぶになります。これが雲です。

実験・観察 雲をつくってみよう

雲ができるようすを調べてみましょう。

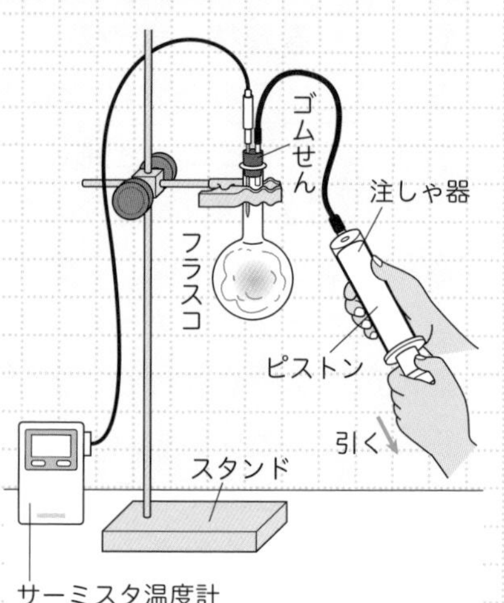

❶右のようなそうちをつくり，フラスコの中は少し水でしめらすか，息をふきこんでおきましょう。また，しんとして線こうのけむりも少し入れておきます。水と線こうのけむりのかわりにエタノールを少し入れておいてもいいです。
❷注しゃ器のピストンを引き，フラスコの中のようすを観察します。変化がわかりにくいときはフラスコの向こう側に黒い紙を置くと見やすくなります。
❸ピストンをいっきに引いたり，ゆっくり引いたりして，フラスコの中の変化をみてみましょう。
❹サーミスタ温度計で，フラスコ内の温度変化も調べましょう。

サーミスタ温度計 339ページ

わかること

- ゆっくりピストンを引いたときには，変化はおこりません。
- いっきにピストンを引くとフラスコ内の温度が下がり，雲ができます。

パワーアップ

夏によく見られる積乱雲は，地表付近のしめった空気が太陽の熱であたためられ，いっきに上空まで上がっていくためにできます。短い時間で大きな雲ができるのが特ちょうです。

8つのミッション！③

これまでに，「気温やこう水量のはかり方」，「定点観測のたいせつさ」を学びました。では，気象ちょうが行っている定点観測はどのようなものか，調べてみましょう。

ミッション

気象ちょうのホームページでアメダスについて調べてみよう！

調べ方(例)

ステップ1 インターネットを利用して，アメダスのページをさがそう。

- 気象ちょうのホームページ(https://www.jma.go.jp/jma/)から，アメダスのページにうつることができるよ。
- 直せつ，https://www.jma.go.jp/jp/amedas/ のページを開いてもいいよ。

ステップ2 アメダスのデータを見よう！

- 自分の住んでいる地方(例：近畿地方)について，どのような定点観測を行っているか調べよう。
- 次に自分の住んでいる都道府県や地いき(例：京都府)について，どこに気象台やアメダスの観測所があるのかを調べよう。
- その気象台や観測所の定点観測の結果を見よう。
- 自分の住んでいる地方や地いき以外でも，調べてみたい場所があればアメダスのデータを見よう。

ステップ3 アメダスのデータをまとめよう！

- 調べたデータを表にまとめよう。
- ほかの地いきのデータとくらべてみよう。

解答例 373ページ

散らばっている たくさんの星

さそり座って夏に見つけやすいよね！

夏の星座の代表だよね！

へえ～！あんなに近くに星が集まるなんてすごいね

同じ方向にあるってだけで，地球からのきょりはバラバラなのよ

そうなんだ！でも，どの星も太陽よりはとっても小さいんだね

星

太陽

見た目は小さくても，実さいは太陽より大きい星もあるらしいよ

ふ～ん さそり座の近くに見える木星のほうがずっと明るいね

木星は太陽の光があたって明るく見えるんだ！

木星

太陽の光

たしか，星座うらないだと
10月と11月生まれの
人がさそり座だったよね？
そうね，ふつう
10月24日から11月22日
生まれの人がさそり座ね
さそりのしっぽにはどくがあるのよ
ぼくのしっぽはどくないよ！
1年後も同じ位置に
さそり座は見えるのかな？
・・・・。
じぃっ・・・・
どうしたの？
1年前も同じ
会話したよね…？
ウンウン
そうだっけ！？
ガーン

3 星とその動き

4年

1 星の明るさと色　2 星の集まりとその動き
3 四季の星座　4 太陽系

1 星の明るさと色

ここで学習すること

夜空にかがやいて見える星を観察し，星の明るさや色のちがいをくらべよう。

1 星の明るさや色のちがい

実験・観察 星の明るさと色

夏の夜空を観察してみましょう。

❶できるだけ多くの星が見られる方角をさがしましょう。
❷いくつかの星で，星の明るさのちがいをくらべましょう。
❸いくつかの明るい星で，星の色のちがいをくらべましょう。

わかること

- 星には，明るさのちがういろいろな星があります。
- 星には，青や赤，黄色など，色のちがいがあります。

▲夏の夜空（南）

雑学ハカセ

天体観測には夏よりも冬のほうが向いているといわれます。これは，はやい時間にまわりが暗くなり観察しやすくなることと，空気がかんそうして水じょう気が少ないために空がすんでいてはっきり見えることなどがあるからです。

1 星の明るさのちがい

星の明るさをあらわすのに，明るいものから順に，**1 等星**，**2 等星**，**3 等星**，…などと分けられています。空気のきれいなところでは，だいたい 6 等星くらいまで肉がんで見えるといわれています。

① **1 等星**…夜空に特に明るくかがやく星で，明るい町の中でも見ることができます。

例 **ベガ**(こと座)，**アークトゥルス**(うしかい座)，**アンタレス**(さそり座)，**シリウス**(おおいぬ座)など

② **2 等星**…1 等星につぐ明るさで，**北極星**などがあります。

③ **3 等星よりも暗い星**…3 等星・4 等星・5 等星・6 等星になるにしたがい，だんだん暗い星になります。

2 星の色

星は，1 つ 1 つ明るさがちがうように，色もちがって見えます。これは，星(**こう星**➡ 186 ページ)の表面温度がちがうからです。表面温度が高い星ほど青白く見え，表面温度が低い星ほど赤く見えます。

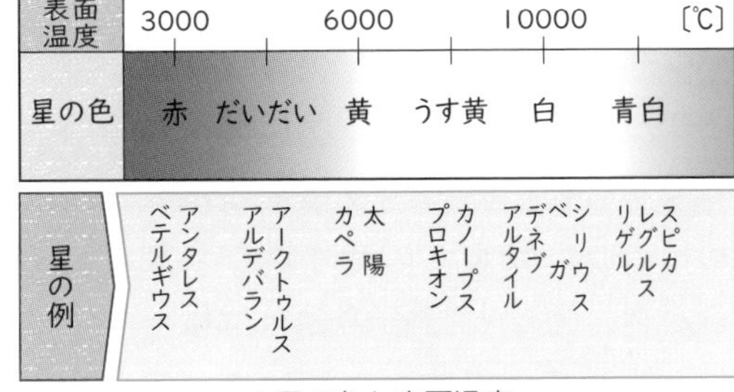

▲星の色と表面温度

さんこう 星の明るさ

いちばん明るい星を 1 等星，やっと見える星を 6 等星とし，1 等星の明るさが 6 等星の 100 倍になるように決められています。

つまり，等級が 1 つちがうごとに，明るさは約 2.5 倍ずつちがってくるというわけです。しかし，ふつう 1 等星といわれているものの中でも，特に明るい星があったり，わたしたちの目には見えない 6 等星より暗い星があったりします。このような場合，1 等星よりも明るい星を 0 等星，−1 等星などとよび，6 等星より暗い星を 7 等星，8 等星などとよんでいます。昼の太陽はおよそ−26.7 等星とされています。

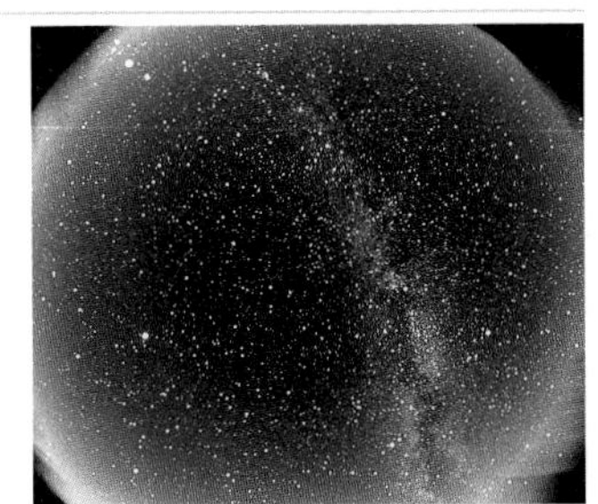

▲魚がんレンズでさつえいした天の川

周いが明るい都会では天体観測はむずかしいですが，観測では，まず「目をならす」ことがたいせつです。これを暗順応といいますが，暗いところで 10 分くらい星を見ているとだんだん暗い星も見えるようになってきます。

2 星の集まりとその動き

夜空には，たくさんの星の集まり(星座)がある。これらの星も月と同じように動いているか，調べよう。

1 星座の観察

1 星のならび方

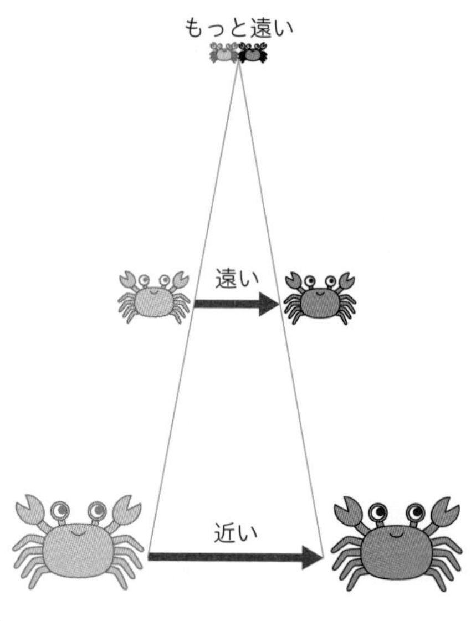

いくつかの星を時間や季節を変えて見てみると，見える方角が変わっても星のならび方は変わりません。

これは，星座をつくる星々が地球からはるかに遠い場所にあるためです。右の図のようにまったく同じように動くものを手前から見るとき，近いところの動きははっきり観測できますが，遠いほどその動きはわかりにくくなります。広いうちゅうの星々のように，はるかに遠いところにあるものは，例え大きく動いているとしても，地球から見ると，何年たっても同じ場所にあるように見えるのです。

これらの星々は自ら光を発する星(**こう星**➡ 186 ページ)で，中には太陽より大きな星もありますが，遠い場所にあるために，天体望遠鏡で観察しても小さな点のようにしか見えません。また，これらの星々から地球に光がとどくのに，長い時間がかかるものがあります。さそり座のアンタレスからの光が地球にとどくのに 600 年以上かかりますが，もっと長い時間がかかる星もあります。

それにたいして地球から近くにある月や火星，木星などは，日々，見える場所が変わっていきます。

太陽以外で最も近いこう星であるプロキシマ・ケンタウリからの光は地球にとどくまでに約 4.2 年かかります。また，最も遠いこう星からの光は 100 億年以上もかかるものがあるといわれています。

実験・観察 星座の観察

星座早見(星座早見盤)を使って，星や星座を観察してみましょう。

❶星座早見を使い，ベガ・アルタイル・デネブをさがしましょう。

❷星座早見を使い，こと座・わし座・はくちょう座をさがしましょう。

わかること

▶季節によって，同じ星や星座が観察できる方角や時こくにちがいがあります。

▶星座は，観察する時こくや方角が変わっても，ならび方や形は変わりません。

実験器具のあつかい方 星座早見の使い方

星座早見は，夜空に見える星や星座を見つけるための器具です。

①星を観察しようとする月日と時こくの目もりを合わせます。

7月15日午後9時の例

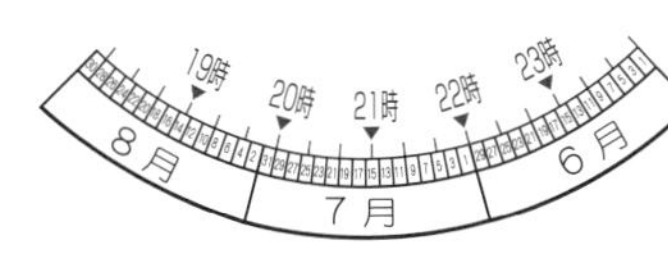

観察する月日と時こくを合わせる

▲南の空の観察

南の空を見るとき

北の空を見るとき

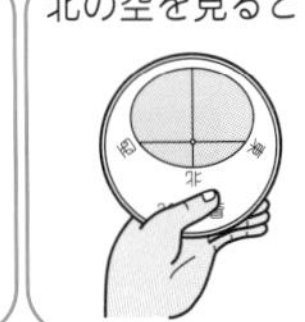

東の空を見るとき

西の空を見るとき

②観察する方位に向いて，星座早見の観察する方位のところを下(手前)にくるようにし，頭にかざすようにして星とくらべます。

星座早見には金星や木星などのわく星や，月などはのっていません。これらの星は天球(➡179 ページ)上で位置を変えるため，星座早見で調べることはできません。

2 星 座

空全体の星のならび方は変わらないので，昔の人たちが夜空にかがやく星のいくつかを結んで，神話に出てくる人物や動物の形を想ぞうして名まえをつけました。これが**星座**です。

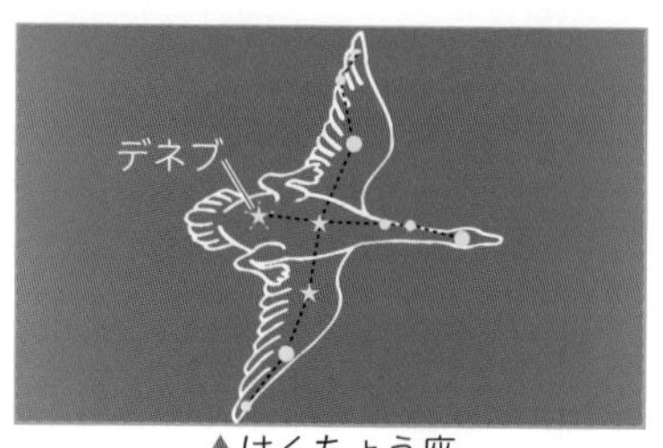

▲はくちょう座

2 星の動き

実験・観察 星の動き方

月と同じように星も動いているか調べてみましょう。

❶夏の大三角(デネブ・アルタイル・ベガ)の位置を，1時間(または，2時間)おきに調べましょう。 夏の大三角 181 ページ

❷はくちょう座を1時間(または，2時間)おきに調べましょう。

❸シャッターを長い時間開けて，同じ方向の写真をとりましょう。

わかること

- 星も星座も時間がたつにつれ，東から南，南から西へ動きます。
- 星のならび方は1時間(または，2時間)たっても変わりません。
- 長い時間シャッターを開けて星の写真をとると，星がならび方を変えずにすじがつきます。星が東から西へ動くようすをあらわしています。
- 時間をおいて星を観察すると，見えていた星がしずんでしまったり，いままで見えていなかった星が出ていたりします。

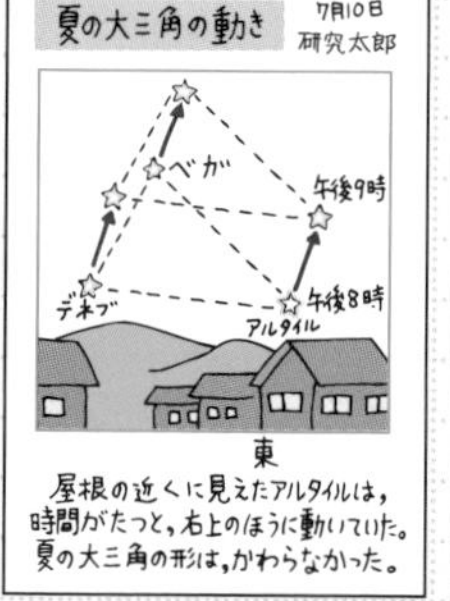

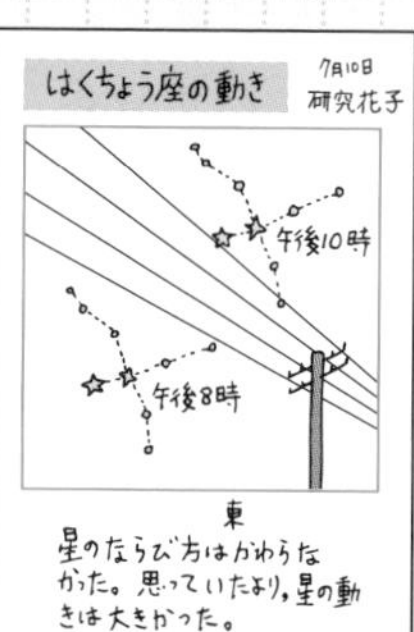

▲夏の大三角とはくちょう座の観察

▲星の動くようす

デジタルカメラの登場前は，天体の写真をさつえいするには「シャッター開放」しかありませんでした。周いが明るい場所ではそれらの光も明るくうつりこんでしまうため，都会をはなれたできるだけ暗い場所などでさつえいしていました。

1 天球

名古屋市科学館の世界最大となる内径35メートルのプラネタリウムのドーム

科学館などにあるプラネタリウムは，星々のえいぞうをドームじょうのスクリーン(半球じょうのかべ)にうつして，夜空や星座の動きなどを見るものです。プラネタリウムのえいぞうのように，夜空の星々は，地球をとりまく大きな球面にはりついていると考えると位置や動きなどを考えやすくなります。この球面のことを**天球**といいます。星空の観察に用いる星座早見は，天球にはりついた星の一部を観察しやすいように盤上にうつしとったものと考えることができます。

2 日周運動

太陽や月は，東から西へ１日で１周しますが，夜空の星々を観察していると，どの星も太陽や月と同じように，きそく正しく東から西へ１日で１周していることがわかります。この動きを星の**日周運動**といいます。天球上の星々はひじょうに遠いため，天球上の位置は変わりません。しかし，地球は１日で１回自転しているので，地球上から天球を見ると，まるで天球が１日で１回転しているように見えるのです。

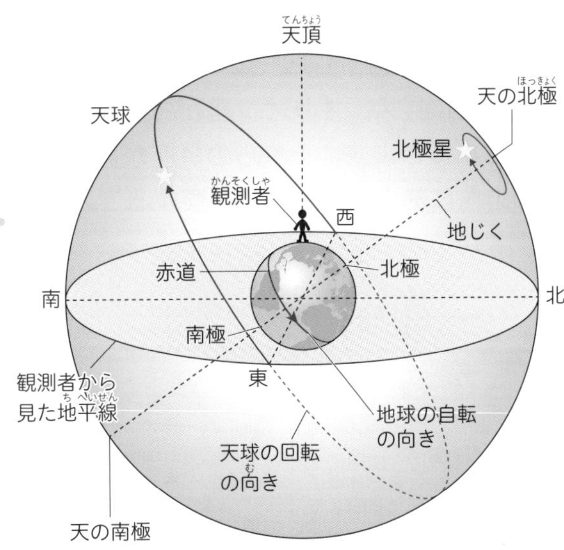

▲天球上の星の日周運動

このとき，地球は地じくを中心に回転しているため，地じくの方向にある天球上の星は日周運動しても位置がほとんど変化しません。

デジタルカメラを使った天体さつえいにはいろいろな手法があります。以前と同じシャッター開放もかのうですが，都会などでさつえいしたあと，せん用のソフトを使い画像しょ理をして仕上げる方法などが行われています。

3 四季の星座

南の空に見える星座は季節によってちがいがあることをたしかめよう。

1 季節による星座の見え方

季節によって見える星座と見えない星座がありますが，北の空に見える星座は１年を通してあまり変わりません。星座をつくっている星はどれもたいへん遠くにあり，天球上の位置がほとんど変わらないので，星座の形も位置関係も変わりません。しかし，地球は太陽のまわりを１年で１周するように動いているので，毎日の同じ時こくに見える位置は少しずつ動きます。

図のように，地球から見て天球は１年で１回転(360°)します。つまり，１日では約１°動き，１か月では約30°動きます。さそり座が夏の夜空に見え，オリオン座が冬の夜空に見えるのも，この図で考えることができます。それらの星座が見えない季節では，その星座が太陽の方角にあるため，夜に観察することができないのです。

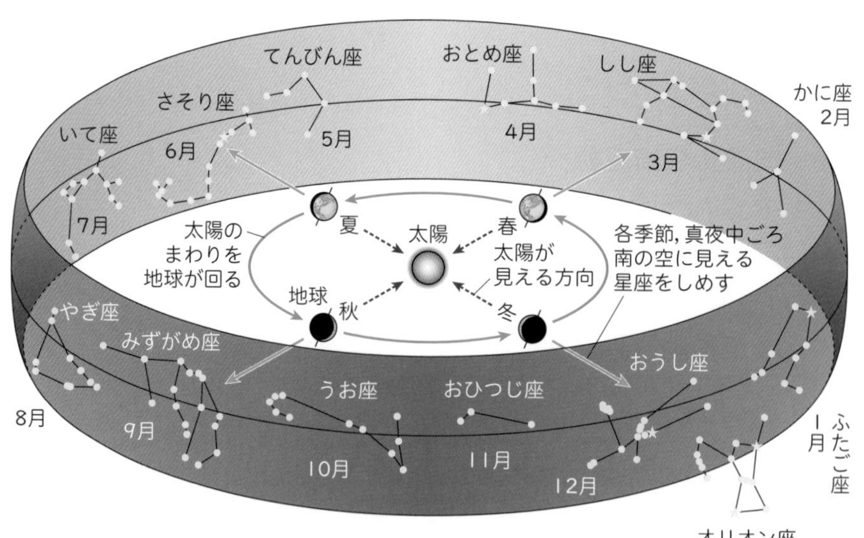

ひじょうに遠くにある星でも，数千年，数万年たてば，地球から見た位置も変わってきます。北の空に見えるひしゃくの形をした北斗七星も，数万年後にはひしゃくの形に見えなくなるといわれています。

2 夏の星空

1 夏のおもな星座

①**さそり座**…南の空の低いところに見えるS字の形をした星座です。赤くかがやく１等星の**アンタレス**があります。

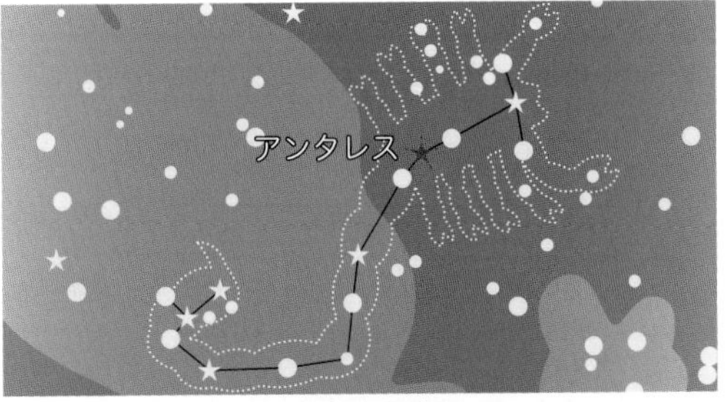

▲さそり座

②**はくちょう座**…北十字ともいわれる十字形の大きな星座で，１等星の**デネブ**があり，はくちょう座を**天の川**が通っています。

③**こと座**…頭の真上ぐらいに明るくかがやいて見えます。１等星の**ベガ**があります。

④**わし座**…１等星は**アルタイル**で，はくちょう座とこと座の近くにあります。

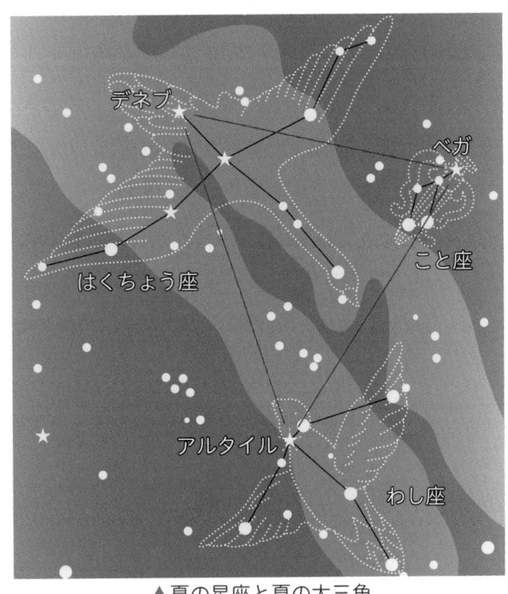

▲夏の星座と夏の大三角

2 夏の大三角

星座とはちがい，明るい星を結んだものに名まえがつけられているものがあります。こと座の**ベガ**，わし座の**アルタイル**，はくちょう座の**デネブ**の３つの１等星を結んだ，この大きな三角形のことを，**夏の大三角**とよんでいます。

星座早見ではわく星や月などは調べることができませんが，パソコンやスマートフォン用の天文シミュレーションソフトを用いると，調べたい場所や時こくの，すべての天体を画面上で見ることができます。

3 冬の星空

1 冬のおもな星座

①**オリオン座**…3つならんだ2等星が特ちょうの星座です。この星座には**リゲル**，**ベテルギウス**という2つの1等星があります。

②**おうし座**…1等星の**アルデバラン**がある星座です。オリオン座の3つの2等星の右に見られる，いくつかの星が集まった**プレアデス星団**(日本では「すばる」ともいわれる)もこの星座にふくまれています。

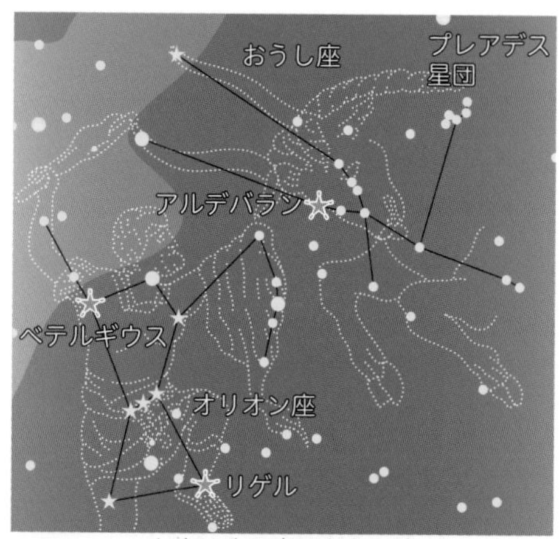

▲オリオン座・おうし座

③**おおいぬ座**…夜空で最も明るくかがやいている**シリウス**がある星座です。

2 冬の大三角

おおいぬ座の**シリウス**とオリオン座の**ベテルギウス**，こいぬ座の**プロキオン**の3つの星を結んでできる大きな三角形を，**冬の大三角**とよんでいます。

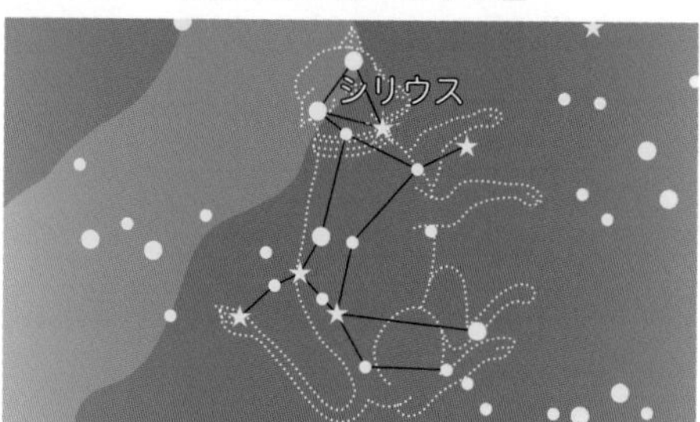

▲おおいぬ座

▲プレアデス星団

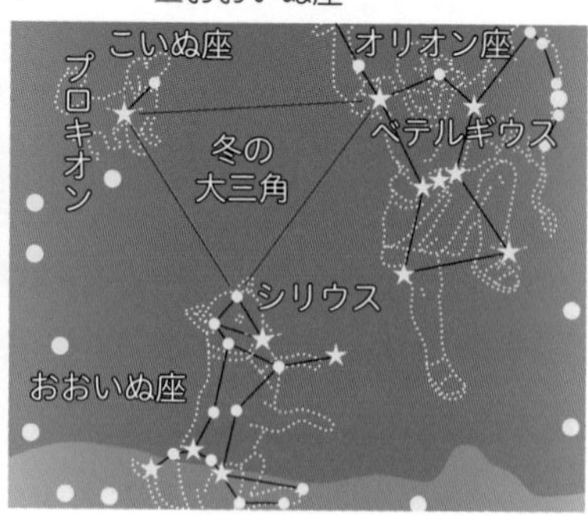

▲冬の大三角

シリウスはこう星の中では太陽をのぞき全天で最も明るく，観察しやすい1等星であることで有名です。しかし，2番目に明るいカノープスは，南の空の低い場所にしかあらわれず，日本(特に北部)では観察がむずかしいため，あまり知られていません。

4 北の空の星

北極星を中心とする北の空の星の多くは，一年中見えています。

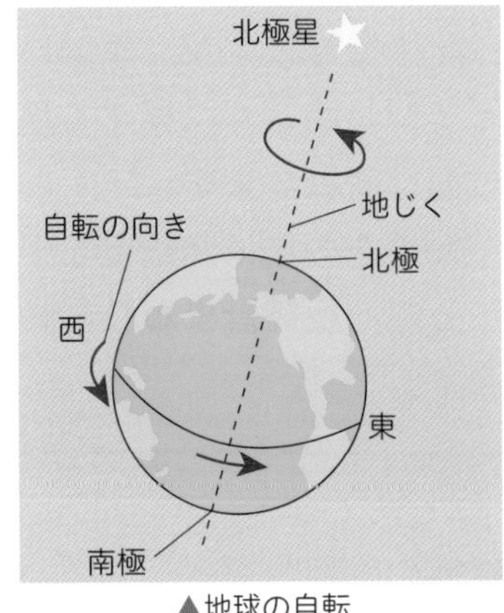

▲地球の自転

1 北極星

こぐま座という星座の中の星です。この星は，いつも北の方角にある２等星で，ほとんど動きません。これは，地球が自転するじく(**地じく**)の方向がちょうど北極星のあたりにあるためで，昔から方角を知るための手がかりとして用いられてきました。

2 北極星の見つけ方

北極星は，２等星で特に明るい星ではありません。北極星をさがすときには，見つけやすいほかの星座を手がかりにします。

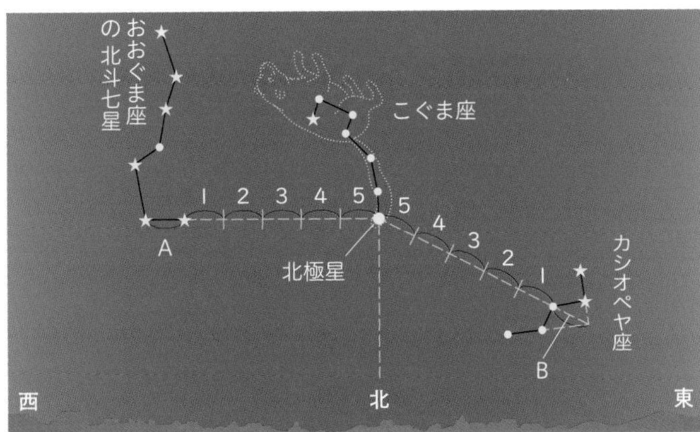

▲北極星の見つけ方

①**おおぐま座から見つける**…おおぐま座のほぼしっぽにあたる部分を**北斗七星**といい，**ひしゃくの形**をしています。上の図で，このひしゃくの形をした部分のＡを５倍にのばしたところに北極星があります。

②**カシオペヤ座から見つける**…カシオペヤ座は，北極星をはさんでおおぐま座の反対側にある，Ｗの字の形をした星座です。上の図でＢの部分を５倍にのばしたところに北極星があります。

地じくの北の方角にあるのが北極星なら，南にあるのは何だろうと考えるかも知れませんが，残念ながら北極星のような明るいこう星はその場所にはありません。かわりに南十字星が南の方角を知るのに使われていました。

3 北の空の星の見え方

北の空の星の多くは観察が一年中できますが，季節によって同じ時こくに見える星の位置は変わります。

北の空の星は北極星を中心にして，**反時計まわり**に動きます。

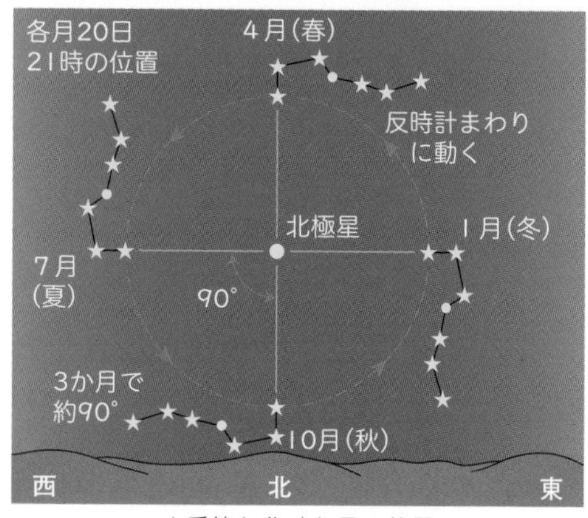

▲季節と北斗七星の位置

5 星の1日の動き

時間をおいて星を観察すると，太陽や月と同じように星も少しずつ動いているのがわかります。

①**北の空の星の動き**…カメラを北極星の方角に向けて動かないようにして，シャッターを1時間くらい開けたままにしておくと，右のような写真がとれます。シャッターを開けておいた時間に星が動いたあとが線になってうつっています。

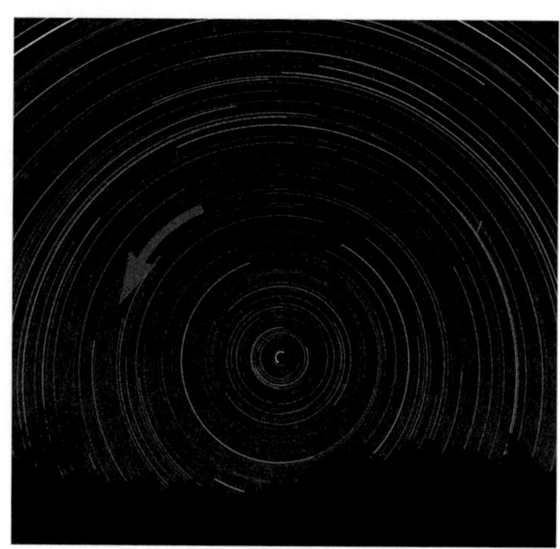

▲北の空の星の動き

写真のほぼ中央で点に見えるほとんど動かない星が**北極星**です。まわりの星は，北極星を中心に円をえがくように回っていることがわかります。その回る向きは，**時計の動く向きとは反対の向き(左回り)**です。星は，1周360°を1日24時間で回るので，北極星を中心に1時間に約15°動きます。

夜でも明るい都会に住んでいると，実さいの星空をゆっくり見るチャンスはそうありません。そのようなときにはプラネタリウムを利用すると，満天の星空を体験することができます。プラネタリウムは日本各地にあります。

②**東の空の星の動き**…東からのぼる星は，太陽と同じように(地平線の下にある)地じくを中心として，1時間に約15°右ななめ上に動き，南の空へいきます。

③**南の空の星の動き**…太陽と同じように東から西へ1時間に約15°動いています。

④**西の空の星の動き**…西にしずむ星は，太陽と同じように1時間に約15°右ななめ下に動いています。

▲東の空の星の動き

▲南の空の星の動き

▲西の空の星の動き

⑤**空全体の星の１日の動き**…空全体の星の1日の動きを下のような**天球**にまとめて考えてみると，どの方角の星も，北極星を中心にして，同じ向きに(**東から西に**)動いていることがわかります。また，月も星と同じような動き方をしています。

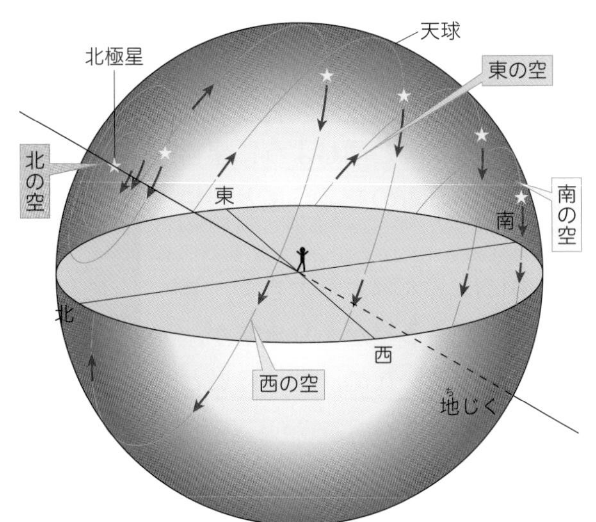

▲天球上の星の動き方

北極星も長い年月がたてば天球上を動きます。1万2000年後には，こと座のベガ(織女星)がげんざいの北極星の位置にくるといわれています。

第2章 地球
1 日なたと日かげ
2 天気のようすと水
3 星とその動き
4 月の形と動き
5 雨水のゆくえと流れる水のはたらき

6 太陽とそのまわりにある星

うちゅうには，太陽や月，わし座のアルタイルやはくちょう座のデネブなどとても多くの星があります。また，太陽を中心とした星の集まりを**太陽系**といいます。

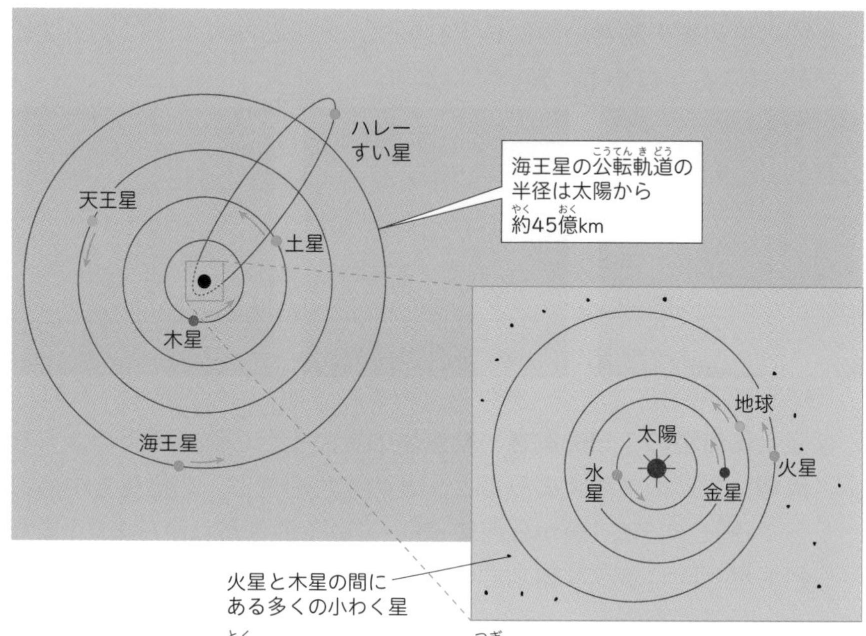

星はそれぞれの特ちょうをもとに，次のようによばれています。

①**こう星**…太陽は，自分自身で光や熱を出しています。この太陽と同じように星自身が光を出しているものを**こう星**といいます。

こう星の中には，太陽より大きく，強い光や熱を出している星がありますが，どの星もたいへん遠いため，地球にとどく光や熱は少ないです。

例太陽，アルタイル，デネブ，シリウス，ベガなど

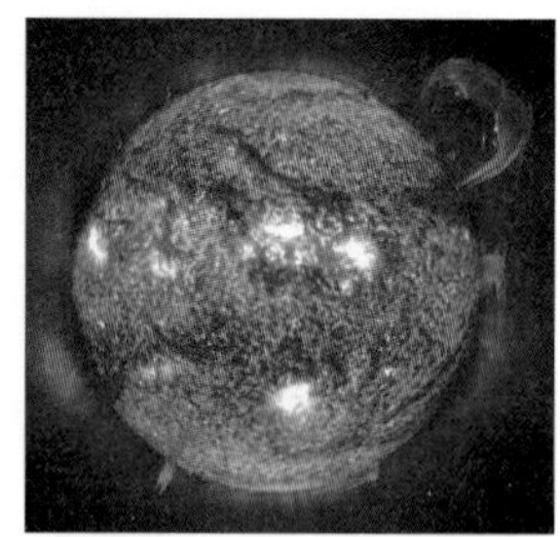
▲太 陽

オリオン座のベテルギウスは，直径が太陽の1000倍てい度もあるきょ星ですが，重さは20数倍てい度しかありません。きょ星の多くは赤色をしていて赤色きょ星といわれます。さそり座のアンタレスも赤色きょ星です。

②**わく星**…太陽のまわりを回っている地球のなかまの星は，自分自身では光や熱を出していません。このような星を**わく星**といいます。地球から見えるのは太陽の光を反しゃして光っているからです。太陽系には，右の写真の6個のわく星以外に地球，水星を合わせて，全部で8個のわく星があります。

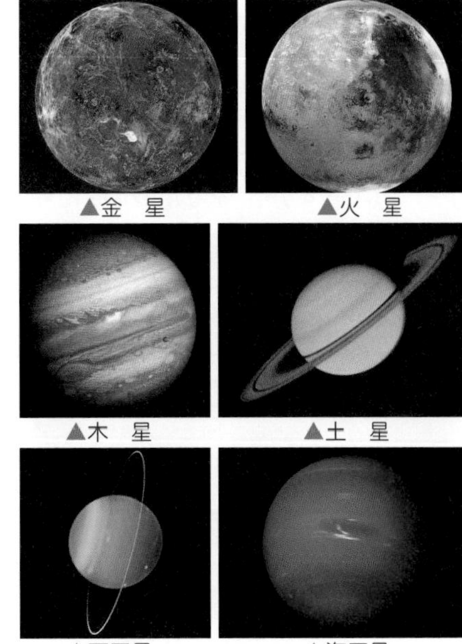

▲金　星　▲火　星
▲木　星　▲土　星
▲天王星　▲海王星

③**えい星**…わく星のまわりを回っている星のことで，**月**は地球のえい星です。ほかのわく星でもえい星が発見されています。

▶**火星のえい星**…フォボス，ダイモス
▶**木星のえい星**…イオ，エウロパ，ガニメデ，カリストなど
▶**土星のえい星**…タイタン，ミマスなど

④**すい星**…**ハレーすい星**のように，太陽のまわりを何十年もかけて回るものと，一度しか見られないものとがあります。

1985年から1986年にかけて76年ぶりに地球にせっ近した。
▲ハレーすい星

すい星のこわれた小さなつぶがうちゅうに残ったあと，地球の大気の中に飛びこんできて光をはなつと，流れ星が見られます。しし座流星群などはこれにあたります。

⑤**わく星・えい星・すい星以外の太陽系の星**…こう星である太陽を中心に8個のわく星がまわりを回っていますが，その他にめい王星などの**準わく星**や火星と木星の間に見られるような多くの**小わく星**も太陽系にふくまれます。

ハレーすい星は約75年かけて太陽のまわりを公転しています。地球にも約75年ごとにせっ近していますので，次に地球にやってくるのは2061年の夏ごろといわれています。

7 春の星座の見え方

春は，北の空に**おおぐま座の北斗七星**を見つけることができます。北斗七星はひしゃくのような形をしています。ひしゃくの持ち手は曲がっていますが，その曲がりにそって持ち手をのばしていくと，オレンジ色の**うしかい座のアークトゥルス**が見つかります。さらに曲がりにそってのばしていくと，青白色の**おとめ座のスピカ**が見つかります。**春の大曲線**として知られています。

春の星座　（北の空）

3月15日午後10時
4月15日午後8時
5月15日午後6時
（東京付近）

天ちょう
ふたご座
おおぐま座
りょうけん座
アークトゥルス
春の大曲線
ぎょしゃ座
こぐま座
うしかい座
きりん座
北極星
かんむり座
おうし座
りゅう座
ペルセウス座
ヘルクレス座
カシオペヤ座
ケフェウス座
西　北　東

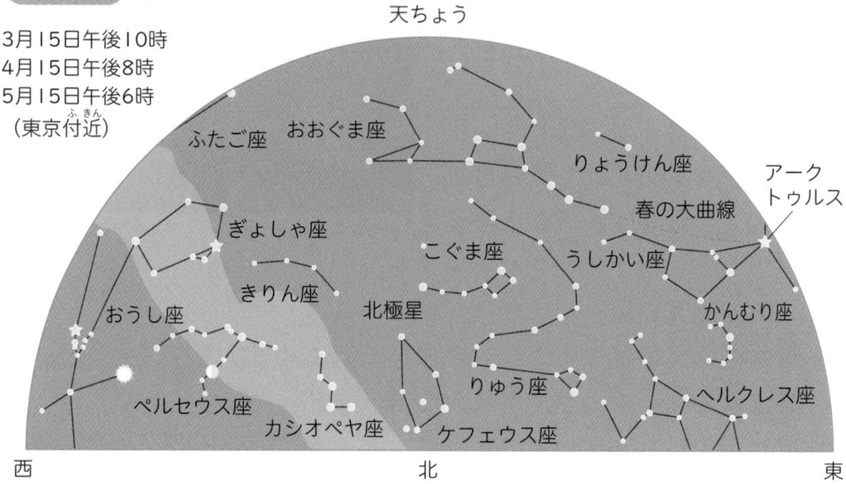

春の星座　（南の空）

3月15日午後10時
4月15日午後8時
5月15日午後6時
（東京付近）

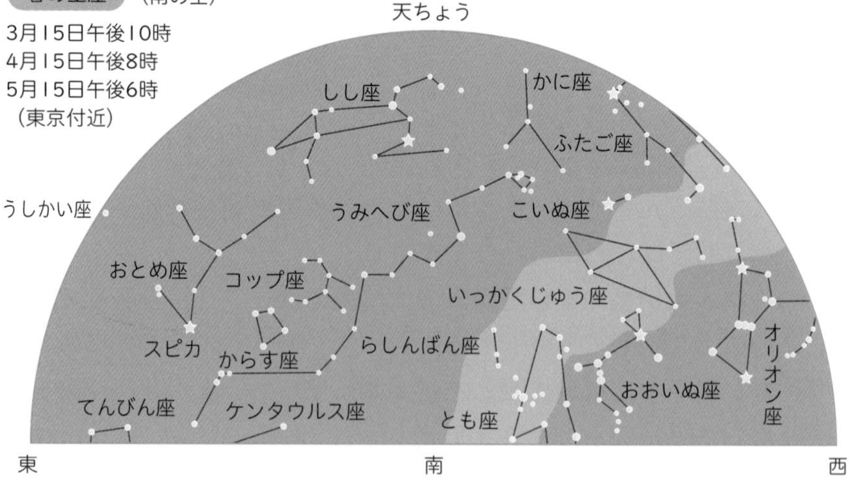

天ちょう
しし座
かに座
ふたご座
うしかい座
うみへび座
こいぬ座
おとめ座
コップ座
いっかくじゅう座
スピカ
からす座
らしんばん座
オリオン座
おおいぬ座
てんびん座
ケンタウルス座
とも座
東　南　西

おおぐま座の北斗七星は，日本ではひしゃくの形といわれますが，海外では荷車（リヤカー）やスプーンなどに例えられてきました。最近では日本でもひしゃくが身近でないことから「スプーン星」とよぶこともあるようです。

8 夏の星座の見え方

夏は，ほぼ天ちょうに白色の**こと座のベガ**を見つけることができます。また，東に向いてベガを見ると，その右下には白色の**わし座のアルタイル**を見つけることができます。さらに，こと座の左下に白色の**はくちょう座のデネブ**を見つけることができます。これら 3 つの星は夏の夜空でもひときわ目だっているので見つけやすいでしょう。これらを結んだ三角形は，**夏の大三角**として知られています。

夏の星座（北の空）

6月15日午後10時
7月15日午後8時
8月15日午後6時
（東京付近）

天ちょう
ヘルクレス座
うしかい座
こと座
ベガ
りょうけん座
りゅう座
夏の大三角
こぐま座
ケフェウス座
デネブ
しし座
北極星
はくちょう座
レグルス
おおぐま座
ペガスス座
カシオペヤ座
西
北
東

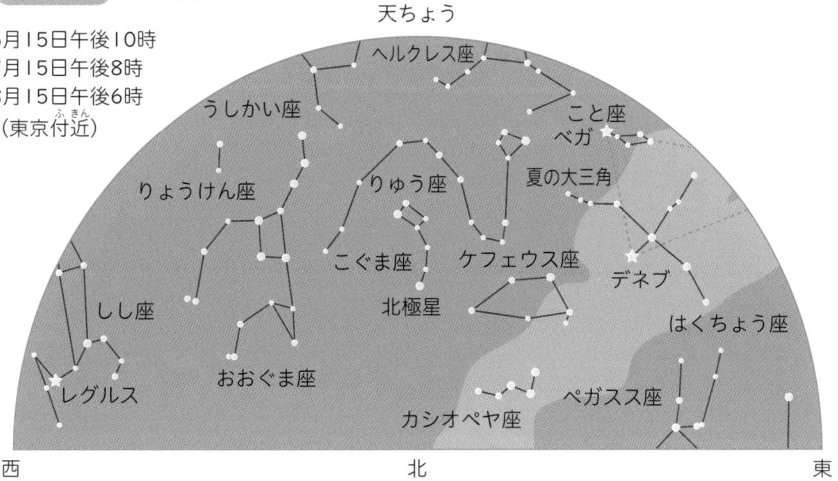

夏の星座（南の空）

6月15日午後10時
7月15日午後8時
8月15日午後6時
（東京付近）

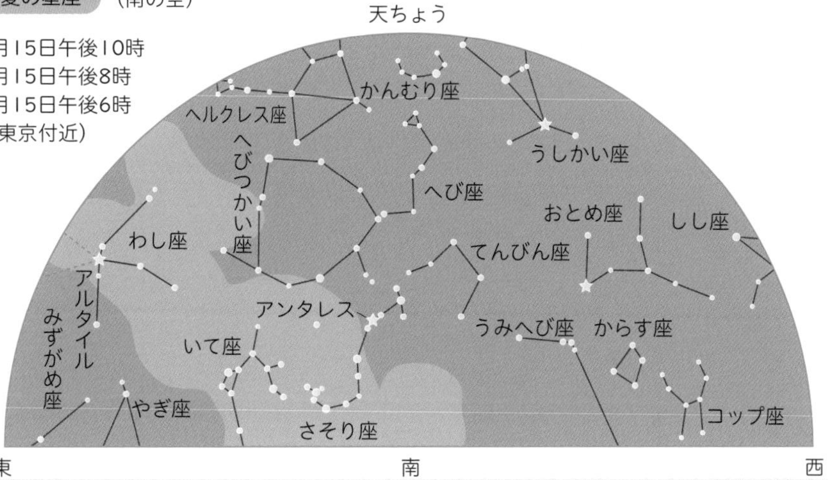

天ちょう
かんむり座
ヘルクレス座
うしかい座
へびつかい座
へび座
おとめ座
しし座
わし座
てんびん座
アルタイル
アンタレス
みずがめ座
うみへび座
からす座
いて座
やぎ座
さそり座
コップ座
東
南
西

さそり座のアンタレスはギリシャ語で「火星ににた星」の意味です。ギリシャ神話で火星は戦いの神アレスですが，アンタレスはたしかに色も明るさも火星ににていますね。

9 秋の星座の見え方

秋は，南の空の高いところに，４つの星を結ぶとややゆがんだ四角形になる星を見つけることができます。これらの星は，**ペガスス座**の星で，**ペガススの大四辺形**や**秋の四辺形**として知られています。２等星ですが，秋は明るい星が少ないので見つけやすいでしょう。ペガスス座はつばさのはえた馬をかたどっています。

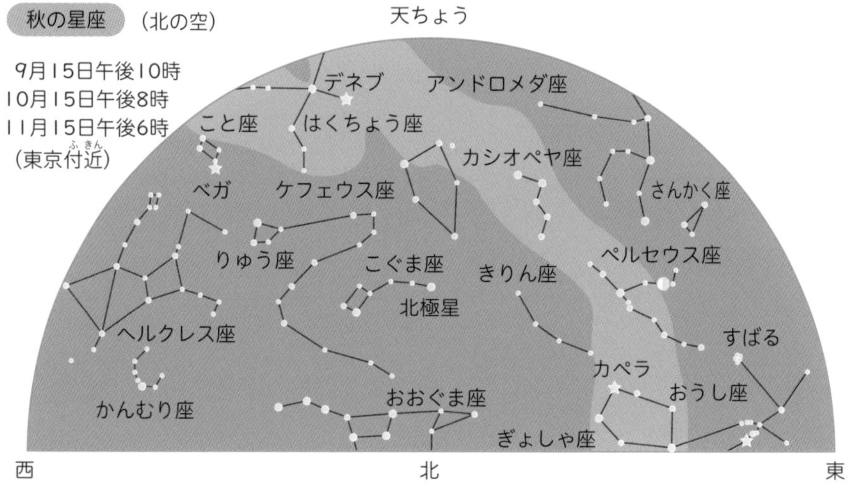

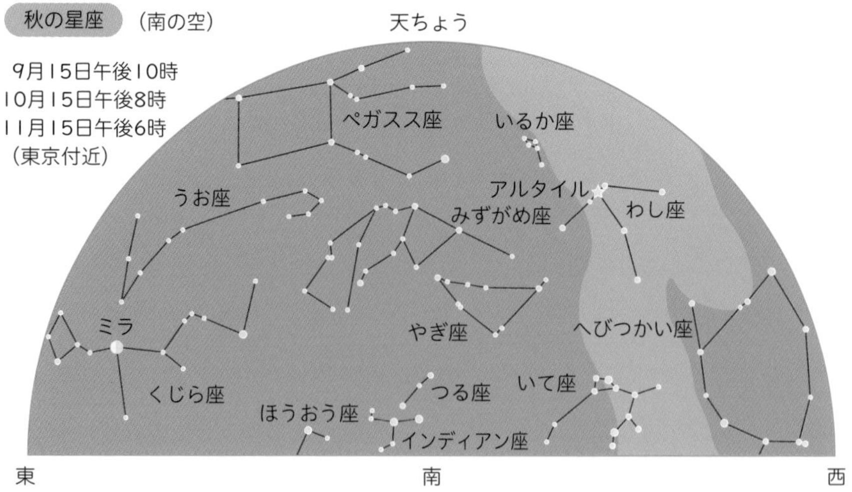

秋の星座　(北の空)

9月15日午後10時
10月15日午後8時
11月15日午後6時
(東京付近)

天ちょう
デネブ
アンドロメダ座
こと座
はくちょう座
カシオペヤ座
ベガ
ケフェウス座
さんかく座
ペルセウス座
りゅう座
こぐま座
きりん座
北極星
ヘルクレス座
すばる
カペラ
おうし座
おおぐま座
かんむり座
ぎょしゃ座
西　北　東

秋の星座　(南の空)

9月15日午後10時
10月15日午後8時
11月15日午後6時
(東京付近)

天ちょう
ペガスス座
いるか座
アルタイル
うお座
わし座
みずがめ座
ミラ
やぎ座
へびつかい座
くじら座
いて座
つる座
ほうおう座
インディアン座
東　南　西

こと座のベガとわし座のアルタイルは，天の川をはさむようにして向かい合っています。これらはおりひめ星とひこ星として有名ですが，きょりは15光年(光の速さで進んで15年かかるきょり)もはなれています。

10 冬の星座の見え方

冬は，南の空にオリオンのベルトにあたる三つ星が特ちょうの**オリオン座**を見つけることができます。この三つ星を左にのばしていくと白色の**おおいぬ座のシリウス**を見つけることができます。また，オリオン座の左には黄色っぽい白色の**こいぬ座のプロキオン**が見つかります。赤色の**オリオン座のベテルギウス**と**シリウス**，**プロキオン**を結んだ三角形は，**冬の大三角**として知られています。

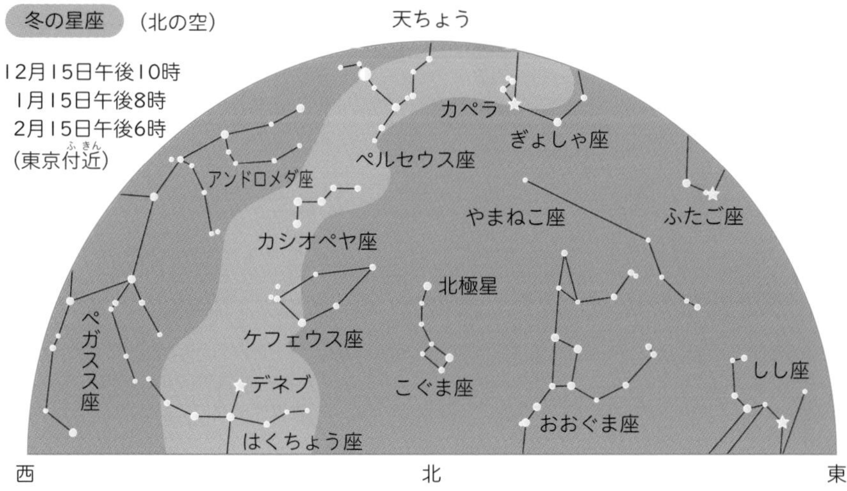

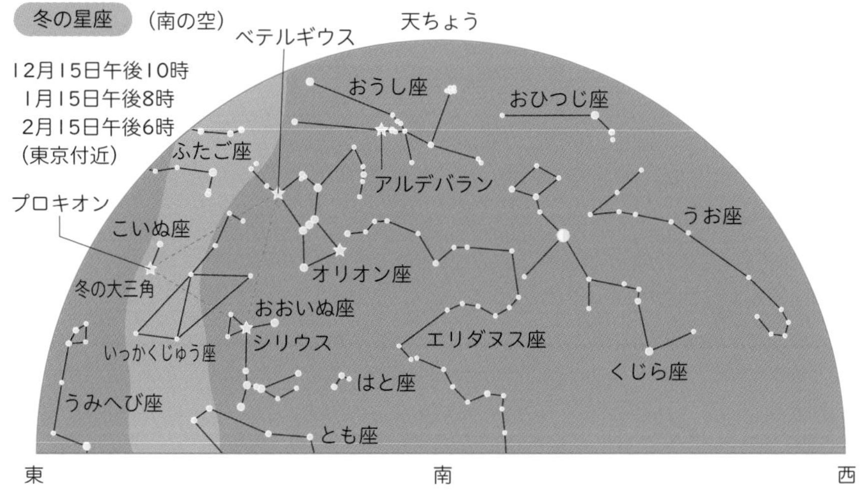

オリオン座のベテルギウスとリゲルは同じ星座だから近くの天体というわけではありません。ベテルギウスは地球から約 640 光年のところにあり，リゲルはその約 1.3 倍はなれた約 860 光年のところにあります。

4 太陽系

太陽系のわく星について，そのちがいをくらべてみよう。

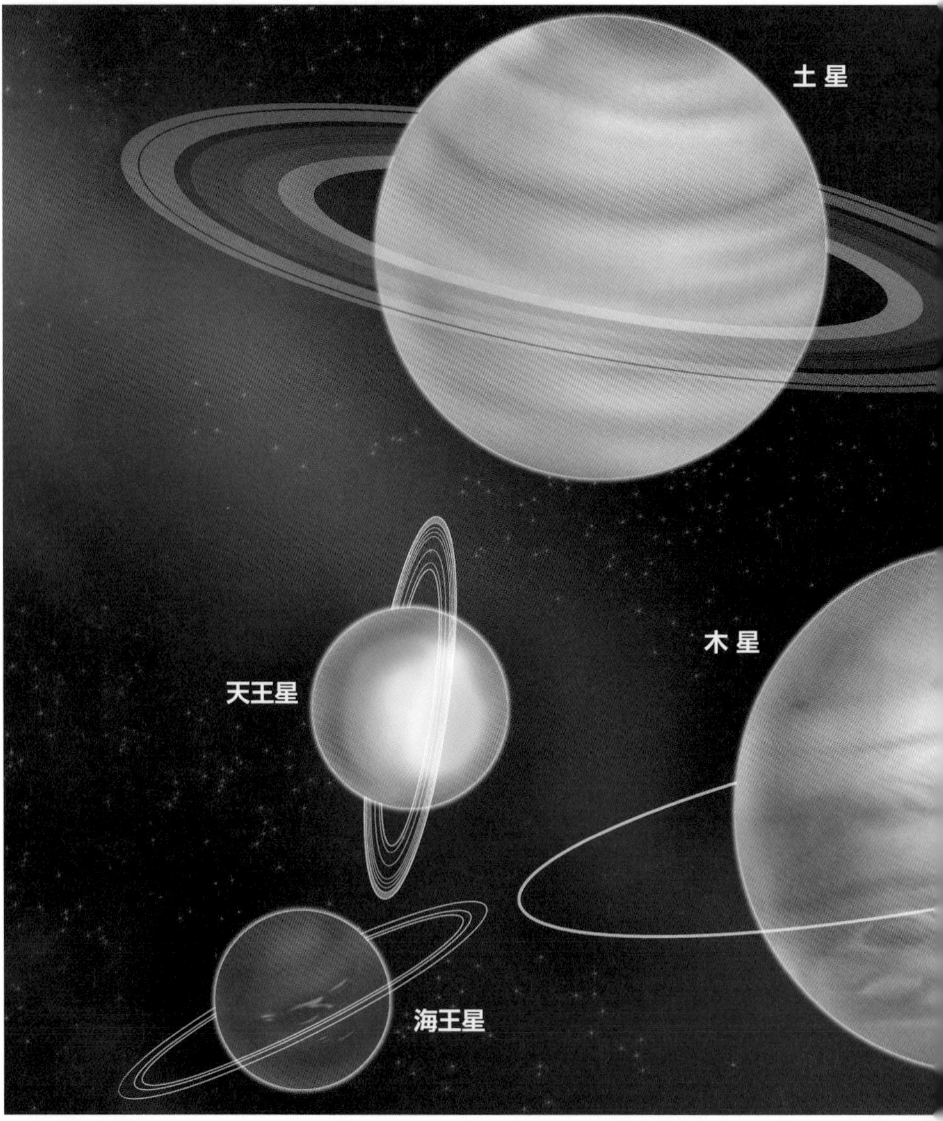

土星

天王星

木星

海王星

木星のまわりには 70 こ以上のえい星があります。そのうちイオ，エウロパ，ガニメデ，カリストの 4 つは特に直径が大きく望遠鏡で観察できます。1610 年にガリレオ・ガリレイが発見したことからガリレオえい星といわれます。

1 太陽系のわく星

太陽系のわく星は全部で８つです。太陽に近いほうから，水星，金星，地球，火星，木星，土星，天王星，海王星です。

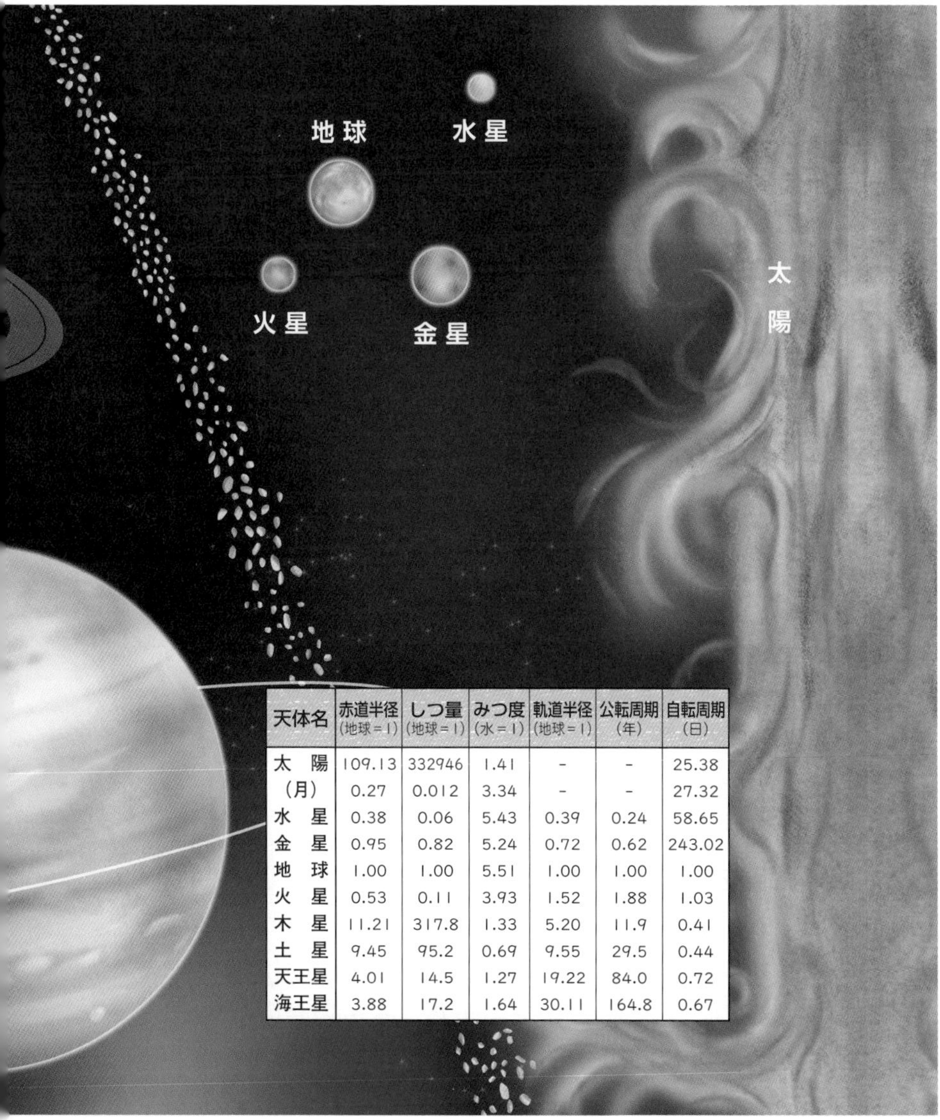

天体名	赤道半径（地球＝１）	しつ量（地球＝１）	みつ度（水＝１）	軌道半径（地球＝１）	公転周期（年）	自転周期（日）
太陽	109.13	332946	1.41	-	-	25.38
（月）	0.27	0.012	3.34	-	-	27.32
水星	0.38	0.06	5.43	0.39	0.24	58.65
金星	0.95	0.82	5.24	0.72	0.62	243.02
地球	1.00	1.00	5.51	1.00	1.00	1.00
火星	0.53	0.11	3.93	1.52	1.88	1.03
木星	11.21	317.8	1.33	5.20	11.9	0.41
土星	9.45	95.2	0.69	9.55	29.5	0.44
天王星	4.01	14.5	1.27	19.22	84.0	0.72
海王星	3.88	17.2	1.64	30.11	164.8	0.67

土星の輪を望遠鏡で見ると，１まいの円ばんのように見えますが，ボイジャー１号のせっ近およびさつえいにより，氷のつぶなどでできたうすくて細い輪が，数千本集まってできていることがわかりました。

2 太 陽

太陽系のわく星は，太陽を中心として**公転**しています。天体にかぎらず２つの物体の間には**万有引力**という力がはたらきますが，天体のように大きな重さをもつ物体どうしでは，その引力も大きくなります。太陽はわく星にくらべてたいへん重いため，わく星との引力では動かず，**太陽系の中心**に位置しています。

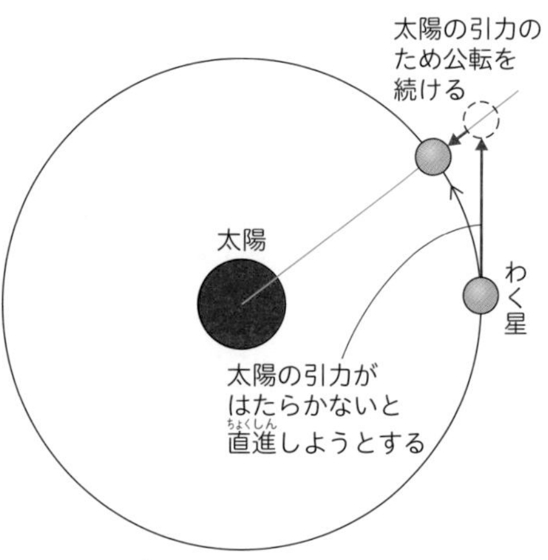

わく星は，その引力のため，太陽系の外に飛び出さないで回転（公転）を続けています。

3 太陽系の広がり

太陽の引力がおよぶはんいは海王星までではありません。その外側にも，太陽の引力のために公転している天体があります。

①**めい王星**…2006 年の国際天文学連合総会までは太陽系の９番目のわく星とされていました。しかし，ほかのわく星にくらべて小さく，また，めい王星ににた天体が次々と発見されたことなどにより準わく星にこうかくされました。

なお，太陽の光が地球にとどくまでに約８分かかりますが，めい王星にとどくまでは５時間もかかります。

②**太陽の直径を１ｍとか定すると**…太陽の直径は地球の約 109 倍なので，太陽の直径を１ｍとすると地球の直径は約１cm です。この大きさで太陽系の広がりを考えた場合，太陽から地球までのきょりは約 100 m になります。また，木星の直径は約 11 cm で太陽からのきょりは約 550 m になります。太陽系で最も遠いわく星である海王星は，太陽からのきょりは３km 以上にもなります。

地球より内側を公転するわく星を内わく星，外側を公転するものを外わく星といいます。内わく星は，月と同じように地球から見て満ち欠けをしますが，外わく星はほとんど形を変えず球体のように見えます。

4 地球がたわく星と木星がたわく星

1 地球がたわく星

太陽系のうちで，水星，金星，地球，火星を地球がたわく星といいます。これらのわく星は固体の表面をもち，直径や重さは木星がたわく星にくらべて小さいですが，**みつ度**は木星がたわく星より大きくなっています。

みつ度 315 ページ

2 木星がたわく星

太陽系のわく星のうちで，木星，土星，天王星，海王星を木星がたわく星といいます。これらのわく星は地球がたわく星のような固体の表面をもたず，気体がわく星の大きな重力のために球じょうに集まってできています。直径や重さは地球がたわく星より大きく，みつ度はぎゃくに小さくなっています。

5 太陽系のたんさ

1957 年，ソビエト連邦が初の人工えい星となるスプートニク 1 号を打ち上げてから，多くの国が太陽系をさぐるためにたくさんの試みを行ってきました。1962 年にはアメリカのマリナー 2 号が金星付近のたんさに成功し，1977 年に打ち上げられたアメリカのボイジャー 1 号は木星や土星の近くを通かし，さつえいを行いました。ボイジャー 1 号はその後もうちゅう空間を飛び続け，げんざいは太陽系の外を飛んでいるといわれています。

2003 年には，日本のはやぶさが打ち上げられ，小わく星イトカワへの着陸および初となる小わく星表面の物しつの回しゅうを行いました。はやぶさは 2010 年に地球にもどり，き重なサンプルをえることができました。2014 年には，はやぶさ 2 が打ち上げられ，小わく星リュウグウへの着陸および表面物しつの回しゅうを行いました。

▲小わく星リュウグウ

地球から近い金星や火星は，地球に近い場所にあるときと，遠いところにあるときで見た目の大きさがことなります。金星では最大で約 6 倍，火星では約 5 倍も見た目の大きさがちがいます。

月とウサギのもちつき

おーい！

どうしたの？

大発見

月にウサギがいるらしいよ！

そうなの！？

スゴイ!!

なになに

月の表面がでこぼこしてるのは，ウサギがもちつきしたあとなんだって！

じゃあ，月のうら側って何があるの！？

もちろん ウサギのお家だよ！

すごいね！

そんなワケないけど…

月に空気があるかわかる？
たしか，空気はないはず…
ウサギがどうやってこきゅうするかおぼえてる？
フー
フー
ぼくたちと同じようにはいこきゅうだったね
アレ・・・？
気づいたかしら？
ぼくたちのゆめがー！！
ガ〜ン
まあまあおもち食べる？
食べる〜！
切りかえはやっ！！

4 月の形と動き

4年

1 月の形
2 月の動き

1 月の形

ここで学習すること

1 月の形を観察しよう。
2 月のようすについて調べよう。

1 いろいろな月の形

実験・観察 月の形の変化

月の形の変化を観察してみましょう。

❶月はどのような形に見えるか，調べましょう。
❷月の見える時こくや方角について，調べましょう。

わかること

- 月の形は日がたつにつれて少しずつ変化していきます。
- 晴れていても，月が一日中まったく見えない日もあります。
- 月は，夜だけでなく昼間にも見えることがあります。

日がたつにつれて，月の見える形が変わっていくことを**月の満ち欠け**といい，見ることのできる時こくや方角も変わっていきます。

「十五夜の満月」といわれることがあります。これはきゅうれき(太いんれき)が新月を毎月初めの1日としていたため，毎月15日の夜にはほぼ満月になることからきています。中秋の名月はきゅうれきの8月15日の月のことです。

①**新　月**…晴れていても，月が一日中まったく見えない日があります。このときは，月と太陽が同じ方向にあって，太陽の光で月が見えないのです。このときの月を**新月**といいます。

②**三日月**…新月から３日目の月のことをいい，夕方，西の空に見えます。太陽がしずむと，それを追うようにしずんでいきます。

③**上げんの月**…新月からおよそ７日目で，月の右半分がかがやいた月になります。（右半分の）半月ともいいます。夕方，南の空の高いところに見えます。時間とともに少しずつ西へ動き，夜中の午前０時ごろまで，西の空に見えます。

④**満　月**…新月からおよそ 15 日目で，まるくかがやいた月になります。夕方に東の空からのぼり，夜中の午前０時に南の空高くに見え，明け方は西の空というように，夜の間ずっと見えます。

⑤**下げんの月**…新月からおよそ 22 日目で，月の左半分がかがやいた月になり，（左半分の）半月ともいいます。明け方，南の空の高いところに見え，少しずつ西へ動き，昼ごろまで西の空に見えます。

⑥ **27 日の月**…新月からおよそ 27 日目で，三日月を反対にしたような月になります。明け方，東の空に見えます。およそ３日後には，また新月にもどります。

さんこう　月　齢

新月から次の新月までの間は，およそ 29 日（正しくは 29.5 日）です。

新月を０とし，そこから数えて何日目の月かということを「月齢」ということばでよびます。三日月（三日目の月）は月齢３ということになります。また，上げんの月の月齢は７です。

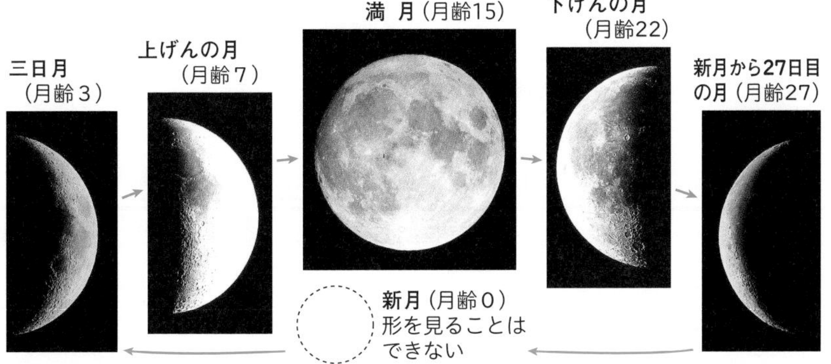

月は地球のまわりを回っていますが，正かくな円とは少しちがい，最も地球に近いときで約 36 万 km，遠いときで約 41 万 km あります，地球に近いときに満月になるものをスーパームーンということがあり，月がやや大きく，明るく見えます。

2 月の形の変化

月・地球・太陽の位置関係によって，月の満ち欠けがおこります。

1 地球から見たときの月の形と太陽の位置

地球から月を見ているとき，いつも月の光っているほうに太陽があります。

上げんの月の場合，夕方ごろ南の空に見えています。このとき，太陽は西の空にしずもうとしています。上げんの月は右半分の半月ですから，月の右側(西側)が光っていて，その方向に太陽があります。

▲上げんの月と太陽

下げんの月の場合，明け方ごろ南の空に見えています。このとき，太陽は東の空にのぼろうとしています。下げんの月は左半分の半月ですから，月の左側(東側)が光っていて，その方向に太陽があります。

▲下げんの月と太陽

上げんの月や下げんの月以外の形の月も，月の光っている方向に太陽があります。

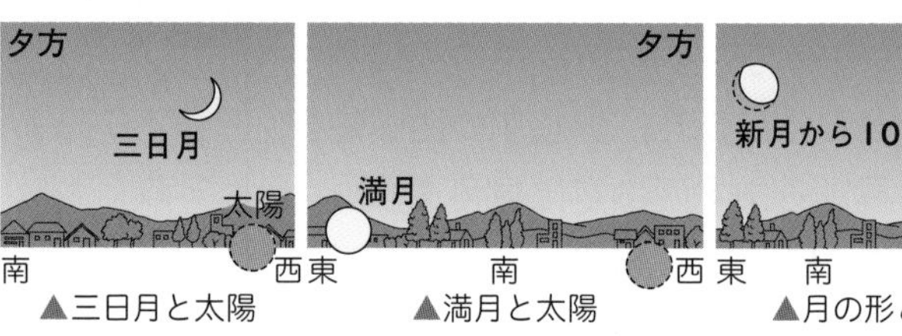

▲三日月と太陽　▲満月と太陽　▲月の形と太陽

2 月や太陽が光って見えるわけ

星にはみずから光っている星と光を反しゃして光って見える星があります。**わく星**や**えい星**はみずから光を出さず，**こう星**の光を反しゃして光って見えます。月は太陽の光を反しゃしてその光で見えています。太陽・月・地球の位置が変わることで，地球から月を見たとき，満ち欠けがおこるのです。

- **こう星**…太陽のように，みずから光を出している星。
- **わく星**…地球や火星・木星(➡ 192ページ)のように，こう星(太陽など)のまわりを回っている星。
- **えい星**…月のように，わく星のまわりを回っている星。

月は夜だけでなく明るい昼間も見えることがあります。これは特別なことではなく，そのときのまわりの空よりも月が明るいから見えるのです。明るい空にもたくさんの星がありますが，まわりが明るいから見えないだけです。

3 太陽・月・地球の位置

右の図は，地球の真上(真北)のうちゅうから見た地球のまわりを回る月と太陽の光のようすをあらわしています。この図では，右から太陽の光があたり，黄色の部分は太陽の光で光っているところと，地球から見える月の形をしめしています。太陽の光を受けている側が，地球からは見えない**新月**から左回りにずれていきます。やがて，**三日月**，**上げんの月**(右半分の**半月**)，**満月**となります。満月のときは，月の太陽の光があたっている部分すべてが見えています。満月をすぎるとだんだんと細くなり，**下げんの月**(左半分の半月)をすぎ，新月になります。

▲月の見え方

4 地球から月や太陽までのきょり

上の図は「太陽の光」だけしかかいていません。これは，太陽があまりにも遠くにあるからです。

地球から月までのきょりは約 38 万 km で，太陽と地球とのきょりはその 400 倍ぐらいになります。

▲地球と月とのきょり

5 月の出・月の入りの時こくの変化

月の出や月の入りの時こくも毎日変わります。同じ時こくの月の位置は，毎日約 13°ずつ東にずれ，約 50 分ずつおくれて出てきます。そして，約 1 か月後もとにもどります。月の出や月の入りの時こく，月の形，月齢などは右の図のように新聞などで調べることができます。

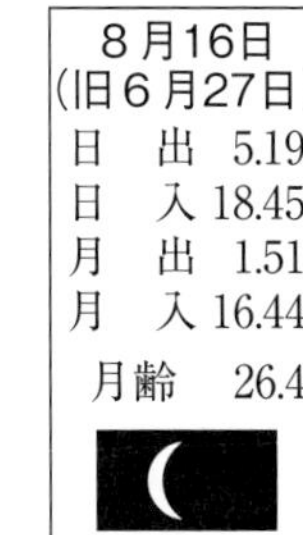
8月16日
(旧6月27日)

日	出	5.19
日	入	18.45
月	出	1.51
月	入	16.44

月齢 26.4

アポロ 11 号により 1969 年 7 月 21 日(協定世界時，アメリカ時間では 20 日)に人類は初めて月面にとう達しました。これまでに 12 名のアメリカのうちゅう飛行しが月面にとう達しています。

3 月のようす

1 月の表面のようす

月の表面を望遠鏡でみると，月には地面があり，まるいくぼみのようなものがたくさんあります。また，白く見えるところと黒く見えるところがあります。月が欠けている(直せつ目で見えない)ところは，太陽の光があたらないところであることがわかります。

▲月の表面のようす

①**クレーター**…月の表面にたくさん見えるくぼみのようなものを**クレーター**といいます。これはいん石が落ちたところだといわれています。大きなクレーターになると，直径が約 300 km にもなるものもあります。

②**海**…月の表面の少し黒く見える部分を「**海**」といいます。望遠鏡で見ると，その部分はほぼ平らで，黒く見えるのはそこにある岩石の色のためです。海といってもほんとうに水があるわけではありません。また，海とはぎゃくに，クレーターが多いところは「**陸**」ともいいます。

2 月の形

三日月や半月のときに望遠鏡で月のようすを観察すると，光っているところとかげになっているところのさかい目あたりは，横から光があたって，山などのかげが長くのびています。このことから，月も地球や太陽のように球形をしていることがわかります。

月の直径は約 3500 km で，これは地球の直径の約 4 分の 1，太陽の直径の約 400 分の 1 です。

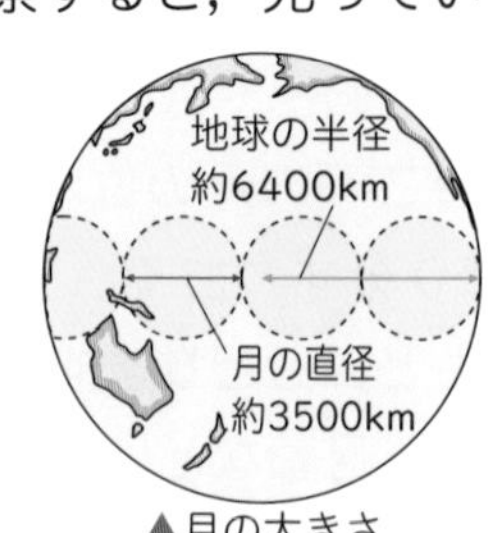

▲月の大きさ

地球にもクレーターはあります。メキシコのユカタン半島には約 6500 万年前にいん石がぶつかり，直径 100 km 以上(一説には 300 km とも)のクレーターをつくりました。これがきょうりゅうぜつめつの原いんになったとする説もあります。

4 月のつくり

1 月をつくる物しつ

月の岩石は，地球の表面に近い部分(マントル部分)の物しつとせいしつがにていることがわかっています。また，月のみつ度が地球にくらべて小さい(地球の約 60%)のは，鉄などの重い物しつが月には少ないためと考えられています。これらのことから月のたん生には，地球そのものが大きくかかわっていると考えられています。

2 ジャイアント・インパクト説

月がどのようにしてたん生したのかについて，いくつかの説がありますが，最もたしからしいと考えられているのが「**ジャイアント・インパクト説**」です。ジャイアント・インパクトとは「きょ大しょうとつ」という意味で，地球に地球の半分くらいの大きさのほかの星がぶつかり，その星の一部と，しょうとつにより地球からはぎとられた岩石などが集まって月ができたという説です。このとき地球の中心部分には鉄などの重い金ぞくからなるコアができており，ほかの星はこの部分をさけてしょうとつしたため，月には鉄が少なく，みつ度が小さくなっていると考えられます。

3 月のたんさ

月は地球から最も近い星であり，これまでアメリカのアポロ計画やソビエト連ぽう(現ロシア)のルナ計画など多くの月たんさが行われ，月面に人をとう達させたり，表面の岩石を持ち帰ったりするなど成果を上げています。

日本は 2007 年に月周回えい星「かぐや」を打ち上げ，本かく的な月の研究にとり組み始めました。「かぐや」は月のまわりを周回し，月の表面の調さを行いました。

▲かぐや

地球にもクレーターはありますが，月面ほどぼこぼこしていないのは，地球が大気にまもられているからです。いん石の多くは地球に落下するまでに大気とのまさつでもえつきたり，小さく分れつしたりします。

5 望遠鏡の使い方

天体観測に用いる望遠鏡にはいくつかの種類があります。このうち最もいっぱん的なのがくっ折式天体望遠鏡(ケプラー式望遠鏡)です。見える天体はとう立像(上下左右がぎゃくになる)になりますが，つくりがかん単で倍りつも高く，し野が大きい，像のゆがみも少ないなど天体観測にてきしています。

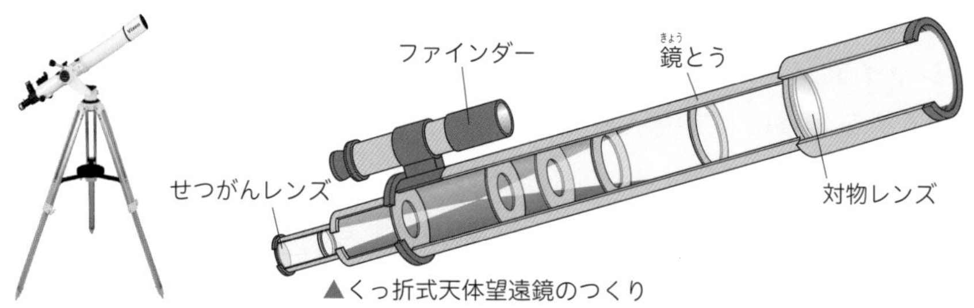

▲くっ折式天体望遠鏡のつくり

1 像ができるしくみ

対物レンズで天体のとう立した実像をつつの中につくり，それをせつがんレンズでかく大しています。

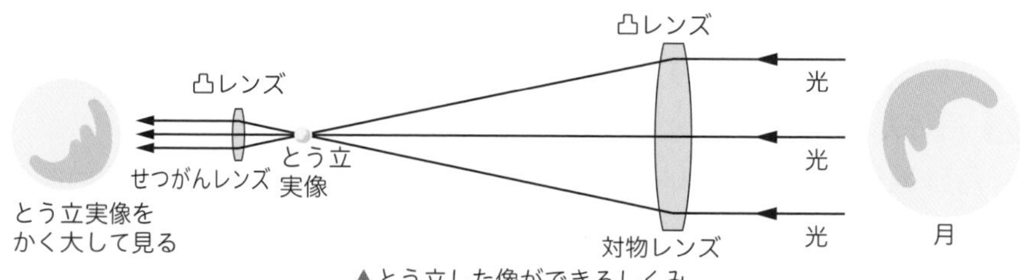

▲とう立した像ができるしくみ

2 望遠鏡で見えるとう立像

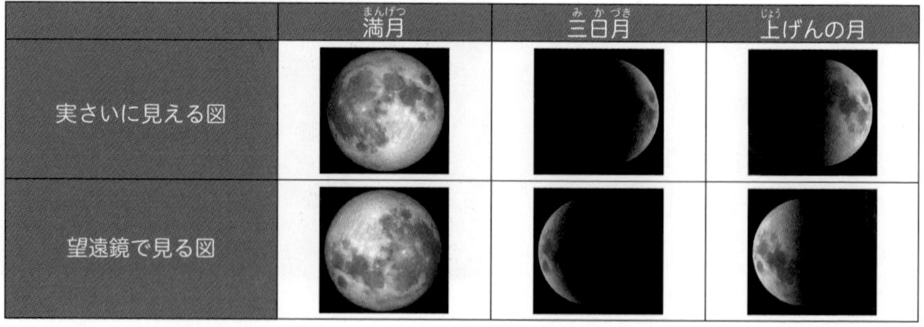

	満月	三日月	上げんの月
実さいに見える図			
望遠鏡で見る図			

月面は倍りつが10倍ほどのそうがん鏡でもじゅうぶん観測できます。ただし，し野(のぞいて見えるはんい)がせまいため，少しでも手がぶれるとし野から月が出てしまいます。そうがん鏡を三きゃくなどで固定すると見やすくなります。

2 月の動き

1 月の動き方を観察しよう。
2 月食について調べよう。

1 月の動き方の観察

実験・観察 月の動き方

月の位置は，時間とともにどのように変わるのか調べてみましょう。

❶記録用紙に方位(方角)と目印になる建物などを書きましょう。
❷方位じしんのN極を北に合わせ，そのままのじょうたいで月がどの方位にあるか，方位じしんで調べましょう。
❸下の図のようにして，月の高さを調べます。
❹1時間おきに記録しましょう。
❺観察する日を変え，形のちがう月でも調べましょう。

方位じしん 147 ページ

注意 **方位じしんはじしゃくです。近くに鉄など，じしゃくにくっつくものがあると，正しい方位をしめさないことがあります。**

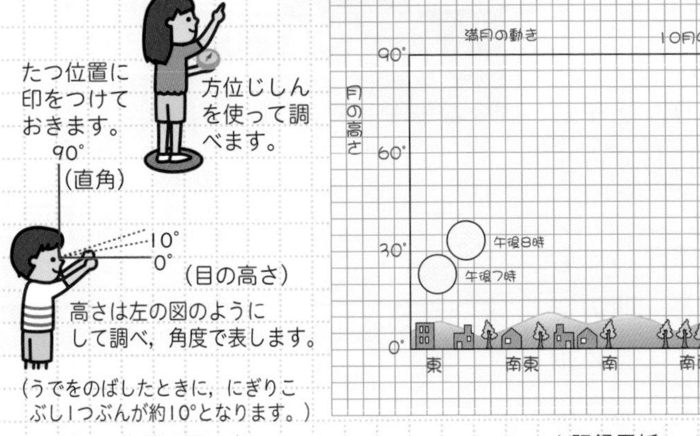

▲月の位置の調べ方　▲記録用紙

5円玉のあな(直径 5 mm)から月をのぞくと，うでをのばして目から約 55 cm はなしたときにあなと月の大きさが同じになります。これらの数値と月までのきょり約 38 万 km を使って計算すると，月の直径は約 3500 km となります。

わかること

- ▶日によって，夕方に見える月の位置がちがいます。
- ▶月は，東から南を通り，西に向かうように動きます。
- ▶南を通るとき，月は最も高いところを通ります。

1 月の動き方

月は太陽と同じように，東からのぼり，南の空を通って，西にしずみます。

①**満　月**…夕方に東の空からのぼり，夜中の午前０時ごろに南の空を通り，明け方に西の空にしずみます。

②**上げんの月（半月）**…正午ごろ東の空からのぼり，夕方に南の空を通り，午前０時ごろに西の空にしずみます。

③**下げんの月（半月）**…午前０時ごろに東の空からのぼり，明け方に南の空を通り，正午ごろに西の空にしずみます。

④**三日月**…太陽がしずむ夕方になると，西の空の低いところに見え始め，太陽を追うようにしずみます。

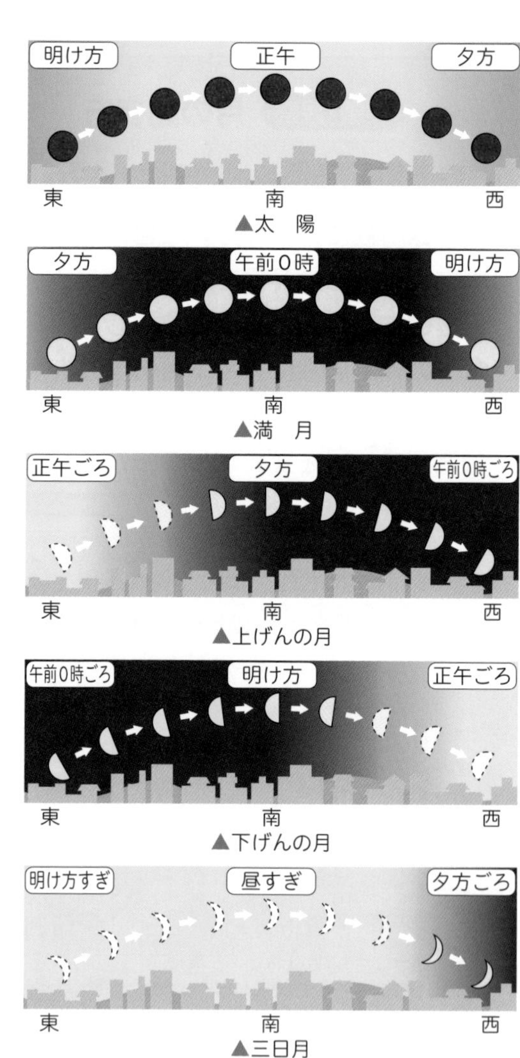

▲太　陽

▲満　月

▲上げんの月

▲下げんの月

▲三日月

半月や三日月などでは，東の空や西の空では月がかたむいて見えます。このとき，月の光る面の方向の先に太陽があります。太陽が地平線の下にしずんでいるときも，月の光る面の方向から，太陽があるおよその方向を知ることができます。

2 月食

①**月食のおこるしくみ**…月食は，地球が太陽と月の間に位置するとき，月が地球のかげに入ることでおこるげんしょうです。月食は，太陽と地球と月が一直線にあるときにおこるかのうせいがあります。この位置関係のときの月の形は満月ですので，月食は満月のときだけにおこります。

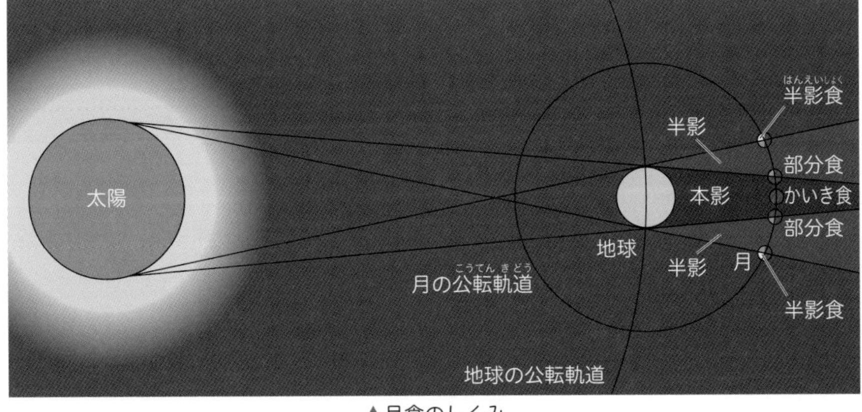

▲月食のしくみ

②**満月のたびに月食がおこらない理由**…下の図のように地球の公転面(太陽を回る地球の通り道をふくむ面)と月の公転面(地球を回る月の通り道をふくむ面)が少しずれています(かたむいています)。そのため，満月のたびに月が地球のかげに入ることはありません。多くの場合，満月のときの月の位置は北または南(図の上，下)にずれています。

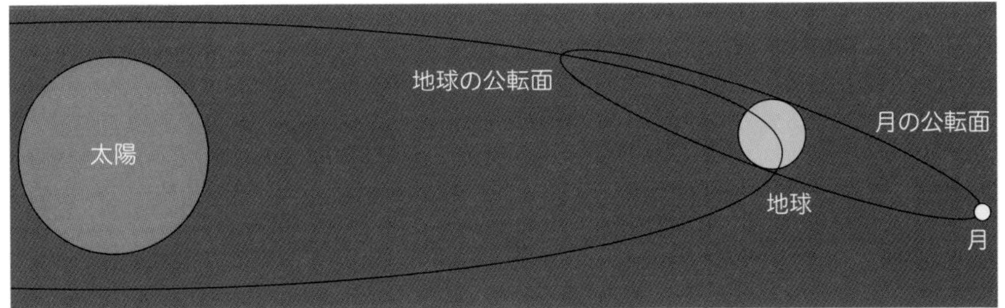

▲太陽，地球，月の位置関係

かいき月食のときは月面に太陽の光があたらないから，月はまったく見えないと思いがちですが，地球の大気により太陽からのおもに赤い光が曲げられて月にあたり，赤暗く照らします。これをブラッドムーン(血の月)といいます。

中学入試にフォーカス 月の南中高度と日食

● 月の南中高度

月の南中高度は最も高いときで約 74°，低いときで約 32° ほどですが，季節により南中高度が最も高いときや低いときの月の形は決まっています。これは太陽と地球の位置関係と地じくのかたむきに関係しています。

①**春**…上げんの月が最も南中高度が高く，下げんの月が最も低くなります。新月，満月はその中間ほどの高さになります。

②**夏**…新月が最も南中高度が高く，満月が最も低くなります。上げんの月，下げんの月はその中間ほどの高さになります。

③**秋**…下げんの月が最も南中高度が高く，上げんの月が最も低くなります。新月，満月はその中間ほどの高さになります。

④**冬**…満月が最も南中高度が高く，新月が最も低くなります。上げんの月，下げんの月はその中間ほどの高さになります。

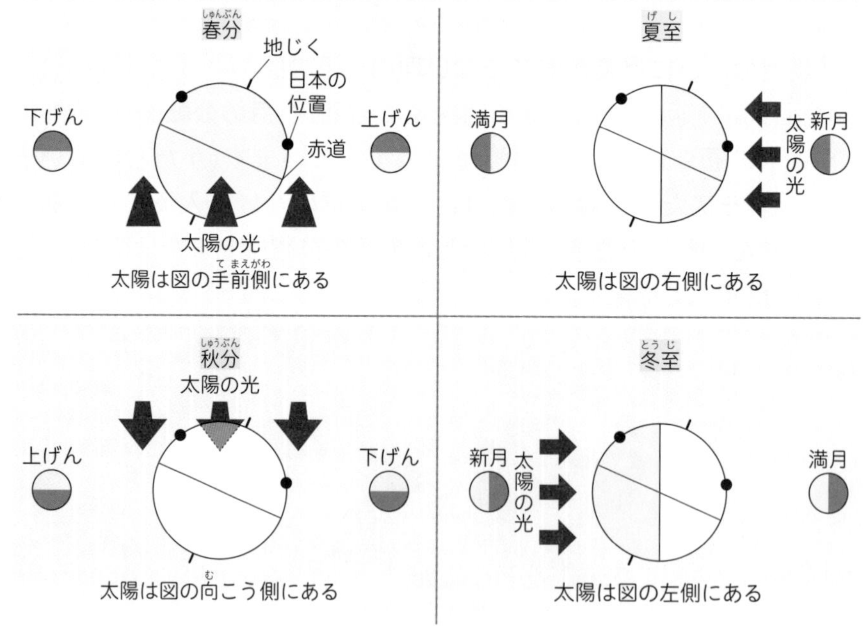

▲季節による月の南中高度のちがい

げんざい使われているこよみは太陽れきです。これは地球の公転日数を 365.25 日とするものです。これにたいし，きゅうれき（太いんれき）では新月から次の新月までを 29 日または 30 日としていました。

●日食

①**日食がおこるしくみ**…日食は，月が地球と太陽の間を通るとき，地球に月のかげができることでおこるげんしょうです。日食は，太陽と月と地球が一直線にあるときにおこるかのうせいがあります。

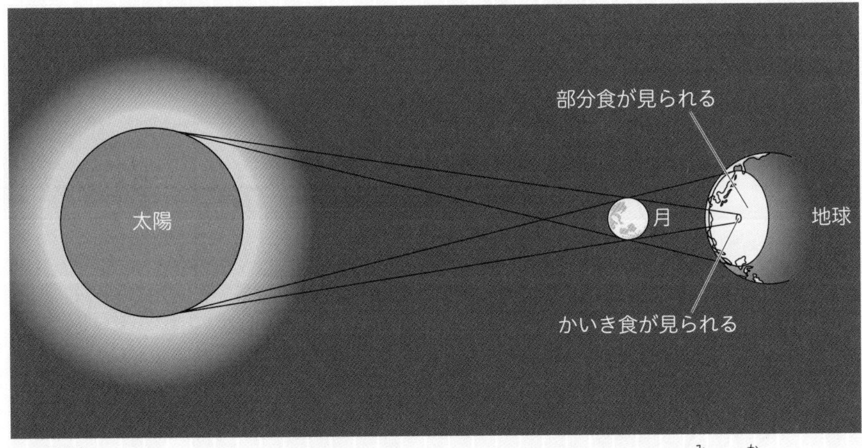

②**部分日食**…太陽の一部が月によってかくされます。月の満ち欠けとはちがう形で欠けます。

③**かいき日食**…太陽が完全に月によってかくされます。太陽のまわりのコロナが観測できることがあります。

④**金かん日食(金かん食)**…月から太陽がはみ出し，リングじょうにかがやいて見えます。

▲部分日食

▲かいき日食

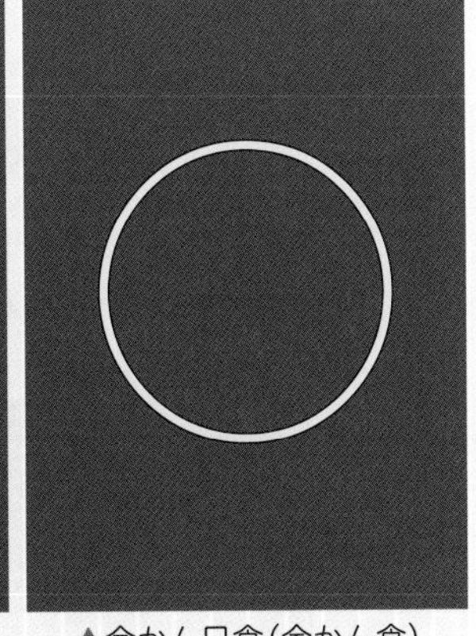
▲金かん日食(金かん食)

日食の観察で太陽を見る場合，必ずせん用のしゃ光板を用いましょう。しゃ光板が手に入らないときに，黒い下じきなどを代用する人がいますが，太陽の光はとても強いので目をいためるおそれがあります。

水の力がつくる地形

グランドキャニオンが
どうやってできたか
わかるかしら?

グランドキャニオン

はーい

なにか，大きな自然の
力がはたらいて
そうだなー

山の上が平らだから，
地面がけずれてできた
んじゃないかな?

ガリガリ

水の力でできたって
聞いたことあるよ!

水のパワーは
すごいんだ!

実は，川の水が
川底をけずり続けて
できたものなの!

川の水が!?

そう，流れる水にはものをけずりとる力があるのよ！
すっごく大きい力なんだから!!
ほかにも，流れる水の力はありますか？
いいところに気づいたわね！あとは，ものを運ぶ力や積もらせる力があるのよ
水の力〜
水の力でいろいろな地形ができるわ！
わたしたちのまわりにも水の力でできたものがあるのかな？
ハッ
たいへんだ！！
水道の水を出したままだ！
走っちゃダメよ！
水の力で学校の形が変わるところだった〜
そんなにすぐには変わらないでしょ
セ〜〜フ!!
水はたいせつに使いましょうね！

5 雨水のゆくえと流れる水のはたらき

4年 発展

1 雨水のゆくえと地面のようす
2 川の水のはたらき

1 雨水のゆくえと地面のようす

ここで学習すること

1 土により水のしみこみ方がちがうことを調べよう。
2 雨水が高いところから低いところに流れることを調べよう。

1 雨と地面のようすの変化

かわいた運動場などに雨がふると，地面のようすは次のように変化していきます。

1 雨のふり始め

雨でぬれたところは，土の色が変わり，雨水は，地面にしみこんでいきます。このとき，雨水のしみこみ方は，地面のようすによって変わります。

①**土のつぶが大きいところ**…雨水がしみこみやすく，水はけがよい。

②**土のつぶが小さいところ**…雨水がしみこみにくく，水はけが悪い。

①雨のふり始め

②水たまりができる

2 水たまりができる

雨水が地面にしみこみ，さらに地面がぬれていくと，地面にしみこみきれなくなった雨水が，地面の低いところに水たまりをつくります。

大雨がふると，道路も川のようになってしまうことがあります。雨水の量が多くなると，雨水が川のようになって流れるだけでなく，山では，土や石をふくんだ土石流になることがあります。

3 雨水の流れができる

さらに雨がふり続くと，水たまりが大きくなります。大きくなった水たまりは，ほかの水たまりとつながったりして，小さな川のようになり，地面の高いほうから低いほうへと雨水が流れ始めます。

③雨水の流れができる
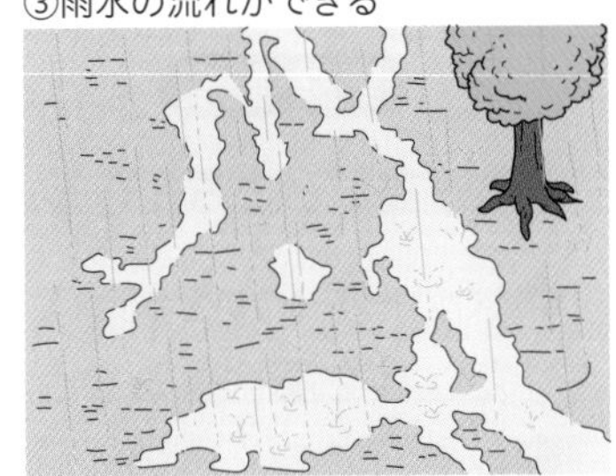

実験・観察 つぶの大きさと水のしみこみ方

水のしみこみ方は，土のつぶの大きさによってちがいがあることを調べてみましょう。

❶下の図のようにして，ペットボトルを使って水のしみこみ方を調べましょう。

❷ 3種類のつぶの大きさのちがう土(どろ，すな，小石)で，水のしみこみ方のちがいを調べましょう。

❸それぞれ同じ量の水を入れて，ペットボトルの上にたまった水がなくなるまでの時間をはかりましょう。

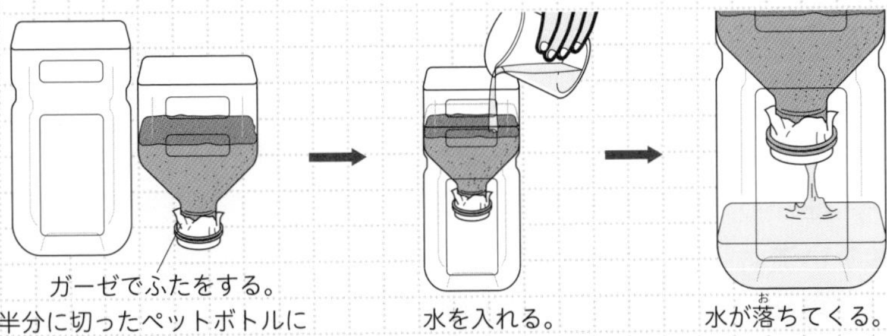

半分に切ったペットボトルに土を入れる。 → 水を入れる。 → 水が落ちてくる。

結果

▶ペットボトルの上にたまった水は，小石，すな，どろの順になくなります。

わかること

▶土のつぶの大きさによって水たまりのでき方がちがうのは，水のしみこみ方がちがうからです。

雨がふると，いつもとはちがうにおいがします。これは地面にたまったにおいのもとが，雨がふることで空気中に散らばるからです。

実験・観察 雨水の流れ方

雨水が高いところから低いところに流れるのを調べてみましょう。

❶ペットボトルを使って，しゃ面のかたむきを調べましょう。

❷しゃ面での，水の流れ方を観察しましょう。

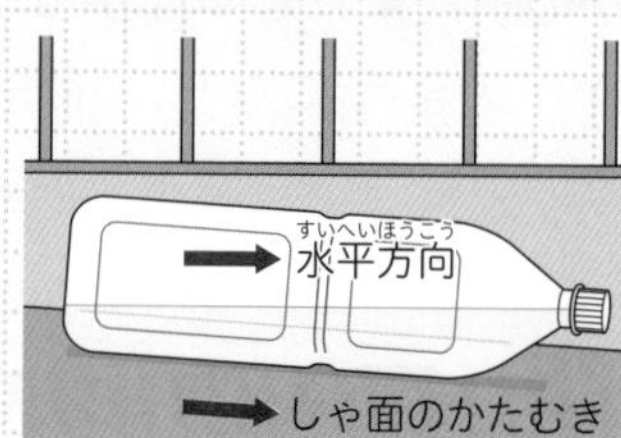

結果

▶水は，しゃ面のかたむきにそって流れます。

わかること

▶水は，高いところから低いところに流れます。

2 雨水の流れとはたらき

1 雨水の流れ

雨水の流れは，はやく流れているところと，おそく流れているところがあります。

①**はやい流れ**…かたむきの急なところや，曲がった流れの外側など。

②**おそい流れ**…かたむきのゆるやかなところや，曲がった流れの内側など。

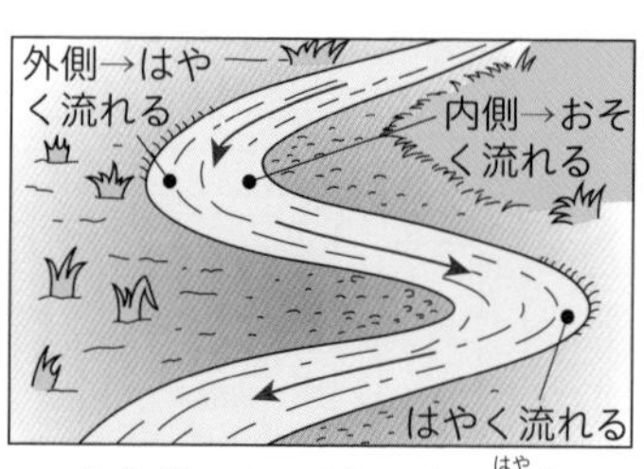

▲曲がっているところの速さ

2 雨水のはたらき

雨水の流れは，地面のようすを変えるはたらきがあります。

①はやい流れは，地面をけずったり，けずった土を運ぶはたらきがあります。

②おそい流れは，けずったり運んだりする力が弱くなり，運んできた土を積もらせるはたらきがあります。

雑学ハカセ

雨がふるかどうかは，こう水かくりつであらわされます。こう水かくりつ0%は，5%より低いことをあらわしているので，雨がふるときもあります。

実験・観察 流れる水のはたらき

雨水の流れるようすや地面のようすを調べてみましょう。

❶土で小山をつくり，雨をふらせるように水をかけ，土の流れ方や小山の形が変化するようすを調べましょう。

❷水の量を変えて実験しましょう。

❸水が流れたあとのみぞに水を流し，流れ方や地面のようすを調べましょう。

㋐すなや小石を流れの中に置き，水の量を変えて，流されるようすを調べましょう。

㋑みぞに小さく切った発ぽうポリスチレンやおがくずを流し，いろいろなところで，流れの速さを調べましょう。

㋒水の流れているときのみぞの底や岸のようすの変わり方を調べましょう。

結果

▶水の量を多くすると流れるみぞができ，土が多く運ばれます。

▶まっすぐな流れのところでは，みぞの真ん中はどろ，すな，小石が流されています。みぞのはし（岸）のほうでは，どろや小さなすなは流されていますが，小石は流されません。

▶曲がっているところでは，外側は流れがはやく，土がけずられます。内側は流れがおそく，どろやすなが積もります。

わかること

▶かたむきの急なところや，曲がった流れの外側などは，流れがはやいです。

▶かたむきのゆるやかなところや，曲がった流れの内側などは，流れがおそいです。

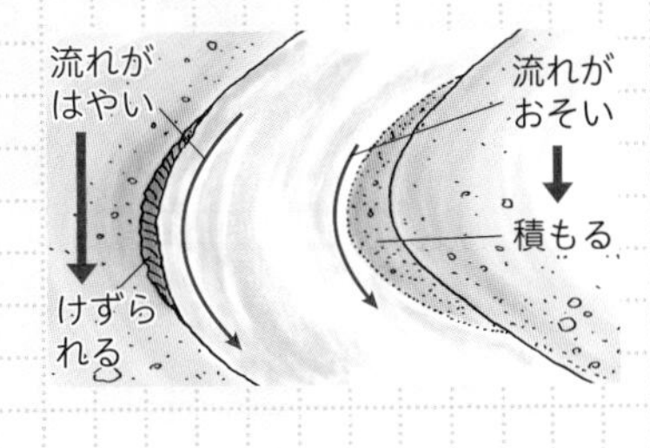

雨水は，土などをけずる，運ぶ，積もらせるはたらきがあります。これらのはたらきを，しん食，運ぱん，たい積といいます。

2 川の水のはたらき

1 雨で流れた水と同じように，川の水の流れる速さが，場所によって変わることを調べよう。
2 川の水のはたらきを調べよう。

1 川の流れのようす

実験・観察 川の流れのようす

川の流れのようすを調べてみましょう。

❶ガラスの水そうや下の図のようなそう置を使って，流れている水の中や川底のようすを観察しましょう。
❷水の流れる速さを，板をうかして調べましょう。
❸板の上に石，小石，すなをのせ，水の中へ入れて流され方をくらべましょう。

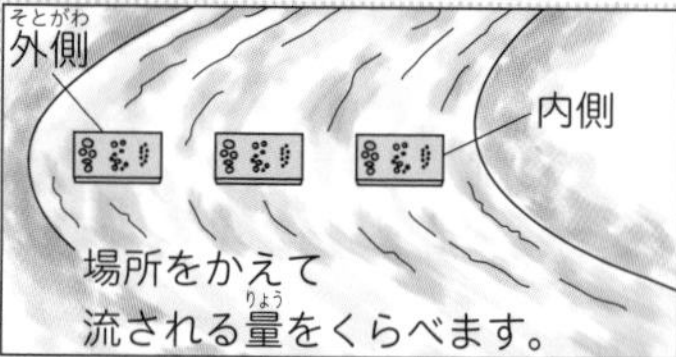

川の流れの急なところ，深いところには入らないようにしましょう。大雨のあともきけんなのでやめましょう。

雑学ハカセ わたしたちは，いろいろなところで水を使っています。よごれて生き物がすめないような川の水は，わたしたちにとっても使いにくい水なので，生き物がすめる川にしようとさまざまなとり組みがされています。

結果

- 流れのはやい中ほどの川底に，大きい石が積もっています。
- 流れのまっすぐなところでは，流れの中ほどのほうが，はしのほうよりも，板の流れ方がはやくなっています。

わかること

- 川の曲がっているところでは，外側のほうが内側にくらべて流れがはやく，川の深さも深くなります。
- 流れのはやいところでは，石や小石がたくさん流され，おそいところでは，あまり流されなくなります。

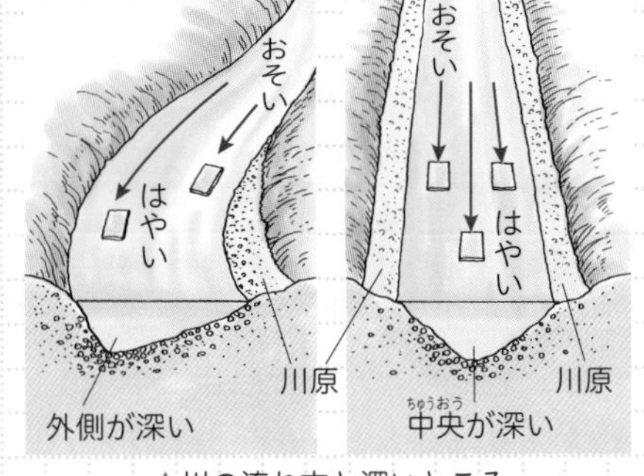

▲川の流れ方と深いところ

1 川の流れ

川には水の流れているところと，草などが生えている川原とがあります。まっすぐな川では，川原は川の両側にできています。もともとこの川原にも水が流れていたのですが，川の流れる道(流路)が変わって，川底が表に出てくると川原となります。

2 川原の変化

川原は，大雨で水がふえたときと雨がやんで水がへったときとでは，ずいぶんようすがかわっています。(大雨のときは川のそばへ行くのはきけんです。資料から学びましょう。)

①**大水が出たとき**…水かさがふえるため，川原として見えていたところにも水がきています。

②**大水のあと**…水がへったあとの川原には，いままでに見られなかった大きな石や流されてきた木が見られます。これらは大水のときに運ばれてきたものです。大水のときは，水の量も多く，水の流れもはやくなり，ものを運ぶはたらきが大きくなります。

岩にまるいあながあいているのを，おうけつとよんでいます。川底にある岩の小さなわれ目などに小石が入り，その小石が水のはたらきでいきおいよく回転して，あなを大きく深くしていったものです。

2 川の水のはたらき

雨水には，けずる(**しん食**)，運ぶ(**運ぱん**)，積もらせる(**たい積**)の3つのはたらきがあり，川の水にも，雨水と同じはたらきがあります。

実験・観察 川の上流，中流，下流のようす

215ページの実験とくらべながら，川のようすを調べてみましょう。

❶川の上流へ行って，川のようすを見ましょう。
❷川の曲がったところで，流れの内側と外側のようすを見ましょう。
❸大水のあと，川にがけが新しくできているか調べてみましょう。

▲川の上流のようす

川の流れが急なところや深いところには近づいてはいけません。

わかること

▶川の上流は，深い谷になっています。
▶川の曲がり角では内側は浅く，川原もできていますが，外側は深くなり，がけも見られます。
▶大水のあと水がへった川に行くと，川が深くなったり，曲がり角のがけがけずられて新しい土が見られたりします。

1 けずるはたらき(しん食)

①**水の量や速さとけずる力**…水の量が多い川ほど川底をけずる力が大きく，長い年月の間に深い谷ができます。また，川の水のけずるはたらきは，川の流れのはやい上流や曲がり角の外側で大きくなります。

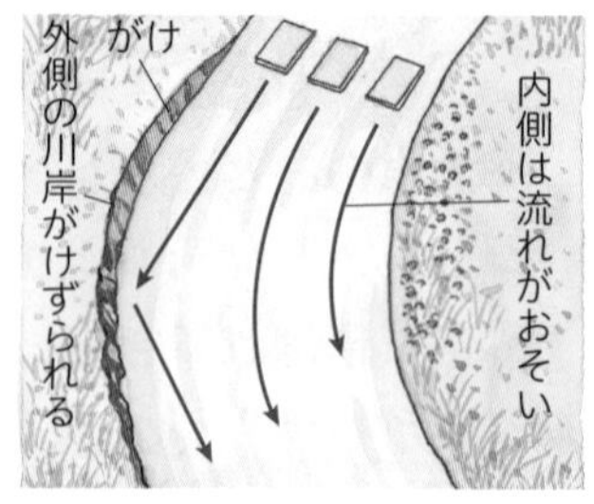

ダムは深い谷を利用して川の水をせきとめ，その水を発電や農業用水として使っています。また，一度に多くの水が川に流れないように調整もしています。

②**川の形の変化**…川の形は外側の川岸がけずられ，内側の川岸には土が積もっていくため，だんだん曲がりくねった形になります。

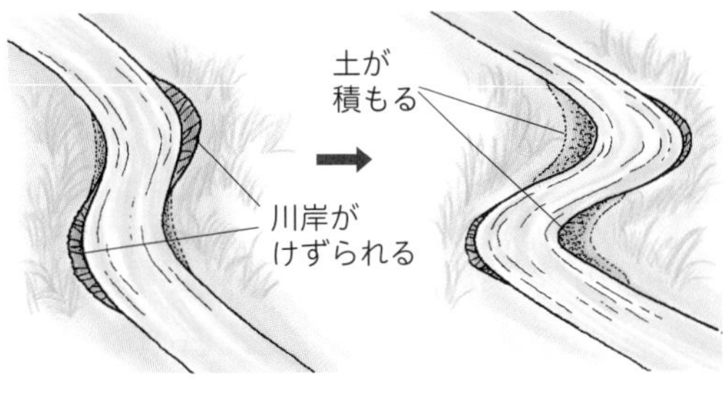

2 運ぶはたらき（運ぱん）

①**水の量と運ぶ力**…大水のときなど，水の量がふえると運ぶ力が大きくなります。川原に大きな石や木などが見られるのは水の量がふえ，運ぶ力が大きくなったために上流にあったものが運ばれてきたからです。

②**水の速さと運ぶ力**…山の中を流れる川は急流となっていて，上流から中流の流れのはやいところで，上流の石を中流や下流へと運ぶ力があります。

3 積もらせるはたらき（たい積）

水によって運ばれてきた軽く小さな石やすなやどろは，流れのおそい河口に運ばれて積もり，広い川原をつくります。

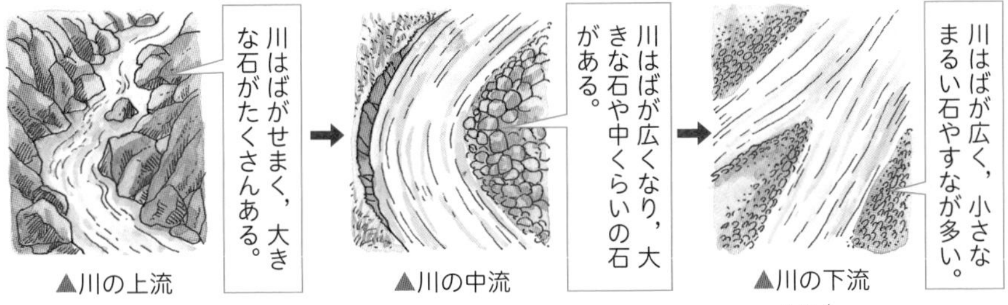

▲川の上流　▲川の中流　▲川の下流

①**せんじょう地**…山と山の間を流れてきた川が急に平地に出るところは，土地のかたむきがゆるくなり，川はばも広くなります。このため流れがおそくなり，運んできた多くの土やすなを積もらせ，おうぎ形をした土地（**せんじょう地**）ができます。

②**三角州**…川が海に流れこむところでは，流れが急にゆるやかになり，運んできた石やすなを多く積もらせ，三角の形をした土地（**三角州**）ができます。

水ははやく流れるほど力も強くなります。流れる速さが 2 倍になると運ぶ力は 64 倍に，流れる速さが 3 倍になると運ぶ力は 729 倍にもなります。

8つのミッション！④

川の水のはたらきは，けずる(しん食)，運ぶ(運ぱん)，積もらせる(たい積)の3つのはたらきがあることを学びました。では，実さいの川に行って，上流，中流，下流で，石の形や大きさはどうなっているのか調べてみましょう。

ミッション

川の上流，中流，下流で，石の形や大きさがどのように変わるのかくらべてみよう！

調べ方(例)

ステップ1　調べる川を決めよう！

- 調べる川の本流，し流について，地図でかくにんしよう。
- 電車の駅名や，バスのていりゅう所を調べよう。
- 時こく表やその日の天気をしっかり調べよう。

ステップ2　観察する地点を決めよう！

- 調べる川の上流，中流，下流について地図でかくにんしよう。

ステップ3　石の形や大きさを予想しよう！

- 川の水のはたらきを考えながら，石の形や大きさを予想しよう。

ステップ4　川原に行って，石を集めよう！

- 集めた石やまわりの地形を，写真にとったり，スケッチしたりして記録しよう。
- 観察して気づいたことを書いておこう。
- 観察したことをもとに，自分で考えたことをまとめてみよう。

解答例 374ページ

エネルギー

かさを開くと風の力が強くなる？

学校の帰り道

今日は風が強いねー

台風がきてるらしいよ

ビュゥゥ

ビュゥ

ガサ ガサッ

見て見て！ものが飛ぶくらい風が強いんだね

ぼうしがあったら飛ばされていたわね

ザー

あ！

雨がふってきた～！！

とりあえずかさを…

って何してるの！？

バサァ

あ～れ～

あぶないよ！

かさを開いたら急に風を強く感じたよ！

ブーン

あなたたち乗っていく～？

助かった～!!

かさを開いたらすごい力で
ぎゃく向きになっちゃった！
ええ〜!!
かさを開くと面積が
広くなるから，より
大きな力を受けたのね
とじたかさ
開いたかさ
風が強くてもこわれない
かさがあったらいいのにな
風の力を受け
ないように
できるかな？
ひらめいた!!
お，
じゃーん!!
あなあきかさ〜！
これで風がふいても
へっちゃらだ！
でも雨に
ぬれちゃうよ？
スー
おしいわね〜

1 ものの動き方

3年

学ぶことがら
1 風のはたらきとものの動き方
2 ゴムのはたらきとものの動き方

1 風のはたらきとものの動き方

ヨットは風を受けて海を進みます。風を受けて走る車をつくって，強い風や弱い風をあてたとき，車の走り方はどのように変わるのでしょうか。

1 風のはたらき

実験・観察　**風を受けて走る車**

風を受けて走る車をつくって，走らせてみましょう。

❶風を受けて走る車を右の図のようにつくりましょう。
❷ほをつけなかったり，つけたり，ほの大きさやつけ方を変えて送風機から風をあて，車の動くようすをくらべてみましょう。

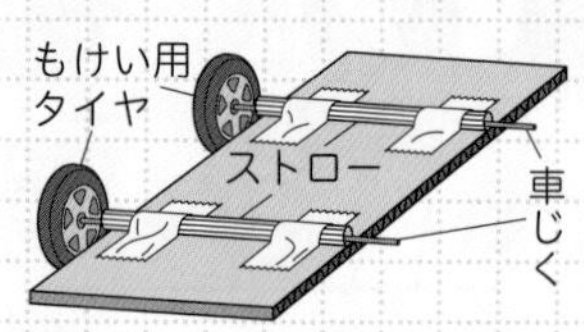

だんボールにストローをつけて車じくを入れ，もけい用タイヤをつけます。
▲車のつくり方

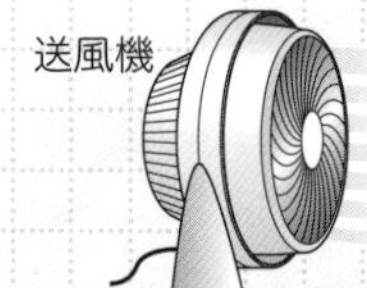

スタートラインに車を置いてからスイッチを入れ，風をあてます。

スタートライン

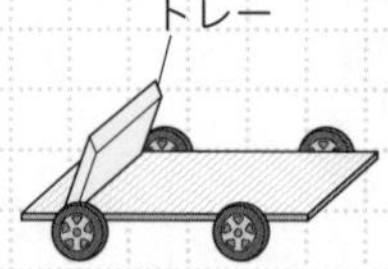

ほは，プラスチックトレーのような軽いものでつくりましょう。また，送風機に手を入れないようにしましょう。

陸上競ぎには追い風参考記録というものがあります。追い風を受けるとよい記録が出やすいので，秒速 2.0 m をこえる追い風がふいていると参考記録となります。

結果

車の種類	何もつけない	小さなトレー	大きなトレー	ななめにつけたトレー
動いたきょり	ほとんど動かない。	136 cm	215 cm	110 cm

※３回くり返した最大ち

わかること

- 風のはたらきによって車が動きます。
- ほが大きく，**広く風を受けられる**と，車はよりよく動きます。
- ほが**風を正面から受けられない**と，車は動きにくくなります。

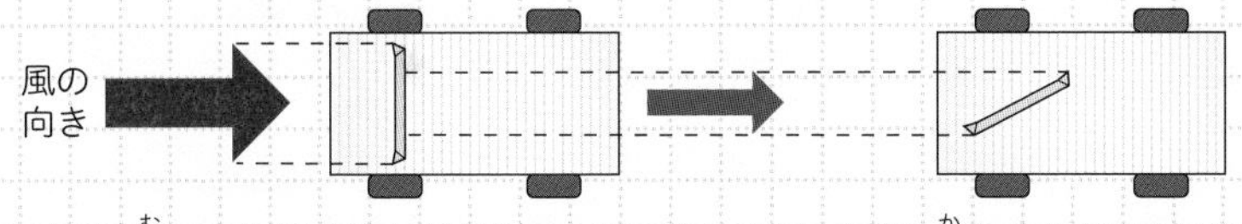

ほの向きによって，風があたる面の広さが変わります。

2 風の強さとものの動くようす

実験・観察 風の強さと車の動き方

風の強さを調節して，ものの動くようすを調べてみましょう。

プラスチックトレーをほにした車に風をあて，風の強さを変えたときの車の動くようすを調べてみましょう。

結果

風の強さ	弱	強
ようす	ゆっくりと少し動いた。	はやく，長いきょりを動いた。

わかること

- **風が強い**ほど，車ははやく，長いきょりを動くようになります。

ヨットのように，ほをはって風を利用して進む船のことを，はんせんや，ほかけぶねとよびます。

2 ゴムのはたらきとものの動き方

ゴムはのばしたりまいたりすると，もとにもどろうとします。ゴムのはたらきで走る車をつくって，ゴムののばし方や本数，まき数を変えたとき，車の走り方はどう変わるのでしょうか。

1 ゴムをのばしたとき

実験・観察 ゴムの力で動く車

ゴムののばす長さや本数を変えて，ものを動かしてみましょう。

❶輪ゴムをとりつけた車に力を加えて，ゴムをのばす長さを 2 cm，4 cm，6 cm と変えて引き，車の走るようすを調べてみましょう。

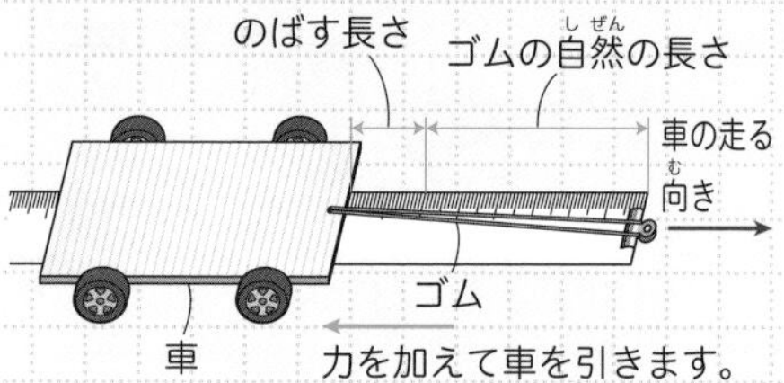

❷とりつける輪ゴムの本数を 1 本，2 本，3 本と変えて車の走るようすを調べてみましょう。

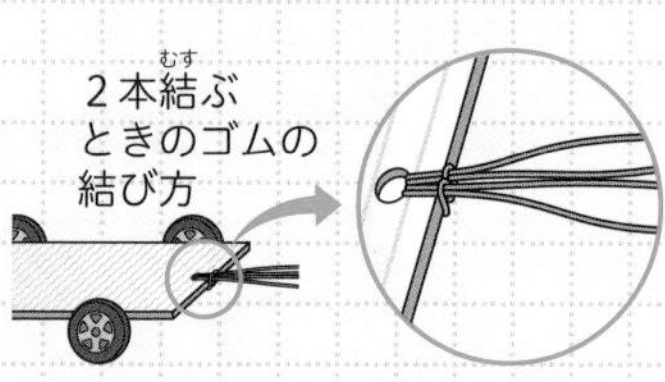

結果

ゴムをのばす長さによるちがい

のばす長さ	2 cm	4 cm	6 cm
動いたきょり（ようす）	36 cm	95 cm（2 cm よりはやい）	150 cm（4 cm よりはやい）

※ 3 回くり返した最大ち

ゴムの本数によるちがい（ゴムをのばす長さは 3 cm）

本数	1 本	2 本	3 本
動いたきょり（ようす）	69 cm	156 cm（1 本よりはやい）	228 cm（2 本よりはやい）

※ 3 回くり返した最大ち

この実験を行うときは，ゴムをのばす長さや，ゴムの本数以外は変えないようにしましょう。なぜその結果になったのかが，わかりにくくなります。

わかること

- のばした輪(わ)ゴムが**もとにもどろうとする力**で，車が動(うご)きます。
- 輪ゴムを**より長くのばす**と，もとにもどろうとする力が大きくなり，車はよりはやく，長いきょりを動きます。
- 輪ゴムの**本数をふやす**と，車はよりはやく，長いきょりを動きます。

2 ゴムをまいたとき

実験・観察 ゴムのまき数と車の動き方

ゴムのまき数を変(か)えて，ものの動くようすを調(しら)べてみましょう。

❶右の図のように，プロペラで動く車をつくります。

❷輪ゴムをまく回数を，50回，100回，150回と変えて，プロペラの回り方や，車の走るようすを調べてみましょう。

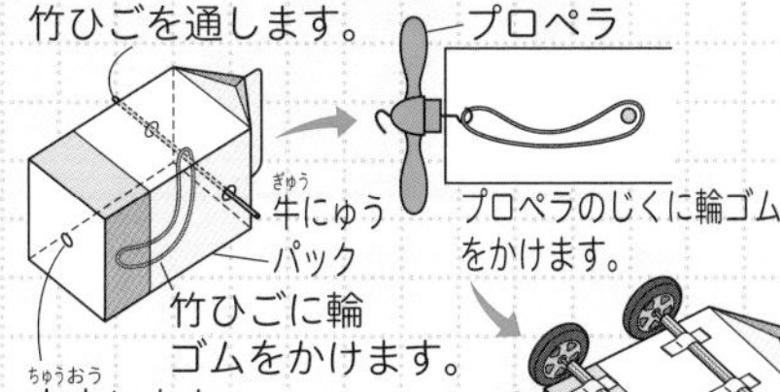

結果

ゴムをまく回数	50回	100回	150回
プロペラと車のようす	ゴムのねじれがもとにもどって，プロペラが回る。	50回まきよりプロペラがはやく回り，車も走る。	100回まきよりさらにはやく回り，車も走る。

わかること

- 輪ゴムの**ねじれがもどろうとする力**で，プロペラが回り，車が動きます。
- 輪ゴムを**まく回数を多く**したほうが，車ははやく，長いきょりを動きます。

雑学ハカセ

ゴムは，もともとゴムノキとよばれる種類(しゅるい)のじゅ木からとれる，じゅえきからつくられていましたが，いまでは化学的(かがくてき)につくられる合成(ごうせい)ゴムも多くなっています。また，みなさんが口にするチューインガムにも，ゴムノキのじゅえきが使(つか)われています。

第3章 エネルギー
1 ものの動き方
2 光の進み方
3 音の伝わり方
4 じしゃくのせいしつ
5 電気の通り道
6 電池のはたらき

はね返(かえ)される光と あたたかい光

いい天気だね！

どこに行こっか！

うわ！まぶしい！

あのビル，鏡(かがみ)みたいになってるね

右には太陽(たいよう)が，左には反(はん)しゃされた太陽が…！！

目がチカチカする

まあまあ…

そうなのよ～

そういえば先生がこの道は苦手(にがて)って言ってたな

先生が？

太陽がたくさんあって日焼(ひや)けしちゃうのよ～

なるほど

たしかに

反しゃした光にあたると熱(あつ)さを感(かん)じるよね

うんうん

雪は太陽の光を反しゃするから日焼けしやすいらしいよ

冬の雪山でも暑くてあせをかくこともあるね！

反しゃされた光でも，もとの太陽の光と同じようなせいしつがありそうだね

鏡を使った実験で調べてみない？

すごい!!

ピカッ

じゅんびするから待ってて！

ペタペタ

？

じゅんびオッケ〜！

ばっちり

日焼けどめ

ぬりすぎて顔が真っ白になってるわよ！

キャア

2 光の進み方

3年

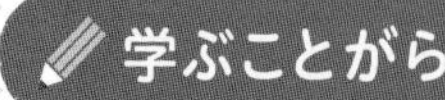

1 光のせいしつ
2 虫めがねといろいろな光

1 光のせいしつ

ここで学習すること

1. 鏡(かがみ)ではね返(かえ)された光の進(すす)み方を調(しら)べよう。
2. ふく数の鏡を使(つか)って光を重(かさ)ね合わせたとき，どのようになるか調べよう。

1 はね返された日光のようす

実験・観察 鏡ではね返された日光のようす

鏡ではね返された日光のようすを調べてみましょう。

❶鏡で日光をはね返し，日かげのかべにうつしましょう。
❷鏡の動(うご)かし方によって，はね返された日光がどのように動くか調べましょう。

注意 はね返した日光を人の顔にあてないようにしましょう。

わかること

▶太陽(たいよう)のある方向(ほうこう)に鏡を向(む)けると日光をはね返し，かべにうつすことができます。
▶鏡を上下左右に動かすと，かべにうつした光も上下左右に動きます。

ものには，光を鏡のようにはね返すものと，そうでないものがあります。光をはね返すものは，表面(ひょうめん)がつるつるしていて，鏡のようにすがたがうつります。

2 光の進み方

鏡を使うと日光をはね返すことができました。では，鏡ではね返された光はどのように進むのか調べてみましょう。

実験・観察 はね返された光の進み方

はね返された光の道すじを調べてみましょう。

❶日かげなどの光の道すじが見えやすいところに，鏡で光をはね返しましょう。

❷はね返した光の道すじが地面にうつるようにし，光がどのように進むか調べましょう。

光の道すじが見つけにくいときは，鏡を少し下向きにして，地面の近くを照らしてみるとわかりやすいよ。

結果

▶鏡ではね返された光は，まっすぐな光の道すじをつくります。

わかること

▶はね返された光はまっすぐに進みます。

1 光の直進

光は鏡ではね返される前もあともまっすぐに進みます。これを**光の直進**といいます。

船の事こなどをふせぎ，海の安全をまもっている灯台は，光の直進のせいしつを利用しています。

昼間の暗い竹やぶや林の中では，そのすきまから日光が矢のように入ってくるのが見られます。これも光の直進によるものです。

光のはね返りと進む向き

鏡ではね返された光を別の鏡ではね返してみましょう。

❶下の図のように，いくつかの鏡を使って，遠くにあるぬいぐるみまで光をあてましょう。

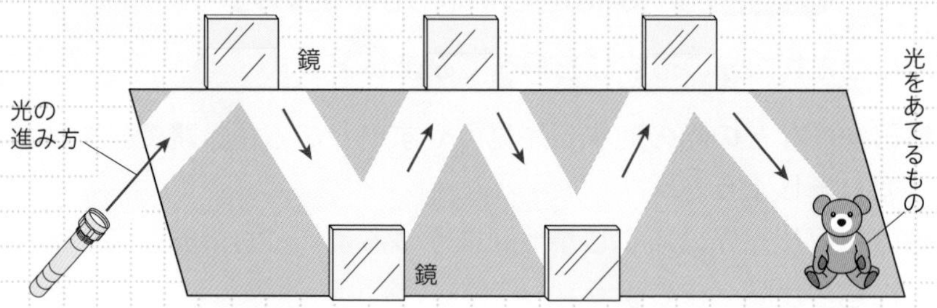

❷間についたてを置いたじょうたいで，鏡を通して，ぬいぐるみを見ることができるか観察しましょう。

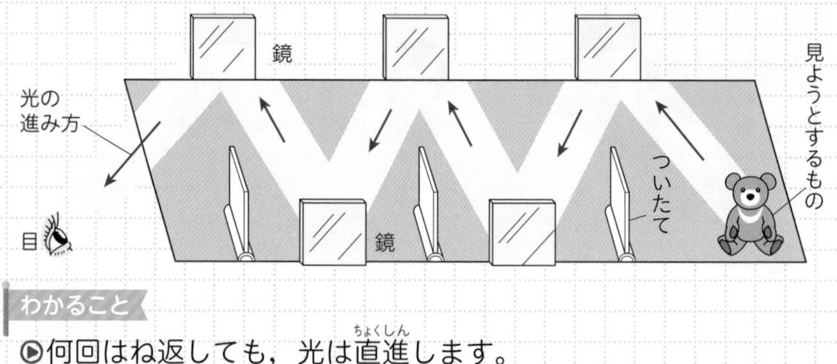

わかること

▶何回はね返しても，光は直進します。

2 光がはね返るとき

光が鏡などではね返されるときには，進む向きは変わりますが，はね返る角度がとちゅうでまるくなることはありません。

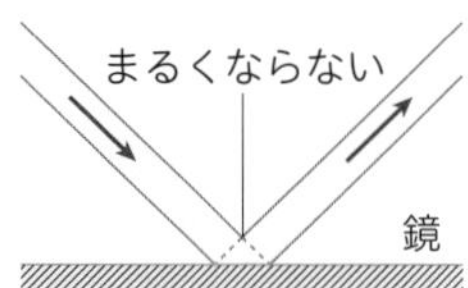

▲光がはね返るとき

3 ものの見え方

直せつものを見ることができないときでも，鏡を利用することで見ることができます。これは光の直進するせいしつと光が鏡にはね返されるせいしつを利用したものです。

光のはね返りを利用したものに，万げ鏡があります。つつの内側を鏡でかこうことで，中に入れたものを光のはね返りできれいなもようとして見ることができます。

中学入試にフォーカス 光の反しゃのしかた

①**光がはね返されるときのきまり**…光が鏡などのものにあたってはね返ることを**光の反しゃ**といいます。また，反しゃする前の光を**入しゃ光**，反しゃしたあとの光を**反しゃ光**といいます。下の図のように左からきた光は右に，ぎゃくに右からきた光は左に反しゃします。なお，鏡の正面からきた光は正面にはね返ります。

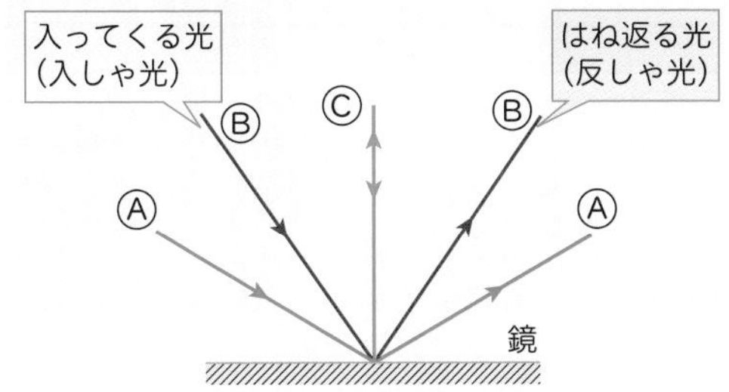

②**鏡で光がはね返されるとき**…下の図のように，鏡にすい直な線と入しゃ光がつくる角㋐と，反しゃ光がつくる角㋑の２つの角度は同じになります。このとき，角㋐を**入しゃ角**，角㋑を**反しゃ角**といい，入しゃ角と反しゃ角が等しくなることを**反しゃの法そく**といいます。鏡以外のものでも，光をはね返すときにはこの法そくにしたがい，入しゃ角と反しゃ角はつねに等しくなります。

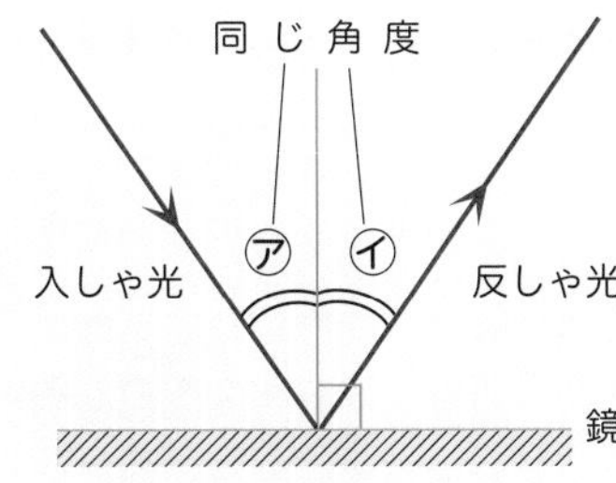

230ページの実験でも，この反しゃの法そくにしたがって，鏡ではね返された日光が動いていたんだね。

ものが見えるのは，ものに光があたり，その光が反しゃして目に入るからです。例えば，赤い花は赤い光を反しゃするので赤く見えます。黒いものは光をあまり反しゃしないので黒く見えます。

③**鏡にうつる像**…鏡を見ると，鏡で反しゃされたもののすがたを見ることができます。この鏡にうつったものを**像**といいます。もとのものと像は，鏡にたいして反対の位置にあるため，像から光が直進してきているように見えます。鏡にうつった像は左右がぎゃく向きになったように見えますが，その像をさらに別の鏡で反しゃさせると，もとのものと同じ向きに見えます。

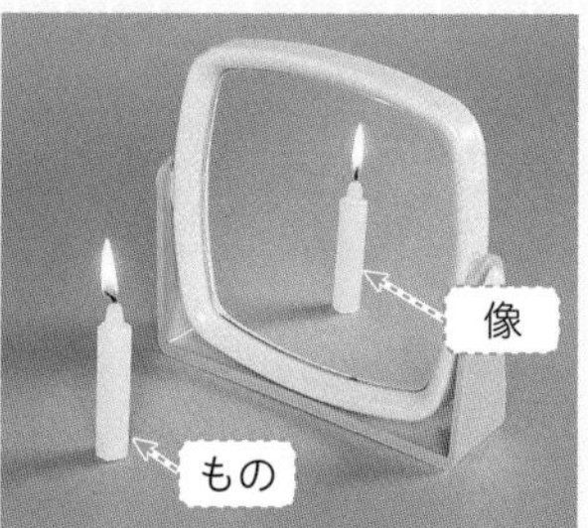

▲鏡にうつる像

④**でこぼこな面ではね返されるとき**…でこぼこした面に光があたると，光はいろいろな方向に反しゃします。これを**らん反しゃ**といいます。らん反しゃのように，光がさまざまな方向に反しゃする場合でも，光は反しゃの法そくにしたがっています。ほとんどのものの表面はでこぼこしているため，光はらん反しゃし，どの方向からでも見ることができます。紙など平らに見えるものも，鏡のように像をうつさないので，でこぼこした表面でらん反しゃがおこっているといえます。

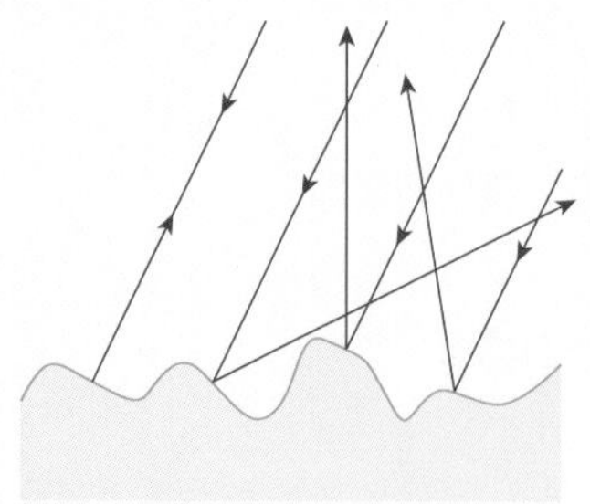

光が海面でらん反しゃしているため，海がかがやいて見えます。

▲らん反しゃ

青や緑などの色がついた石けんでも，あわは白っぽく見えます。これもらん反しゃによっておこるげんしょうです。

3 光の明るさと温度

実験・観察 はね返された日光の明るさと温度

鏡ではね返された日光の明るさと温度を調べてみましょう。

❶鏡を１まい，２まい，３まいとふやしていき，はね返した日光を１か所に集めて明るさをくらべましょう。

❷鏡を１まい使って，日光をはね返してあてたところの温度を調べましょう。

❸❶と同じように鏡のまい数をふやしながら，日光をはね返してあてたところの温度をそれぞれ調べましょう。

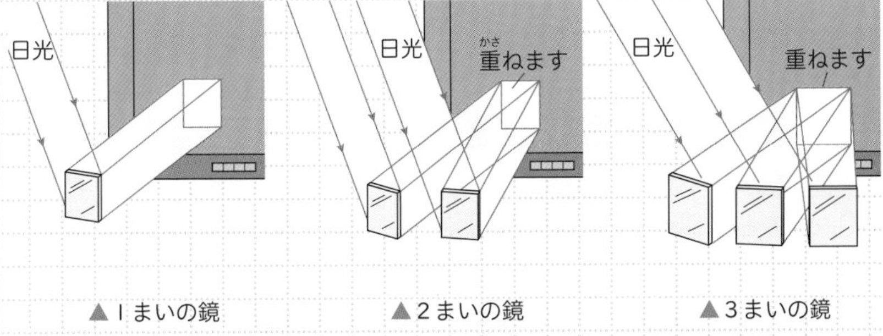

▲１まいの鏡　▲２まいの鏡　▲３まいの鏡

・はね返した日光を人の顔にあてないようにしましょう。
・温度計をわらないよう，ていねいにあつかいましょう。

結果

▶鏡が１まいのときよりも２まいで日光を集めたときのほうが明るくなり，２まいよりも３まいのほうが明るくなります。

▶鏡が１まいのときよりも２まいで日光を集めたときのほうが温度が高くなり，２まいよりも３まいのほうが温度が高くなります。

わかること

▶鏡のまい数をふやしていくと，明るさはより明るくなり，温度はより高くなります。

ビルなどの日かげになってしまった部分を明るく照らすために，屋根に大きな鏡を置いてあるところもあります。

実験・観察 いろいろなもののあたたまり方

いろいろなものに日光をあてて，あたたまり方のちがいを調べてみましょう。

❶いろいろなものを黒くぬって，あたたまり方のちがいを調べましょう。

①ガラス，鉄の板，ぬの，紙をそれぞれ２まいずつ用意し，一方を黒くぬりましょう。

②右の図のようにして 30 分間ぐらい日なたに置いたあと，手でさわってあたたかさをくらべましょう。

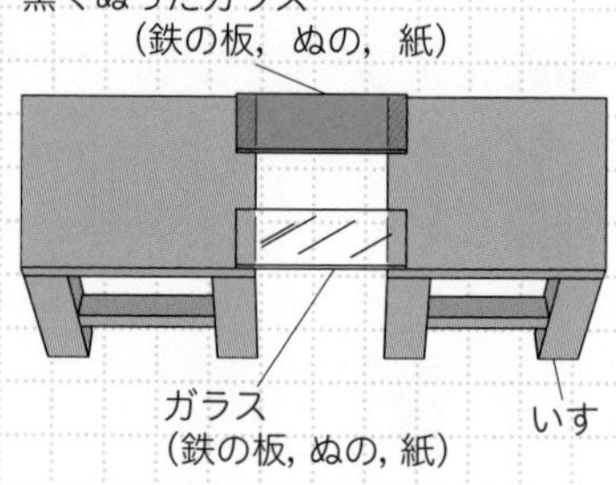

❷ちがう色のぬのをまいたときの，あたたまり方のちがいを調べましょう。

①とう明なコップ３つに同じ温度，同じ量の水を入れ，１つのコップには黒いぬのを，もう１つのコップには白いぬのをまき，３つとも日なたに置いておきます。

② 20 分後，それぞれの水の温度をはかりましょう。

わかること

▶ガラスのように光を通すものや，鉄の板のように光をはね返すものはあたたまりにくいです。

▶同じものでも，白っぽいものよりも黒っぽいもののほうがあたたまりやすいです。

▶同じ水であっても，まくものが白っぽいものより黒っぽいもののほうがあたたまりやすいです。

日光を反しゃしている鏡にさわってもあたたかさを感じません。これは，鏡が日光のエネルギーのほとんどを反しゃし，エネルギー（あたたかさ）が残らないからです。

4 鏡で日光を集める

鏡で日光を集めてものにあてるとそのものの温度が高くなります。多くの鏡を使って日光を集め，太陽熱発電として利用する実験が世界各国で行われ，実さいに太陽の熱から発電した電気が使われています。

太陽熱発電とは，日光の熱を用いて 250℃以上の水じょう気をつくり，その水じょう気でタービンを回して発電する方法です。

実験・観察 日光で水をあたためる

鏡を使って集めた日光で，水をあたためてみましょう。

❶鏡で光をはね返し，日かげに置いた水をあたためてみましょう。

❷鏡のまい数をふやしたり，水にぼくじゅうを入れて黒くしたり，うしろに光をはね返すものを置いたりして，水のあたたまり方をくらべてみましょう。

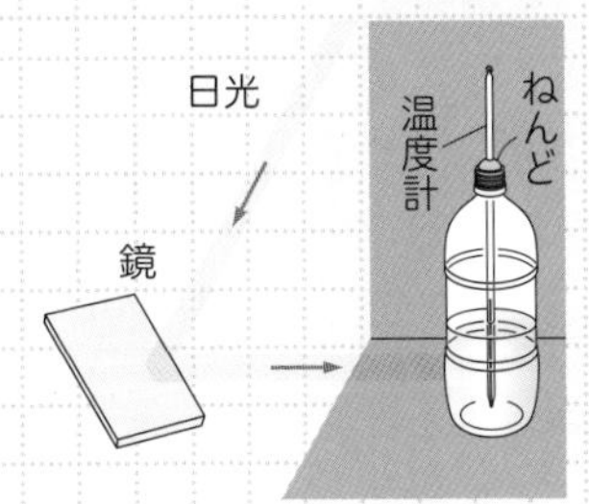

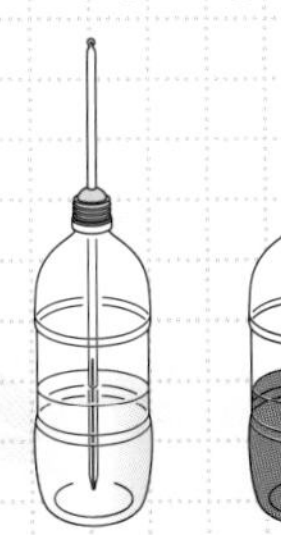

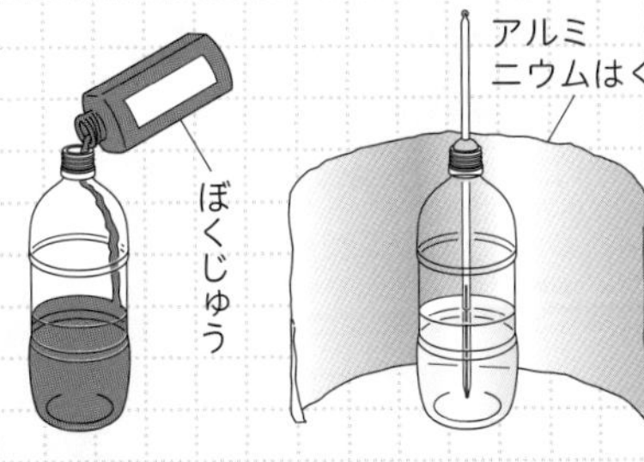

わかること

▶鏡ではね返した日光で，水をあたためることができます。

▶鏡をたくさん使って日光を集めると，1まいのときよりも明るくなり，水の温度もはやく高くなります。

▶水の色を黒くしたり，光を反しゃするもの(アルミニウムはくなど)をうしろに置いたりすると，はやく温度が上がります。

太陽光発電でつくられる電気は，地球かんきょうにやさしいクリーンエネルギーです。発電するためのソーラーパネルは，日光がよくあたる建物の屋根などに置かれています。

2 虫めがねといろいろな光

虫めがねを使って光を集め，明るさや温度がどのようになるか調べてみましょう。

1 虫めがね

植物やこん虫などを観察するときに使った虫めがねは，光を集めることもできる道具です。虫めがねを使って日光を集めると，鏡と同じように明るくしたり，温度を上げることができるでしょうか。

実験・観察 虫めがねで日光を集める

虫めがねを使って日光を集めてみましょう。

❶紙の面を太陽に向けて持ち，虫めがねが太陽と紙の間にくるようにしましょう。

❷虫めがねを紙から遠ざけたり近づけたりして，集めた太陽の光がどうなるのか調べましょう。

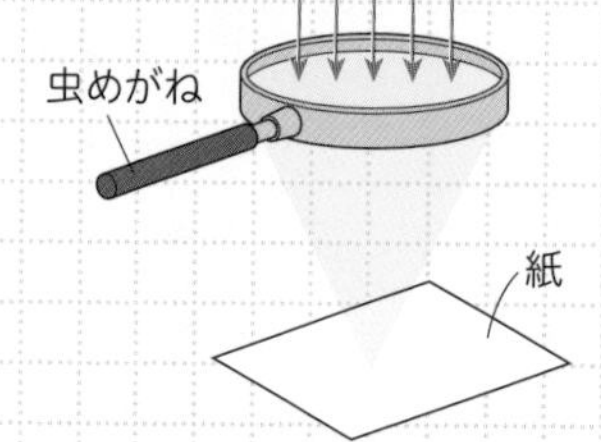

けむりが出たら光をあてるのをやめましょう。

注意

- **光を集めるととてもあつくなるので，人などに向けてあててはいけません。**
- **目をいためるので，虫めがねを使って太陽を直せつ見てはいけません。**

虫めがねは中央部分があつくなっているとつレンズというレンズを使っています。とつレンズは，カメラ，けんび鏡，望遠鏡などに利用されています。

結果

▶虫めがねを紙から遠ざけると光のまるい部分は小さくなり，より明るくなります。

▶虫めがねで光を小さく集めると紙がこげます。

わかること

▶虫めがねで光を集めると，鏡のときと同じように明るくあたたかくなります。

1 虫めがねを通った日光の進み方

虫めがねを通った日光は内側に曲がり，下の図のⓤのところで１点に集まります。

2 虫めがねからのきょりと明るさや温度

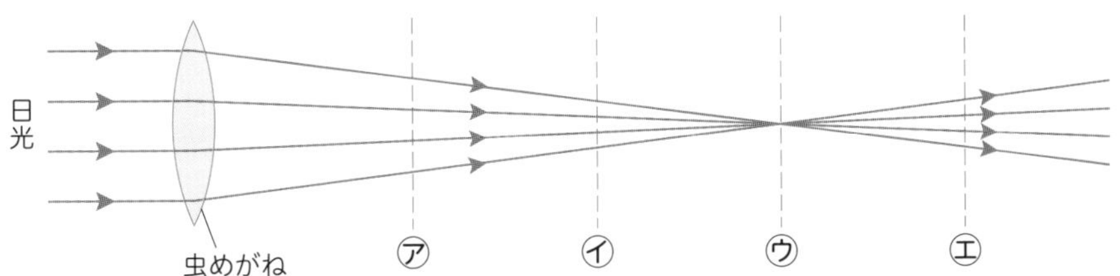

①上の図の㋐～㋓に紙を置いて光をうつすと，下の図のようになります。

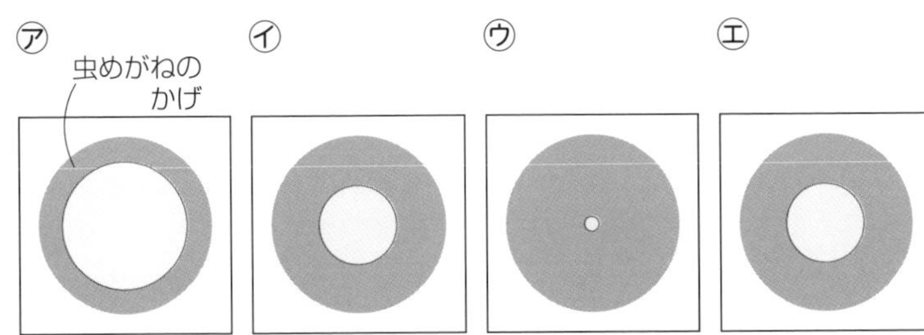

②紙が㋐から㋒に近づくにつれて，光はよりせまいところに集められるので，明るくなり，温度も高くなります。㋒をすぎるとだんだん暗くなり，温度も低くなります。

③紙をこがすときは，㋒のときが最もはやくこげます。

同じものなら色が黒いほうが日光をあてると温度が上がりやすいです。紙に虫めがねで集めた光をあてるとき，光があたる場所が黒いとはやくこげるので注意しましょう。

中学入試にフォーカス 光の進み方ととつレンズ

●光の進み方

①**光のくっ折**…光は，鏡ではね返されたり，虫めがねで集められたりしますが，空気とガラスのようにちがった２つのものを通りぬけるときに，そのさかい目で進む向きが変わるというせいしつがあります。光が空気からガラスのようなしつのちがうものにななめに入ると，下の図のように折れ曲がって進みます。

　このように光が折れ曲がることを**光のくっ折**といいます。くっ折した光を**くっ折光**といい，さかいの面にすい直な線とくっ折光との間にできる角を**くっ折角**といいます。

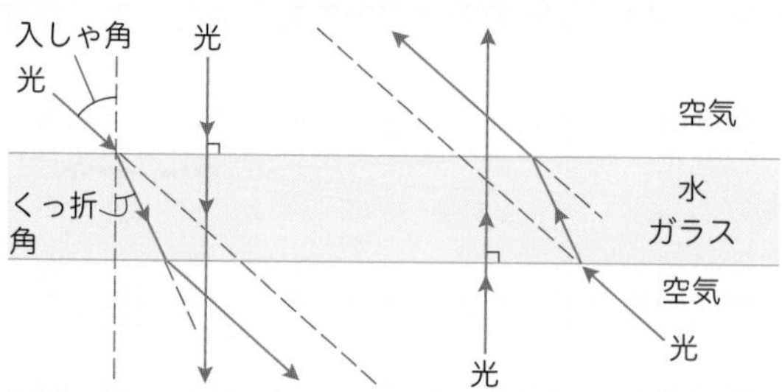

②**全反しゃ**…ガラスから空気中に出る光の入しゃ角を大きくすると，くっ折角も大きくなっていきます。あるていど大きくなると光は空気中に出ずに，さかいの面ですべて反しゃします。

　このげんしょうを**全反しゃ**といいます。全反しゃは，インターネットなどで使われる光ファイバーなどに利用されています。

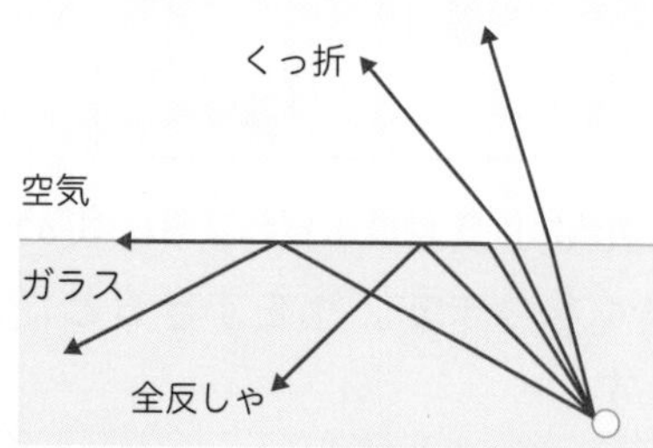

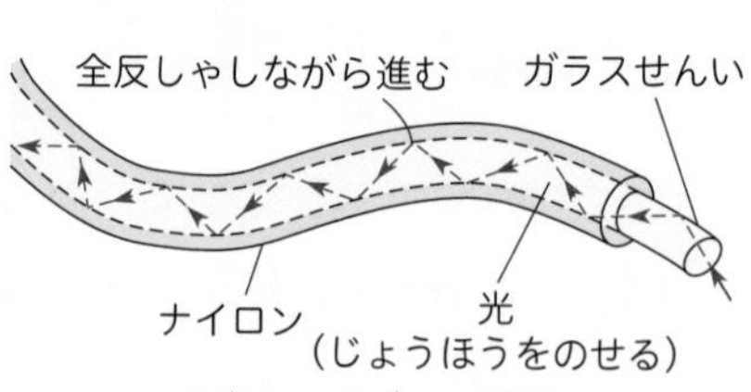

▲光ファイバーの原理

雑学ハカセ

光ファイバーケーブルは光通信などに使われています。光ファイバーケーブルの中にじょうほうをもった光が入ると，ケーブルの中を全反しゃしながら進みます。

●とつレンズ

①**とつレンズのせいしつ**…とつレンズのじくに平行な光は，とつレンズを通ると１つの点に集まります。この点を**しょう点**といいます。また，レンズの中心からしょう点までのきょりを**しょう点きょり**といいます。

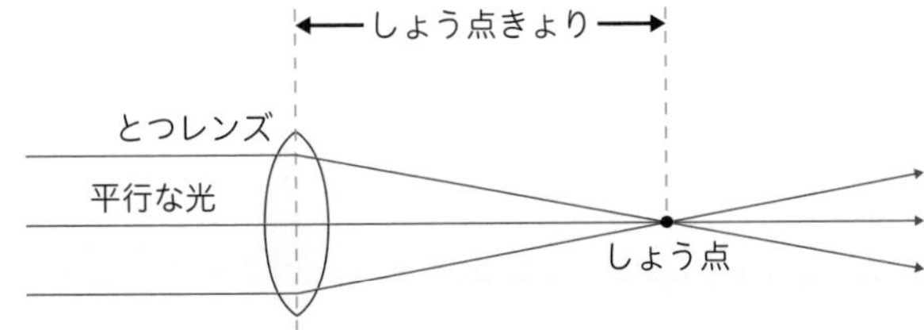

②**とつレンズを通る光の道すじ**…光は，とつレンズへの入り方によって進み方が変わります。

・じくに平行に入った光は，とつレンズを通ったあと向きを変えて，しょう点を通ります。

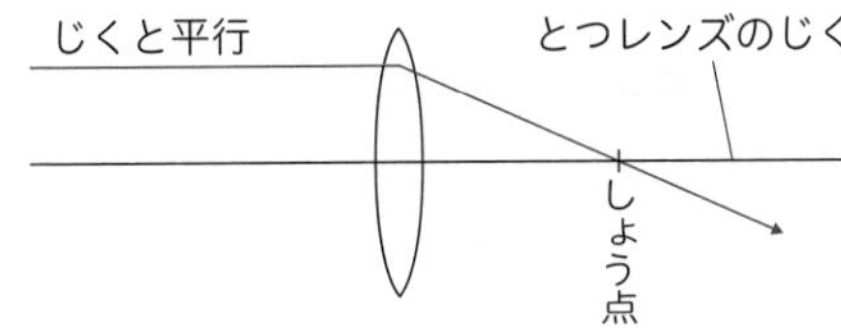

・とつレンズの中心を通る光は，向きを変えずに直進します。

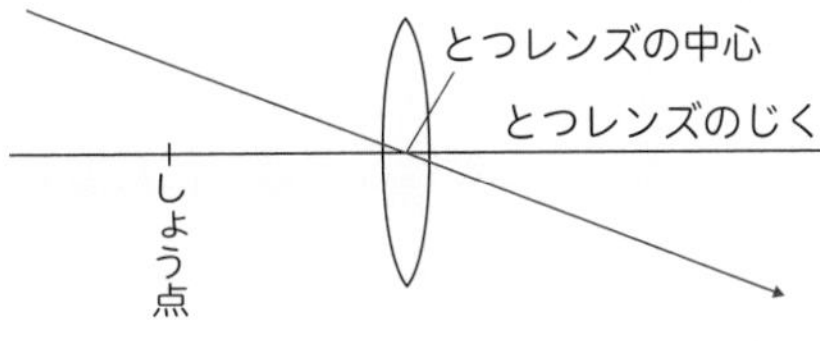

・しょう点を通ってから入った光は，とつレンズを通ったあと向きを変えて，じくに平行に進みます。

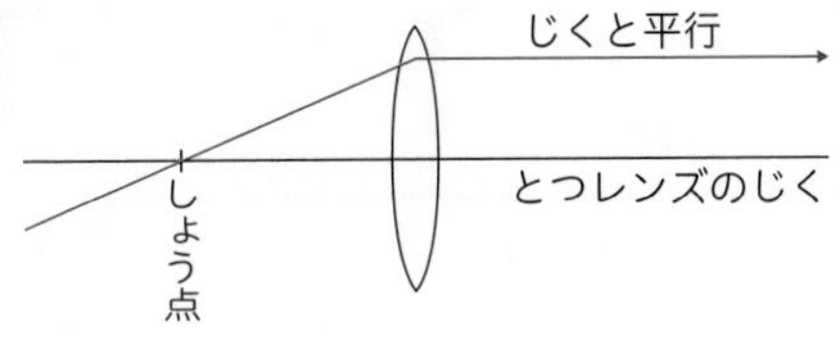

レンズマメという豆があります。形がこの豆ににていたことからとつレンズという名まえになったともいわれています。

3 虫めがねのレンズと明るさや温度

①**レンズのあつさのちがい**…虫めがねのレンズのあつさがちがうと，しょう点きょりが変わります。レンズのあつさがちがってもレンズの大きさが同じときは，通りぬける日光の量は同じになります。集まる日光の量も同じになるので，明るい部分の大きさを同じにすると，明るさや温度は同じになります。

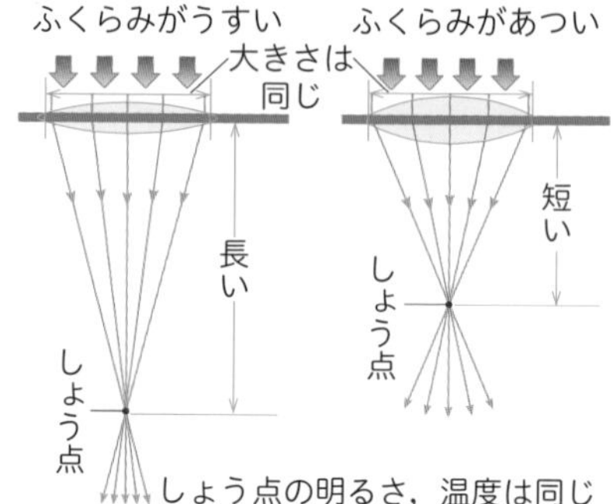

②**レンズの数のちがい**…同じ大きさの虫めがねを１つ使ったときと，２つ重ねて使ったときとでは，しょう点きょりが変わります。しかし，通りぬける日光の量は同じなので，明るい部分の大きさを同じにすると明るさや温度は同じになります。

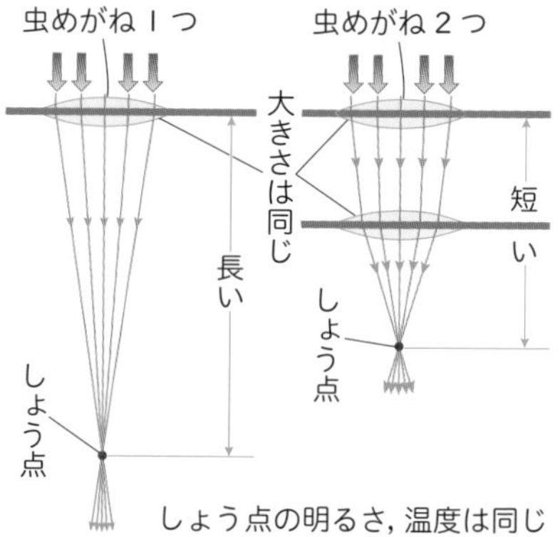

③**レンズの大きさのちがい**…虫めがねの一部を紙でおおうと，通りぬける日光の量がちがうため，明るさや温度は変わりますが，レンズのあつさが同じならしょう点きょりは変わりません。

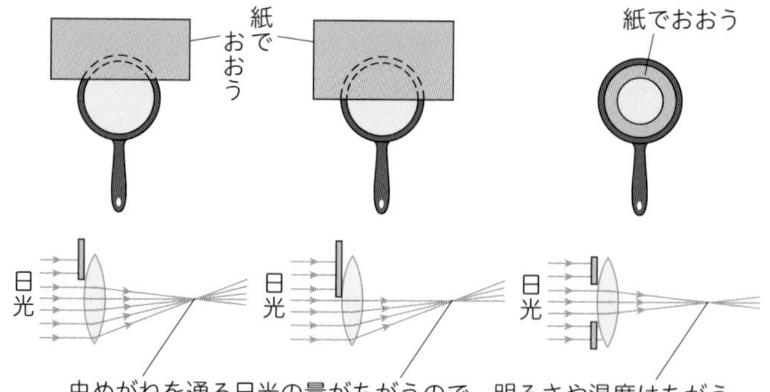

人の目にもとつレンズと同じようなしくみがあります。レンズのあつさを変えてしょう点きょりを調整することで，いろいろなきょりのものを見ることができます。

4 その他のレンズ

とつレンズとは反対に，中央部分がうすくなっているレンズのことを**おうレンズ**といいます。とつレンズが光を１つの点に集めていたのにたいして，おうレンズには，光をまわりに散らばらせるはたらきがあります。

2 いろいろな光

1 光を出しているもの（光げん）からのきょりと明るさ

①**電灯の光と明るさ**…暗い部屋で電灯をつけて，その電灯から１m，2m，3mとはなれるごとに，明るさがどのように変わるか右の図のように調べます。

電灯から広がっていく光の面積を㋐のところで１cm^2，電灯からの光の強さを㋐のところで36 lx（明るさの単位）とすると，㋑と㋒はそれぞれ下の表のようになります。

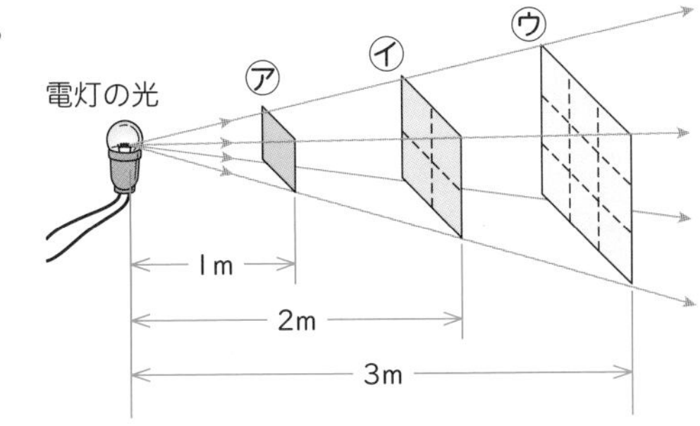

場所	電灯からのきょり	光の面積	1m^2あたりの明るさ
㋐	1 m	1 cm^2	36 lx
㋑	2 m	4 cm^2	9 lx
㋒	3 m	9 cm^2	4 lx

▶**明るさのきまり**…明るさは光げんと光げんからのきょりによってきまり，「きょりが２倍になると明るさは$\frac{1}{2\times2}$倍，３倍になると$\frac{1}{3\times3}$倍，４倍になると$\frac{1}{4\times4}$倍……」という関係があります。

めがねにはとつレンズとおうレンズのどちらも使われています。とつレンズは老がん鏡や遠し用のめがねに，おうレンズは近し用のめがねに使われています。

第3章 エネルギー
1 ものの動き方
2 光の進み方
3 音の伝わり方
4 じしゃくのせいしつ
5 電気の通り道
6 電池のはたらき

②**日光と明るさ**…学校の校庭[こうてい]や家にふり注[そそ]ぐ日光はほぼ平行[へいこう]な光なので広がりません。したがって，同じ面積[めんせき]での光の量[りょう]も明るさも変[か]わりません。しかし，うちゅうでは太陽[たいよう]に近いほど太陽は明るく，はなれるほど暗[くら]く見えます。

2 日光の色

①**日光とプリズム**…日光をスリット（細いすきま）を通してプリズム（切り口が三角形のガラス柱[ちゅう]）にあて，出てくる光をスクリーンにうつすと，７色の光に分かれます。このことから，色がないように（白っぽく）見える太陽の光は，７色の光の集[あつ]まりであることがわかります。

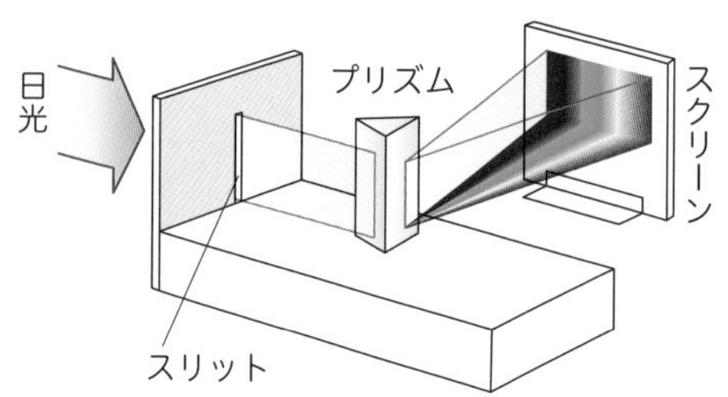

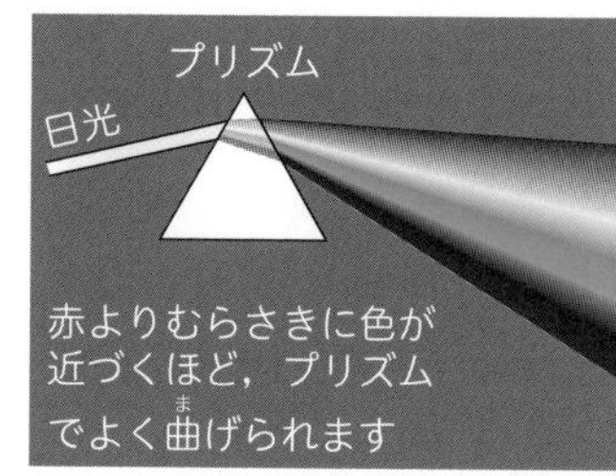

▲日光とプリズム

②**に　じ**…雨上がりの晴れた空ににじがかかることがあります。にじの色は７色ですが，これは空気中の小さな水のつぶがプリズムのはたらきをして日光を７色に分けているからです。右の図のようにフラスコに水をいっぱいまで入れて日光をあてると，まるい形のにじができます。また，太陽をせにして太陽の位[い]置[ち]の反対側[はんたいがわ]へきりふきできりをふいてもにじができます。

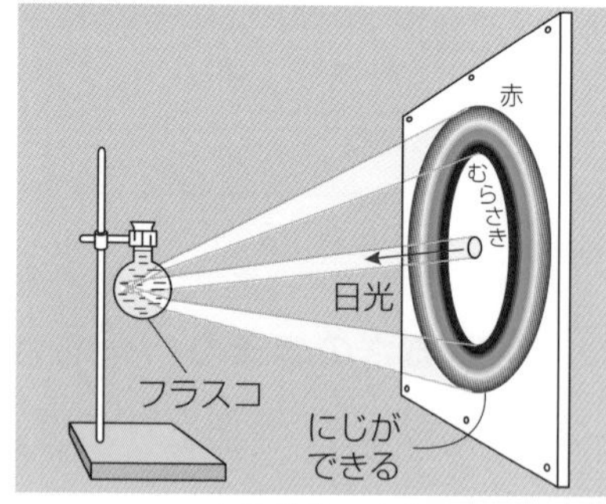

▲にじをつくる

日本ではにじの色は７色とされていますが，アメリカでは６色，ドイツでは５色とされています。見ているにじは同じですが，色をどれだけ細かく分けて考えているかで数が変わります。

8つのミッション！⑤

生き物の観察や，日光を集めるのに使った虫めがねにはレンズが使われています。虫めがねだけでなく，わたしたちの身のまわりにはレンズを使ったものがたくさんあります。その中の１つ，けんび鏡をつくって，小さなものを観察してみましょう。

ミッション

ペットボトルとガラスビーズを使った手づくりのけんび鏡をつくって，小さな世界を観察してみよう！

つくり方（例）

ステップ1　材料を用意しよう！

- ペットボトル，ペットボトルのキャップ，ガラスビーズ，千まい通し，セロファンを用意しよう。

ステップ2　つくってみよう！

- ペットボトルのキャップにガラスビーズが入るあなをあけよう。
- そのあなに，キャップのうら側からガラスビーズを入れよう。
- ペットボトルの口に，セロファンをはろう。

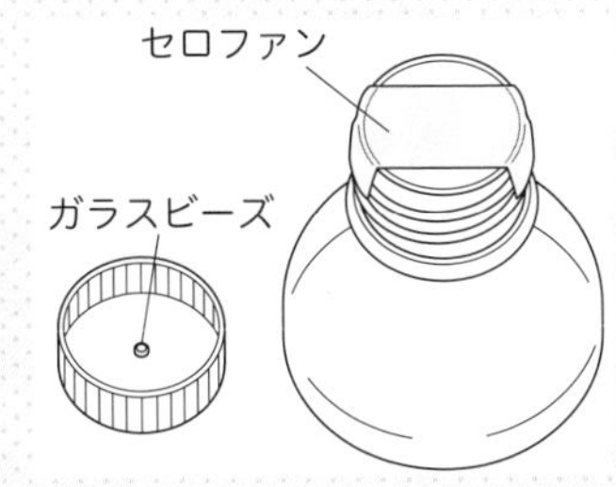

ステップ3　観察するものを決めよう！

- 身のまわりにあるものから観察するものを決めて，セロファンの上にのせ，キャップをしめよう。

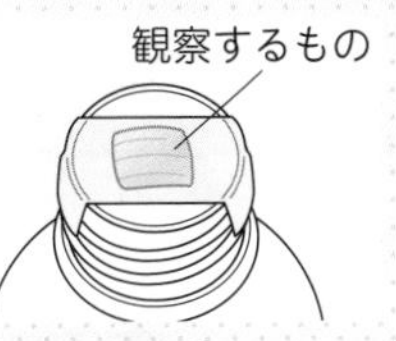

ステップ4　実さいにたしかめよう！

- キャップを回してピントを調節しながら，観察しよう。

解答例 375ページ

みんなで楽器の音を鳴らそう

合そうの練習中

ピ〜

ポロン

ポロン

どうして楽器によってちがう音が出るんだろ？

鉄きんと木きんは金ぞくと木のちがいかな？

たたく強さで音の大きさも変わるね！

これは木きん

ピ〜

ポーン

チ〜ン

木きんはたたく場所で音の高さがちがうよね

板の長さがちがうのが関係ありそうね

音のちがいは大きさと高さだけかな？

ピ〜

ポーン

チ〜ン

リコーダーの「ド」と
木きんの「ド」は
同じ音なのかな？
そういえば
ピヒュ
音の高さは同じ
だけど，音色がちがうんじゃない？
音には大きさ，高さ，
音色がありそうだね
チーン♪
あなたたち…
ゴゴゴゴゴ…
しまった…!!
しっかり
練習しなさーい！！
ガミガミ
ガミ
ガミ
先生の声は
おこると変わる
んだね…
しゅん

3 音の伝わり方

3年

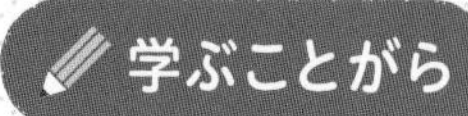

1 もののしん動と音　2 音の伝わり方
3 音の反しゃときゅうしゅう

1 もののしん動と音

1 音が出ているものはどのようになっているか調べよう。
2 音の大きさとしん動にはどのような関係があるか調べよう。

1 音が出ているもの

実験・観察 音とものののふるえ

音が出ているもののようすを，目や指で感じてみましょう。

❶たいこにピンポン玉を 10 こくらいのせ，ばちでたいこの皮をたたいてピンポン玉のようすを調べましょう。

❷おんさをたたいたあと，下の図のように，水を入れた水そうに入れ，水面のようすを調べましょう。

❸よくはった輪ゴムを指ではじき，ささえている指に感じるようすや輪ゴムのようすを調べましょう。

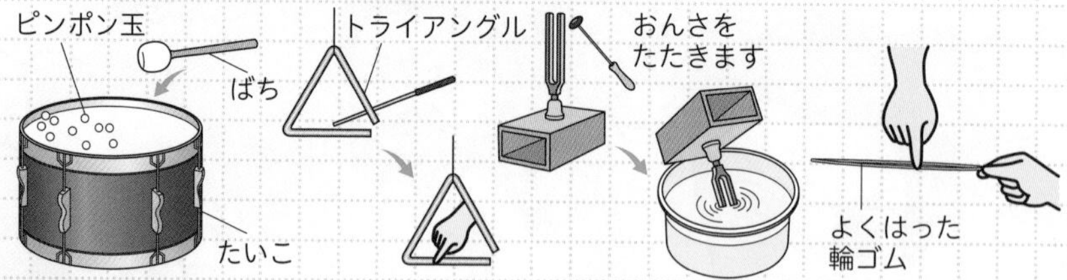

わかること

▶たいこの上のピンポン玉ははね，たたいたおんさにふれた水は水面が波だったり，水しぶきが上がります。

たいこをたたいたとき，トライアングルをたたいたとき，おんさをたたいて水につけたとき，輪ゴムをはじいたときのほか，声を出したときも，のどがふるえているのを感じとることができます。

▶はじかれた輪ゴムから，ものがふるえているようすが感じとれます。

1 音とものののふるえ

音が出ているとき，ものはふるえています。このふるえのことを**しん動**といいます。このとき，しん動して音を出すもののことを音げんまたは発音体といいます。

また，音が出ているもののしん動をとめると，音をとめることもできます。

2 音のちがいともの

実験・観察 音とものの種類，形，大きさ

いろいろなものを使って，音のちがいを調べてみましょう。

❶学校や家にあるいろいろなものをたたいたり，はじいたりして音を出しましょう。

❷音だけを聞いて，何の音かをあてましょう。

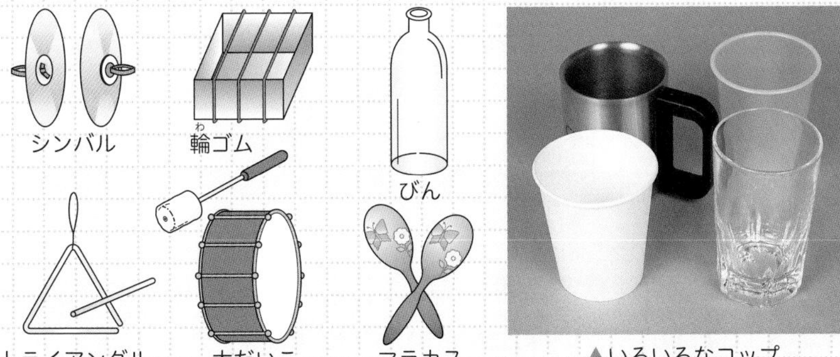

▲いろいろなコップ

わかること

▶ものによって，出る音にはちがいがあります。

▶同じものでできていても，形や大きさによって出る音にちがいがあります。

▶音は時間とともに小さくなり，やがて聞こえなくなります。

しん動による音は，形が変わったものをもとにもどそうとする力(復元力)がはたらくことにより生じます。これは，ばねをのばしたときにもとにもどろうとするのと同じことです。

3 音の大きさと高さ

たいこなどを強くたたいたり，リコーダーなどをふく息を強くしたりすると大きな音が出ます。また，げん楽器のげんのはりを強くすると高い音が出ます。

音の大きさや音の高さとものののしん動にはどのような関係があるのでしょうか。

実験・観察 音の大きさと高さ

げんの長さやはり方を変えて，音の高低を調べてみましょう。

❶げんの長さやはり方を固定して，げんをはじく強さを変えてみましょう。

❷げんの長さは固定してから，げんのはりの強さを変え，げんをはじいてみましょう。

❸げんのはり方は同じにしてから，げんの長さを変えてはじいてみましょう。

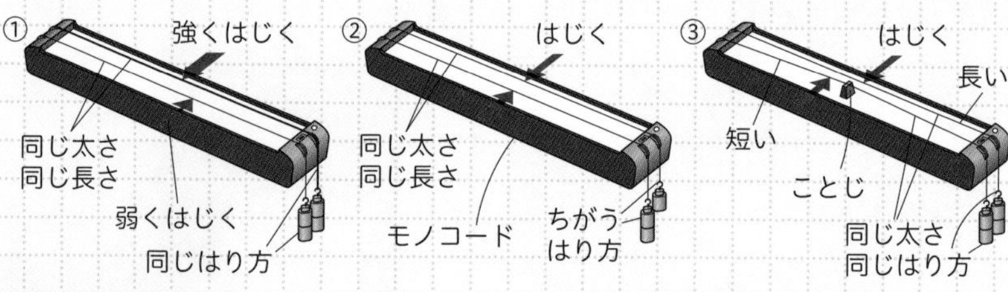

わかること

▶げんの長さやはり方を同じにしてげんをはじいたとき，しん動のふれはばが大きいほど大きい音が出ます。

▶げんのはり方を強くすると高い音が出ます。

▶げんのしん動する部分が短いほど高い音が出ます。

1 しんぷく

しん動の中心からのふれはばのことを**しんぷく**といいます。音げんのしんぷくが大きくなるほど，大きい音が出ます。

ハーモニカのカバーをはずし，順にふいていくと，しん動する板(リード)の長いほうが低い音が，短いほうが高い音が出ています。

▲ハーモニカ

中学入試にフォーカス 音の種類を決めるもの

● 音の三要素

音はすべて「**高さ**」「**大きさ**」「**音色**」によって決められています。この3つのことを「**音の三要素**」といいます。

①**音の高さ**…音の高さは**しん動数**(1秒間にしん動する回数)によって変わります。しん動数が多いと高い音が出て，しん動数が少ないと低い音が出ます。

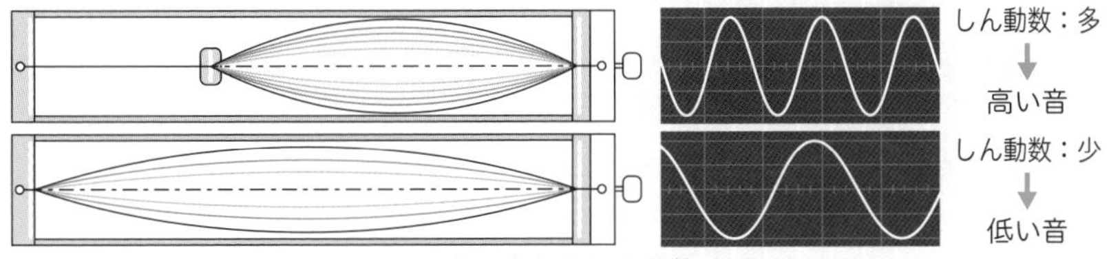

▲音の高さとしん動数

②**音の大きさ**…音の大きさは**しんぷく**によって変わります。しんぷくが大きいほど大きな音が出ます。ぎゃくにしんぷくが小さいほど音の大きさが小さくなります。

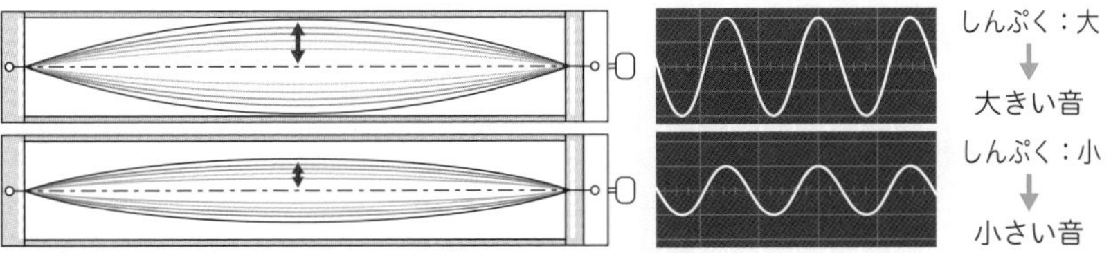

▲音の大きさとしんぷく

③**音の音色**…音の音色は，そのものが出す**しん動の形**(波形)のちがいによって変わります。同じ音でも，ギターやピアノで音色がことなるのはこのためです。

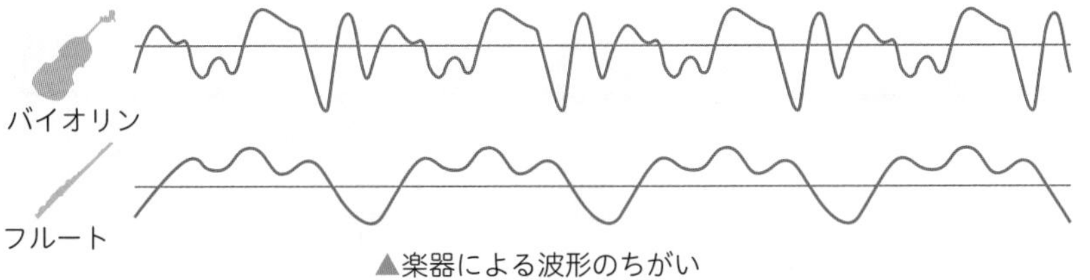

▲楽器による波形のちがい

おんさは単じゅんな音色ですが，楽器はそれぞれ特ちょうのある音色となります。これは，おんさは1種類の単じゅんなしん動ですが，楽器はふく数のしん動が合わさってふくざつなしん動となるからです。

2 音の伝わり方

音はどのようにしてわたしたちの耳にとどいているのでしょうか。ここでは音がどのように伝わっていくのかについて調べよう。

1 糸電話

実験・観察　音の伝わりやすさ

糸電話で音を伝えてみましょう。

❶糸電話をつくって，はなれたところへ音を伝えてみましょう。

ア あなをあけます

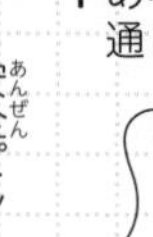

イ あなに糸を通します

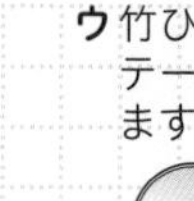

ウ 竹ひごを結び，テープでとめます

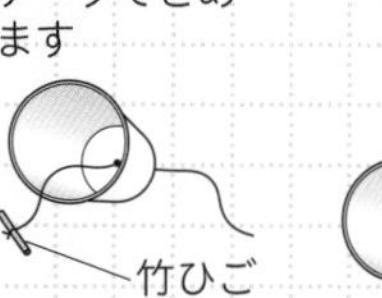

エ もう一方も同じようにします

❷糸をつまんだり，たるませたりして聞こえ方を調べましょう。

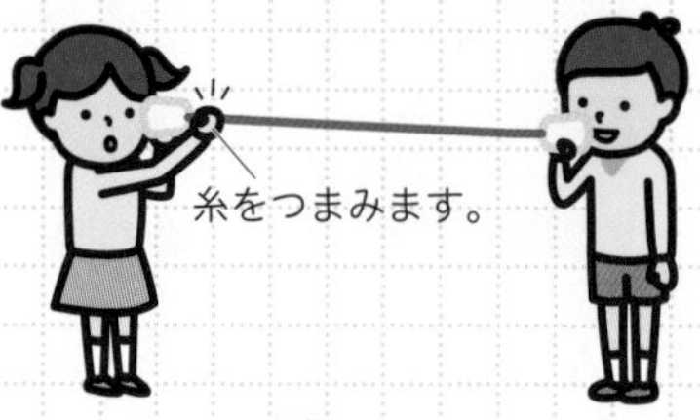

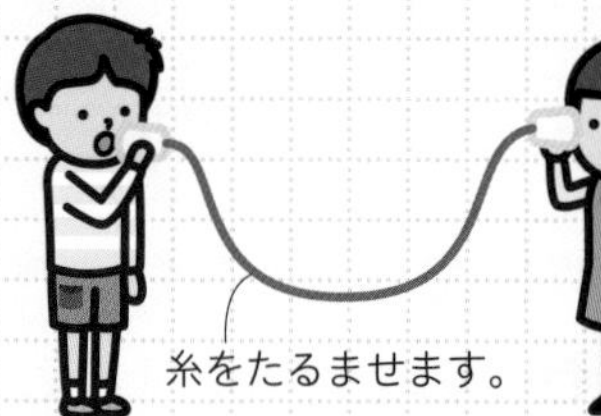

❸糸のかた方を，音がよく出るものにつないだり，糸のとちゅうにものをつるしたりして，ものをたたいて聞いてみましょう。

トライアングルに，糸電話の糸をつないでたたいてみます。

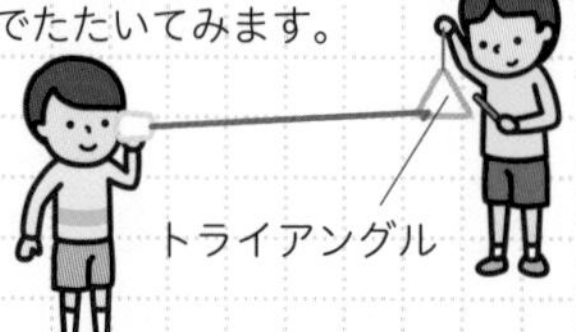

スプーンをつるして，たたいてみます。

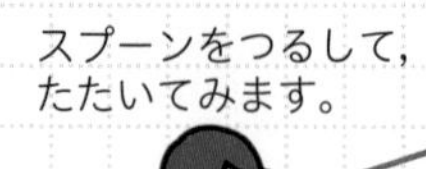

糸電話は 1665 年にロバート・フックによって初めてしょうかいされ，最初は金ぞくの線でできていたといわれています。このほか，フックはばねののびについての法そく（フックの法そく）を発見したことでも有名です。

❹糸を，はり金やゴムひもに変えて，話をしてみましょう。

わかること

▶糸電話では，糸をしん動させて音を伝えています。

▶糸をつまんだり，たるませたりすると，糸のしん動が弱まり，音が伝わりにくくなります。

▶はり金では音はよく伝わりますが，ゴムひもでは伝わりにくくなります。

2 音を伝えるもの

実験・観察 音を伝えるもの

音を伝えるものの正体を調べてみましょう。

❶フラスコの中のすずの音の変化を調べてみましょう。

ア 図のように，丸底フラスコにすずと水を入れ，ゴム管・ピンチコックをとりつけ，すずを鳴らします。

イ ピンチコックをあけ，丸底フラスコの中の水を実験用ガスコンロで熱して，すべてじょう発させ，ピンチコックでゴム管をとじます。（すべてじょう発させると，空気がフラスコ内から追い出されます。）

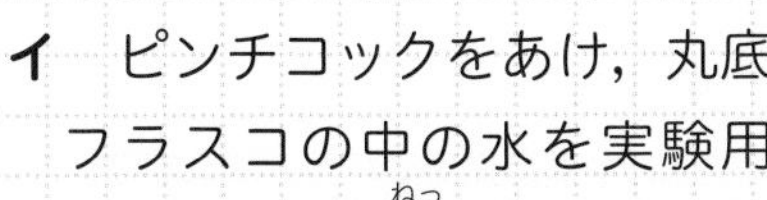

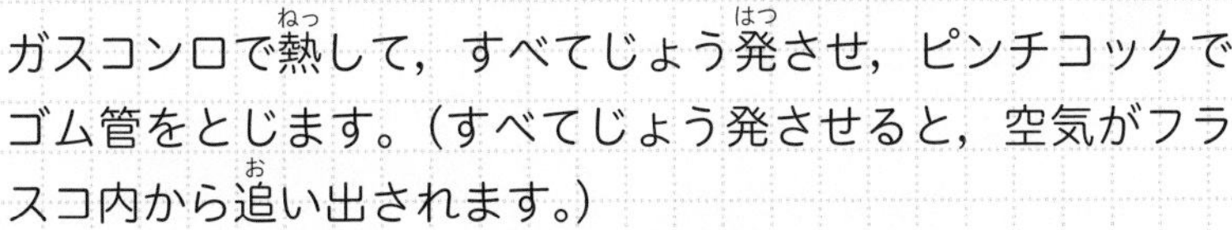

ウ フラスコが冷えてから，すずを鳴らします。

❷右の図のように，2人1組になって，1人は鉄ぼうに耳をあて，1人ははなれた場所で鉄ぼうを軽くたたき，音が聞こえてくるかたしかめてみましょう。

もののある場所で生じたしん動が，そのまわりに次々と伝わっていくのが，波です。空気がないときに音が聞こえなくなるのは，音のしん動を波として伝えるものがないためです。

わかること

▶空気があるとき，音は聞こえますが，空気がないとき，音は聞こえなくなります。

▶鉄でも，ある場所で音が鳴ると，別の場所で音を聞くことができます。

1 音を伝えるもの

音は，空気や鉄，水や木などを伝わって聞くことができます。ふだんの生活で話ができるのは，音が空気を伝わるためです。

水	1500 m
海　水	1513 m
氷	3230 m
どう	5010 m
鉄	5950 m
ガラス	5440 m

▲ 音が 1 秒間に伝わるきょり

2 音の伝わる速さ

空気中で音が伝わるきょりは，気温が 0 ℃のとき 1 秒間に約 331.5 m で，温度が 1 ℃上がるごとに約 0.6 m ずつ長くなります。1 秒間に進むきょりを**速さ**といい，気温（温度）が T〔℃〕のとき，次の式で速さを求めることができます。

音が伝わる速さ〔m／秒〕＝331.5 ＋0.6 ×T

3 音の波

ものをしん動させると，ものにせっしている空気の中に波ができます。これを**音波**といいます。もののしん動が，空気を強くおしたりゆるくおしたりすると，空気がこくなったりうすくなったりして波（**そみつ波**といいます）ができます。これが遠くまで音として伝わっていきます。

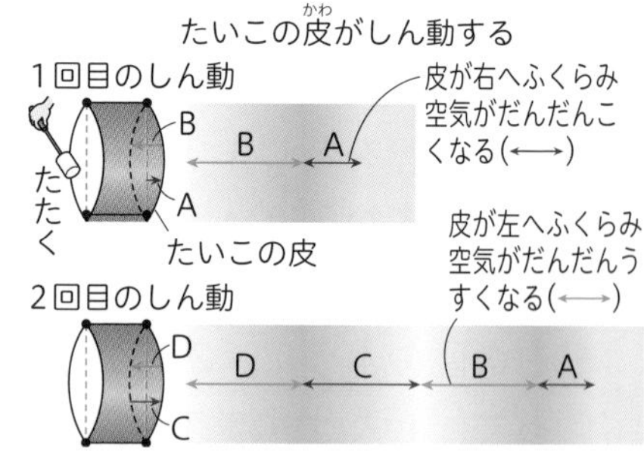

ある決まった時間内にしん動する回数を**しん動数**といいます。1 秒間にしん動する回数を**ヘルツ〔Hz〕**という単位であらわします。

人が聞くことができる音のしん動数のはんいは，20～20000 ヘルツといわれています。これをかちょう音といいます。20000 ヘルツをこえると，人が聞くことのできない高い音になります。これをちょう音波といい，自動ドアのセンサーや医りょうの分野で利用されています。

3 音の反しゃときゅうしゅう

空気を伝わる音がものにあたるとどうなるでしょうか。いろいろなものに音をあてて調べよう。

1 音の反しゃ

実験・観察 音の反しゃのようす

音も光と同じように向きを変えられるか調べてみましょう。

❶つつの形のガラスびんの底にスポンジをしき，その上に時計(機械式)を置きます(スポンジを入れるのは，時計の音が直せつガラスびんに伝わって，音が別のところから聞こえないようにするためです)。

❷びんの近くで，音の聞こえ方を調べましょう。

❸びんの口に，ガラス，鏡，木の板などを近づけ，近づけたものの向きと時計の音の聞こえ方を調べましょう。

わかること

▶音の出るものに，ガラス，鏡，木の板などのかたいものを近づけると，よく聞こえなかった場所でも，音が聞こえるようになります。

▶近づけるものの角度によって，聞こえやすいときと，聞こえにくいときがあります。

音の反しゃのせいしつは，
光の反しゃのせいしつとにているぞ！

音と光では光のほうがはやく進みます。光は１秒間でおよそ 30 万㎞も進み，これは地球を７周半するほどの長さです。かみなりが光って音がおくれて聞こえるのは，このためです。

1 音の反しゃ

音は，木の板やガラスなどにあたると，そこではね返されます。これを**音の反しゃ**といいい，山の中で，山に向かって大きな声を出すと声が返ってくる**山びこ**は，山にあたった声が反しゃしたものです。

2 音の反しゃと角度

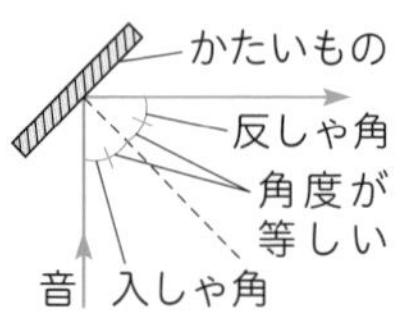

音が反しゃするとき，**入しゃ角**と**反しゃ角**は等しくなります。

中学入試にフォーカス 音の進み方

● 音のくっ折

音波も光と同じように，ちがった２つのものを通りぬけるときにくっ折をします。例えば，音波が空気中から水の中を進むとき，水の中での音の速さのほうがはやくなるので，入しゃ角よりもくっ折角のほうが大きくなります。

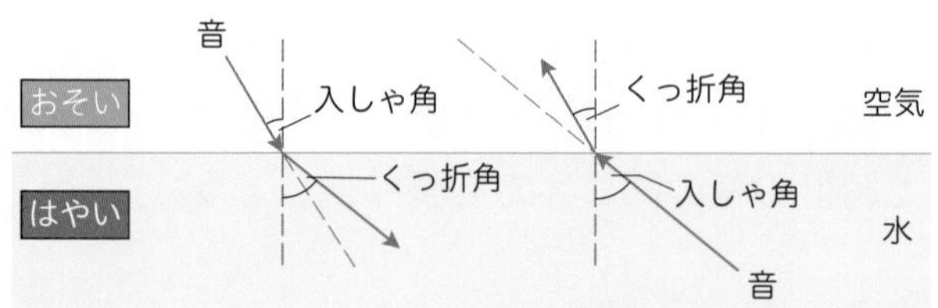

また，空気中の音速は空気の温度の高いほうがはやくなるので，夜のほうが遠くまで音が聞こえます。

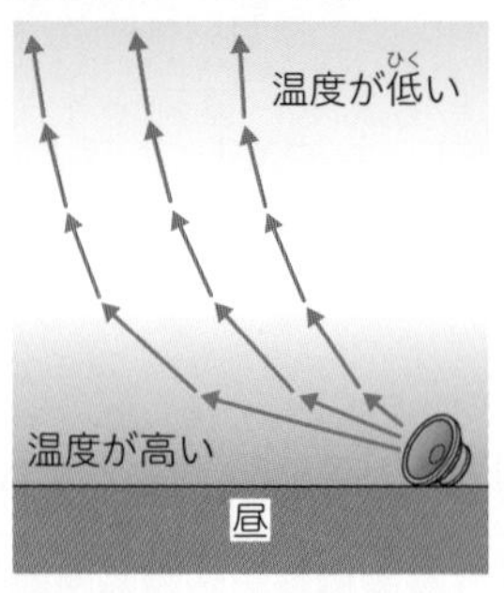

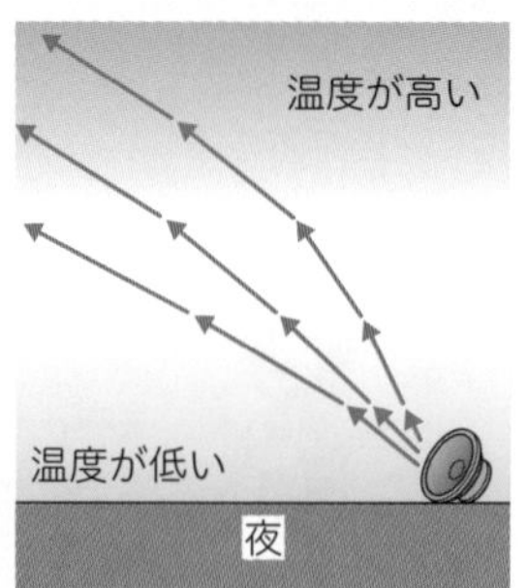

１日の中では昼より夜のほうが遠くまで音が伝わりやすく，１年の中では夏より冬のほうが遠くまで音が伝わりやすいです。

2 音のきゅうしゅう

①音の反しゃの実験で，かたいもののかわりにやわらかいもの（ぬの，スポンジなど）を使うと，音は聞こえにくくなります。

②やわらかいものや表面のざらざらした板，小さなあなの多い板などに音があたると，音のしん動がすいとられて音が弱められます。

③①・②のように，音がすいとられることを音が**きゅうしゅう**されるといいます。

3 音の反しゃ・きゅうしゅうの利用

1 反しゃするもの

音を反しゃするものには，例えば，鏡，ガラス，木の板，コンクリート，金物などがあげられます。

2 きゅうしゅうするもの

音をきゅうしゅうするものには，例えば，ぬの，スポンジ，フェルト，ざらざらしたもの，あなのあいたものなどがあげられます。

3 反しゃ・きゅうしゅうの利用

①**海の深さの調さ**…船の底から下のほう（海底）に向けて，**ちょう音波**（しん動数がとても多い音）を短い時間に出します。このちょう音波が海底で反しゃして船に返ってくるまでの時間をはかって，海の深さを計算して出します。（反しゃの利用）

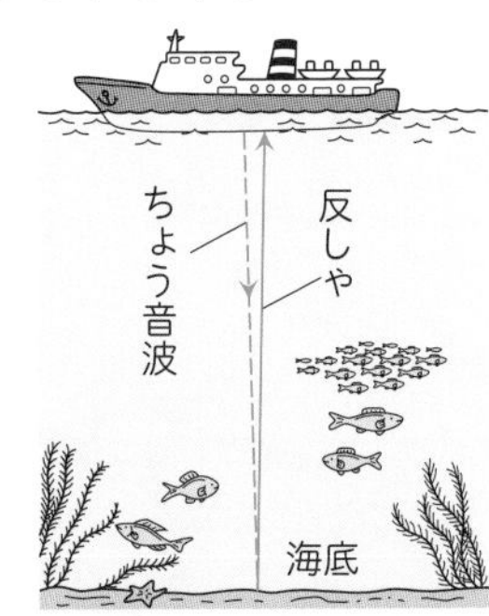

▲海の深さの調さ

②**げき場・コンサートホール**…ステージでの話や音楽がはっきり聞こえるように，建物の形や建ちく材料をくふうしてつくられています。（きゅうしゅうの利用）

▲コンサートホール

コウモリは，暗やみの中で生活していますが，ものにぶつからずに飛ぶことができます。これは，コウモリがちょう音波を出しながら飛び，ものにあたってはね返ってくるちょう音波を感じとって，ものの位置を知るからです。

落とした鉄くぎをかたづけよう

理科実験室にて

やった！
かたづけ終わった！

しんにしては
上できね

このくらい
お安いご用～

フゥ

ガッ

ぐっしゃ～～

大量の鉄くぎ

…………。

しん～

どうしたの！？

先生〜！
しんがくぎを
ぶちまけて〜！

サイアクー

あ〜
1本1本拾ってたら
日がくれちゃうよ〜

ハァーァ

あんたのせいでしょ!!

そういうことなら
これを使えば
いいのよ！

じしゃくよ！

バーン

じしゃく？？

こうやってじしゃくを
近づけると…

くっついた！

ぴとっ

すごい！
これなら一度に
何こも拾えるね！

オオ〜

あれ？箱はくっつかないよ！？

しーん

よし，じしゃくの
ひみつをとき明かそう！

4 じしゃくのせいしつ

3年

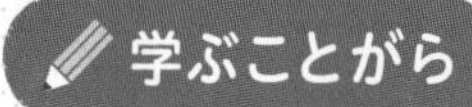

学ぶことがら

1 じしゃくにつくものとじしゃくの力　2 じしゃくの極　3 じしゃくづくり　4 身のまわりにいかされているじしゃく

1 じしゃくにつくものとじしゃくの力

ここで学習すること

1 じしゃくにつくものとつかないものがあることを調べよう。
2 じしゃくの力がどんなときに強くなったり，弱くなったりするかを調べよう。

1 じしゃくにつくもの，つかないもの

身のまわりのものには，じしゃくにつくものとつかないものがあります。

実験・観察 じしゃくにつくもの

じしゃくにつくものとつかないものを調べてみましょう。

❶じしゃくと身のまわりにあるものを用意しましょう。
例 えん筆，ノート，消しゴム，くぎ，かぎ，食器(銀製，とう器製)，ハンカチ

❷用意したものにじしゃくを近づけて，つくものとつかないものを分けましょう。

注意 強力なじしゃく(ネオジウムじしゃくなど)はものがこわれたりけがをすることがあるので，ぼうじしゃくを使いましょう。

パワーアップ ネオジウムじしゃくは，ネオジムじしゃくともいいます。鉄のほか，ネオジム，ホウ素などがおもにふくまれています。いま，実用化されているじしゃくの中では，最もじしゃくの力が強いとされています。

結果

- じしゃくについたもの…くぎ，かぎ
- じしゃくにつかなかったもの…えん筆，ノート，消しゴム，食器(銀製，とう器製)，ハンカチ

わかること

- 身のまわりのものには，じしゃくにつくものとつかないものがあります。
- 鉄・ニッケル・コバルトなどの金ぞくでできているもの，それらの金ぞくをふくんでいるものはじしゃくにつきます。金ぞくでないもの，アルミニウム・銅・銀・しんちゅうなどの金ぞくは，じしゃくにつきません。

2 じしゃくの力

1 じしゃくにはたらく力

じしゃくの力は，場所によってはたらき方にちがいがあります。

実験・観察 じしゃくの力

じしゃくの力を調べてみましょう。

❶いろいろなじしゃく(ぼうじしゃく，U字形じしゃく，フェライトじしゃく，ゴムじしゃく)，鉄くぎ，クリップ，方位じしん，鉄ぷんを用意しましょう。

❷じしゃくのどの部分が引きつける力が強いか調べましょう。

ア. ぼうじしゃくの中心から両はしにかけて鉄くぎをつなげてつけ，くぎのついた数のちがいをくらべましょう。

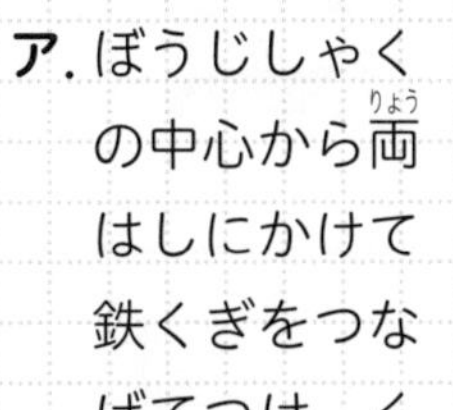

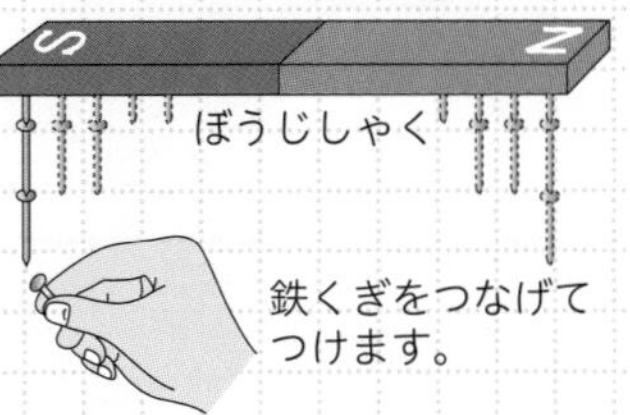

スマートフォンなど，電子たん末機器にもじしゃくにつく金ぞくが使われています。したがって，ずっとそばにじしゃくを置いておくと，電子たん末機器がこわれる原いんにもなります。

イ. 箱に鉄くぎをたくさん入れて，くぎのたくさん集まったところに向けてじしゃくを近づけてみましょう。

ウ. 方位じしんを近づけたり遠ざけたりしてみましょう。

方位じしん　近づけます

❸じしゃくの上にとう明な板をのせ，鉄ぷんをふりかけると，鉄ぷんの集まり方はそれぞれのじしゃくでどのようになるか，スケッチしましょう。

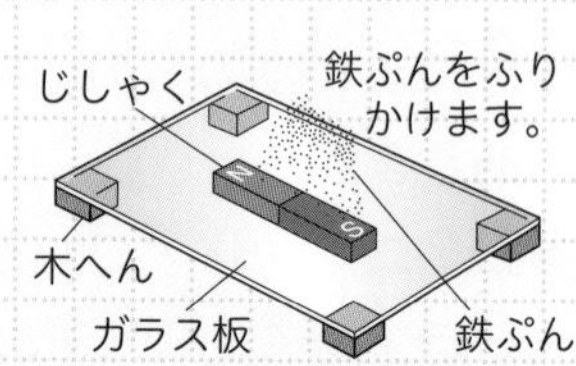

注意 **鉄ぷんは洋服につくと落ちにくいので，注意しましょう。**

結果

❶鉄くぎは，じしゃくの両はしに向かうほどつきやすく，中心ほどつきにくくなります。

❷方位じしんのはりのふれ方は，じしゃくを近づけるほど大きく，遠ざけるほど小さくなります。

❸鉄ぷんは，ぼうじしゃくやU字形じしゃくでは，両はしですいこまれる，または，飛び出すような曲線をえがき，ついています。

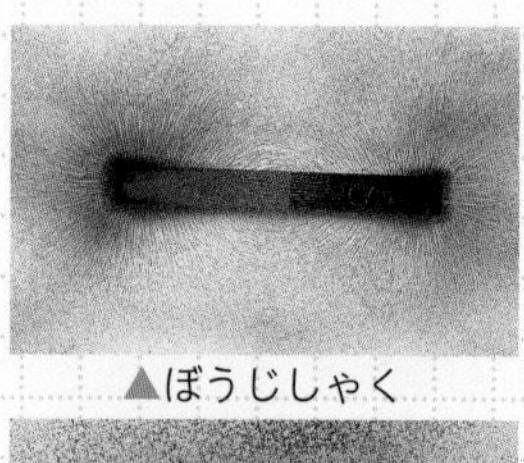
▲ぼうじしゃく

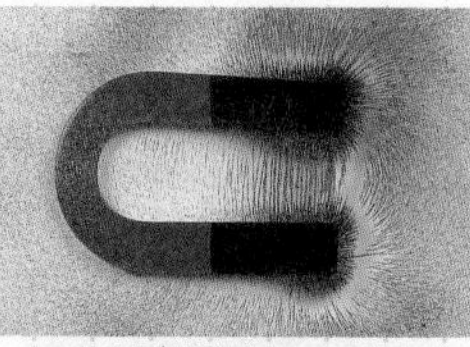
▲U字形じしゃく

▲フェライトじしゃく

▲ゴムじしゃく

方位じしん 147 ページ

わかること

じしゃくの力は，じしゃくの**極に近いほど強く，中心に近いほど弱く**なります。

ことば **極**
じしゃくの両はしを**極**といい，それぞれ**N極**，**S極**といいます。

パワーアップ
上のようなじしゃくの力のことをじ力といいます。じ力は，電気の力などと同じように，はなれていてもはたらく力です。

2 じしゃくの力とものきょりの関係

ぼうじしゃくの近くに**方位じしん**を置くと，じしゃくに**近く**なるほど，はり(じしん)のふれ方が**大きく**なっていきます。反対に，ぼうじしゃくから**遠くはなれる**ほど，はり(じしん)のふれ方は**小さく**なっていきます。じしゃくの力は，極に近いところでは強くはたらき，極からはなれたところでは弱くなります。

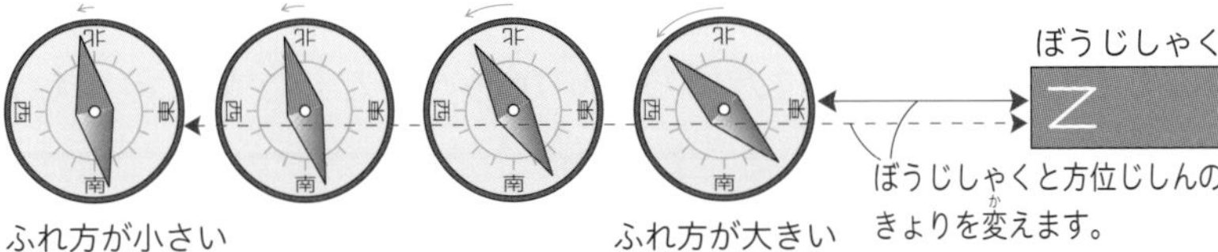

実験器具のあつかい方　じしゃくのとりあつかい方

じしゃくはあつかい方がよくないと，はやく弱ってしまいます。長もちさせるために，次のことに注意しましょう。

1 じしゃくをとりあつかうとき

①コンロやストーブの上に置くと，じしゃくの力が弱くなるので，置かないようにします。

②高い所から落としたり，強いしょうげきをあたえないようにします。

2 じしゃくをかたづけるとき

①**U字形じしゃくや馬てい形じしゃく**…下の左の図のように，極になん鉄(➡ 271 ページ)をつけて，しまいます。

②**ぼうじしゃく**

右の図のように，ちがう極どうしを組み合わせ，すべての極の先になん鉄をつけるようにします。

▲U字形・馬てい形じしゃくのしまい方

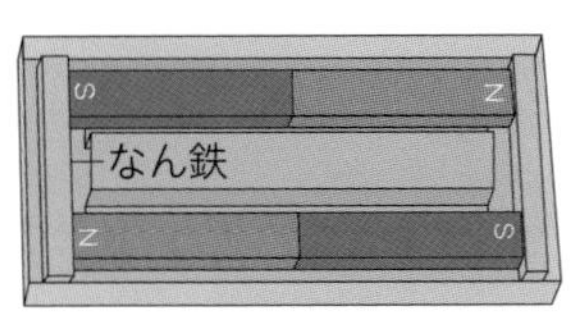

▲ぼうじしゃくのしまい方

ぼうじしゃくは，ちがう極どうしを組み合わせてしまうようにしなければなりません。これは，同じ極どうしを組み合わせてしまうと，じしゃくにはたらく力(じ力)が外に出ていってしまい，その結果，じしゃくにはたらく力が弱まってしまうためです。

2 じしゃくの極

じしゃくの２つの極を近づけたとき，極のちがいによってどんなちがいがあるかを調べよう。

1 極のちがいとじしゃくの引きつけ方

極のちがいで，引きつけ方にちがいがあるかたしかめてみましょう。

実験・観察 じしゃくの極と引きつけ方

極を変えて，じしゃくの引きつけ方を調べてみましょう。

❶ぼうじしゃくやU字形じしゃくを動きやすくしましょう。

❷ちがう極どうし，同じ極どうしでそれぞれ引きつけ方を調べましょう。

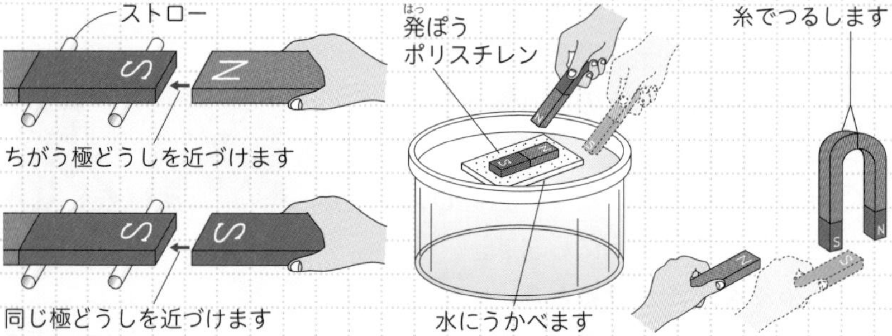

ストロー
ちがう極どうしを近づけます
同じ極どうしを近づけます
発ぽうポリスチレン
水にうかべます
糸でつるします

結果

▶ちがう極どうしを近づけると，引き合います。

▶同じ極どうしを近づけると，反発し合います。

わかること

じしゃくの極	N極とS極，S極とN極	N極とN極，S極とS極
引きつけ方	引き合う	反発し合う

じしゃくをあたためると，その力が弱くなります。強力なネオジウムじしゃくもあたためるとじじゃくの力をかん単にとることができます。

2 極のようすとものの引きつけ方

実験・観察 極のようすとものの引きつけ方

極のようすを変えてものの引きつけ方を調べてみましょう。

❶ 2本のぼうじしゃくを同じ極どうし，ちがう極どうしで重ね，引きつける力をくらべましょう。

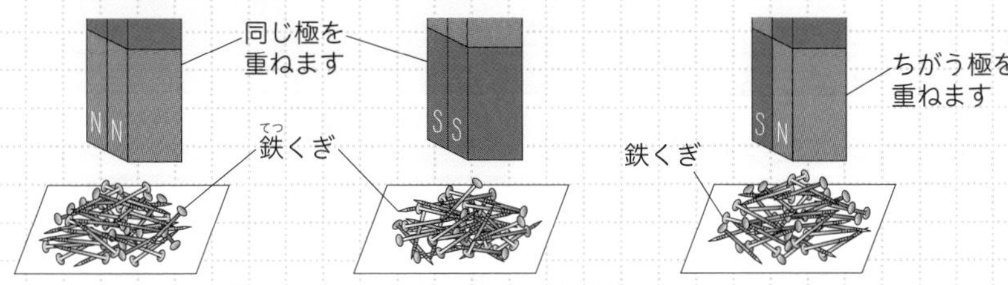

❷ じしゃくと鉄くぎの間に鉄ぺんや鉄板，プラスチックの下じきをはさみ，引きつけるかどうかを調べましょう。

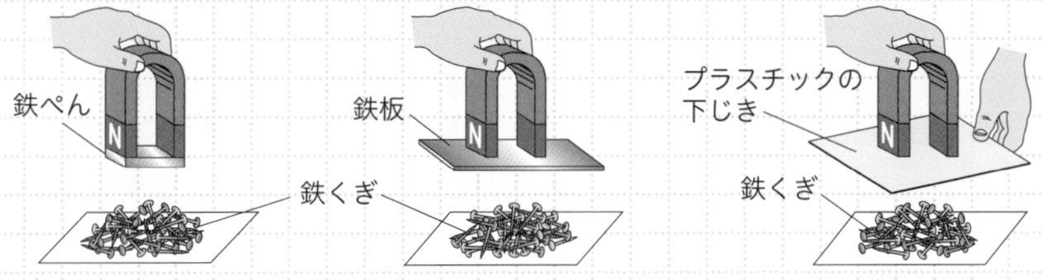

結果

▶ 同じ極を重ねると鉄くぎがたくさんつき，ちがう極を重ねると，鉄くぎはあまりつきません。

▶ 鉄ぺんや鉄板をはさむと鉄くぎはほとんどつきませんが，プラスチックの下じきをはさむと鉄くぎはつきます。

わかること

▶ 同じ極を重ねるとじしゃくの引きつける力は強くなり，ちがう極を重ねるとじしゃくの引きつける力は弱くなります。

▶ 鉄ぺんや鉄板をはさむとじしゃくの力は弱くなり，プラスチックをはさんだときは，引きつける力はあまり変わりません。

じしゃくはその形で力の強さが変わります。ぼうじしゃくよりU字形じしゃくのほうが強く，U字形じしゃくでも曲がり方が急なほうが強くなります。

3 じしゃくのつくり

実験・観察　じしゃくを切ったときの極

じしゃくを切ると極がどうなるか調べてみましょう。

❶右の図のようにゴムじしゃくを半分に切りましょう。
❷切ったゴムじしゃくそれぞれについて，鉄くぎをつけたり，ぼうじしゃくを近づけたりしてみましょう。
❸ゴムじしゃくの切り方を変えて，❷をくり返しましょう。

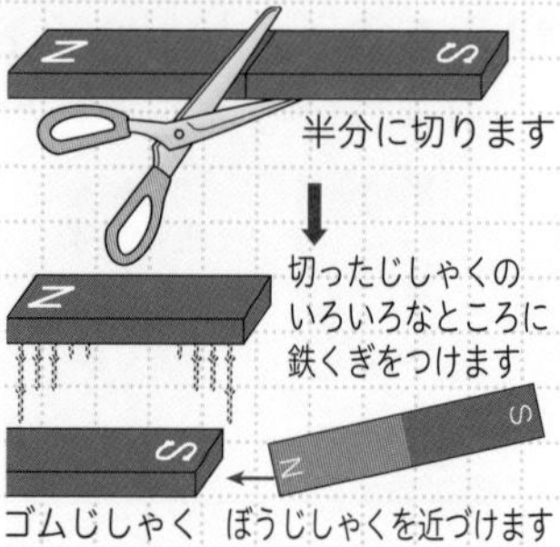

結果

▶2つに切ったじしゃくは，2つともじしゃくになります。

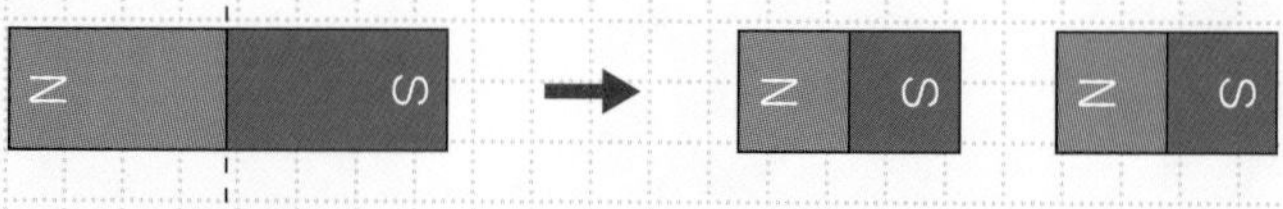

▶じしゃくを何回切っても，そのはたらきは変わりません。

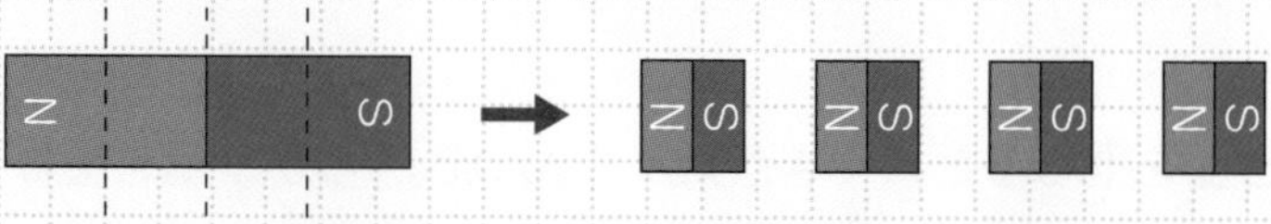

▶じしゃくをどの方向に切っても，極は切った両方にあります。

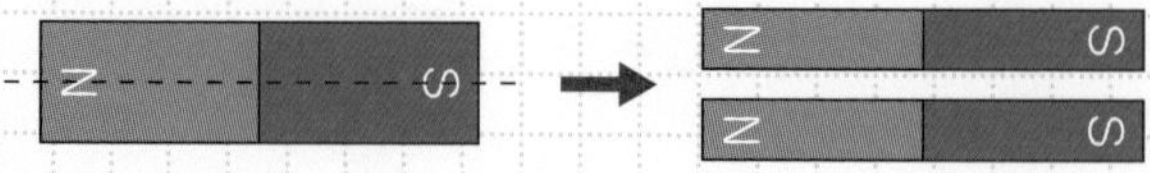

わかること

▶1つのじしゃくは，小さなじしゃくの集まりでできているといえます。

実験とは反対に，小さく分けたじしゃくをもとのようにくっつけてつなぐと，もとの1本のじしゃくにもどります。もとにもどったじしゃくの両側は，N極とS極になります。

4 南北をさす極

実験・観察 じしゃくの極がさす方向

じしゃくの極のさす方向を調べてみましょう。

❶ぼうじしゃくを発ぽうポリスチレンなどにのせて水にうかべ，どのように動くか調べましょう。

❷動きがとまったときのぼうじしゃくのN極とS極のさす方位を，方位じしんで調べましょう。

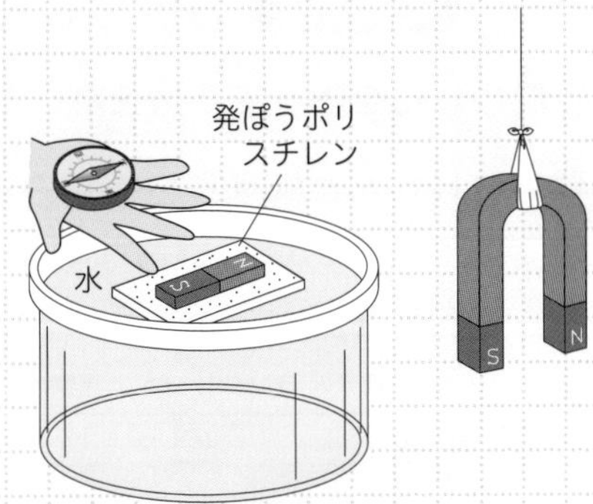

❸U字形じしゃくを糸でつるして，どのように動くか調べましょう。

❹動きがとまったときのU字形じしゃくのN極とS極のさす方位を，方位じしんで調べましょう。

結果

▶水にうかべたぼうじしゃくは，静かに動いて南北の方向をさしてとまります。

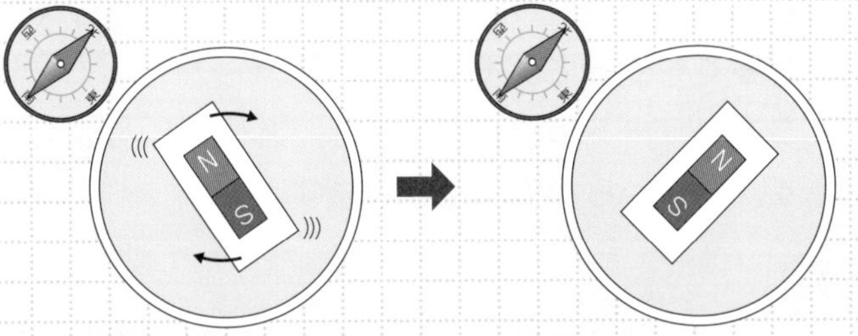

▶糸でつるしたU字形じしゃくも，南北の方向をさしてとまります。

わかること

▶自由に動けるじしゃくの極は，北と南をさします。

▶N極は北を，S極は南をさします。

じしゃくの極をあらわすNは，英語で北を意味するNorthの頭文字で，Sは，英語で南を意味するSouthの頭文字からとっています。

5 方位じしん

方位じしんでは，北をさす方向をＮ極，南をさす方向をＳ極といいます。ぼうじしゃくのせいしつを思い出しながら学習しましょう。

実験・観察　方位じしん

方位じしんを使って方角を調べてみましょう。

❶方位じしんとぼうじしゃくのつくりをくらべましょう。

❷室内や室外のいろいろな場所で，方位じしんを使ってＮ極のさす向きを調べましょう。

結果

- 方位じしんのはり（じしん）は，ぼうじしゃくにくらべ，細くて軽いじしゃくを使っています。
- 鉄きんコンクリートの建物の中では，方位じしんは正しく南北をささず，いろいろな方向をさします。

わかること

- 方位じしんは，はりが自由に動けるように細くて軽いじしゃくを使い，東・西・南・北の目もりがついています。
- 方位じしんのはりが水平になるように置くか，手で水平にささえるようにすると，はりが動いて正しい南北をさします。
- 鉄きんコンクリートの建物の中では，正しく南北をさしません。

方位じしんは，鉄を近づけると正しい南北をさしません。強いじしゃくを近づけると，はりの極が入れかわってＮ極が南をさすこともあります。

実験器具のあつかい方　方位じしんの使い方

方位じしんは，じしゃくが南北をさすせいしつを使った，方位を知るための器具です。

1 決まった方位を向きたいとき

東を向きたいときは次のようにします。

①右の図のように，東の目もりがからだの向きと同じ方向になるように，方位じしんを持ちます(ちがう方位のときはその目もりとからだの向きを同じにします)。

②手をからだの前につけて，真上から方位じしんを見るようにします。

③方位じしんのはりが，南北の目もりと合うように，からだを回します。

N極が北，S極が南をさすようにからだを回します。

2 地図を正しい方位に合わせるとき

多くの地図は，上が北，下が南，右が東，左が西であらわされます。上が北になっていない地図は，北をしめす記号(方位記号)がかいてあります。実さいの方位と地図の方位は図のようにして合わせます。

▲上が北の地図の場合

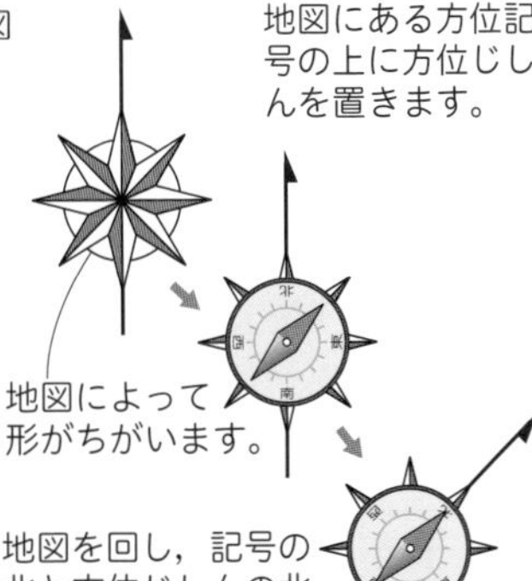

▲上が北ではない地図の場合

方位記号は地図によって形がちがいますが，北をしめすほうが目だつような特ちょう的なデザインをしていることは，どの方位記号も同じです。

3 じしゃくづくり

じしゃくに1本のはりをつけると，そのはりには別のはりがつきます。じしゃくについたはりは，じしゃくと同じせいしつをもつのか調べよう。

1 ぬいばりとじしゃく

実験・観察 ぬいばりとじしゃく

ぬいばりがじしゃくになっているか調べてみましょう。

❶右の図のようにじしゃくにつけたぬいばりの先に，別のじしゃくのN極やS極を近づけましょう。

❷ぬいばりをじしゃくからはずして，別のぬいばりに近づけてみたり，発ぽうポリスチレンにさして水にうかべましょう。

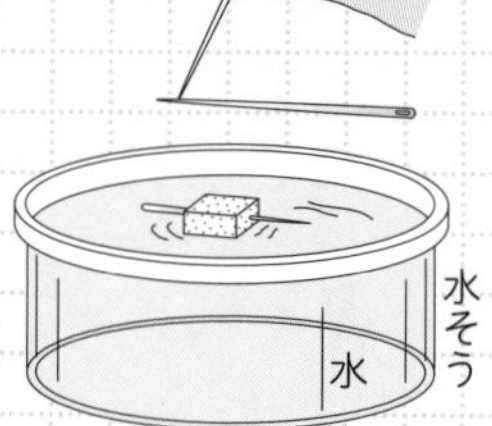

▶じしゃくのN極につけたぬいばりの先に，別のじしゃくのS極を近づけると引きつけられ，N極を近づけるとはなれます。

▶じしゃくからはずしたぬいばりを水にうかべると，南北をさしてとまります。

わかること

▶じしゃくにつけたぬいばりは，じしゃくの極のせいしつをしめします。

▶じしゃくにつけたぬいばりは，じしゃくからはなしても，じしゃくのせいしつが残ります。

ネオジウムじしゃくはとても強い力をもっているので，とりあつかいには注意しないといけません。見た目が小さくても，指をはさむとほねが折れることもあります。

2 じしゃくづくり

実験・観察 じしゃくづくり

鉄でできたものを，じしゃくにしてみましょう。

❶鉄でできたぬいばりや，やわらかいはり金を用意しましょう。
❷ぼうじしゃくの一方のはしで，ぬいばりやはり金を同じ方向に強くこすりましょう。

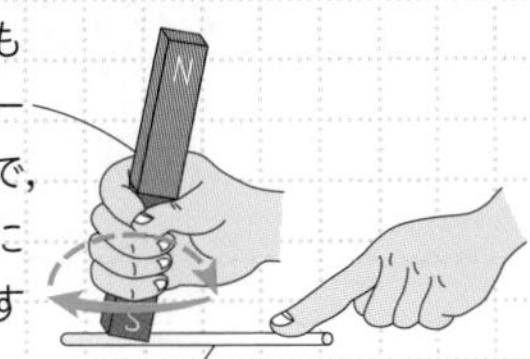

❸こすったぬいばりやはり金に小さなくぎを近づけましょう。

結果

▶ぬいばりをじしゃくの一方のはしで強くこすると，ぬいばりにじしゃくのせいしつが残ります。
▶やわらかいはり金をじしゃくの一方のはしで強くこすっても，ほとんどじしゃくのせいしつが残りません。
▶鉄でできたものには，じしゃくになるものとならないものがあります。

わかること

▶じしゃくにつけたりこすったりしてできたじしゃくは，ついている極やこすった先にちがう極ができます。
▶ぬいばりのような金ぞくをこう鉄（はがね）といい，じしゃくにつけたり強くこすったりすると，じしゃくのせいしつが残り，じしゃくになります。

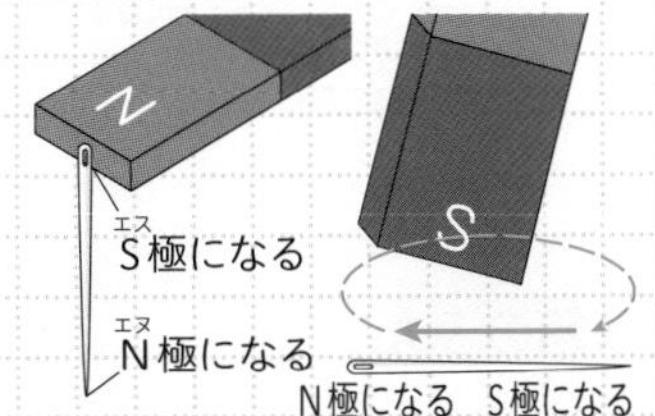

▶はり金のようなやわらかい鉄を**なん鉄**といい，じしゃくにつけたりこすったりするとじしゃくのせいしつをもちますが，はなしたあとではじしゃくのせいしつがほとんど残りません。

じしゃくでないものが，じしゃくにくっつけたりこすったりすることでじしゃくのせいしつをもつことをじ化といいます。

4 身のまわりにいかされているじしゃく

身のまわりにはどのようなところでじしゃくが使われているかを調べよう。

1 身のまわりにあるじしゃく

じしゃくは，何度でもつけたり，はなしたりでき，いろいろな形につくることもできます。身のまわりのものには，そうしたじしゃくの力やせいしつをいかしているものが多くあります。

①電気ポットのコード

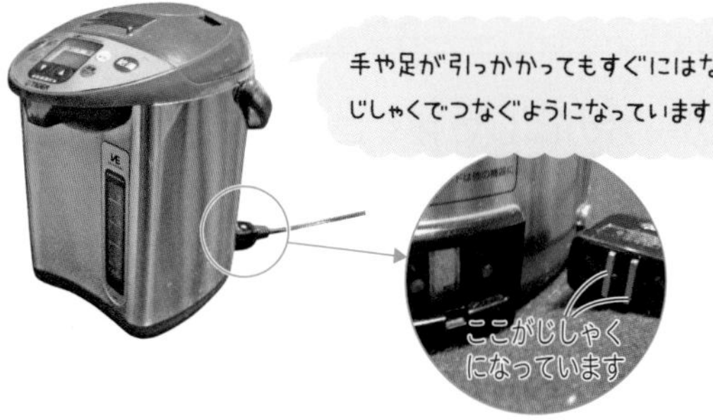

②冷ぞう庫のとびらのゴム

じしゃくをまぜてつくられているので，とびらがくっついてとじるようになっています。

③筆箱のふた

じしゃくはじょうほうを記録することもできます。銀行のカードやスーパーのポイントカードなど，じしゃくのせいしつを使ってじょうほうを記録しているものはたくさんあります。

④リニアモーターカー

モーターのしくみをおう用して進みます。また，じしゃくの反発し合うせいしつを利用して車体をうかせているので，車輪やタイヤをつけた乗り物よりずっとはやく進めます。

2 モーターのしくみ

さまざまな電気機器のどう体部分であるモーターは，電気とじしゃくのせいしつを組み合わせてつくられています。中心のじしゃくのまわりに小さいじしゃくを置き，その小さいじしゃくを電気の力で回すと，N 極と S 極が引き合って中心のじしゃくが回転します。

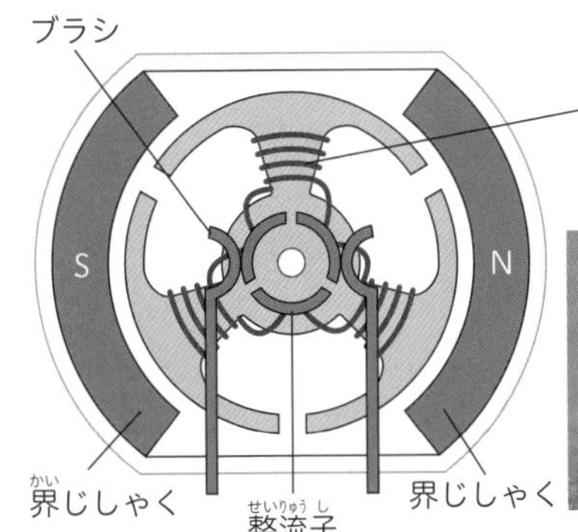

▲モーターのつくり

▲モーターのだん面とモーター

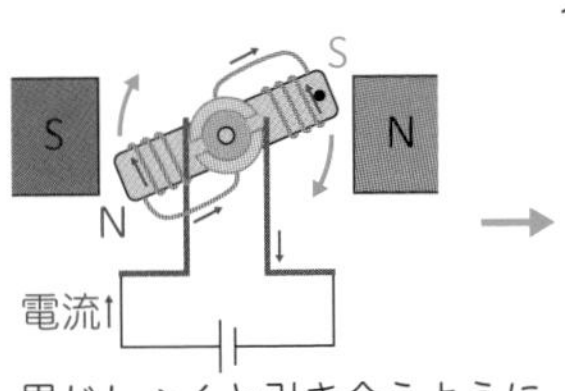

界じしゃくと引き合うように電じしゃくが回転します。

ブラシと整流子がはなれる。

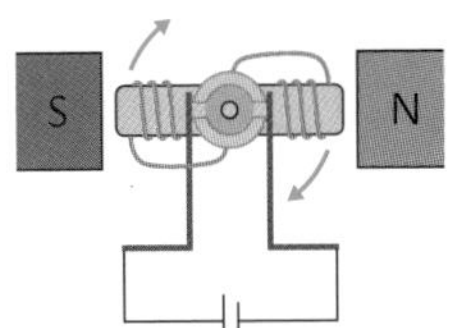

電流は流れないが慣性で回転を続けます。

コイルの電流の向きが逆になる。

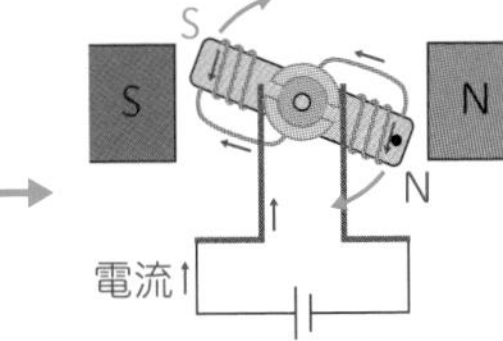

界じしゃくとしりぞけ合うように電じしゃくが回転します。

▲モーターの回るしくみ

ごみしょ理場では，集めたごみをじしゃくの力で分別することもあります。空きかんを，アルミのかんとスチールのかんに分ける機械などに使われています。

中学入試にフォーカス じしゃくのはたらく力の向き

●いろいろな方向にはたらくじしゃくの力

①じしゃくの上にガラスの板を置いて，鉄ぷんをうすくまいてからガラスをたたくと，図１のような鉄ぷんのもようができます。鉄ぷんが集まってこくなっているところほど，じしゃくの力が強いことがわかります。

　また，じしゃくの力にははたらく向きがあり，Ｎ極からＳ極に向かうように矢印であらわします。

図１

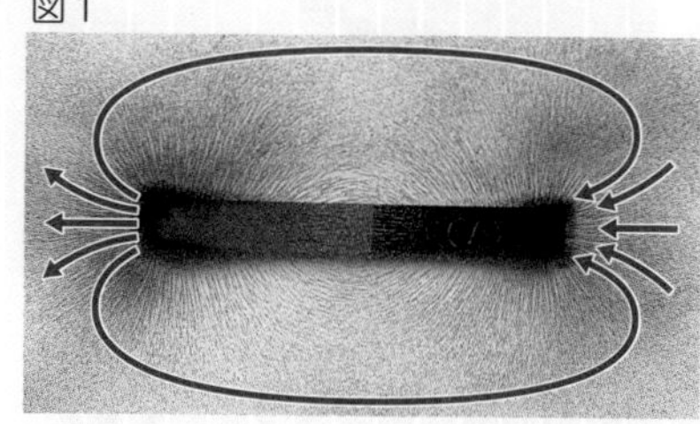

図２

②図２の実験器具で見てみると，じしゃくの力がはたらく方向は図１のように平面上だけでなく，上下・前後・左右のあらゆる方向にはたらいていることがわかります。

●じしゃくの力がはたらく向き

　じしゃくのまわりに方位じしんを置くと，じしゃくのＮ極は方位じしんのはりのＳ極を引きよせ，じしゃくのＳ極は方位じしんのはりのＮ極を引きよせます。このせいしつを使って，じしゃくの力がはたらくようすを調べることができます。

①じしゃくを置くところを決めておき，そのまわりに方位じしんをおいて，はりのさす方向を図３のように記録します。（このときＮ極はすべて北を向いています。）

図３

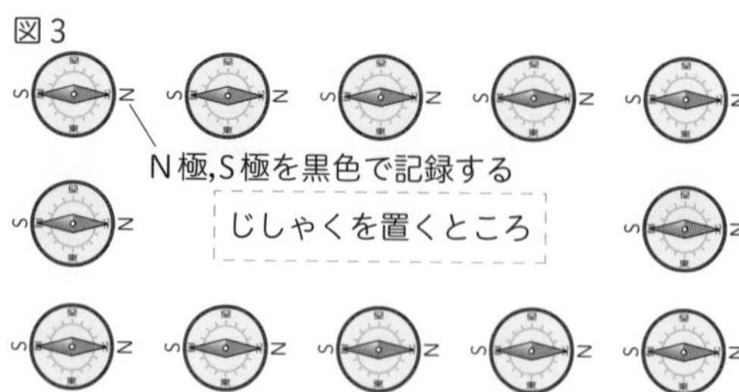

わたしたちがよく見る，何もしなくてもじしゃくの力があるものをえいきゅうじしゃくといいます。電流を流したときにだけ，じしゃくの力をもつものを電じしゃくといいます。

②ぼうじしゃくを置き，方位じしんのはりのさす方向がどう変わるかを調べます。それぞれの位置で，はりのN極やS極がさす方向がちがいます。

③ぼうじしゃくのN極とS極を反対に置きます。それぞれの位置で，はりのN極とS極のさす方向が，②と反対になります。

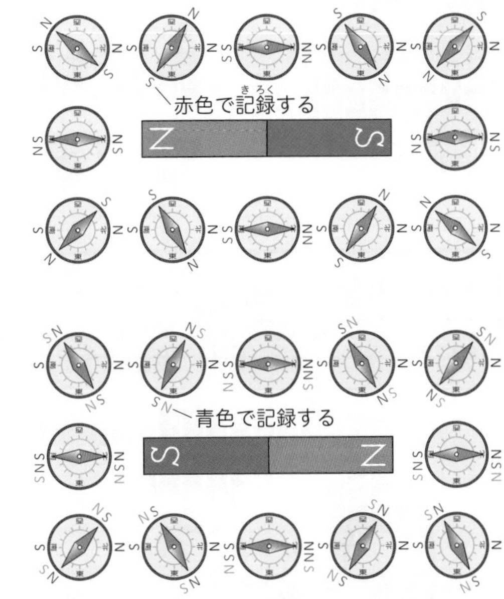

●方位じしんと地球の関係

方位じしんが，どうしていつも南北の方向をさすかという理由は，おおよそ次のように考えられています。

地球が１つの大きなじしゃくになっていて，地球の南極近くにN極があり，北極近くのカナダのほうにS極があります。そのため，方位じしんのN極はS極のある北極近くのカナダのほうに引きつけられて北をさし，方位じしんのS極がN極のある南極に引きつけられて南をさします。

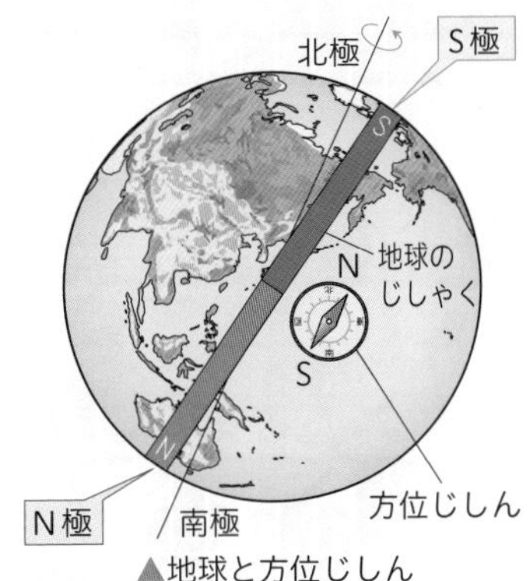

▲地球と方位じしん

このことがわかる何百年も前から方位じしんは船乗りや旅人などに使われていました。最初に科学的にとき明かしたのは，イギリス人のギルバート(1540～1603)という人です。

方位じしんの発明で，遠いところまでこう海をする人たちがふえたんだ。ヨーロッパでは，それがやがて新大陸の発見につながったよ。

昔，海を進む船の上では，太陽や星を見て方位をたしかめていました。方位じしんができたことで，くもりの日や夜でも正しい方向に進めるようになりました。

身近なもので電気をおこそう

ある日の登校時間

今日も
さむいわね～

ゆい，
おはよう！

おもしろいこと
見つけたんだ！

みて
みて!!

頭に注目！

そ～

パチ

パチ

パチ

ばんっ

どうだっっっ

って，
見てよ～！！

さむい…
かぜでも
ひいたかしら

はぁ～…

！

すっ

あら，きみは
すごい発見を
したじゃない！

え，ほんと？
先生！

しなっ

ばっ

せ，
せんせ…？

そうよ！
きみは電気を
おこしたの！

電気といっても，
これはとても小さい電気で
「静電気（せいでんき）」というんでしょ？

下じき

夏のぼうし

麦わらぼうし

なぜかしら？

静電気がおきない
ぼうしもあるわよ

電気について
もっとくわしく
調（しら）べてみたい！

それなら，
かん電池で実験（じっけん）して
みるといいわ！

DENCHI

かん電池！

5 電気の通り道

3年

学ぶことがら

1 電気を通すもの，通さないもの
2 明かりのつくものをつくろう

1 電気を通すもの，通さないもの

ここで学習すること

1 豆電球(まめでんきゅう)に明かりをつけるにはどうしたらよいかを調(しら)べよう。
2 電気を通すものと通さないものがあることとそのちがいを調べよう。

1 豆電球とかん電池のつなぎ方

実験・観察 豆電球の明かり

豆電球に明かりをつけてみましょう。

❶豆電球，どう線のついたソケット，かん電池を使(つか)って豆電球に明かりをつけてみましょう。
❷豆電球に明かりがつくときは，どのようなときかを考えましょう。

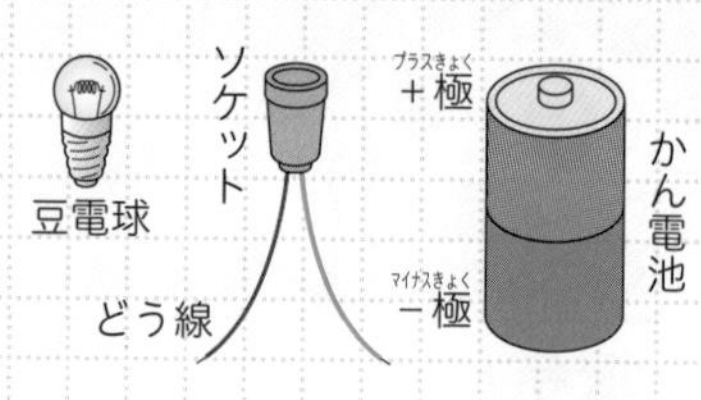

結果

▶ア，イ，ウ，エのとき明かりがつきます。

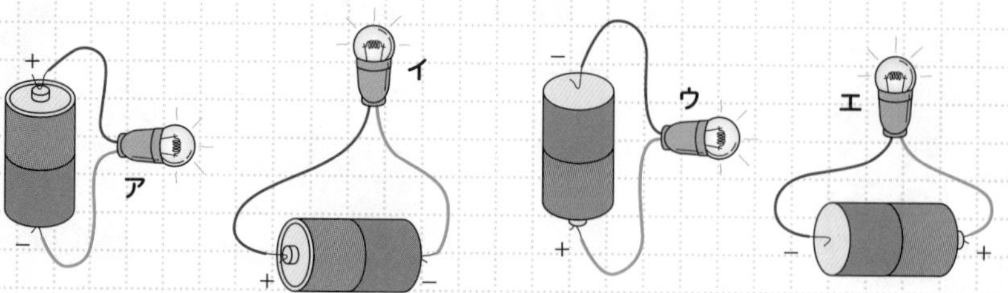

雑学ハカセ

上の実験(じっけん)では，どう線につなげる電池の極を反対(はんたい)にしても豆電球に明かりがつきますが，豆電球の赤いどう線は電池の＋極につなげるのが基本(きほん)になります。このあとの学習(がくしゅう)でも気をつけましょう。

▶**オ**，**カ**，**キ**のときは明かりがつきません。

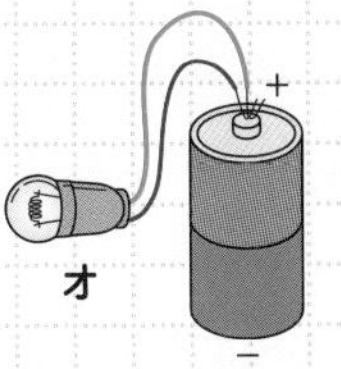

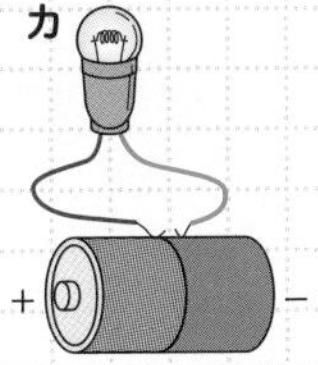

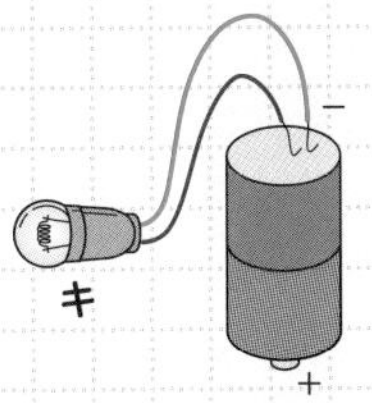

わかること

▶かん電池には＋極(プラスきょく)と－極(マイナスきょく)があり，どう線２本をそれぞれにつなぐと明かりがつきます。

▶かん電池の＋極，どう線，豆電球，かん電池の－極が**１つの輪(わ)**のようにつながると明かりがつきます。

2 電気を通すもの，通さないもの

実験・観察 電気を通すもの

電気を通すものと通さないものを調(しら)べてみましょう。

❶豆電球(まめでんきゅう)，ソケット，かん電池，かん電池ホルダー，どう線を使(つか)って**テスター**をつくりましょう。

ことば **テスター**
電気を通すか通さないかを見きわめる道具(どうぐ)のことです。

❷❶のテスターを使って，身(み)のまわりにあるものを，電気を通すものと通さないもので分けましょう。

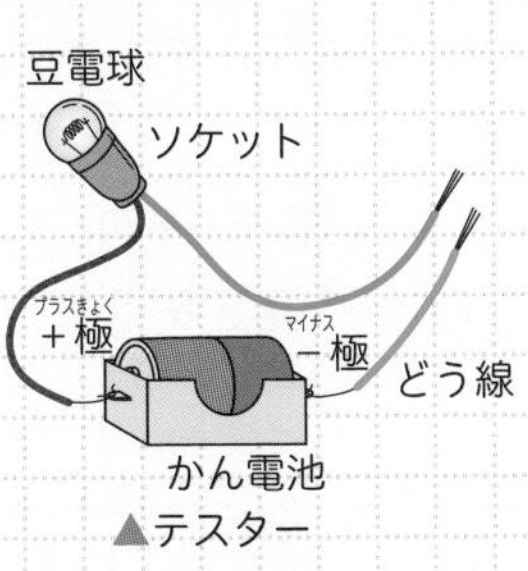

▲テスター

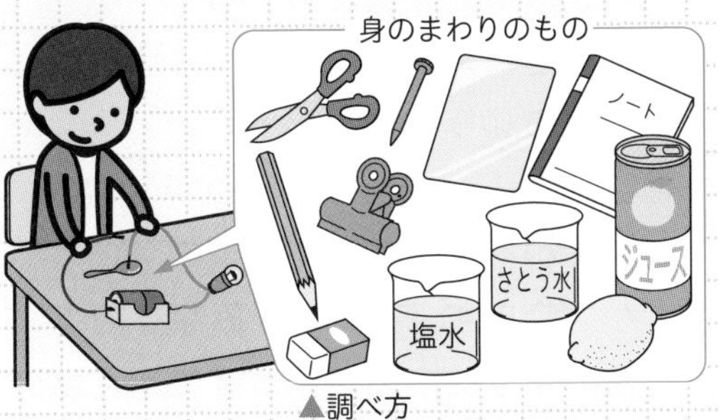

▲調べ方

何かを水にとかしたものには，電気を通すものと通さないものがあります。そのうち，電気を通すものを電かいしつ，電気を通さないものをひ電かいしつといいます。

❸電気を通すもの，通さないものそれぞれで共通点があるか考えましょう。

感電するので，コンセントにどう線をさしてはいけません。

結果

▶電気を通すものと通さないもので分けると次のようになります。

電気を通すもの	金ぞく(はさみ，クリップ，鉄くぎなど)，塩水(食塩をとかした水)，レモン
電気を通さないもの	かん(**紙やすりでけずって色を落とすと電気を通します**)，プラスチックせいの下じき，ノートなどの紙，さとう水，消しゴム，えん筆(木の部分)

金ぞくを下じきなどではさむと，電気は通らなくなります。たしかめてみましょう。

わかること

▶**金ぞく**は電気を通します。

▶金ぞくでないものでも，**塩水**や**レモン**は電気を通します。

①**電気を通すものと通さないもの**…金ぞくなどの電気をよく通すものを**どう体(良どう体)**といい，ガラスやプラスチックなどほとんど電気を通さないものを**ぜつえん体(不どう体)**といいます。

②**どう体とぜつえん体**…**かん電池**は何種類かの金ぞくでつくられていますが，表面はぜつえん体の材料を使っているので，かん電池の表面は電気を通しません。

▶**水**…ぜつえん体ですが，食塩やレモンのしるなどをまぜるとどう体になります。

▶**空　気**…ぜつえん体ですが，空気中に大きな電圧(➡ 300 ページ)が加わると，ぜつえん体のせいしつがこわれて電気を通すことがあります。これが**かみなり**です。

このように，ふだんはぜつえん体のものでも，大きな電圧が加わるときには，どう体になって電気を通すこともあります。

どう体とぜつえん体の中間にある物しつを半どう体といいます。半どう体は光電池(太陽電池)などの材料に使われています。(➡ 306 ページ)

2 明かりのつくものをつくろう

電池と豆電球をつないだときに，どのような道すじで電気が流れるかを調べよう。

1 豆電球のつなぎ方

電池と豆電球をつないだ道すじのことを**回路**といいます。

何もつないでいない豆電球のガラスの部分をゆっくり回してはずしてみましょう。豆電球の中にも小さな回路があります。この中で光をはなっている部分を**フィラメント**といいます。

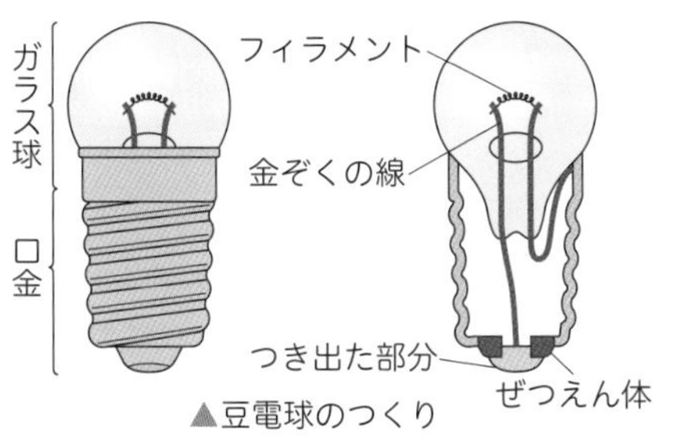

▲豆電球のつくり

▲豆電球

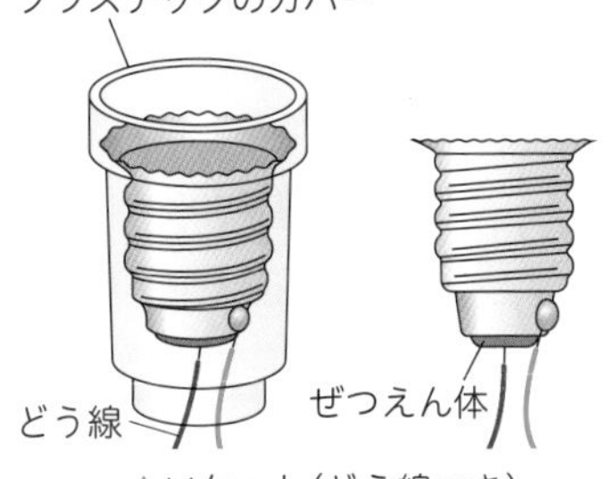

▲ソケット（どう線つき）

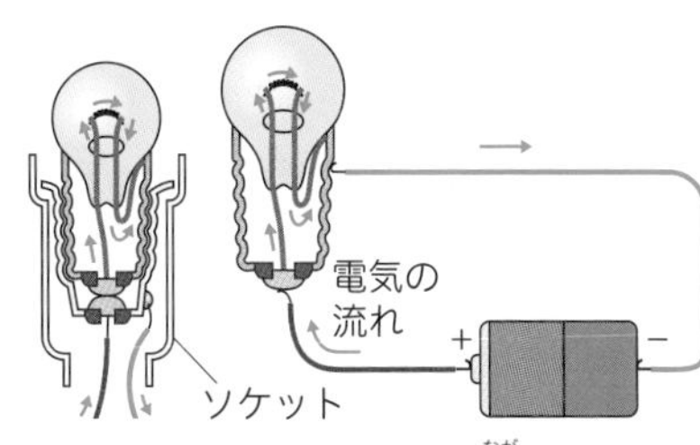

▲豆電球の電気の流れ

回路では，電気の通り道が１つの輪のようになっています。とちゅうで回路がとぎれていたり，かん電池の＋極と－極につながっていないと，豆電球の明かりはつきません。

また，ソケットのない豆電球にどう線をつなぐときは，ソケットのつき出た部分とどう体の金ぞくの部分（口金）にそれぞれのどう線をつなぐと豆電球の明かりがつきます。

豆電球のフィラメントには，タングステンという金ぞくが使われています。タングステンが使われる前，アメリカのエジソンが改良した豆電球には，京都でとれた竹を焼いてつくった炭が使われていました。

2 回路図

電池と豆電球をつないだ道すじ(**回路**といいます)を，下の図のような記号(電気用図記号)を使ってわかりやすくあらわした図を**回路図**といいます。

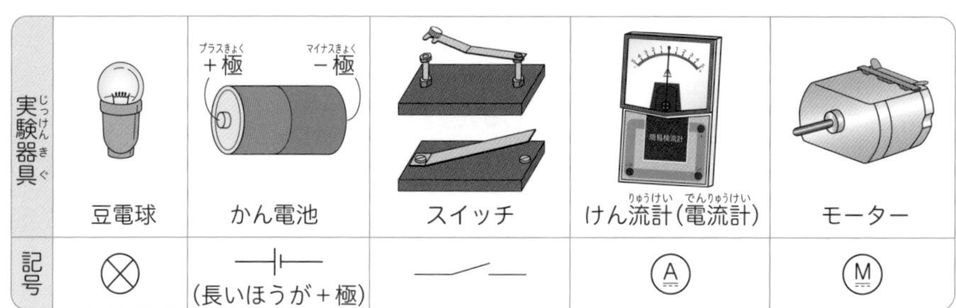

実験器具	豆電球	かん電池 ＋極　－極	スイッチ	けん流計(電流計)	モーター
記号	⊗	─┤├─ (長いほうが＋極)	─╱─	Ⓐ	Ⓜ

▲電気用図記号

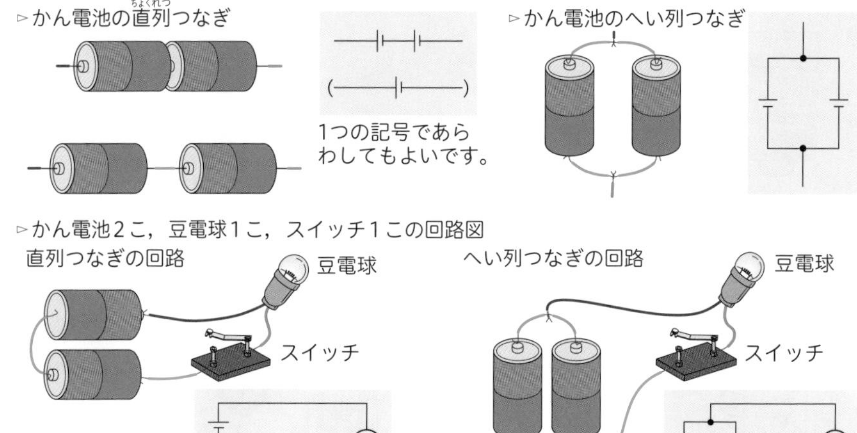

▲回路図のかき方

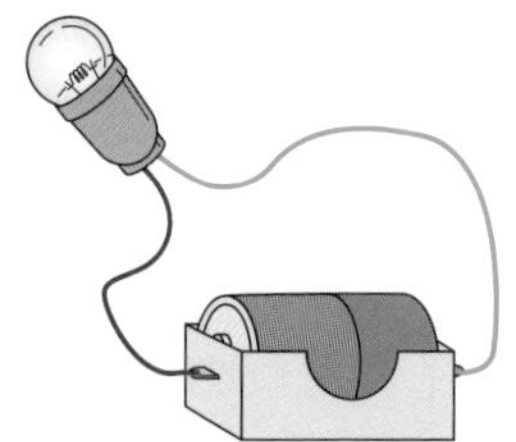

左のように，実物に近い回路をあらわした図は実体配線図というのよ。

電気用図記号は，JIS(ジス)によって定められています。JISは日本工業規格のことをさしていましたが，2019年7月1日からは「日本産業規格」という名まえに改められています。

中学入試にフォーカス さまざまな電池と電気の正体

● かん電池

①**かん電池の大きさ**…単１かん電池から，単５までの大きさがあります。単１が最も**大きく**，だんだん小さくなっていきます。なお，電圧はすべて１.５Ｖです。

▲マンガンかん電池

②**かん電池のつくり**…かん電池の中をかん単にかくと右のようになります。

・**＋極**…かん電池の中心の黒いぼう(**炭素ぼう**)。

・**−極**…二酸化マンガン，塩化あえん水ようえきなどを練り合わせたものの外側のうすい金ぞくの板(**あえん板**)。

・**かん電池の表面**…電気が通らないように加工してあります。電気は，＋極➡豆電球➡−極 と流れ，豆電球に明かりがつきます。

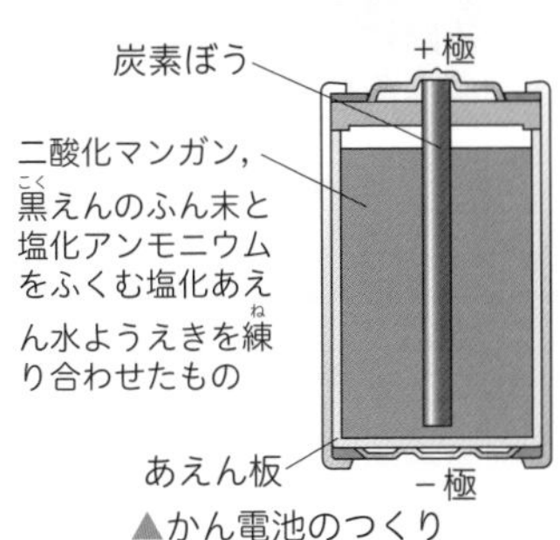

▲かん電池のつくり

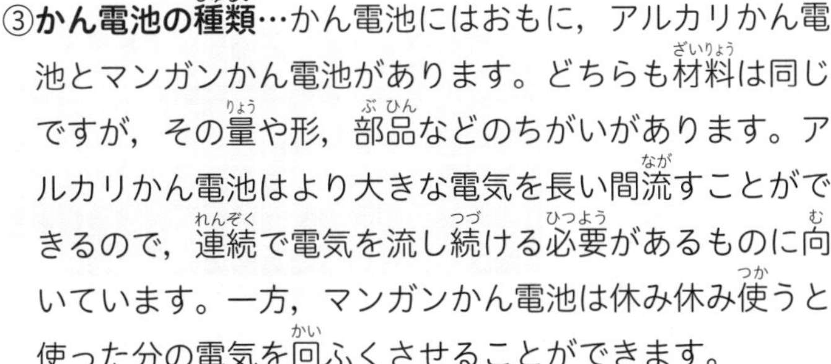

③**かん電池の種類**…かん電池にはおもに，アルカリかん電池とマンガンかん電池があります。どちらも材料は同じですが，その量や形，部品などのちがいがあります。アルカリかん電池はより大きな電気を長い間流すことができるので，連続で電気を流し続ける必要があるものに向いています。一方，マンガンかん電池は休み休み使うと使った分の電気を回ふくさせることができます。

▲アルカリかん電池

● そのほかの電池

①**燃料電池**…酸素と水素を結合させて電気をとり出す電池です。いっぱんには，水の電気分解を行って水を酸素と水素に分ける工ていがあるので，燃料電池には水あるいは水ようえき(色のついたとうめいなえき体)が必

かん電池は，明治時代，日本の屋井先蔵が発明しました。最初に発明されたときのかん電池は，大人がもち上げるのにせいいっぱいなくらいの大きさと重さがありました。

要になります。発電所のようなきょ大しせつは必要なく，小がたのそう置で発電ができるので，家庭で発電ができる１つの方法として注目を集めています。

②**ちく電池**…電気をたくわえ（**じゅう電**といいます），くりかえし使える電池をいいます。自動車のバッテリーなどに使われている**なまりちく電池**やけい帯電話などに使われている**リチウムイオン電池**などがあります。

● 電気って何だろう？

現代のわたしたちの生活に，電気は欠かせないものになっています。夜でも昼間と同じように明るい光を生み出したり，寒いときやあついときに室内でかいてきにすごすことができたり，どこにいてもニュースなどのじょうほうを手に入れることができるのは，すべて電気のはたらきによります。電気はいろいろなはたらきをしますが，実さいに目で見ることはできません。しかし，目に見えないからといって，何もないところから電気が生まれるわけではありません。すべてのものは，電気が流れるもとになる「つぶ」（**電子**といいます）をもっています。わたしたち人などの生き物も電子をもっているので，感電することがあります。ただ，もっている電子の数やそのじょうたいがちがうと，電気が流れないことがあります。電気が流れるものとそうでないものがあるのは，このためです。

▲かみなり

電子は，電気を流すこと以外にも，いろいろなせいしつやはたらきがあります。目に見えないことから，最先たんの科学を使ってもわからないことがたくさんあり，これまで多くの科学者をなやませてきました。しかし，どんなむずかしいことも，実験や観察が基本です。実験を何回もくり返し，電気とは何かを考えてみましょう。

電気は身近なものだけど，実はわかっていないことや，使い方によってはきけんなこともあるので気をつけよう。

小さなかん電池を直列つなぎにして，１つのかん電池にした電池を角形電池といいます。角形電池の電圧は，９Ｖです。

8つのミッション！⑥

283 ページでは，かん電池にはおもにマンガンかん電池とアルカリかん電池の種類があることがわかりました。この 2 つにはそれぞれ特ちょうがあるので，道具の使い道によってどちらのかん電池が向いているかがわかります。では，身のまわりにある道具のどのようなものがマンガンかん電池，またはアルカリかん電池を使うのに向いているか，調べてみましょう。

ミッション

身のまわりにある道具が，マンガンかん電池とアルカリかん電池のどちらを使うとよいかを調べてみよう！

調べ方（例）

ステップ1　調べるものを決めよう！

- 身のまわりで，かん電池を使っているものをいくつかあげて，表にまとめよう。

ステップ2　それぞれの道具の特ちょうを考えよう！

- あとでイメージしやすいように，絵をかいたり，写真をはったりしておこう。

ステップ3　特ちょうから予想しよう！

- マンガンかん電池とアルカリかん電池のせいしつを参考に，どちらを使うほうがよいかを考えよう。

ステップ4　じっさいにたしかめよう！

- 道具の取りあつかい説明書など，実さいにどちらを使うように書かれているかを調べよう。
- ＋極と－極の向きをまちがえないようにしよう。
- わからないことがあれば，はん売店などの店員さんに聞いてみよう。

解答例 376 ページ

水の流れと電気の流れはにたものどうし

ある日の放課後

これから電気の実験をするんだよね？

先生はそう言ってたわよ

あら、2人ともおそいわよ！

こ…これは！？

名づけて！

電流の流れを見るそう置！

電流の流れは水の流れとにているから水で実験をするの！

てつだったよ

名前そのままじゃん…

電気の場合

豆電球　かん電池

水の場合

水車　ポンプ

これで，目には見えない電流の流れもかくにんできるでしょ！

すごーい!!

実験スタート

まずはポンプひとつね

水車は…

カタカタ…

次は，ポンプ2つを「直列」につなぐ
高さはポンプ1つの2倍
今度はポンプ2つを「へい列」につなぐ
高さはポンプ1つと同じ
グル
グル…
水車は…
1つのときよりはやいね！
カタカタ…
水車は…
1つのときと変わらない！？
水は水路の中で一定の方向に流れるでしょ
電流の流れも一定の方向に流れるのよ
電流の流れと水の流れはよくにているんだね！
なるほど
よし！次はかん電池を使って…
ガッ
びっちゃ〜
キャ〜
電流だったら広がらなかったのに

6 電池のはたらき

4年 発展

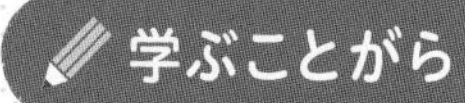

1 豆電球の明るさやモーターの回り方
2 電流の大きさ　3 光電池のはたらき

1 豆電球の明るさやモーターの回り方

かん電池のつなぎ方のちがいで，電気の流れ方にちがいがあることを調べよう。

1 かん電池と豆電球の明るさやモーターの回り方

実験・観察　かん電池のつなぎ方と豆電球の明るさ

かん電池２このつなぎ方で豆電球の明るさやモーターの回り方にちがいがあるかを調べてみましょう。

❶かん電池２こと豆電球１このつなぎ方には**ア**，**イ**の２通りがあります。明るさにちがいはあるか，くらべましょう。
❷かん電池２ことモーター１このつなぎ方には**ウ**，**エ**の２通りがあります。回り方にちがいはあるか，くらべましょう。

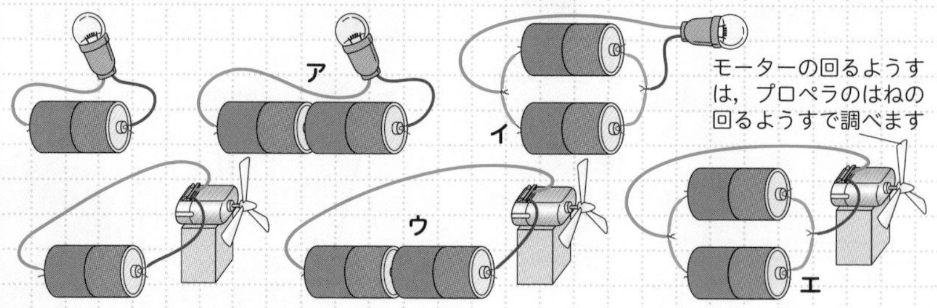

結果

▶**ア**，**イ**では明るいのが**ア**，長い時間光るのが**イ**です。
▶**ウ**，**エ**でははやく回るのが**ウ**，長い時間回るのが**エ**です。

雑学ハカセ

かん電池の＋極は飛び出したつくりになっています。これは，電池の＋極と－極を見た目ではっきりと区別したり，かん電池をケースなどからとり出しやすくするのに役立っています。

2 かん電池のつなぎ方

実験・観察 かん電池2このつなぎ方

かん電池2こと豆電球(まめでんきゅう)1このつなぎ方には，ア～オの5通りが考えられます。豆電球の明るさを調(しら)べてみましょう。

❶明かりのつくつなぎ方，つかないつなぎ方を調べましょう。

❷明かりのつくつなぎ方の中で，明るさをくらべましょう。

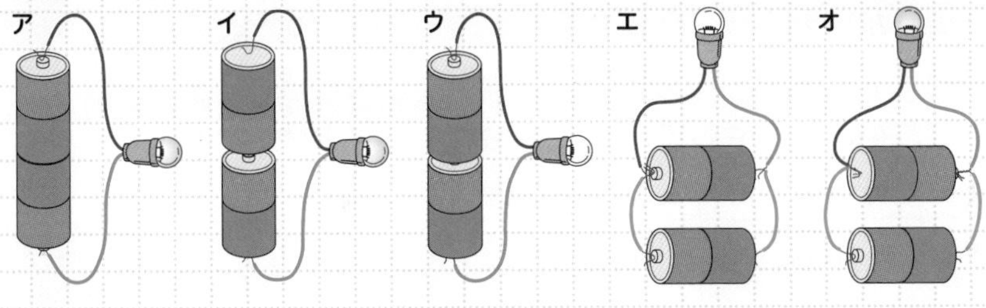

結果

- **ア～オ**のつなぎ方で，**ウ**と**エ**だけ明かりがつきます。
- **ウ**と**エ**のつなぎ方では，**ウ**のほうが明るくつきます。
- つかないつなぎ方で，**オ**はつないでいるどう線が熱(あつ)くなります。

1 かん電池の直列(ちょくれつ)・へい列つなぎ

上のつなぎ方のうち，**ウ**のつなぎ方をかん電池の**直列つなぎ**といい，**エ**のつなぎ方をかん電池の**へい列つなぎ**といいます。直列つなぎは一度(いちど)に流(なが)れる電気が多く，長もちしません。へい列つなぎは直列つなぎより一度に流れる電気が少なく，長もちします。

2 短(たん)らく（ショート）

オのようなつなぎ方を**短らく（ショート）**といい，一度(いちど)にたくさんの電気が流れるため，どう線がとても熱くなり，きけんです。先生のしどうで実験(じっけん)しましょう。

かん電池の使用期限(しようきげん)が，かん電池の側面(そくめん)などに書かれています。右のように書かれていれば，2030年4月までが使用すいしょう期限ということになります。新しいものを使(つか)って実験しましょう。

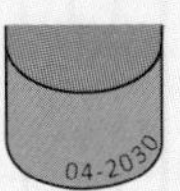

3 かん電池の直列つなぎ

実験・観察 かん電池の直列つなぎ

かん電池を直列につないで，豆電球の明るさを調べてみましょう。

❶かん電池１このときと，かん電池２こを直列につないで豆電球をつけたときとでの，豆電球の明るさのちがいをくらべましょう。

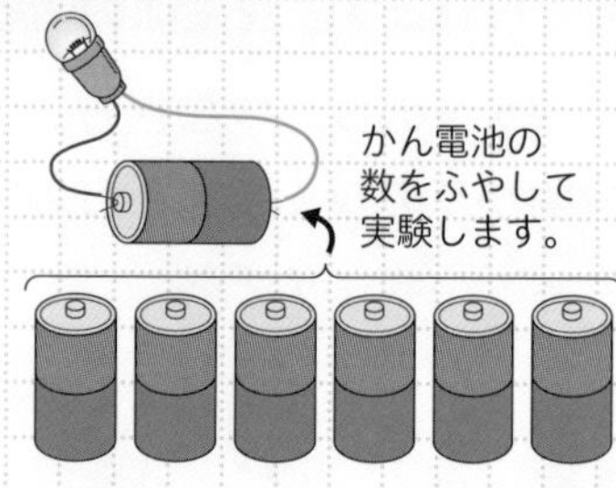

❷直列につなぐかん電池の数を３こ，４ことふやしていった場合，豆電球の明るさはどうなるか調べましょう。

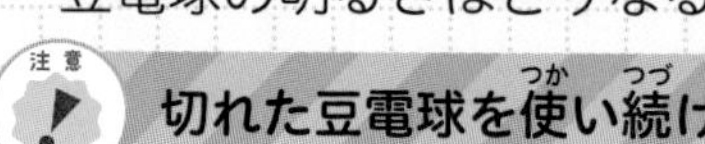

注意 **切れた豆電球を使い続けないようにしましょう。**

結果

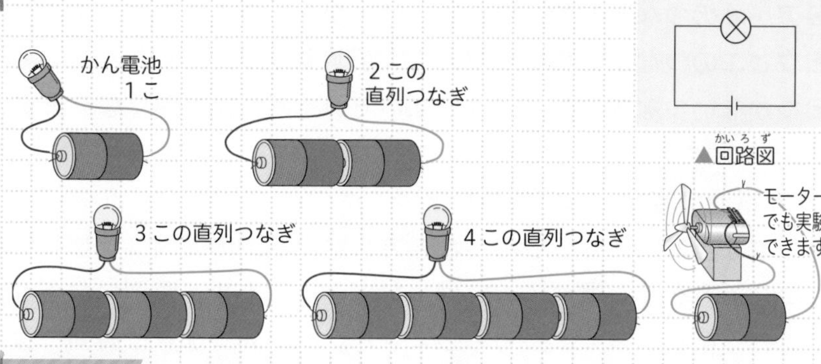

▲回路図

わかること

- かん電池１このときより２こを直列つなぎにしたときのほうが，豆電球はより明るく光ります。
- かん電池を直列つなぎにして，３こ，４ことふやすと，豆電球はより明るく光りますが，豆電球はすぐに切れ**長もちしません。**
- 一度切れた豆電球にかん電池をつないでも，明かりはつきません。

パワーアップ

豆電球の金ぞくの部分にある「1.5 V-0.3 A」などは，その豆電球がたえられる電気の流れるいきおいや量をしめしています。これ以上にすると，豆電球がこわれてしまいます。V はボルト，A はアンペアと読みます。

4 かん電池のへい列つなぎ

実験・観察 かん電池のへい列つなぎ

かん電池をへい列につないで，豆電球の明るさを調べてみましょう。

❶かん電池１こで，豆電球をつけたときと，かん電池２こをへい列につないで豆電球をつけたときとでの，豆電球の明るさのちがいをくらべましょう。

❷へい列につなぐかん電池の数を３こ，４ことふやしていった場合，豆電球の明るさはどうなるか調べましょう。

結果

▶かん電池１こと２このへい列つなぎでは，明るさはほとんど変わりません。

▶かん電池の数を多くしても，１このときと明るさはほとんど変わりません。

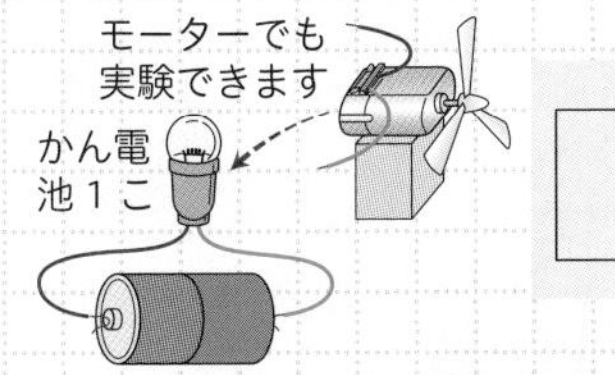

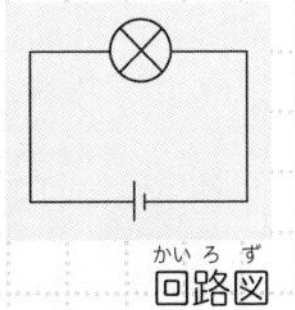
回路図

かん電池２このへい列つなぎ

回路図

わかること

▶かん電池をへい列につなぐと，何こつないでも豆電球にかかる電気の流れるいきおい(**電圧**といいます)は1.5 V(かん電池１こ分)のままで変わりません。

▶そのため，かん電池を何こへい列につないでも，１このときと明るさは**ほとんど変わりません。**

かん電池３このへい列つなぎ

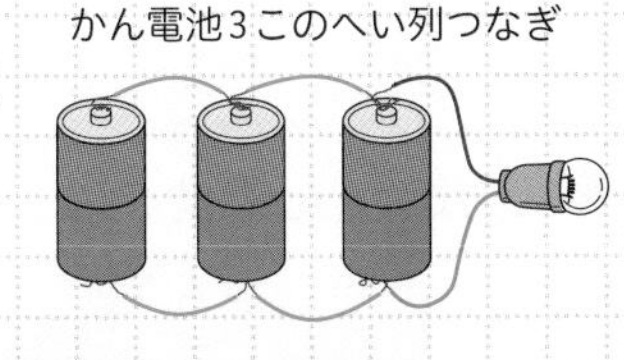

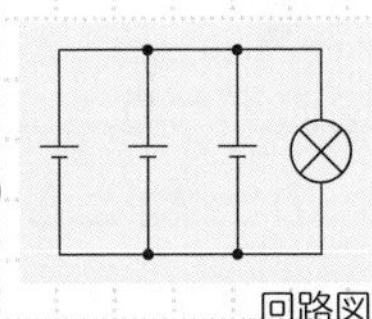
回路図

かん電池４このへい列つなぎ

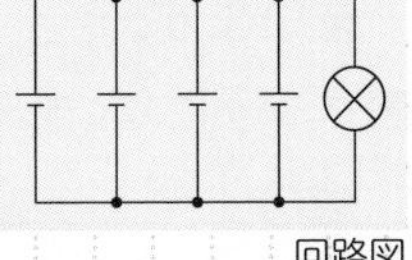
回路図

明かりをつけるための道具として，豆電球のほかにも発光ダイオード(LED)があります。発光ダイオードは，豆電球よりも熱を出しにくいのでより長い時間明かりをつけることができます。発光ダイオードについては６年生でくわしく学習します。

5 電気の通り道

実験・観察　電気の通り道

電気の通り道について調べてみましょう。回路図をかいて考えます。

❶かん電池２こ直列つなぎのときと，１こはずしたときとで豆電球の明るさやモーターの回り方はどうなるか調べましょう。

❷かん電池２こへい列つなぎのときと，１こはずしたときとで豆電球の明るさやモーターの回り方はどうなるか調べましょう。

回路図 282ページ

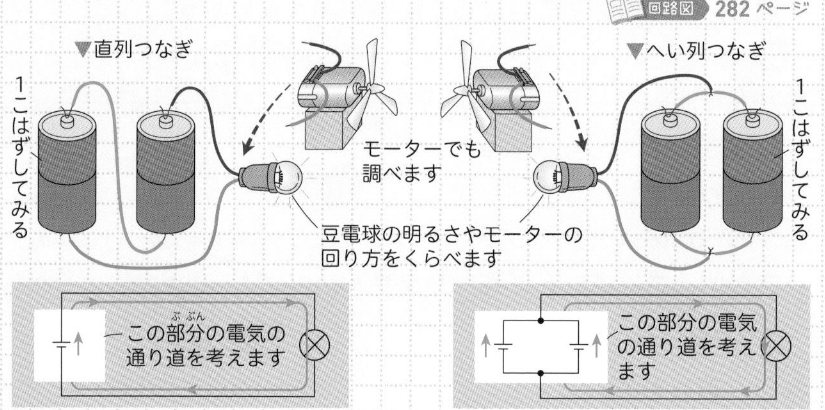

結果

▶直列つなぎでは，一方のかん電池の－極ともう一方のかん電池の＋極がつながっています。かん電池１こをはずすと電気は消えてしまいます。

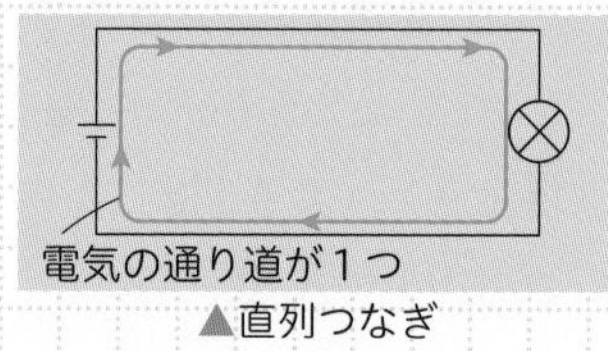

▲直列つなぎ

▶へい列つなぎでは，２このかん電池の＋極と＋極，－極と－極がつながっています。かん電池１こをはずしても，豆電球は同じ明るさでついています。

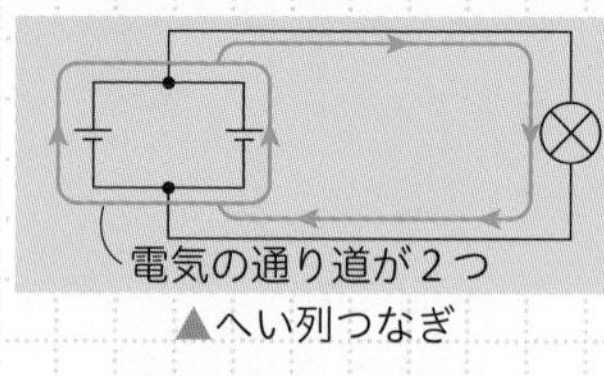

▲へい列つなぎ

家庭の電気のスイッチやコンセントはへい列につながっています。あるスイッチが入っていなくても，別のスイッチを入れると明かりがつくのはこのためです。

わかること

- 直列つなぎでは，電気の通り道が１つと考えられます。
- へい列つなぎでは，かん電池の数だけ電気の通り道があると考えられます。

かん電池２こずつを直列つなぎとへい列つなぎにして豆電球(１こ)をつけ，明るさをくらべると，直列つなぎのほうが明るくつきます。

中学入試にフォーカス　豆電球のつなぎ方と明るさ

● **豆電球のつなぎ方と豆電球の明るさ(かん電池が同じこ数のとき)**

①かん電池１こで，豆電球１このとき(**ア**)と，２こを直列つなぎ(**イ**)，３こを直列つなぎ(**ウ**)したときの豆電球の明るさにちがいがあるか調べましょう。

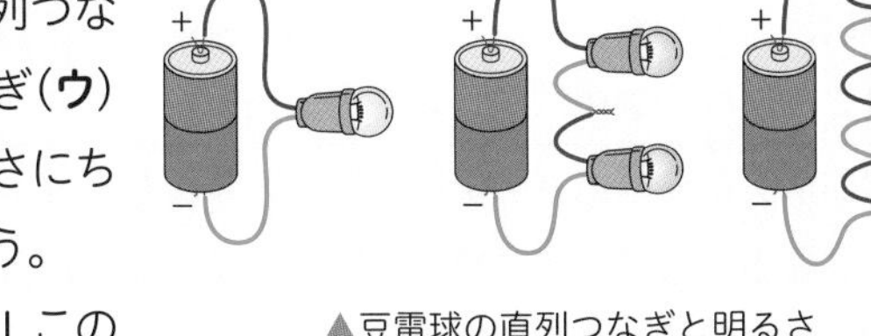

▲豆電球の直列つなぎと明るさ

②かん電池１こで，豆電球１このとき(**ア**)と，２こをへい列つなぎ(**エ**)，３こをへい列つなぎ(**オ**)したときの豆電球の明るさにちがいがあるか調べましょう。

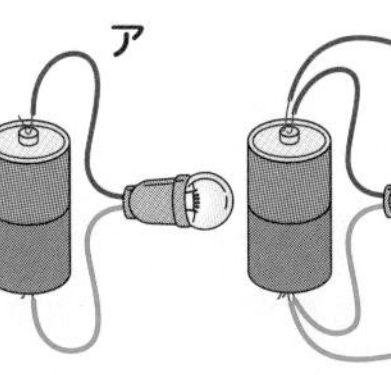

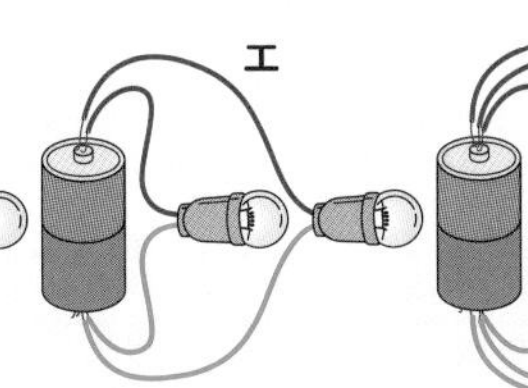

オ

▲豆電球のへい列つなぎと明るさ

結果

- **ア**，**イ**では豆電球１こあたりの明るさは**ア**のほうが明るくなります。(**イ**のほうがより長い時間光っています。)
  　また，**イ**，**ウ**では豆電球１こあたりの明るさは**イ**のほうが明るくなります。(**ウ**のほうがより長い時間光っています。)
- **ア**，**エ**では豆電球１こあたりの明るさは同じですが，**ア**のほうがより長い時間光っています。

ていこう(➡ 294 ページ)**は，電気用図記号であらわすと，右の①のようになります。しかし，以前は②のようにあらわされていました。**

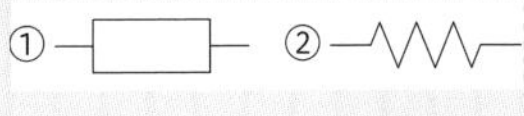

　また，**エ**，**オ**では豆電球１こあたりの明るさは同じですが，**エ**のほうがより長い時間光っています。

わかること

▶豆電球２こを直列つなぎしたとき，１このときよりも豆電球は暗く光ります。(かん電池は長もちします。)

　また，直列つなぎに豆電球をふやすほど，豆電球はより暗く光ります。(かん電池はより長もちします。)

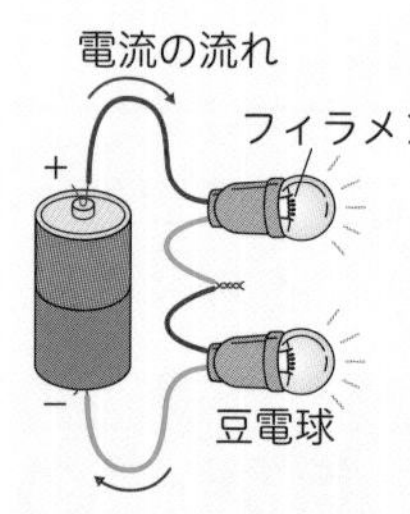

▻豆電球の１こあたりの明るさは，１このときより暗い。

▻１こ消えると，他の１こも消える。

▶豆電球２こをへい列つなぎしたとき，豆電球１こあたりの明るさは同じですが，かん電池は長もちしません。

　また，へい列つなぎに豆電球をふやしても，豆電球１こあたりの明るさは同じですが，かん電池はより長もちしません。

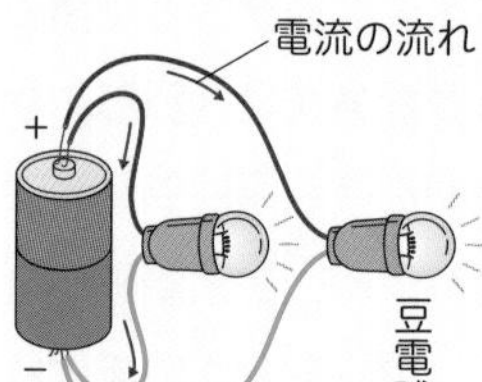

▻豆電球の１こあたりの明るさは，１このときと同じ。

▻１こが消えても，他の電球は消えない。

● かん電池・豆電球のつなぎ方と豆電球の明るさ

①豆電球を直列つなぎでふやしていくことを，**ていこう**が大きくなるといいます。この結果，豆電球１このときよりも暗くなります。

②反対に，豆電球をへい列につないだとき，どんなに豆電球をふやしてもそのときの豆電球１こに流れる電流の大きさは，豆電球が１このときと変わりません。

③回路のつなぎ方によって豆電球のていこうが変わり，豆電球の明るさも変わってきます。

豆電球を直列つなぎ，へい列つなぎにしたときは，かん電池を直列つなぎ，へい列つなぎにしたときと明るさが反対になります。かん電池は電流を流す役わりをもつのにたいし，豆電球は電流をその大きさの分だけ光という目に見える形に変える役わりをもつためです。

2 電流の大きさ

1 かんいけん流計を使って，電流の大きさを調べられるようにしよう。
2 かんいけん流計，電流計のあつかい方について学ぼう。

1 電池のつなぎ方と電流の大きさ

電気は＋極から豆電球などを通って－極に流れると決められています。この電気の流れのことを**電流**といいます。

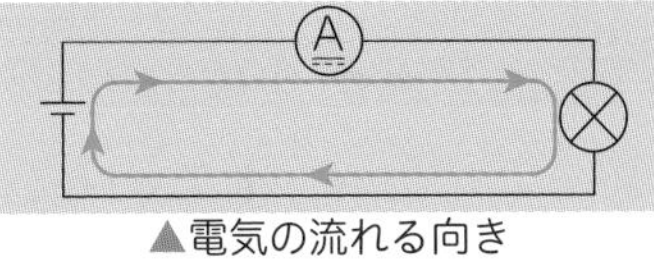

▲電気の流れる向き

電気の流れる量は，**電流の大きさ（アンペア〔A〕）**をはかることで知ることができます。

実験・観察　かん電池のつなぎ方と電流の大きさ

かん電池のつなぎ方による電流の大きさのちがいを，モーターの回り方などで調べてみましょう。

❶かん電池１このときの電流の大きさを調べましょう。
❷かん電池２こを直列，へい列につないだときの電流の大きさを，かん電池１このときとくらべましょう。かんいけん流計 296ページ

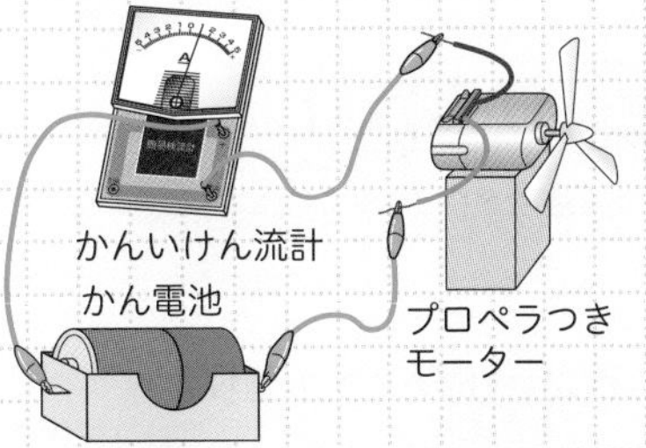

かんいけん流計
かん電池
プロペラつきモーター

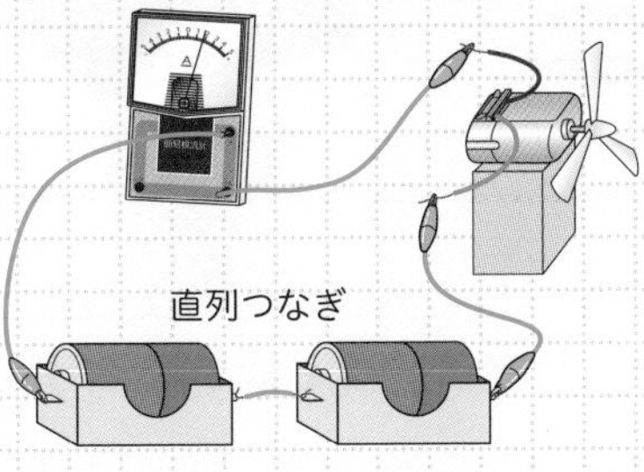

直列つなぎ

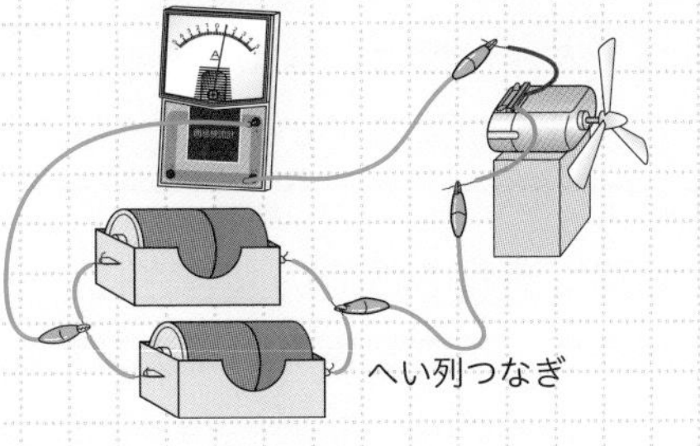

へい列つなぎ

電流の大きさの単位であるアンペアは，電流とじしゃくに関する発見をしたフランスのアンペールという人物にちなんだものです。

結果

- 電流の大きさは，かん電池1このときとくらべると，かん電池2こを直列につないだときのほうが大きいですが，2倍にはなりません。
- 電流の大きさは，かん電池1このときと，かん電池2こをへい列につないだときではほとんど変わりません。

わかること

- 電流の大きさは，かん電池を2こ直列につないだとき，**1このときの2倍近く**になります。かん電池を2こへい列につないだとき，**1このときとほとんど変わりません。**

①豆電球をつけたりモーターを回したりしたとき，かん電池1このときとかん電池2こを直列につないだときのようすに差があるのは，回路を流れる**電流の大きさ**に関係があります。

②かん電池を直列につないだときは，1このときより大きな電流が流れますが2倍にはなりません。

③かん電池をへい列につないだときは，だいたい1このときと同じくらいの電流が流れます。

2 けん流計

電流がどのくらい回路に流れているかを調べるときは，けん流計を使います。けん流計のはりのふれが大きいほど，より大きい電流が流れています。

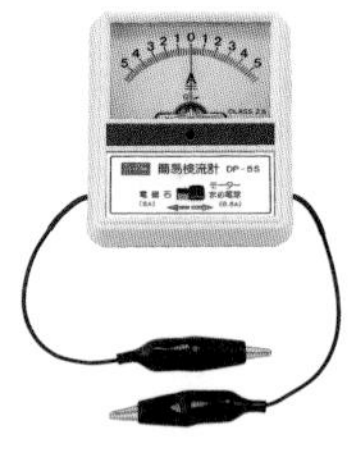

▲かんいけん流計

▲けん流計

回路に流れる電流の大きさによっては，はりがふりきれてしまうことがあり，そのときはマイナスたんしをつなぎかえる必要があります。

けん流計のはりがふりきれてしまうということは，けん流計がはかることができる電流の大きさ以上の電流が流れてきているということです。そのじょうたいが長く続くと，けん流計はこわれてしまいます。

実験器具のあつかい方 けん流計のあつかい方

1 けん流計の使い方

①けん流計を**水平**な台に置き，はじめに**0をさす**ように調整します。

②豆電球やモーターとかん電池の間に，1つの輪になるようにつなぎます。

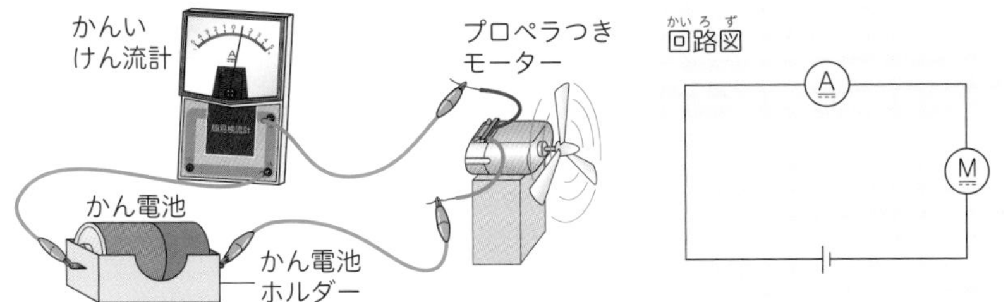

注意 けん流計はかん電池に直せつつないではいけません。

③最初に**大きなあたい**のマイナスたんしを選びます。（スイッチ式のものは5A を選びます。）

④③のとき，はりのふれが小さければ，**小さいあたい**のマイナスたんしにつなぎかえます。（スイッチ式のものは「まめ電球（0.5 A）」を選びます。）。

⑤電流の流れる**向き**を調べたいときは，＋極と－極をつなぎかえると，はりのふれる向きがぎゃくになるので向きがわかります。

2 けん流計の目もりの読み方

①図1のとき，マイナスたんしが「0.5 A」の側になっています。この場合の大きな目もりの1目もりは0.1 Aですから，このとき電流は0.2 Aが流れていることになります。

②図2のとき，マイナスたんしが「5 A」の側になっています。

図1

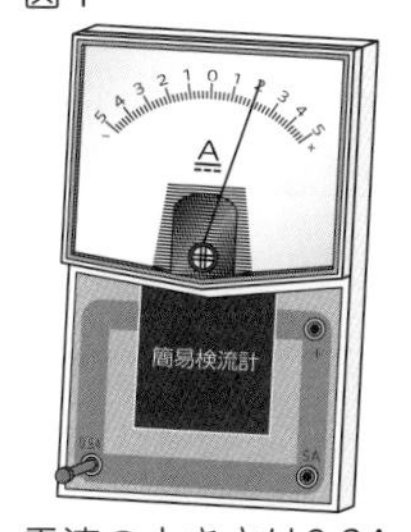

電流の大きさは0.2A
（－たんし「0.5A」）

図2

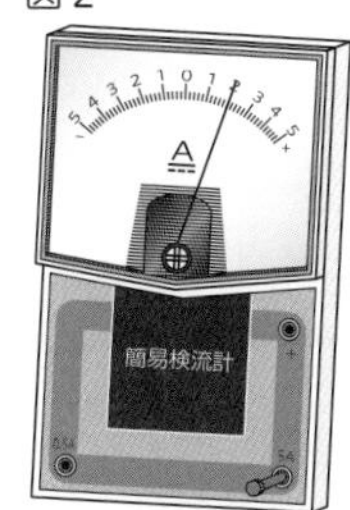

電流の大きさは2A
（－たんし「5A」）

パワーアップ けん流計のはりは右にふれるときと左にふれるときがあります。これは回路に流れる電流の向きによるもので，こしょうではありません。ただし，左にふれ続けていると，けん流計の負たんになるので，右にふれるように回路を調整しましょう。

この場合の大きな目もりの１目もりは１A（アンペア）ですから，このとき流れている電流は２Aとなります。

3 けん流計のしくみ

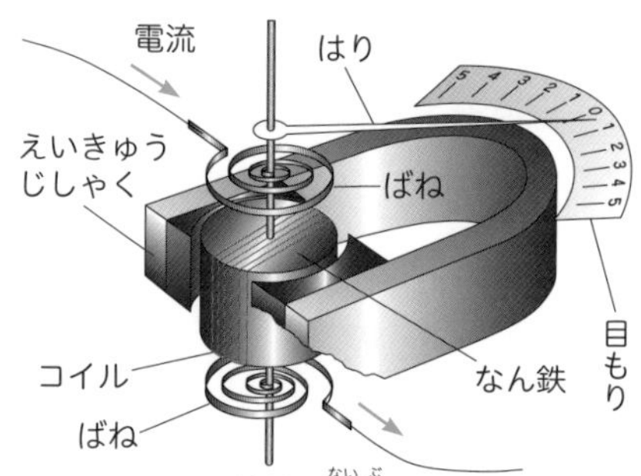

▲けん流計の内部のしくみ

①電流は右の図のように，上のばね→コイル→下のばねと流れて外へ出ます。

②電流が流れると，なん鉄がじしゃくとなり，**えいきゅうじしゃく**から力を受けて（同じ極ははなれ，ちがう極は引き合います）右に回ろうとし，ばねが左にもどそうとします。

③一定の電流が流れると，このばねのもどそうとする力より大きくなって一定の角度だけ回ります。これがはりを回して**目もり**をさし，流れている電流が何Aかがわかるのです。

3 電流計

けん流計と同じように，電流の大きさを調べる道具ですが，けん流計より正かくに調べることができます。

実験器具のあつかい方　電流計のあつかい方

▲電流計

①電流計は，はりがかた方にしかふれません。（正かくには左右どちらにもふれますが，目もりの少ないほうにふれると電流計に負たんがかかってしまいます。）必ずかん電池の＋極側からくるどう線を電流計の＋の印のところに，かん電池の－極側からくるどう線を－の印の最も大きなあたいのところにつなぎます。

けん流計や電流計にも，豆電球と同じようにていこうがあります。しかし，とても小さいていこうなので，豆電球などと直列につないでもほとんどえいきょうはありません。

②はりのふれを見て，ふれが小さいときはマイナスたんしのあたいの小さいところへつなぎかえます。そして，電流のあたいを読みます。

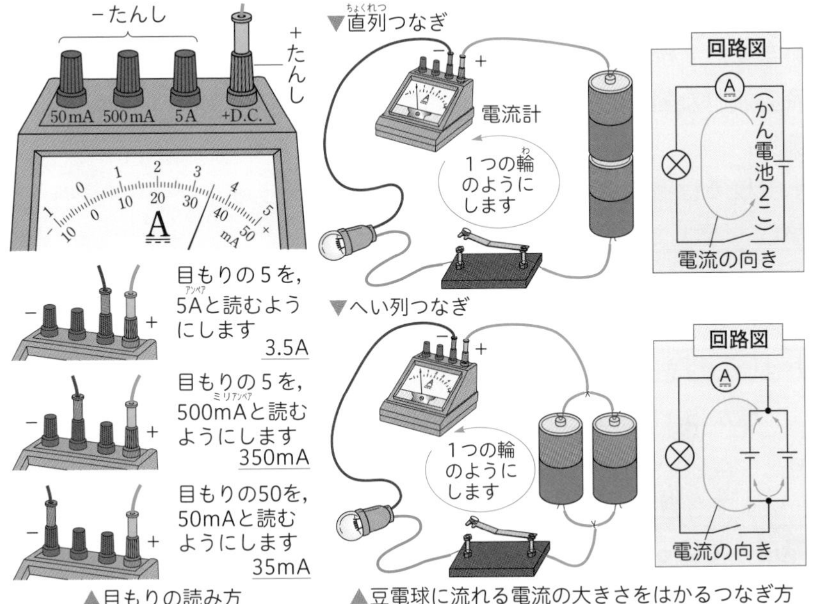

▲目もりの読み方
▲豆電球に流れる電流の大きさをはかるつなぎ方

中学入試にフォーカス 電子・電流・電圧の正体

電子って何だろう？

電気は，「**電子**」という最小のつぶ(りゅう子といいます)がもとになっています。電子は，－のせいしつをもち，重さは1kgのわずか100億分の1の100億分の1のさらに100億分の1ほど(＝9.1094×10^{-31} kg)しかなく，とても小さいので(光学)けんび鏡でも観察できません。どう線内にこの電子がたくさん流れることにより，豆電球がついたり，モーターが回ったりします。

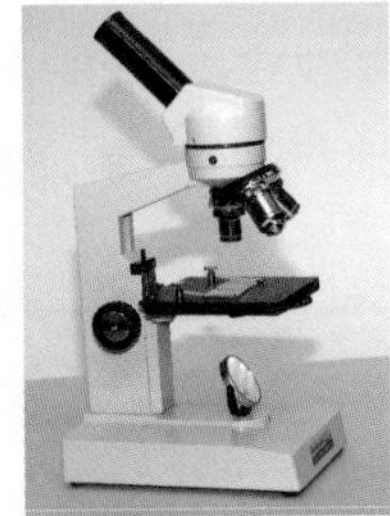
▲光学けんび鏡

電子は英語でエレクトロンといいます。このエレクトロンは，ギリシャ語で「こはく」のことをさします。こはくはそうしょく品によく用いられています。

● 電流っていったい何だろう？

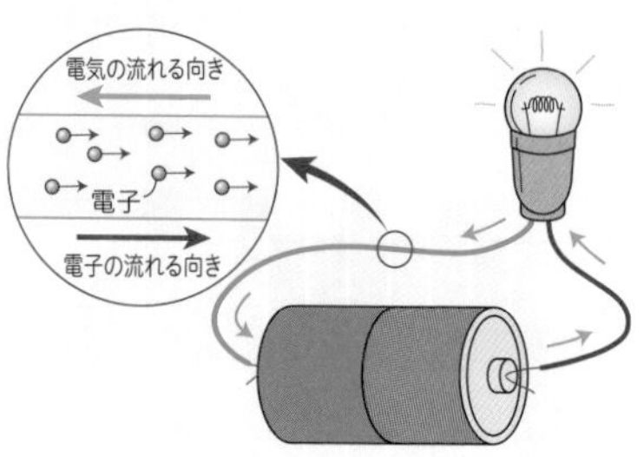

電流とはくわしくいうと，「どう線内を１秒間に流れる電子の数のこと」をいいます。１秒間に流れた電子の数が，電流の流れた量(大きさ)をあらわしています。

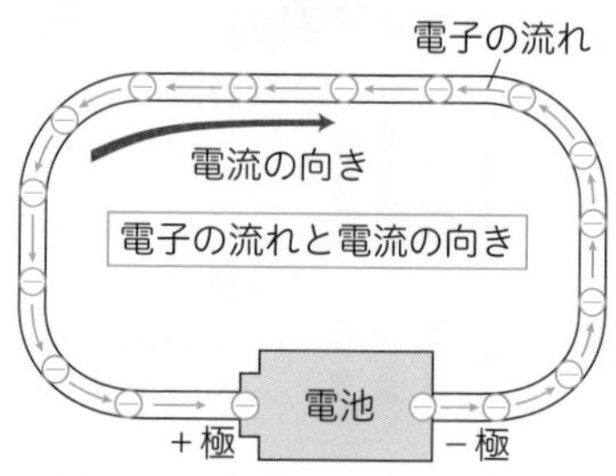

小学校では電流の流れる向きを「＋極から－極」としています。実は，これは電気の正体が電子であるとわかっていない時代にそう決めたためなのです。電子は－のせいしつをもっていることから，**電子は「－極から＋極」**に流れるので，本当はぎゃくだといいたいところなのです。しかし，いまでも習かん的に，**電流の向きは「＋極から－極」**としています。

● 電圧っていったい何だろう？

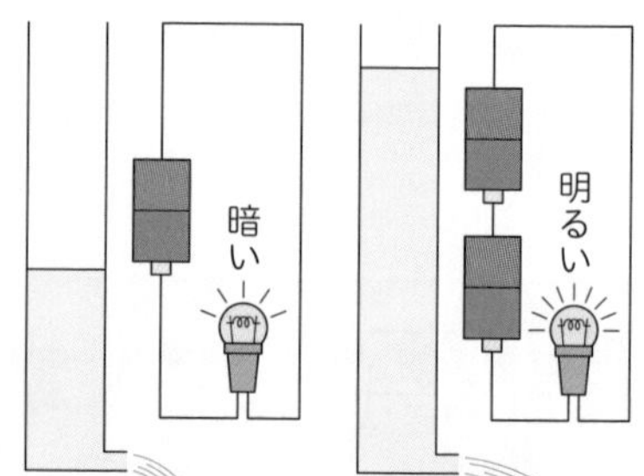

▲電圧と水圧の関係

電圧とは，「電げん(かん電池などの電気を続けて生み出すもの)から電気の正体である電子にあたえられるいきおいの大きさのこと」をいいます。

電子は，かん電池から電圧をあたえられることによって，初めて流れようとします。いっぱんに，電圧の大きさが大きいほど，電子がいきおいよく豆電球やモーターに流れ，明るくともり，回転数もはやくなります。(より大きな電流が流れます。)

かん電池を直列につなぐとより大きな電流が流れるのは，かん電池がつながることで電圧が大きくなり，つまり電子の流れのいきおいが大きくなったためだったんだ。へい列につなぐと，かん電池それぞれから流れてきた電子がとちゅうで１本のどう線を通らないといけなくなるから，じゅうたいのようになっていきおいが小さくなって，けっきょくかん電池１このときと変わらなくなるというわけだ。

電圧の大きさが大きいほどより大きな電流が流れることが知られていますが，これは1827年にドイツのオームによって発見され，オームの法そくとよばれています。

3 光電池のはたらき

1 光電池のしくみを調べよう。
2 太陽光発電のしくみはどうなっているのか，調べよう。

1 光電池

光電池はかん電池とちがい，**太陽光**などの**光**をあてることで電気をつくり出す電池です。

実験・観察 光電池のはたらき

光電池を使って電気をつくりましょう。

❶よく晴れた日に，光電池を使って豆電球をつけたりモーターを回したりしましょう。
❷光電池の＋極と－極をつなぎかえてみると，モーターの回り方はどのようになるか調べましょう。
❸よく晴れた日に，鏡のまい数を変えて，日光を鏡ではね返し，光の強いときや弱いときでは豆電球のつき方やモーターの回り方はどのようになるか調べましょう。

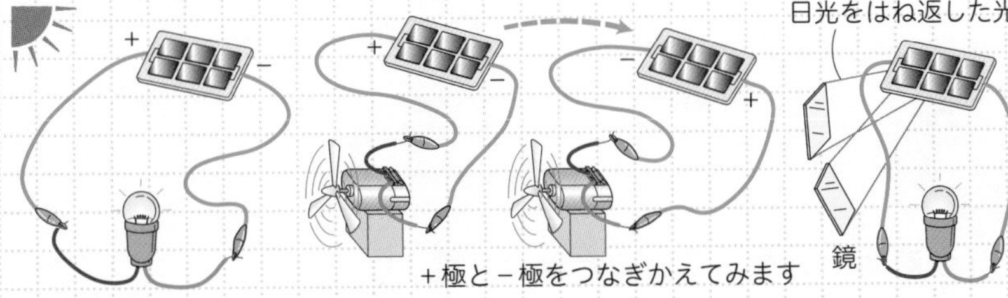

結果

▶＋極と−極を反対につなぐと，モーターはぎゃくに回ります。
▶光が強いとき，豆電球は明るくつき，モーターもいきおいよく回ります。光が弱いとき，豆電球はつかないか，または暗くつきます。モーターは回らないか，または弱く回ります。

けい光灯や白熱電球などの光でも，光電池で電気をつくり出すことができます。これを利用しているものに，電たくなどがあります。

わかること

▶光電池は**光**をあてることで電気をつくり出します。

▶光の強さによって，電流の流れる大きさも変わります。

2 光電池と光のあたり方

実験・観察　光のあたり方による光電池のはたらき

光電池の光のあたり方によるちがいについて調べてみましょう。

豆電球やモーターをつないだ光電池を手でおおったり，光のあたる角度を変えたりして，豆電球の明るさやモーターの回り方がどのようになるか調べましょう。

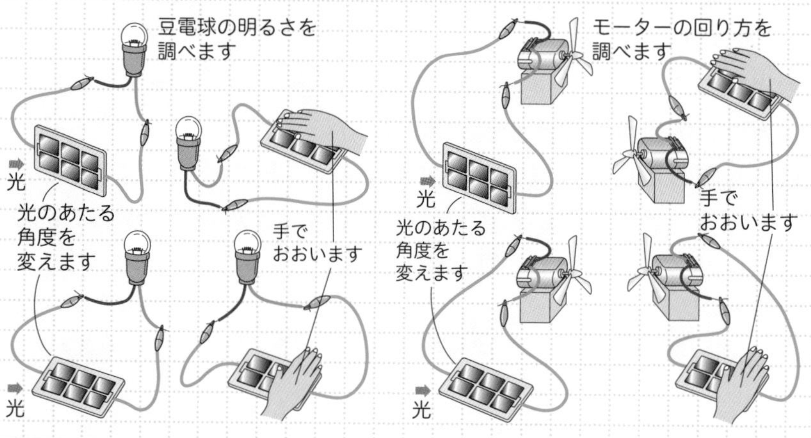

結果

▶光が**直角**にあたっているとき，豆電球の明るさが最も明るく，モーターが最もいきおいよく回ります。

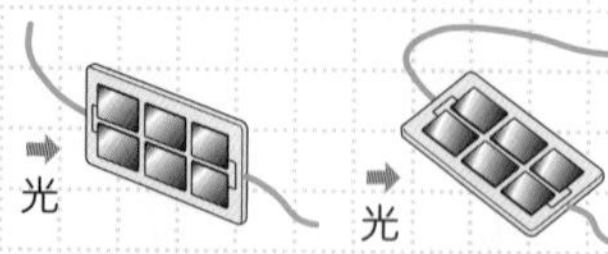

▲直角にあたる　▲ななめにあたる

▶光が**ななめ**にあたっているときは，直角にあたっているときとくらべて豆電球の明るさは暗く，モーターはあまり回りません。

うちゅうで動いている人工えい星は，光電池を使った太陽光発電を利用しています。こうりつよく電気をつくるために，太陽光を受ける部分がいつも太陽のほうを向くようにしています。

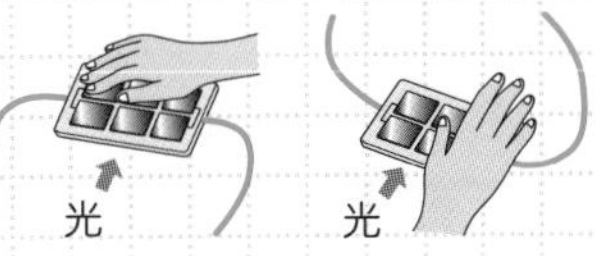

▶右の図の左のように，上半分をおおうと，豆電球の明るさは弱く，またモーターのいきおいも小さくなります。

▶右の図の右のように，横半分をおおうと，豆電球はつかず，モーターも回りません。

わかること

▶**光のあたり方**によって，電流の流れる大きさが変わります。

3 光電池と流れる電流の大きさ

実験・観察 光電池による電流の大きさ

光電池を光にあてたときの電流の大きさを調べてみましょう。

光電池と豆電球やモーターを図のようにつなぎ，かん電池のときと同じようにけん流計で電流の大きさを調べましょう。

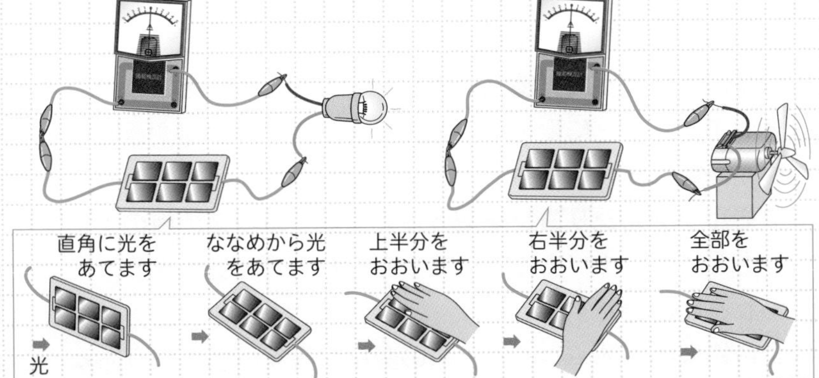

結果

▶光が**直角**にあたるとき，けん流計のはりは**大きく**ふれます。ななめから光があたるとき，はりは**小さく**ふれます。

▶光電池の上半分を手でおおったとき，けん流計のはりは**あまりふれなくなります**。

上の実験では，光を直角にあてたときが，いちばん光が強くあたります。街中にある光電池も，太陽光をたくさん受けられるような角度で置かれています。

▶光電池の横半分，または全部を手でかくしたときは，けん流計のはりは**ふれなくなります**。

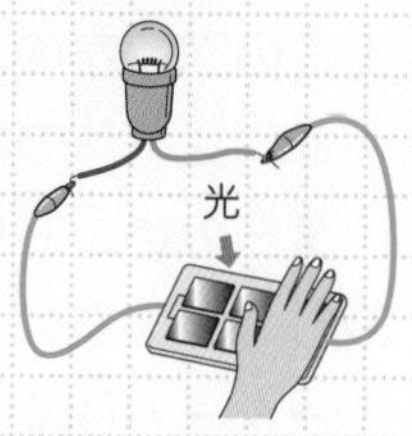

わかること

◉光電池はある**一定以上の光**がないと電流を流しません。

◉光電池を，電流の流れる道がとちゅうでさえぎられるような形に手でおおうと，電流は流れなくなります。

◉光電池でもかん電池と同じように，**電流は＋極から－極**へ流れます。

4 光電池の種類と利用

光電池はつくり方や原料などによって，いくつかの種類に分類されます。また，太陽光は，かぎりなくえられるエネルギー（**さい生かのうエネルギー**）として注目されているので，より新しい光電池の研究・開発が進められています。

①**シリコンを使った光電池**…太陽光のエネルギーをこうりつよく電気のエネルギーに変えることができるので，工場や家庭などの太陽光発電に使われています。

②**アモルファスシリコンを使った光電池**…ガラスの板の上にシリコンをとてもうすいまくにしてつくられます。身のまわりでよく使われる光電池です。

③**化合物太陽電池**…つくるための費用が高く，国さいうちゅうステーションなどうちゅう開発に使われています。

▲シリコンを使った光電池

▲アモルファスシリコンを使った光電池

▲化合物太陽電池

太陽光などのさい生かのうエネルギーはかんきょうにもやさしいエネルギーとして注目されています。さい生かのうエネルギーとして，ほかに風力，地熱，バイオマスなどがあります。

中学入試にフォーカス 1 電流の流れるようす

電流の流れるようす(電子が流れるようす)を目で見ることはできませんが，方位じしんを使ってかんせつ的に見ることはできます。

①電流が流れる向きと方位じしんのはりの動き方

どう線と方位じしんを右の図のように置き，電流を流すと，方位じしんのはりは右の図のようにふれます。どう線が方位じしんの上にあるか下にあるかで，はりのふれ方が**変わってきます。**

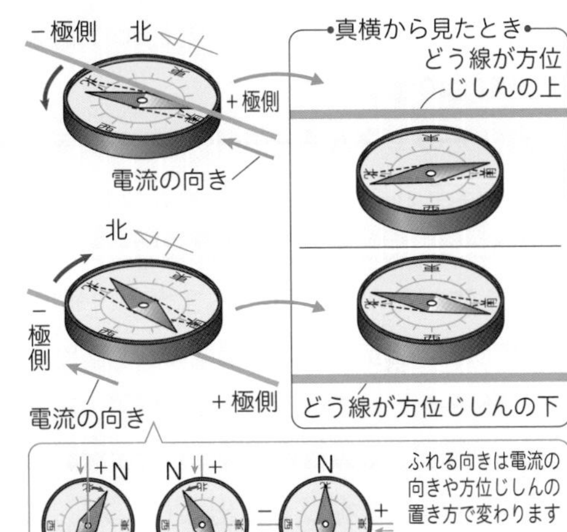

②はりのふれる大きさ

はりは，電流が同じ向きに流れていると，**同じ向き**にふれ，電流が大きくなると，**ふれが大きく**なります。

③電流が流れる向きと大きさ

電げんと豆電球やモーターなどがつながった回路があり，電流の流れる向きと強さがわからないとき，電流の流れる向きと大きさを調べることができます。

このとき，方位じしんのN極がはじめは北をさすようにし，どう線も南北を通るようにおきます。右の図ではどう線は方位じしんの上にあるので，ふれる向きが**北⇨東**ならば電流は**北➡南**のほうに流れ，ふれる向きが**北⇨西**ならば電流は**南➡北**のほうに流れているとわかります。

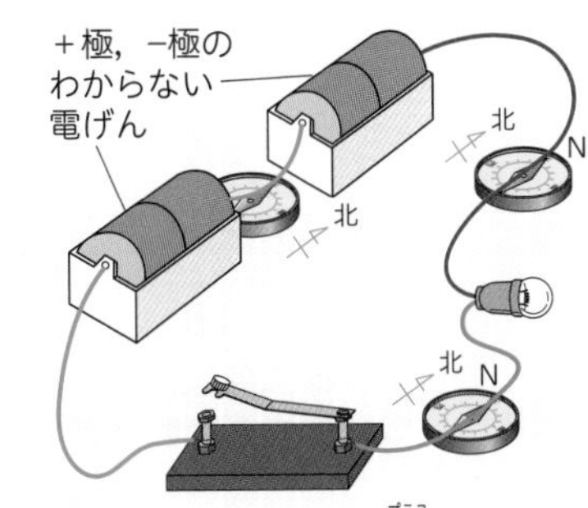
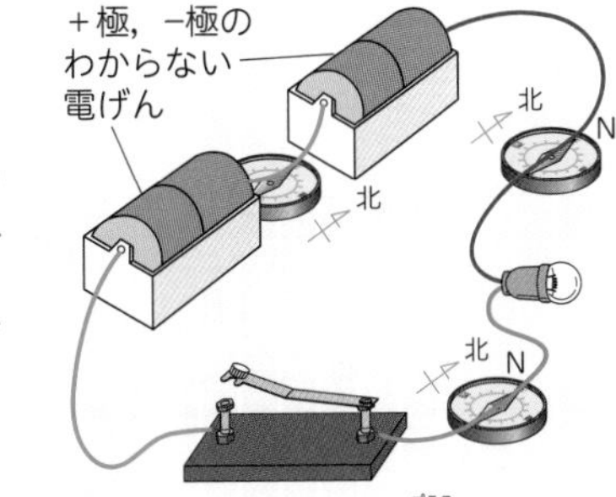

電流が北から流れているということは，北のほうに電げんの＋極，南のほうに－極があり，電流が南から流れているということは，そのぎゃくです。

上のようにどう線と方位じしんを置いて電流を流したとき，はりがふれるのはじ力(じしゃくにはたらく力)によるものです。じ力がはたらいている空間をじ界といいます。

中学入試にフォーカス 2 光電池のしくみ

電気をよく通す物しつを**どう体(良どう体)**といい，ほとんど電気を通さない物しつを**ぜつえん体**といいます。この中間にある物しつを**半どう体**といい，シリコンやゲルマニウムなどがこれにあたります。半どう体は，少しの不じゅん物を加えることにより電気を通しやすくなります。

①光電池のせいしつ

光は**光のエネルギー**をもっています。光電池は，この光のエネルギーを電気のエネルギーに変える**半どう体そう置**のことをいいます。

光電池に太陽光などの光があたると，光と**半どう体**がたがいにはたらき合い，電気がつくり出されます。しかし，かん電池とはちがい，**光があたっているときだけ**電気をつくり出すというしくみになっているのです。

光電池のエネルギーはためておくことができないので，かん電池のようにいつでも電気をつくり出して使うことはできないわね。

②光電池の電気をつくり出すしくみ

光電池は光を受けると，「正こう」(＋のせいしつ，図中の⊕)はＰ型半どう体へ，**電子**(－のせいしつ，図中の⊖)はＮ型半どう体へ集まります。こうして電子の流れるいきおい(**電圧**)が生まれ，電流が流れ，明かりがついたり，モーターが回ったりします。

光電池は「ちく電池」という電気をたくわえることのできる電池といっしょに使用され，光電池のつくり出した電気をあとでも使えるようにくふうされています。

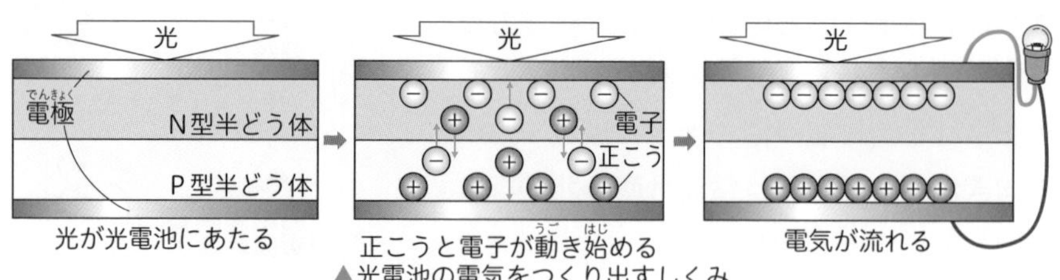

▲光電池の電気をつくり出すしくみ

半どう体は，不じゅん物の種類によって，＋のせいしつをもつＰ型半どう体，－のせいしつをもつＮ型半どう体の大きく２つに分かれます。

物質

見た目と重さのちがい

昨日，初めて
ボウリングに
行ったんだ～

楽しそう！
どうだった？

それが，ボウリングのボールって
サッカーボールと同じくらいの
大きさなのにすごく重かったよ！

サッカーボール

ボウリングのボール

サッカーボールは
中に空気を入れるから
軽いのかな？

シュコ シュコ シュコ シュコ

じゃあ，たっ球のボールが
ゴルフボールより軽いのも
空気が入っているからだね！

ゴルフボールよ

木でできたボールと
鉄でできたボール
どちらが重いかしら？

う～～～ん

それは，鉄でできた
ボールのほうが重い！

ズバリ!!

正かい！

同じ大きさのものでも
何でできているかで
重さが変わるのよ！

見た目だけじゃ
重さはわから
ないんだね

最近食べすぎだから
わたしの体重もふえて
いたりするのかな…

キラーン

昨日はドーナツもケーキも
おまんじゅうも食べちゃったし…

うーん

うーん

?

ピ

サッ

昨日より
ふえてるね！

おお〜!!

だれにわたしの体重
聞いたのよ！！

ヒェ〜!!

わたしの体重は
ひみつよ

1 ものの重さ

3年 発展

学ぶことがら

1 ものの重さ　2 ものの形・体積と重さ
3 上皿てんびん

1 ものの重さ

身のまわりのものを手に持ってみると，軽く感じたり，重く感じたりします。そのちがいについて調べよう。

1 ものの重さを感じてみよう

実験・観察　身のまわりのものの重さ

身のまわりのものの重さを調べてみましょう。

❶身のまわりにあるもの(えん筆，かん電池，発ぽうスチロール，500 mL のペットボトルの飲み物，石など)を集めましょう。
❷それらを手に持ってみて，重く感じるものと軽く感じるものに分けましょう。
❸重いと感じた順番にならべてみましょう。
❹はかりではかって，重い順番にならべてみましょう。

わかること

▶ものを手にとって持ってみると，重く感じるものや，軽く感じるものがあることがわかります。
▶かん電池のように小さくても重く感じるものや，発ぽうスチロールのように大きくても軽く感じるものがあります。

世界共通の重さのきじゅんとして，金ぞくせいの原器が100年以上使われていましたが，少しずつ重さが変わってきました。そのため重さのきじゅんの決め方が2019年から新しい方法に変わりました。

1 ものの重さ

ものを持つと重く感じたり，軽く感じたりします。それはものに**重さ**があるからです。重さが大きいと重く感じ，小さいと軽く感じます。

2 重さの単位

実験器具(台ばかり・上皿てんびん・自動上皿はかり)を使って，ものの重さをはかることができます。**重さの単位**は**グラム**(記号 g)を使います。

グラム〔g〕より大きい単位としてキログラム〔kg〕，小さい単位としてミリグラム〔mg〕があります。

- 1 g＝1000 mg
- 1 kg＝1000 g

3 重さとは

下の図のように手に持ったボールをはなすと，地面に向かって落ちていきます。これはボールと地球が引き合っているからです。ものの重さはこの地球とものが引き合う力の大きさのことです。引き合っている力を**重力**といいます。

さんこう　地球と月での重さ

月に行くと，体重が軽くなるという話を聞いたことはあるでしょうか。地球で体重60 kgの人が，月で体重をはかると10 kgになります。これは月のもの(人)を引く力が，地球のもの(人)を引く力の$\frac{1}{6}$しかないからです。

うちゅうに出たり，地球でもはかる場所によって体重が重くなったり，軽くなったりします。

4 置き方と重さ

ものの置き方を変えても，重さは変わりません。

例えば，台ばかりの上に置くねん土の置き方を，立てて置いたり，横にして置いたりしても重さは同じになります。体重計の上でしせいを変えても，体重(重さ)は同じです。

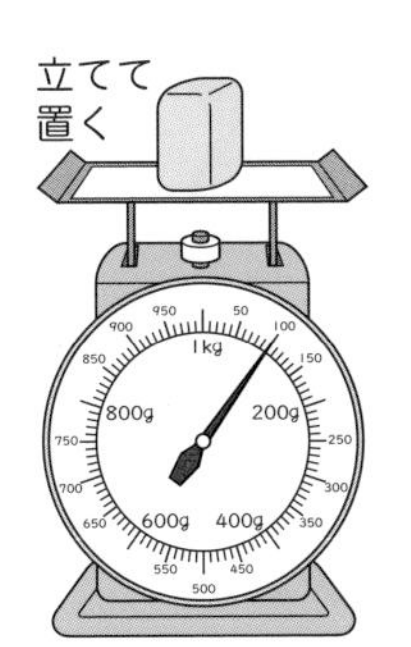

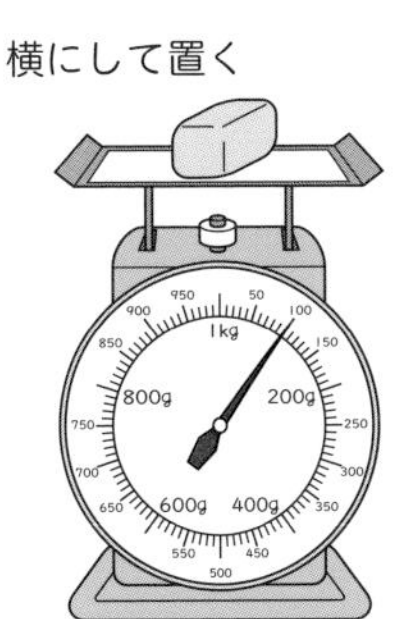

地球とものが引き合っているという法そくで有名なのがアイザック・ニュートン(1643－1727)です。ニュートンは木からリンゴが落ちるようすから思いついたといわれています。

体重計の上で両足で立ったり，かた足で立ったり，すわったりしてしせいを変えても，体重(重さ)は同じです。

実験器具のあつかい方　台ばかりの使い方

台ばかりはものの重さをはかる器具です。

1 台ばかりでのはかり方

①台ばかりを水平なところに置きます。

②はりが0(ゼロ)をさすように0点調節ねじで調整します。

③はかりたいものを静かに皿の中央にのせます。

④はりがさす目もりを正面から読みます。

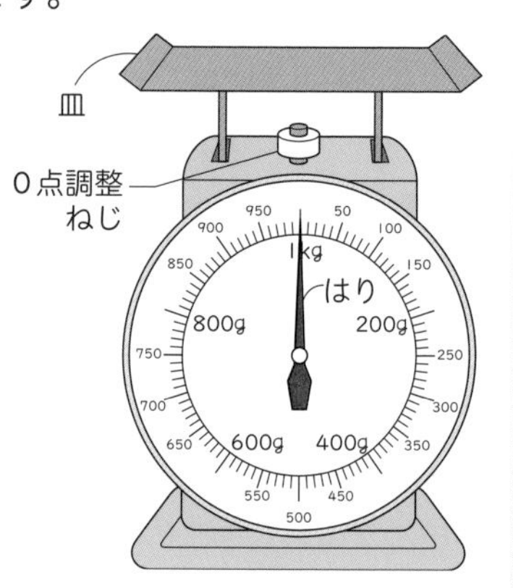

2 目もりの読み方

①目もりの正面に目線がくるようにします。

②はりがさしている目もりの数字を読みます。

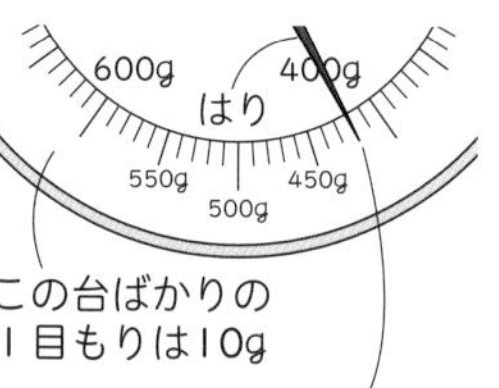

▲はりが目もりと合ったとき

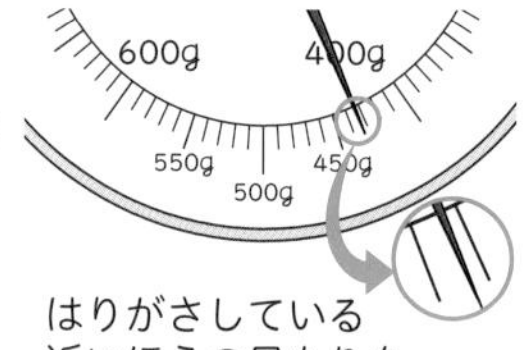

▲はりが目もりと合わないとき

目もりは正面から読まないと，はりがちがう数字をさしているように見えるよ！

単位の頭につけるk(キロ)はもとの単位の1000倍の量であることをしめす記号です。m(ミリ)はもとの単位の1000分の1の量をしめす記号です。

2 ものの形・体積と重さ

もとのものと形を変えても重さは変わらないこと，もとのものと同じ体積でも，ちがうものからできたものとでは重さがちがうことを調べよう。

1 ものの形と重さ

実験・観察 ものの形と重さの関係

ねん土の形を変えて重さを調べてみましょう。

❶もとのねん土の重さを台ばかりではかります。ねん土を皿の中央に静かにのせましょう。

❷ねん土の重さを記録しましょう。

❸いろいろな形に変えて，重さをはかります。そのときのねん土の重さを記録しましょう。

皿の上に紙をしく

台ばかり

まるめたとき

平らにしたとき

細かく分けたとき

細長くしたとき

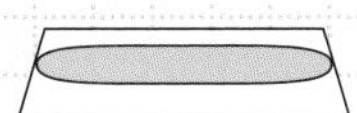

台ばかりの皿の上に紙をしいて，ねん土でよごさないようにしましょう。

わかること

▶ものの重さは，形を変えても同じままです。

1 ものの形の変化と重さ

上の実験のように，ものの形を変えても重さは変わりません。

ものは勝手に消えたりふえたりしません。重さがふえたりへったりすることがあれば，目に見えなくても，もののい動が起きているからです。

2 ものの体積と重さ

実験・観察　体積が同じものの重さ

はかるものの種類を変えて重さを調べてみましょう。

❶体積が同じで，ちがう種類のものをじゅんびします。金ぞく・木・プラスチックなどでできているものがいいでしょう。
❷台ばかりの皿の中央に静かにのせて重さをはかりましょう。
❸はかった重さを記録しましょう。

鉄

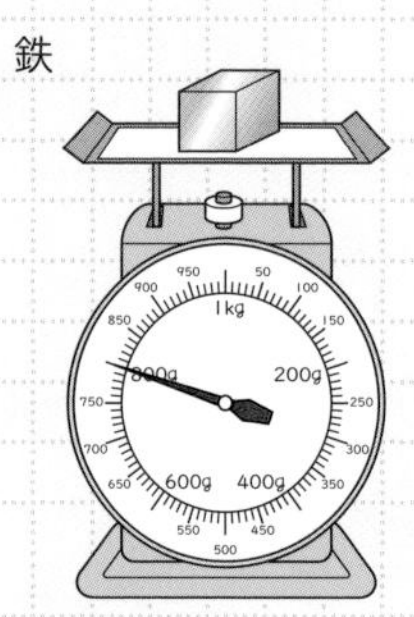

プラスチック

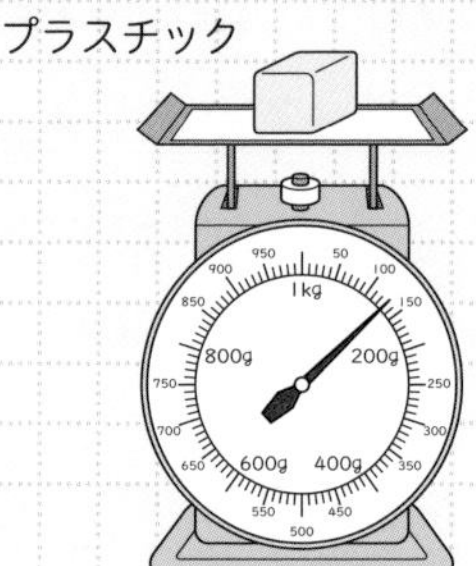

木

わかること

▶体積が同じものでも，ものの種類がちがうと重さが変わります。
▶金ぞくでできているものは重くて，木やプラスチックでできているものは軽いです。

1 ものの重さと体積の関係

同じ体積でも，ものの種類が変わると，重さがちがいます。右の図のようにAとBはものの種類がちがい，同じ体積にするとAは重くなり，同じ重さにするとAはBより体積が小さくなります。

ものA（ものBより重い）　ものB（ものAより軽い）
同じ体積
同じ重さにすると
ものA　ものB
ものBより体積が小さくなる　ものAより体積が大きくなる

パワーアップ

ものの大きさ（かさ）のことを体積といいます。

実験・観察 こなじょうのものの重さ

こなじょうのものの体積を同じにして重さを調べてみましょう。

❶同じ大きさの入れ物(プリンのカップなど)を用意し，新聞紙などの大きな紙を入れ物の下にしきましょう。

❷それぞれの入れ物に，山もりになるまで塩とさとうを入れましょう。

❸底を軽くたたいたりして，つぶのすきまをなくしましょう。

❹山になった部分をわりばしなどですり切って，体積を同じにしましょう。

❺台ばかりにのせて塩とさとうの重さをくらべましょう。

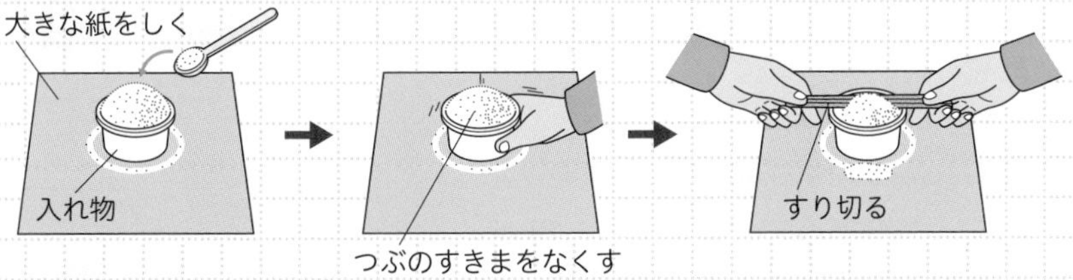

わかること

▶体積が同じこなじょうのものも，種類がちがうと重さが変わります。

▶塩は重くて，さとうは軽いです。

2 もののみつ度

同じ体積でも，ものの種類が変わると，重さがちがいます。1 cm^3 あたりの重さのことを**みつ度**(単位：g/cm^3)といいます。みつ度を使ってものの重さをくらべることができます。

▶**水**…1 cm^3 あたり 1 g

▶**金**…1 cm^3 あたり 19.32 g

さんこう みつ度とものののうき方

みつ度が小さいものは，みつ度が大きいものの上にうきます。例えばえき体の水銀は鉄よりもみつ度が大きいので，鉄球は水銀の上にうきます。

古代ギリシャのアルキメデスは，みつ度を利用して，金でできた王かんがにせものであることを明らかにしたというエピソードがあります。

実験器具のあつかい方 てんびんのしくみ

てんびんは水平にささえられたぼうの，ささえられたところから左右等しい点にそれぞれのものをつるして，重さをくらべたりはかったりすることができる道具です。

①ぼうが水平につりあうように糸でささえます。このとき，糸でささえている１点を**支点**といいます。

②支点から左右のぼうのはしまでを**うで**といいます。

③太さが同じぼうでは，支点から左右のぼうのはしまでのきょり（**うでの長さ**）は等しくなっています。

④左右のてき当なところにものをつるして，ぼうが水平になってとまったとき，「**つりあっている**」といいます。

⑤③のとき，２つのものが同じ重さであれば支点からおもりをつるした位置までのきょりは等しくなっています。

⑥図のように，太さがちがうぼうでも，水平にすることができると，ものの重さをくらべることができます。

⑦図のように，左のほうにうでがかたむくと，左につるしたもののほうが右につるしたものよりも重いということがわかります。

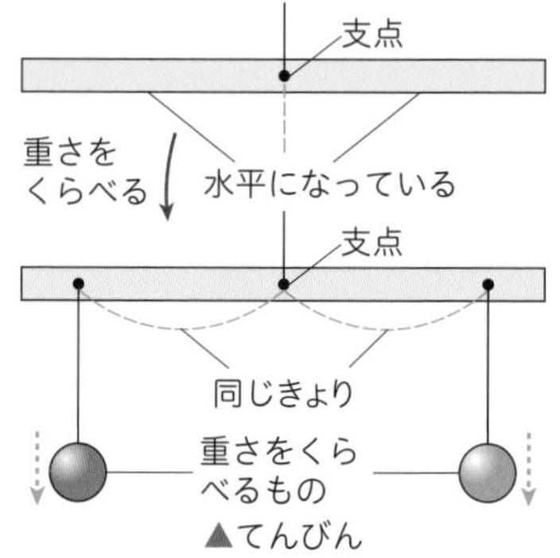

▲てんびん

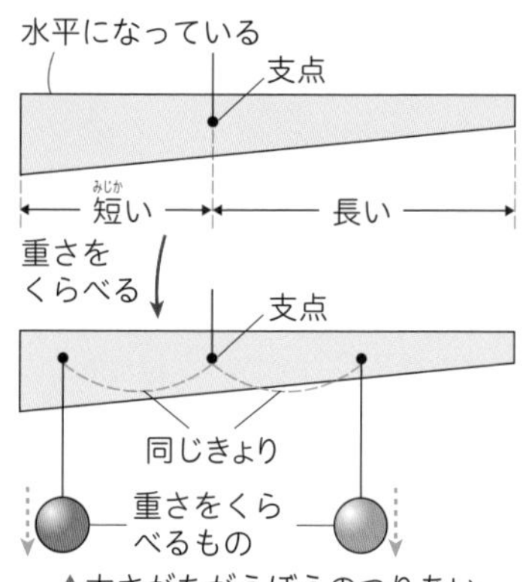

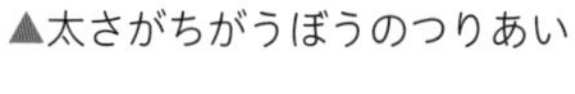
▲太さがちがうぼうのつりあい

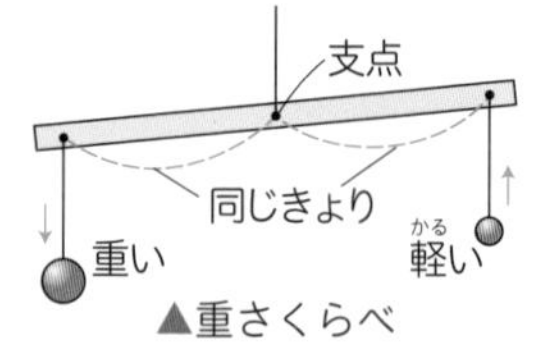

▲重さくらべ

てんびんが水平になってつりあったときの支点の位置は，ぼう全体の重さが集まっている点で，重心といいます。

3 上皿(うわざら)てんびん

ものの重(おも)さを正しくはかる道具(どうぐ)に上皿てんびんがあります。
上皿てんびんのしくみを知り，正しく使(つか)えるようにしよう。

1 上皿てんびんのしくみ

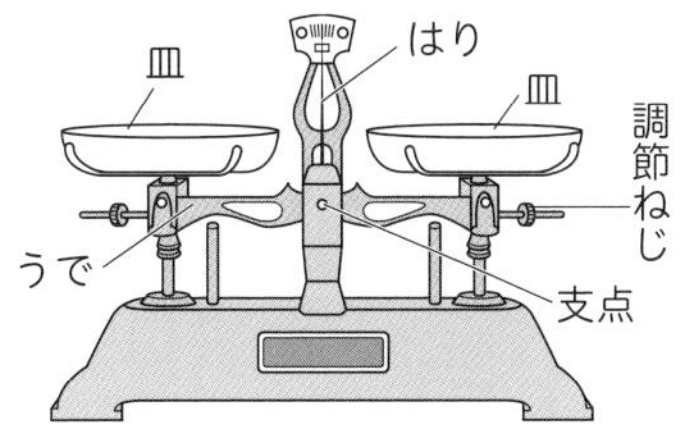

①**支(し)　点(てん)**…上皿てんびんの支点は，台の中央(ちゅうおう)にあります。

②**皿(さら)**…分(ふん)どうや，重さをはかるものをのせます。皿は，支点から左右同じきょりのところに１点でささえられています。

③**う　で**…支点と左右の皿をつないでいます。ものをのせていないときに，うでが水平になるように調節(ちょうせつ)する**調節ねじ**（**調整(ちょうせい)ねじ**）が，左右のはし（または中央）についています。

④**目もりとはり**…うでのかたむきを読みとります。左右の皿にのせたものの重さが等(ひと)しいとき，はりは目もりの中心から左右同じはばでふれます。

⑤**はかれる重さ**…上皿てんびんにしめされている重さ（**ひょう量(りょう)**）よりも重いものは，はかることができません。

⑥**上皿てんびんでものの重さがはかれるわけ**

- 支点から左右同じきょりにある皿に，ものをのせてつりあえば，左右の皿にのせたものは同じ重さであるといえます。
- 一方の皿に重さのわかっているものをのせ，もう一方の皿に重さのわからないものをのせてつりあえば，ものの大きさや形・種類(しゅるい)がちがっても２つの重さは同じです。

⑦**分どう**…ものの重さをはかるときの，もとになるおもりを分どうといいます。分どうは正かくに重さが決(き)められていて，0.1 g のちがいまで重さがはかれるようにセットになっています。

当初(とうしょ)使われていたてんびんは，ぼうや皿をつるすひもがからんだり，皿が静止(せいし)するまで待(ま)たなければならないなど，不便(ふべん)でした。これを改良(かいりょう)し，下からささえる上皿てんびんを発明(はつめい)したのは，フランスの数学者(すうがくしゃ)であるロベルバルという人です。

2 上皿てんびんの使い方

1 じゅんび

①しん動しないしっかりした水平な台の上に置きます。運ぶときは両手で台を持ちます。

②一方に重ねてある皿を，両方のうでにのせます。そのとき，うでの番号と皿の番号(1と2の数字)を合わせます。

③うでを軽くおさえてはりを動かし，**バランス調節**をします。はりの先が目もり板の真ん中の目もりを中心にして，左右同じはばにふれるか調べます。同じはばでふれないときは，調節ねじで調節します。

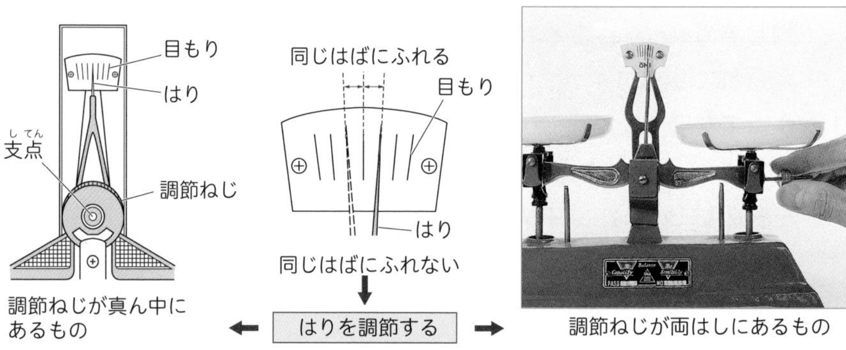

調節ねじが真ん中にあるもの

調節ねじが両はしにあるもの

2 ものの重さのはかり方

①皿がよごれていないかをたしかめてから，右ききの場合，はかろうとするものを左の皿にのせます。はかろうとするものが，皿をいためるせいしつのあるものの場合，左右の皿に**薬包紙**をのせ，つりあいをたしかめます。

②分どうは重いものから順にのせます。はかるものより少し重めの分どうを，ピンセットで持って，右の皿にのせます。

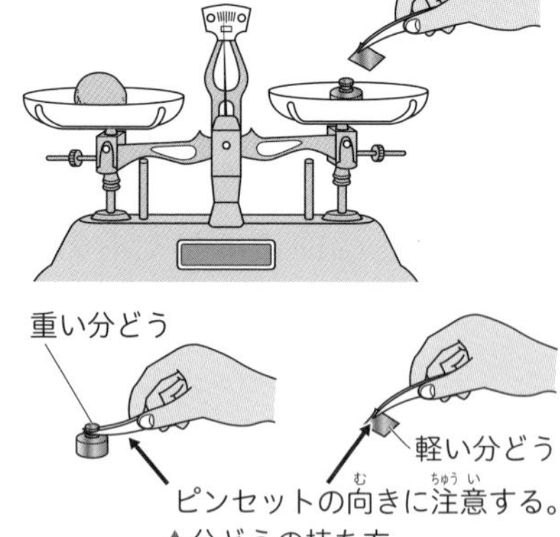

▲分どうの持ち方

分どうは手で直せつさわってはいけません。分どうがさびて，重さが変わってしまうからです。また，きずや欠けにも弱いので，ぶつけたり落としたりしないよう，たいせつにあつかいましょう。

③分どうのほうが重ければ，次に軽い分どうにかえます。分どうのほうが軽くなったら，次に軽い分どうを加えてつりあわせます。

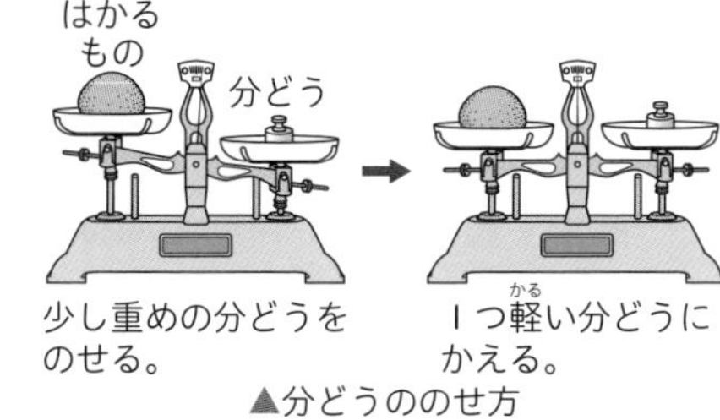

▲分どうののせ方

④つりあったら，右の皿にのっている分どうの重さを合計します。この合計がものの重さです。

⑤はかり終わったら，軽い分どうからおろしていきます。そのあと，はかったものをおろします。

⑥てんびんを使い終わったら，皿を一方に重ねます。これはうでを動かないようにして，支点がすりへっていたまないようにするためです。

3 きまった重さのはかりとり方

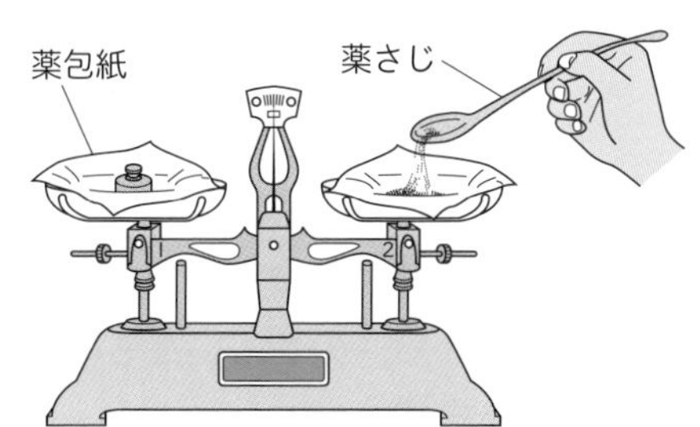

まず，左右の皿に同じ薬包紙を同じまい数だけのせておきます。右ききの場合，2とは反対に，分どうを左の皿にのせ，はかりとるものを右の皿に薬さじなどで加えたりとりのぞいたりして，つりあわせます。これは右ききの人は右手で作業をするので，作業する側を右にしたほうがしやすいからです。

4 えき体の重さのはかり方

- 方法１…左右の皿に同じ大きさのえき体が入るよう器をのせてつりあわせてから，はかります。
- 方法２…まずえき体を入れる空のよう器の重さをはかります。次によう器にえき体を入れていき，合計の重さからよう器の重さを引くことで，えき体の重さが求められます。

▲えき体の重さをはかる場合

薬包紙はこなのじょうたいになった薬(こな薬)を飲むのに必要な１回分の量を包むためのものとして，ふだんの生活の中でも使われています。

実験器具のあつかい方 電子てんびん

電子てんびんは，**自動上皿はかり**，**デジタルはかり**，**キッチンスケール**ともよばれています。目もりをゼロにするスイッチがついており，入れ物などの重さを考える必要がなく，はかりたいものの重さだけをはかることができるので便利です。また分どうも使いませんし，上皿てんびんよりもっと小さな単位まではかりとることができます。

①しん動しないしっかりしたすべらない水平な台の上に置きます。
②電げんを入れます。
③薬包紙や入れ物などが必要な場合，皿の中央にそれらを置きます。
④目もりの数字を0にするスイッチ(TやTAREなどと書いてある)をおします。
⑤表じ板の数字が0になったことをかくにんします。
⑥皿の上に直せつ，または薬包紙や入れ物などにはかるものを静かにのせます。
⑦表じ板の数字が安定したら，その数字を読みます。
⑧皿の上から，のせていたものをおろします。
⑨電げんを切ります。

ひょう量(はかりがはかれる最大の重さ)より重いものは，こしょうするので，のせないようにしましょう。

皿の上に直せつのせる場合

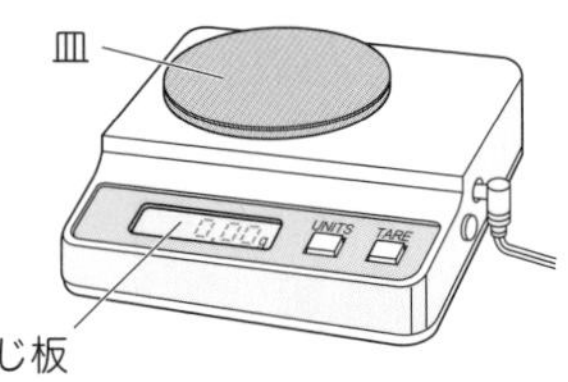

目もりを0にしてからはかる。

薬包紙を使う場合

薬包紙をのせてから，目もりを0にする。

電子てんびんが分どうを使わないで重さをはかれるのは，電じ力でつりあったときの電流の大きさで重さをはかっているからです。

8つのミッション！⑦

ものの形と重さでは，ものの重さは，形を変えても同じままで，軽くなったり重くなったりしないことを学びました。では身近なものを用いててんびんを作り，アルミホイル(アルミニウムはく)の形と重さの関係を調べてみましょう。

ミッション

てんびんをつくって，アルミホイルの形を変えたときの重さの関係を調べてみよう！

調べ方(例)

ステップ1 てんびんをつくろう！

❶クリップをのばして，ものさしや木のぼうの両はしにつけます。
❷ものさしや木のぼうの真ん中を目玉クリップではさみます。
❸糸を使って，入れ物を図のようにつり下げます。

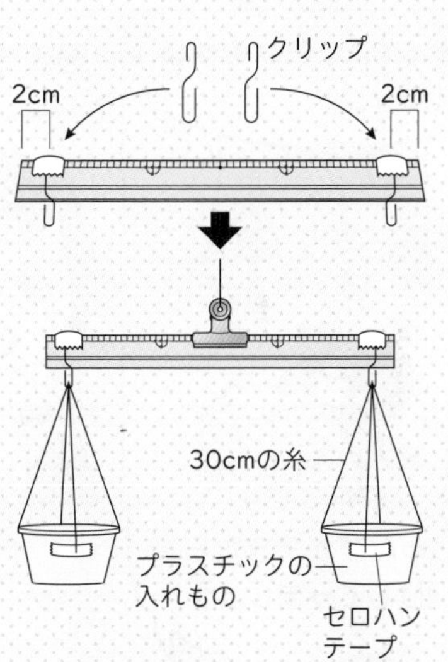

ステップ2 調べてみよう！

- てんびんの両側の入れ物に，てんびんがつりあうようにアルミホイルを入れます。

ステップ3 たしかめよう！

- 一方のアルミホイルの形を変えても，てんびんはつりあうことをたしかめよう。
- アルミホイルの重さを，電子てんびんではかってみよう。

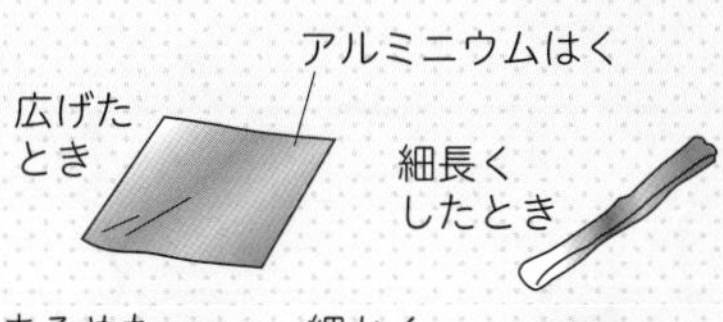

解答例 377 ページ

空気の力でものを飛ばそう

今日はみんなが持ってきた材料で空気でっぽうをつくるわよ！

は〜い!!

軽くてよく飛びそうなスポンジ！

しん号！

図工で使ったねんど！

ゆい号！

昨日の夕食の残りのじゃがいも！

タロ号！

じゅんびができたら飛ばしてみましょう！

それ！

せ〜の!!

スカ

ポン

ポン

ぼくのだけ飛ばない…

おかしいな〜

これ，空気がもれてるんじゃない？

何がちがうんだろ？

フシュ フシュ

空気をしっかりとじこめられるものにするんだったな〜

「みっぺい」がたいせつなんだね…

でも，これで空気の力が関係してそうだってわかったわね！

失敗は成功のもと！

わたしたちの空気でっぽうをもっと遠くに飛ばすにはどうしたらいいのかな？

それぞれ〜!!

強くおしたら飛びそう！

水でっぽうに変えたらダメかな？

じゃあ，空気や水のせいしつについて調べてみましょう！

2 空気や水のせいしつ

4年

学ぶことがら

1 とじこめた空気と水のせいしつ
2 ものを動かす空気や水

1 とじこめた空気と水のせいしつ

ここで学習すること

1 わたしたちの身のまわりにある空気や水には，どんなせいしつがあるか，調べてみよう。
2 とじこめた空気や水を使って調べてみよう。

1 空気集め

実験・観察 空気を集めてみよう

ふくろを使って空気を集めてみましょう。

❶家や学校で，空気をふくろの中に集め，輪ゴムやテープなどで口をしばりましょう。
❷ふくろの上にのったり，２人でおしあったりしましょう。
❸ふくろをボールのようにして遊んだり，両手でおさえたりしましょう。

わかること

▶空気を入れたふくろの中には何も見えませんが，ふくろをおさえたり，のったりしてみると**空気が入っている**ことを手ごたえとして感じとれます。
▶ふくろの中に空気を入れるとき，どこでやっても空気を集めることができ，**身のまわりには空気がある**ことがわかります。

雑学ハカセ

空気は水の中であわになります。上の実験でふくろに入れた空気も，水の中ではあわとして目でたしかめることができます。

2 とじこめた空気のせいしつ

実験・観察 空気をおしちぢめてみよう

注しゃ器を使って空気をおしちぢめてみましょう。

❶図のように注しゃ器の中に空気を入れ，ピストンをおして手ごたえを調べましょう。

❷ピストンをおしている手の力をゆるめて，ピストンの動きを調べましょう。

❸次に石けん水のあわを注しゃ器の中に入れて，❶❷と同じ実験をして，中のあわの大きさを観察しましょう。

ピストンをおします
ピストン
つつ
ゴムの板

わかること

▶空気の入った注しゃ器のピストンは，弱くおすと弱くはね返り，強くおすと強くはね返ります。

▶ピストンをおすと空気はおしちぢめられますが，手の力をゆるめると，またもとの体積にもどります。

▶石けんのあわの大きさは，おすと小さくなりますが，手の力をゆるめるともとのあわの大きさにもどります。

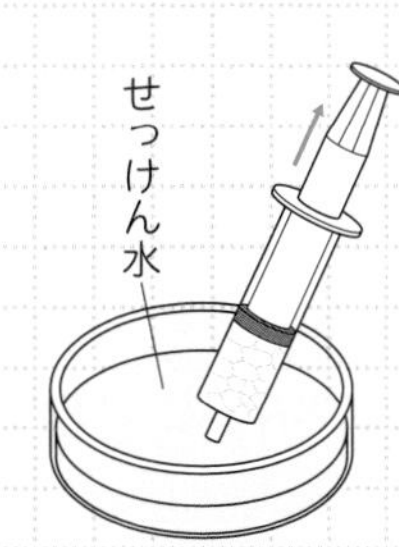

1 空気のせいしつ

空気の入った注しゃ器をおすと下にさがり，はなすともとにもどります。これは空気に力を加えるとちぢみ，力をゆるめると**もとにもどろうとするせいしつ**があるからです。

ボールや自転車などのタイヤもこのせいしつを利用しています。

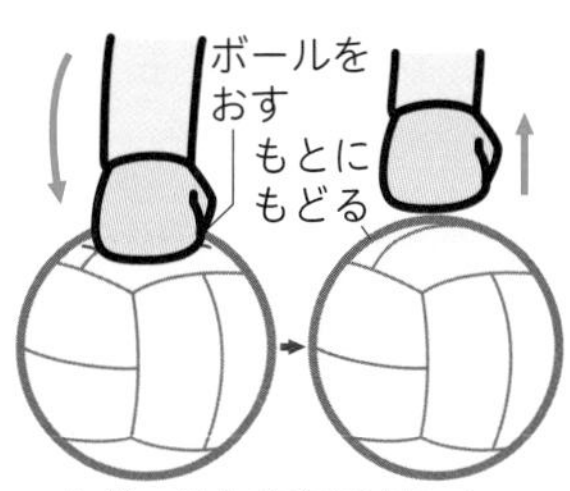

▲ボールと空気のせいしつ

雑学ハカセ

空気入りのタイヤはイギリスのトムソンが150年以上前に発明しました。そのあと，自転車のタイヤとして使い始めたのがイギリスのダンロップです。いまでもダンロップというタイヤの会社があります。

3 とじこめた水のせいしつ

実験・観察 水をおしちぢめてみよう

空気と同じように水をおしちぢめてみましょう。

空気は，おしちぢめることができましたが，水はおしちぢめることができるでしょうか。

❶図のように注しゃ器の中に水を入れます。

❷ピストンをおして，手ごたえを調べましょう。そのとき水の体積がどのように変化したか観察しましょう。

❸次に水と空気を半分ずつ入れて，同じようにピストンをおしましょう。

❹水面を見て，空気と水の体積はどのように変化したのか，観察しましょう。

ピストンをおします
ピストン
つつ
ゴムの板

ピストンをおします
空気
水
水面の位置
空気と水を半分ずつ入れる

注意 **注しゃ器がたおれたり，こわれたりしないように，かた手で注しゃ器の下のほうをしっかりささえ，ゆっくりおしましょう。**

わかること

- 水の入った注しゃ器のピストンは，強くおしても動きません。
- 空気と水の入った注しゃ器では，空気は小さくなりますが，水面はさがらず，水の体積は変化しません。
- 水は空気とちがって，おしちぢめることができません。

1 水のせいしつ

水はいくら力を加えても，体積が変わりません。これは，空気は空気のつぶとつぶの間にすきまがあるのでおすとすきまがちぢみますが，水はつぶとつぶの間のすきまがつまっているためです。

トムソンの発明したタイヤを自動車のタイヤとして使えるようにしたのがフランス人のミシュラン兄弟です。今でもミシュランというタイヤ会社があります。

2 ものを動かす空気や水

とじこめた空気や水のせいしつを利用して，ものを動かすことができます。身のまわりのもので，このせいしつをどのように利用しているのか，しくみを考えてみましょう。

1 空気でっぽう

実験・観察 空気でっぽうをつくってみよう

空気のせいしつを利用してみましょう。

❶塩化ビニル管や竹のつつなどを用意して 20～25 cm に切ります。

❷つつの太さより少し細い木のぼうを 30 cm ぐらいの長さに切り，おしぼうとします。

❸つつに指があたらないようにするため，つつと同じ長さのところに二重にした輪ゴムをつけます。

❹発ぽうポリエチレンや発ぽうウレタン，水でしめらせた紙などで前玉と後玉をつくり，前とうしろにつめます。

❺玉を飛ばしてみましょう。

つつの長さ20～25cm

輪ゴム

おしぼう（木のぼう）長さ30cmぐらい

新聞紙など　おしぼう

前玉　後玉

わかること

▶おしぼうを強くはやくおすとよく飛びます。

1 空気でっぽうの前玉が飛ぶしくみ

①前玉と後玉の間に空気が入っています。

②おしぼうで後玉をおすと，中の空気がおしちぢめられます。

③おしちぢめられた空気がもとにもどろうとする力で前玉が飛びます。

玉を遠くに飛ばすには，45°くらい上に向けて飛ばすとよいです。

2 水でっぽう

水はおしちぢめられないので，おしぼうをおすと，水がつつのあなから飛び出します。

実験・観察　水でっぽうをつくってみよう

水のせいしつを利用してみましょう。

❶塩化ビニル管や竹のつつなどを用意して 20～25 cm に切ります。空気でっぽうで使ったものでもいいです。

つつの口にぬのテープをはる。

❷つつの口に，ぬのテープなどをはります。ぬのテープには小さなあなをあけます。

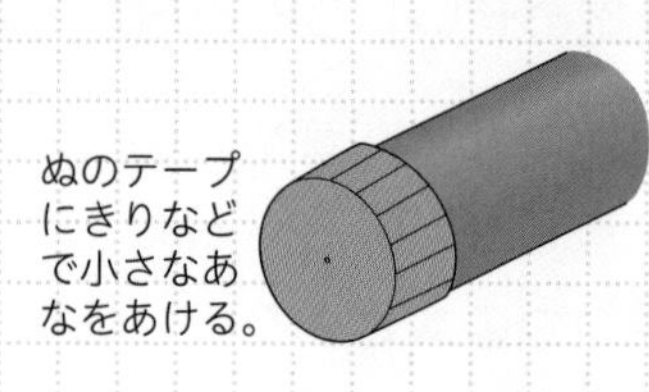

❸つつの太さより少し細い木のぼうを 30 cm ぐらいの長さに切り，おしぼうとします。

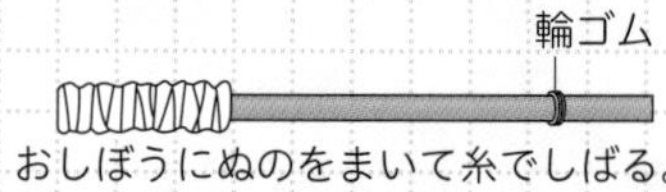

おしぼうにぬのをまいて糸でしばる。

❹つつに指があたらないようにするため，つつと同じ長さのところに二重にした輪ゴムをつけます。

❺ぼうにぬのをまいて糸でしばります。

❻水を入れて飛ばしてみましょう。

注意
①手がつつにあたらないように，おしぼうの輪ゴムの手前をもつこと。
②水を人やガラスなどに向けないこと。

わかること

- つつやおしぼうから水がもれない場合に，遠くへ飛びます。
- おしぼうを強くはやくおすとよく飛びます。

水を遠くに飛ばすには，つつのあなを小さくして，45° くらい上に向けて飛ばすとよいです。

3 空気や水のせいしつを利用したもの

①**エアードーム**…東京ドームの屋根はささえる柱がありませんが，エアードーム内の体積より多くの空気を送りこんでもち上げています。

▲東京ドーム

②**エアーポット**…おされた空気が水面をおすことで，にげ場のなくなったお湯が注ぎ口から出てきます。

③**気ほうシート**…空気のとっ起によって，しょうげきがきゅうしゅうされます。

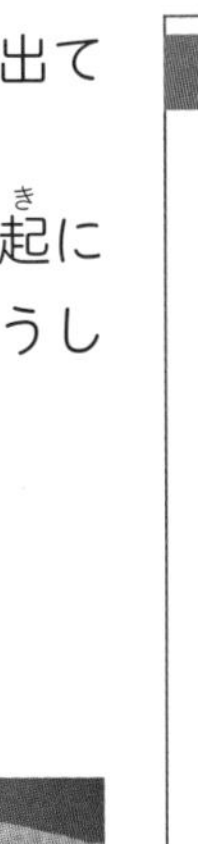

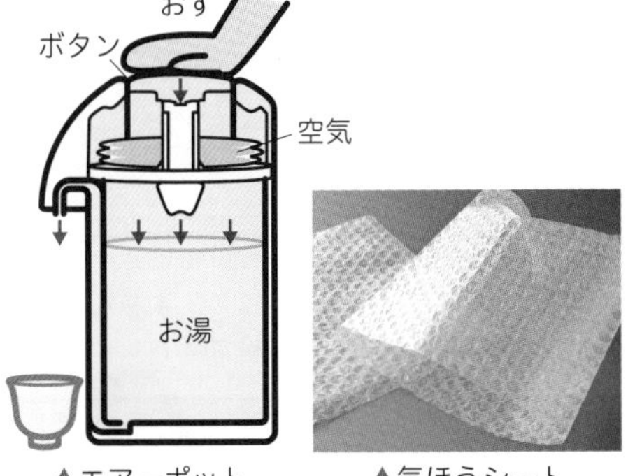

▲エアーポット　▲気ほうシート

さんこう　パスカルの原理

図のようにとじこめられた水に力が加わると，よう器の中の水のすべての方向に同じ力が加わります。このようにある１点に加えられた力が，よう器に入った水のすべての点に伝わることをパスカルの原理といいます。

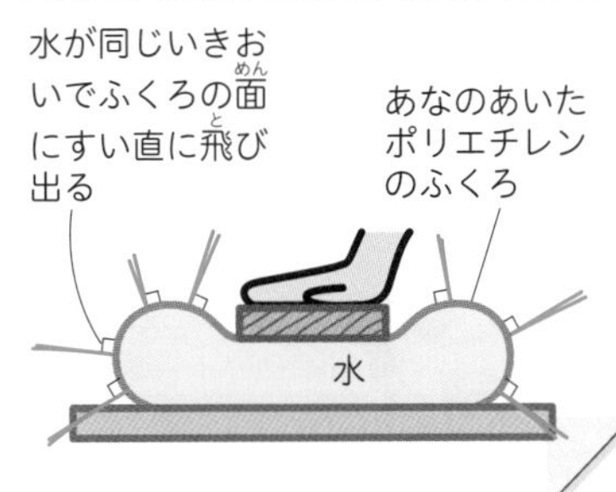

④**手おしポンプ**…地下水(井戸水)をくみ上げるときに使います。

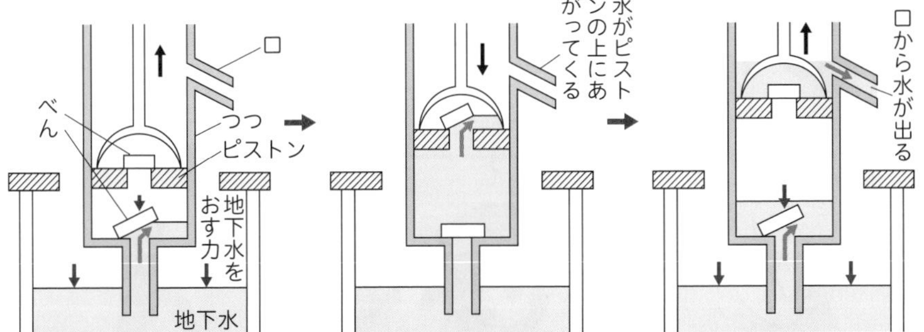

ペットボトルロケットは空気と水の両方が必要です。これはおしちぢめた空気のもどる力で，水をおし出して，そのいきおいでロケットを飛ばすからです。

水と空気はどこがあたたかい？

くしゅんっ
かぜでもひいたの？
飛ばさないでよ！
だいじょうぶ？
昨日，おふろに飛びこんだら冷たかったからかな～
ぐずっ

手でさわってたしかめなかったの？
そもそも飛びこんじゃダメだよ…
ちゃんと手を入れてお湯のあたたかさをたしかめたんだけどな
オッケー！
そんなことってある？？

もしかして上のほうしかさわらなかったんじゃない？
そうだけど，関係あるの？
わかる？
ブンブン

水には温度が高いほうが
上にいくせいしつがあるのよ
ぎゃくに
冷たい水は
下にいくの！
上だけさわってたしかめても
わからないわけだ～
あたたかい
冷たい
わたしたちも
気をつけよう！
そういえば，空気も
同じようなせいしつが
あるんじゃない？
エアコンの風向きを
上向きと下向きで
使い分けるのも
これが理由か～！
よく気づいたわね！エアコンは
あたたかい風は下向き，冷たい
風は上向きに使うと，きき
やすいのよ
ということは…
ここがいちばん
あたたかい
場所だ！
ニンジャか…？
あぶないから
やめなさい！

3 空気・水・金ぞくの温度　4年

学ぶことがら
1 ものの温度と体積　2 もののあたたまり方
3 氷・水・水じょう気

1 ものの温度と体積

ここで学習すること

1 空気や水，金ぞくをあたためたり，冷やしたりしたときの変化のようすを調べよう。
2 そのときの体積(かさ)はどのように変化するのか，調べよう。

1 あたためたときの空気

実験・観察 あたためた空気のようす

空気をあたためたときの変化を調べてみましょう。

❶図の左のように，へこんだピンポン玉をお湯の中であたため，ピンポン玉がどのように変化するかを調べましょう。

❷図の右のように，フラスコを両手で持って，ガラス管の先を水そうの水の中に入れ，ガラス管の先のようすを調べましょう。

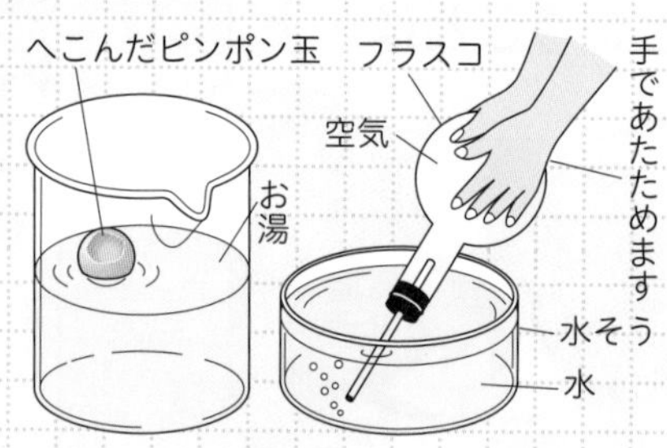

わかること
- へこんだピンポン玉をあたためると，ピンポン玉はふくらみます。
- フラスコを両手であたためると，ガラス管の先から空気のあわが出てきます。
- 空気はあたためられると，**ぼうちょう**します。

パワーアップ

空気は 0℃から 30℃にあたためると，体積が約 1.1 倍にふくらみます。ものが大きくなることをぼうちょう(膨張)といいます。上の実験では体積(かさ)が大きくなります。

2 温度と空気の体積

実験・観察 温度による空気の体積変化

温度のちがいによる空気の体積変化を調べてみましょう。

❶空気の入ったフラスコを，熱いお湯の中に入れたとき，空気の体積の変化を調べましょう。

❷ ❶の実験のあと，ガラス管やメスシリンダーが動かないようにしたまま，氷が入った温度の低い水の中に入れます。そのときの空気の体積の変化を調べましょう。

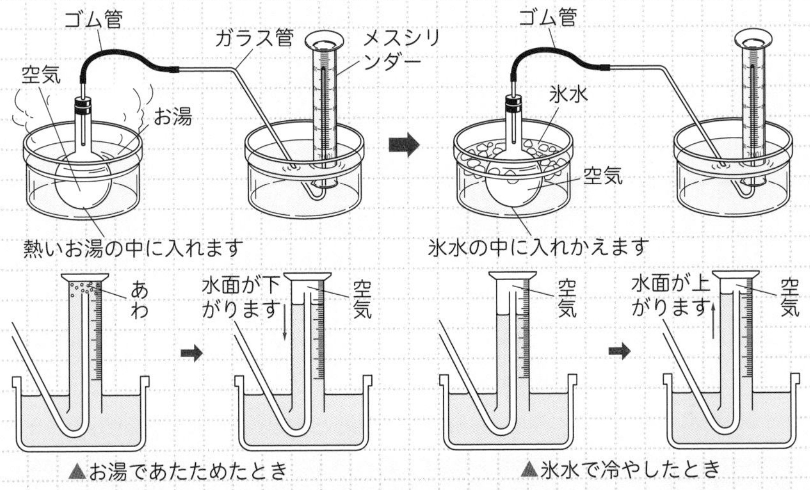

▲お湯であたためたとき　▲氷水で冷やしたとき

熱いお湯を使うので，やけどに注意しましょう。

わかること

- フラスコをあたためると，メスシリンダーの水面が下がります。よって空気はあたためられると体積が**ぼうちょう**することがわかります。
- フラスコを冷やすと，メスシリンダーの水面が上がります。よって空気は冷やすと体積が**しゅうしゅく**することがわかります。

パワーアップ

空気は 30℃から 0℃に冷やすと，体積が約 0.9 倍に小さくなります。ものが小さくなることをしゅうしゅく（収縮）といいます。上の実験では体積（かさ）が小さくなります。

3 温度と水の体積

実験・観察　温度による水の体積変化

水をあたためたときと冷やしたときの体積変化を調べてみましょう。

❶赤インク(食べに)で色をつけた水をフラスコに入れましょう。

❷フラスコをお湯に入れて，色のついた水をあたためたとき，ガラス管の中の色水の変化を観察しましょう。

❸次に，フラスコを冷たい水の中に入れて，色のついた水を冷やしたとき，ガラス管の中の色水の変化を観察しましょう。

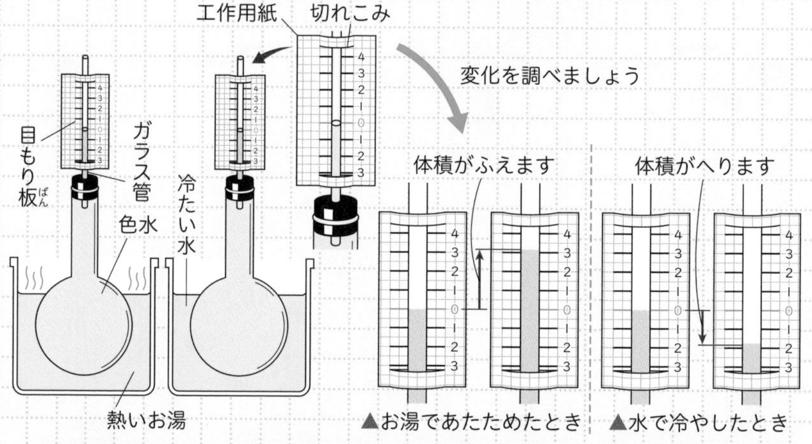

▲お湯であたためたとき　▲水で冷やしたとき

ゴム手ぶくろなどをして，やけどに注意しましょう。

わかること

- フラスコをあたためると，色水がガラス管をのぼっていきます。
- フラスコを冷やすと，色水がガラス管を下がっていきます。

①**温度と水の体積**…水は温度が上がると体積がふえます。温度が下がると体積はへります。

②**水の体積変化と重さ**…水は温度によって体積は変化しますが，全体の重さは変わりません。

水は 4℃のときに体積が最も小さくなります。それより温度が高くても低くても体積は大きくなります。4℃のときのみつ度(1 cm^3 あたりの重さ)がいちばん大きく，1 cm^3 の重さが 1g になります。

4 水と空気の体積変化のちがい

実験・観察 水と空気の温度による体積変化のちがい

水と空気の温度による体積変化をくらべてみましょう。

❶図のように２本のガラスでできた注しゃ器に同じ体積の空気と水を入れ，口にゴム管をつけピンチコックでとめます。

❷２本の注しゃ器を，バットのような同じ器に入れ熱いお湯や冷たい水を注ぎます。

❸お湯か水を入れたあと，ピストンの動きを見て水と空気の体積の変わり方をくらべましょう。

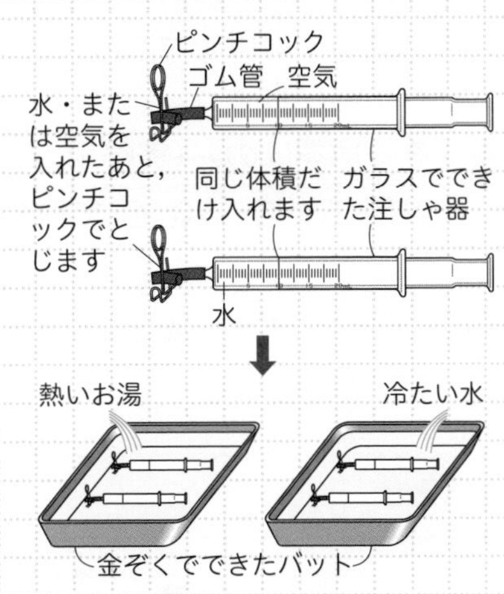

熱いお湯を使うので，やけどに注意しましょう。ゴム手ぶくろなどをするとよいでしょう。

わかること

- 水も空気もあたためられると，体積が大きくなるほうへピストンが動きます。
- 水も空気も冷やされると，体積が小さくなるほうへピストンが動きます。
- ピストンの動きを水と空気でくらべてみると，空気のほうがピストンは大きく動きます。

空気も水も，あたためられたり冷やされたりすると体積は変化しますが，その変化は水より空気のほうが大きくなります。

水は0℃から60℃にあたためられても，体積はわずか2％てい度しか大きくなりません。

5 温度と金ぞくの体積

実験・観察 熱による金ぞくの体積変化

金ぞくをあたためたときの体積の変化を調べてみましょう。

❶あたためる前の金ぞくの玉(金ぞく球)が輪を通りぬけることをたしかめましょう。

❷金ぞく球をほのお(実験用ガスコンロやアルコールランプなど)やお湯(60 ℃～70 ℃)で熱したあと，輪を通るかどうか調べましょう。

❸次に金ぞく球がじゅうぶんに冷えてから，もう一度輪を通るかかくにんしましょう。

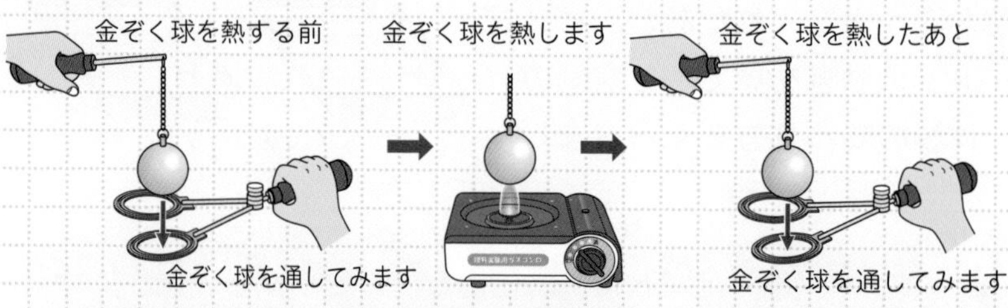

金ぞく球やほのお，お湯などでやけどをしないように注意しましょう。

わかること

▶金ぞく球を熱する前と，冷やしたときは，輪を通ります。

▶金ぞく球を熱すると，輪を通りません。

▶**温度と金ぞくの体積変化**…金属も，空気や水と同じようにあたためると体積がふえ，冷やすと体積がへります。コンクリートやガラスなども，同じような体積変化をしますが，その変化する大きさにはちがいがあります。

金ぞくでできた鉄道のレールは，冬と夏では気温がちがうので長さが大きく変化します。そのため曲がったりわれたりしないように，レールとレールのつぎめにはすきまがあります。

実験器具のあつかい方　アルコールランプの使い方

1 アルコールランプを使うじゅんび

①アルコールを８分目ぐらい入れます。半分以下になったらつぎたします。

②つぎたすときは，火を消してしばらくしてから入れます。

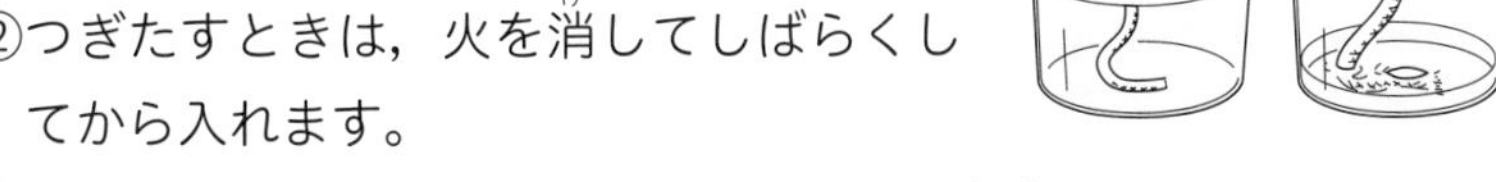

③出ているしんの長さは５mm ぐらいにします。

④マッチのもえがら入れとぬらしたぞうきんを用意しておきます。

2 アルコールランプの火のつけ方

①アルコールランプの下をおさえてふたをとり，横から火をつけます。

②火をつけてから三きゃくの下に入れます。

③ランプのほのおの半分が，金あみにあたるようにします。

▲マッチのすり方

3 アルコールランプの火の消し方

①三きゃくの下からランプを外にとり出します。

②ななめからふたをして火を消します。

③消えてから一度ふたをとり，もう一度ふたをします。

注意　アルコールランプどうしで火をつけたり，火のついたままのランプにアルコールをつぎたしたりしないこと。

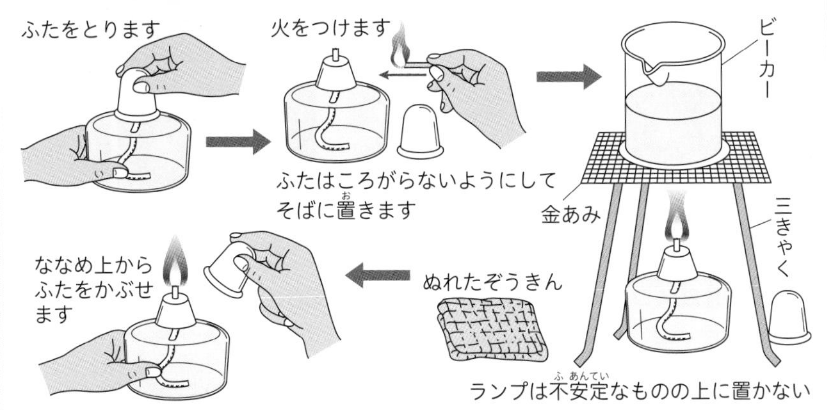

実験器具のあつかい方 ガスバーナーの使い方

1 ガスバーナーを使うじゅんび

①ガスの元せんがしまっていることをたしかめます。

②空気調節ねじとガス調節ねじが回ることをたしかめ，ねじは軽くとじておきます。

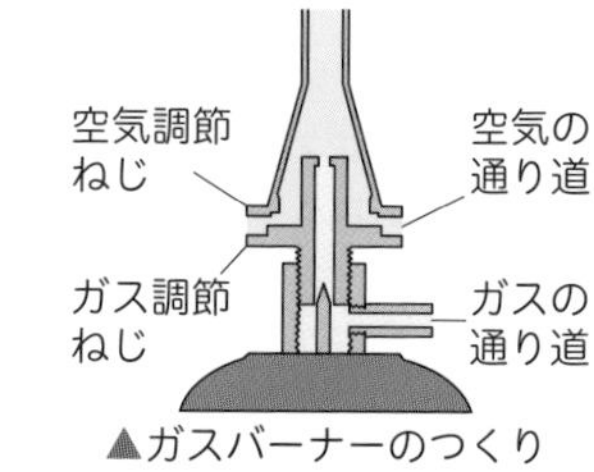

▲ガスバーナーのつくり

2 ガスバーナーの火のつけ方

①ガスの元せん，ガスバーナーのコック(ついている場合)の順に開けます。

②ガス調節ねじを少し開けながら，ガスバーナーの口に火を近づけつけます。

③ガス調節ねじでほのおの大きさを調節します。

④ガス調節ねじをおさえながら，空気調節ねじを回してほのおの色を調節し，うすい青色のほのおにします。

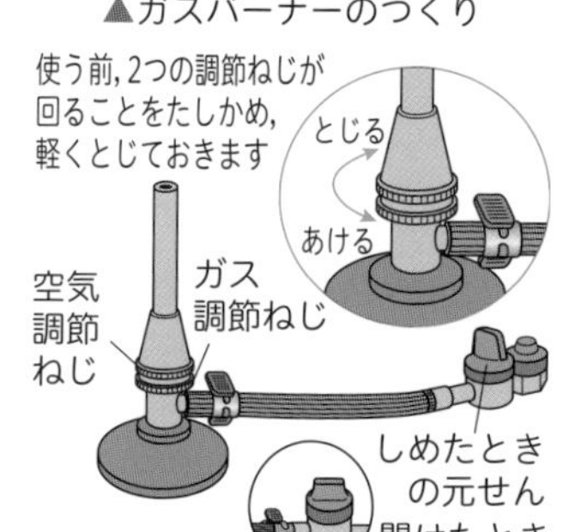

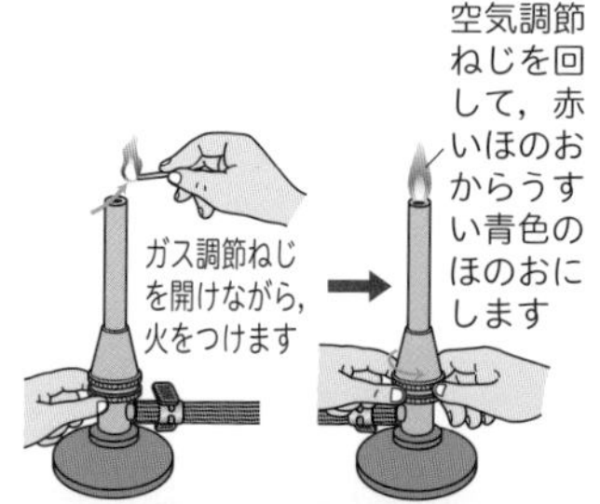

3 ガスバーナーの火の消し方

①空気調整ねじをとじます。

②ガス調整ねじをとじます。

③ガスバーナーのコック(ついている場合)，元せんの順にとじます。

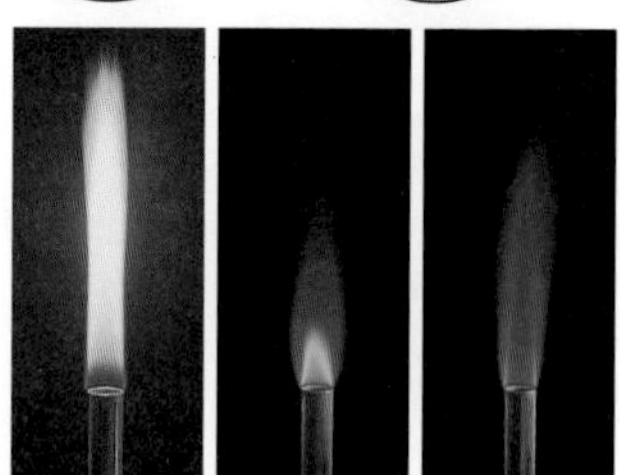
空気が少ない　空気が多い　ちょうどよい

火が急に消えたときは，すぐに元せんをしめます。また火を消したあとは，ガスバーナーの口が熱くなっています。

● **実験用ガスコンロ**…家庭で使うカセットコンロと使い方は同じです。

都市ガスはおもにメタンというガス，カセットボンベはおもにブタンというガスがもえます。ガスもれがわかりやすいように，わざと不かいなにおいをつけています。

中学入試にフォーカス 温度計の種類

①**温度計のれきし**…約 400 年前にイタリアの科学者ガリレオ・ガリレイが温度計を最初につくったといわれています。ガリレオは，空気を使って，温度による空気の体積の変化によって温度をはかりました。

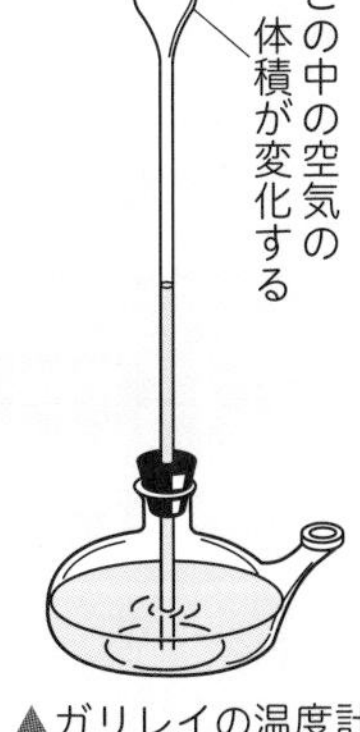

▲ガリレイの温度計

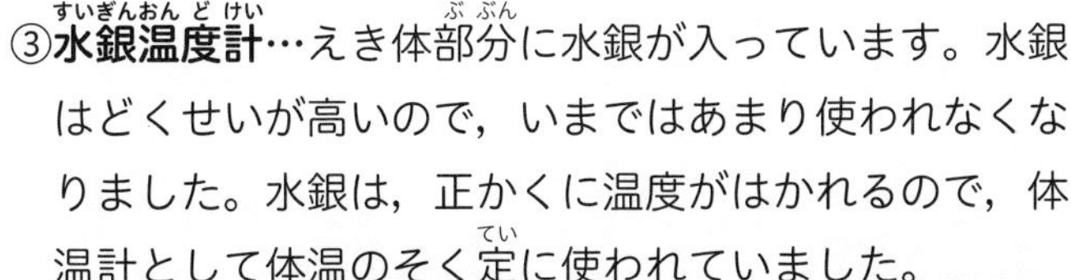

②**アルコール温度計**…学校の実験で使う赤いえき体の入った温度計です。この赤いえき体は，発明されたときはアルコールを使っていました。アルコール温度計とよばれますが，アルコールでは 100℃まではかれないので，いまでは白灯油が使われています。

アルコールや灯油は，水よりも温度による体積の変化が大きく，温度の変化がわかりやすいので，よく使われます。

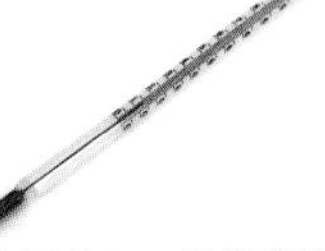
▲アルコール温度計

③**水銀温度計**…えき体部分に水銀が入っています。水銀はどくせいが高いので，いまではあまり使われなくなりました。水銀は，正かくに温度がはかれるので，体温計として体温のそく定に使われていました。

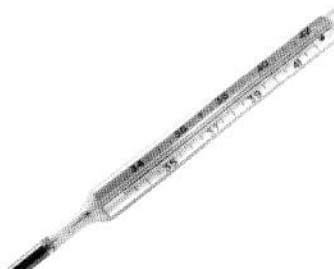
▲水銀温度計

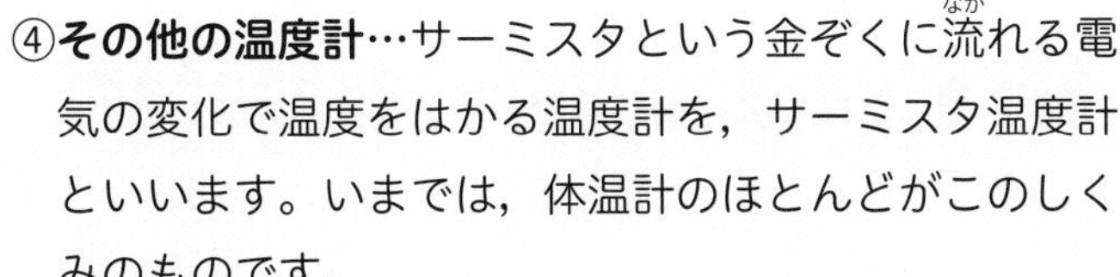

④**その他の温度計**…サーミスタという金ぞくに流れる電気の変化で温度をはかる温度計を，サーミスタ温度計といいます。いまでは，体温計のほとんどがこのしくみのものです。

からだから出ている赤外線から温度をはかる方法もあります。放しゃ温度計やサーモグラフィーといいます。これは病院や空港などで使われています。

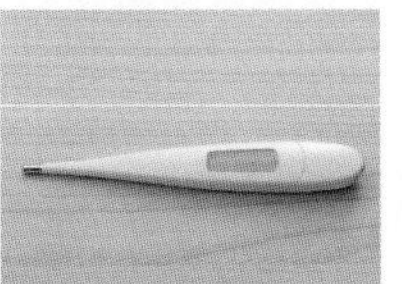
▲サーミスタ体温計

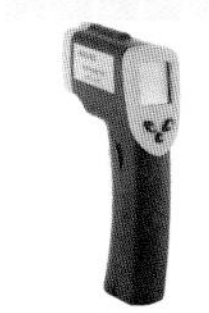
▲放しゃ温度計

日本で最初に温度計をつくったのは，平賀源内といわれています。200 年以上も前のことです。

2 もののあたたまり方

空気や水，金ぞくについて，あたたまり方にどのようなちがいがあるか調べよう。

1 金ぞくのあたたまり方

実験・観察 金ぞくをあたためる

鉄やどうなどの金ぞくの熱の伝わり方を調べてみましょう。

❶図１のように，鉄やどうなどの金ぞくのぼうにろうをつけます。
❷実験用ガスコンロなどで金ぞくのぼうを熱して，ろうのとけるようすを観察しましょう。
❸図２のように，どうの板全面にろうをぬり，実験用ガスコンロで熱して，ろうのとけるようすを観察しましょう。

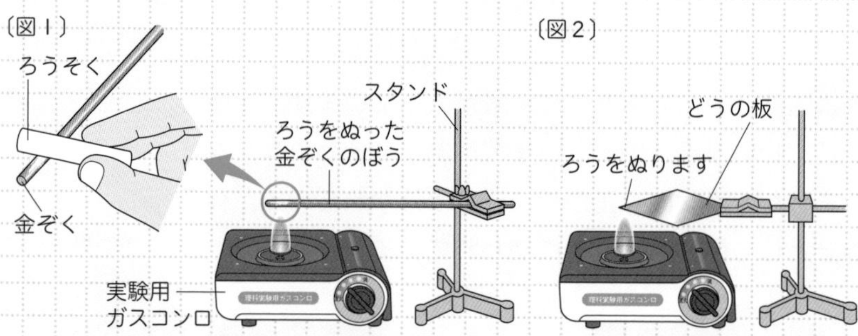

熱くなった金ぞくにさわらないようにしましょう。

わかること

- 金ぞくのぼうは，熱しているほのおに近いほうから順にろうがとけていきます。（熱の**伝どう**といいます。）
- 金ぞくの板は，熱しているほのおを中心に，四方に円をかく（**放しゃじょう**）ように順にとけていきます。

この実験はろうのかわりに，示温シールでもできます。シールの色の変化で熱の伝わり方がわかります。示温シールは，温度によって色が変わるシールです。色の変化のようすによってだいたいの温度がわかります。

2 ものによる熱の伝わり方のちがい

実験・観察 ものによる熱の伝わり方

ものによる熱の伝わり方のちがいを調べてみましょう。

❶図のように，どう，鉄，ガラスのぼうを用意しましょう。

❷それぞれのぼうにろうをつけましょう。

❸実験用ガスコンロなどで一方から同じように熱しましょう。

❹ろうのとけるようすを調べましょう。

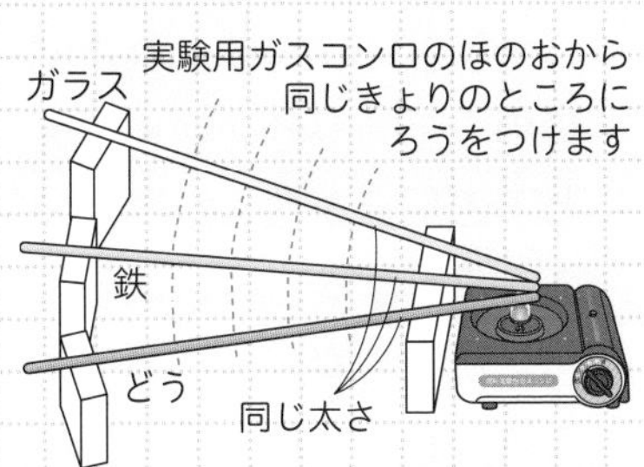

わかること

- 加熱したところから順に，ろうがとけていきます。
- どう，鉄，ガラスの順に，はやく遠くまでろうがとけます。ガラスはなかなか遠くまでろうがとけません。

①**熱の伝わる速さ**…ものによって，熱の伝わり方にちがいがあります。熱をはやく伝えるものを**熱のどう体(良どう体)**といいます。熱を伝えにくいものを**熱の不どう体(不良どう体)**といいます。

- **どう体**…銀，どう，鉄，アルミニウムなどの金ぞく
- **不どう体**…水，竹，木，紙，ぬの，プラスチック，空気など

銀	1.00
どう	0.94
鉄	0.20
ガラス	0.0018
木	0.00042
わた	0.000070
もうふ	0.000093
空気	0.000056

(銀を1としたときのひかく)
▲熱の伝えやすさ

②**熱の伝わる速さを利用したもの**…料理用のなべは，本体は熱を伝えやすい金ぞくでできていますが，持ち手は熱の伝わりにくい木やプラスチックでできています。

鉄のなべはこげつきやすいですが，どうのなべは鉄よりはやく熱をなべ全体に伝えるのでこげつきがおこりにくいです。

3 水のあたたまり方

実験・観察　水をあたためて観察しましょう

水のあたたまり方を調べてみましょう。

❶図1，図2のように水にとかした示温インクを入れた試験管の，上の部分を熱した場合と下の部分を熱した場合の色の変化を観察しましょう。

❷図3のようなビーカーに水を入れ，底のはしに絵の具を少し入れます。絵の具を入れた部分を加熱し，絵の具の広がり方を観察しましょう。

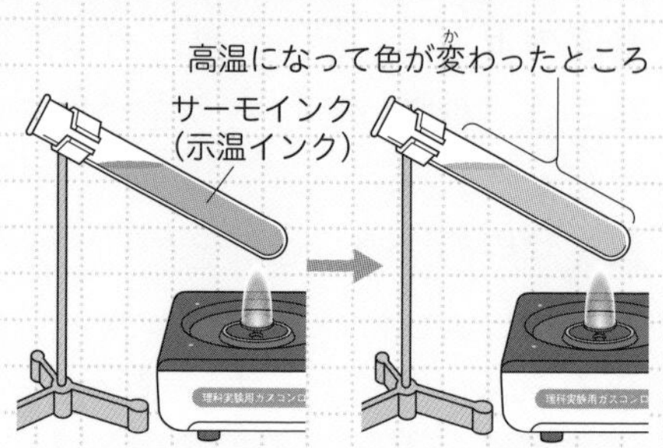

▲図1　下部を加熱したときの水温の変化

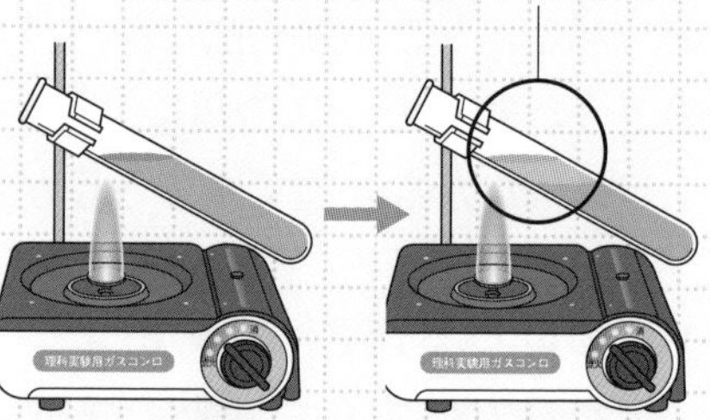

▲図2　上部を加熱したときの水温の変化

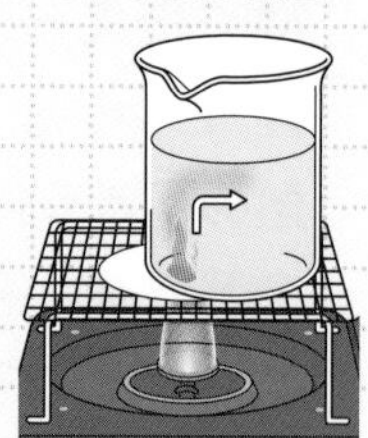
▲図3　あたためられた水の動き方

わかること

- 上の部分を熱した場合は，上の部分の色が変化します。
- 下の部分を熱した場合は，上のほう（水面）から下のほうへ色が変化していきます。
- ビーカーの中の絵の具は，はじめは上のほうへ行きます。表面まで行ったところで横にい動します。

水は，よう器の上のほう（水面）から順にあたたまっていきます。これは温度が上がるとみつ度が小さくなり，まわりの水より軽くなるためです。あたたかい水は軽いので上のほうへいき，冷たい水は重いので下へさがります。

試験管の実験は細長く切った示温テープを入れても観察できます。ビーカーの実験はおがくず，みそ，けずりぶしなどでも観察できます。示温インクは，温度のちがいによって色が変化するインクです。温度が低いときは青，温度が高くなると赤に変化します。

このようにあたためられた水が上へい動し，温度の低い水が下にさがって，やがて全体があたたまっていくような熱の伝わり方を**対流**といいます。

4 空気のあたたまり方

実験・観察 空気をあたためて観察しましょう

空気のあたたまり方を調べてみましょう。

❶図のように水そうのおく側に黒い紙をはりましょう。
❷中に白熱電球と火のついた線こうを立てたビーカーをはしに置き，電球のスイッチを入れて，水そうにふたをしましょう。
❸電球の熱であたためられた空気の動きを線こうのけむりで観察しましょう。
❹次に同じ水そうの中に，火のついた線こうと氷が入ったふくろを水そうの上のほうにつるして，冷やされた空気の動きを線こうのけむりで観察しましょう。

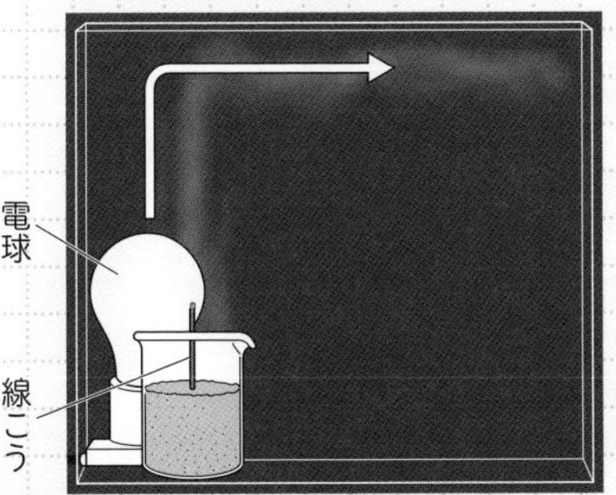

▲あたためられた空気の動き

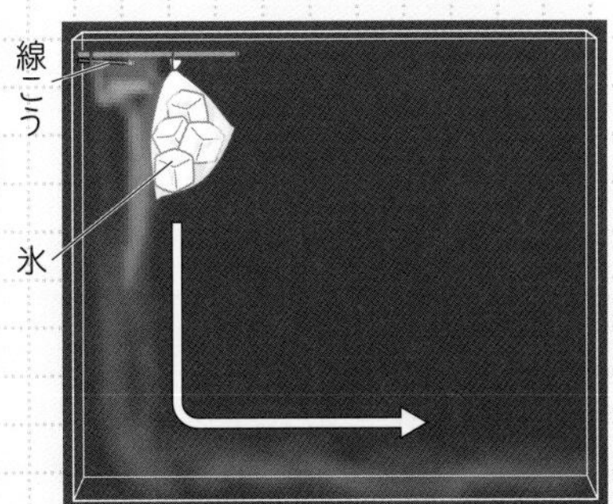

▲冷やされた空気の動き

わかること

▶空気はあたためられると上のほうへ行き，ふたまで行くと横にい動します。
▶空気は冷やされると下のほうへ行き，底で横にい動します。

空気は水と同じように，**対流**によってあたたまっていきます。

対流であたたまるものは，えき体と気体（➡355ページ）になっているものです。空気は気体で，水などはえき体です。

5 対流(たいりゅう)であたたまるもの

1 部屋(へや)のあたたまり方

冬にストーブをつけて部屋をあたためるとき，温度計(おんどけい)をゆかに近い低(ひく)いところと，天井(てんじょう)に近い高いところに置(お)いて観察(かんさつ)すると，高いところのほうがはやく温度が高くなります。

このことから，あたたかい空気は上のほうに，冷(つめ)たい空気は下のほうに行くことがわかります。

①だんぼうで部屋をあたためる場合，エアコンの風向(かざむ)きを下に向けたほうが部屋全体(へやぜんたい)がよくあたたまります。

②冷(れい)ぼうで部屋を冷(ひ)やす場合，エアコンの風向きを上に向けたほうが部屋全体がよく冷えます。

③冷(れい)ぞう庫(こ)もこの空気のせいしつを利用(りよう)していて，冷やした空気が出ているところは上のほうについていることが多く，よく冷えるしくみになっています。

▲冷ぞう庫

エアコンも冷ぞう庫も，こうりつよくあたためたり冷やしたりすることで，電気代(でんきだい)の節約(せつやく)につながるね。

2 おふろのお湯(ゆ)の温度

ガスふろがまでお湯をわかすおふろでは，ふろがまの下の口から冷たい水が入ってきて，上の口から出ていくようなしくみになっています。このようなおふろでは，上のほうは手がつけられないほど熱(あつ)いのに，下のほうは冷たいということがあります。これは，あたためられた水が軽(かる)くなり，上へあがっていくためです。

ホテルなどでは天井に大きなプロペラが回っていることがあります。これは，上のほうのあたたかい空気と下のほうの冷たい空気をかきまぜることで，部屋全体が同じ温度になるようにしています。

6 放しゃでのあたたまり方

熱の伝わり方には，金ぞくやガラスなどに見られる**伝どう**，空気や水のような**対流**によるもののほかに，**放しゃ**という伝わり方があります。

熱の反しゃ
熱のい動
反しゃ板
▲放しゃ

太陽と地球の間のうちゅう空間は，空気などがほとんどなく**真空**に近いので，伝どうや対流では太陽の熱が地球には伝わりません。しかし太陽の光があたっている場所はあたたかく，太陽の熱が伝わっていることがわかります。

> ことば
> **赤外線**
> 目に見える赤い光よりエネルギーが少し弱い光で，目に見えません。家電用リモコンにも利用されています。

太陽からは，目で見えている光とともに**赤外線**という光がたえず地球にとどいています。赤外線は，テレビなどの電波と同じように，ものが何もない真空の中を進むことができます。太陽から地球にとどいた赤外線は，地面にあたり，まず地面をあたためます。このあたたまった地面からの熱によって，空気があたためられています。

このように熱が光によって温度の高いものから，温度の低いものに直せつい動する熱の伝わり方を**放しゃ**といいます。

電気ストーブ(電気ヒーター・カーボンヒーター・ハロゲンヒーター)は，この放しゃを利用しただんぼう器具です。ヒーターから出る赤外線が，人間の皮ふにあたって熱に変わるのであたたかく感じますが，部屋全体をあたためることには向いていません。

▲電気ストーブ

温度があるものは，必ず表面から赤外線を出しています。そのためサーモグラフィーや放しゃ体温計はこの赤外線をはかって温度を出しています。

中学入試にフォーカス 空気のあたたまり方を利用したもの

●熱気球

あたためられた空気がぼうちょうして，みつ度が小さくなり，まわりの温度の低い空気より軽くなるせいしつを利用したのが**熱気球**です。

①熱気球のしくみ

- **球皮**…ナイロンなどのぬのでできた大きな風船の形をしたふくろです。
- **リップパネル**…熱気球の上にある空気を出し入れするべんです。
- **バーナー**…空気を加熱するものです。

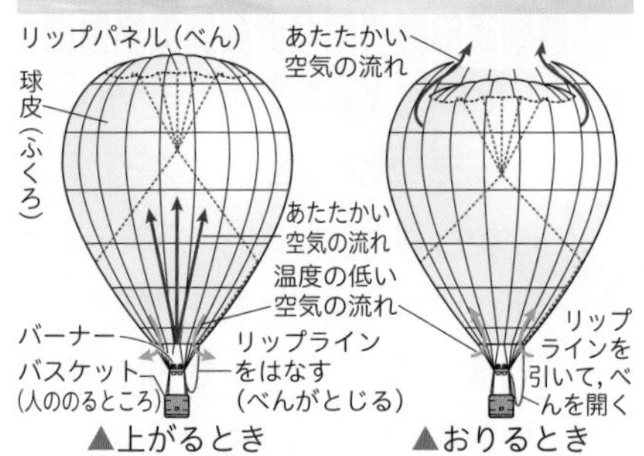

▲上がるとき　▲おりるとき

②上がるとき…リップパネルをしめ，バーナーで球皮にあたたかい空気を送ります。

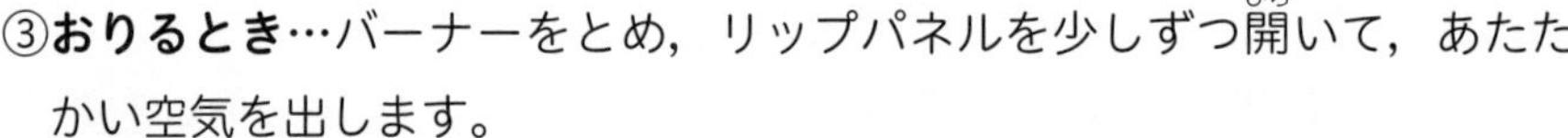

③おりるとき…バーナーをとめ，リップパネルを少しずつ開いて，あたたかい空気を出します。

●ま法びん

熱がほかのものに伝わらないようにして，温度が変化しないようにしたのが，ま法びんです。

①伝どうのぼう止…よう器が二重になっていて，内と外の間を真空にして，伝どうをふせいでいます。

②放しゃのぼう止…鏡のようにすることで，光（赤外線）がにげないようにしています。

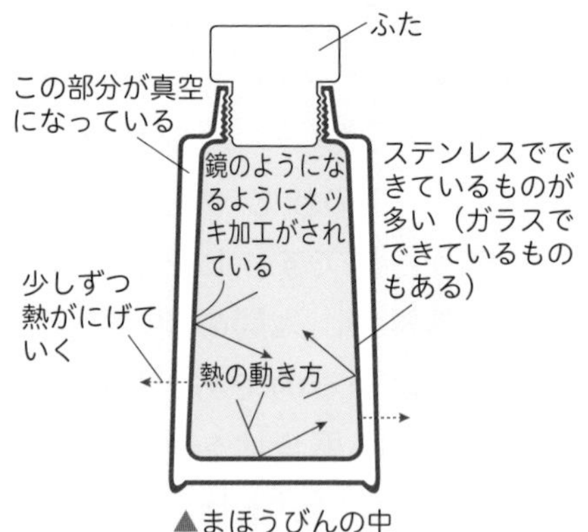

▲まほうびんの中

ま法びんは，昔はガラスせいでしたが，いまはステンレスボトルとして金ぞくせいになっています。

3 氷・水・水じょう気

氷をあたためると水になります。その水をさらにあたためると水じょう気になります。水の温度による変化や，水のようすについて調べよう。

1 水を熱したときのようす

実験・観察 水を熱したときのようす

フラスコの水を熱し，水の変化を調べてみましょう。

❶500 cm^3 ぐらいの大きさの丸底フラスコに，水を $\frac{1}{3}$ くらい入れましょう。
❷フラスコの中に**ふっとう石**を入れましょう。
❸熱する前の水の量とくらべるため，はじめの水面の位置に印をつけておきましょう。
❹ゴムせんにガラス管・温度計をさし，フラスコにとりつけます。温度計は 105℃まではかれるものを使いましょう。
❺熱し始めて，1〜2 分ごとに温度や水のようすを記録しましょう。また，湯気やあわの出始める温度や水のようすを観察しましょう。

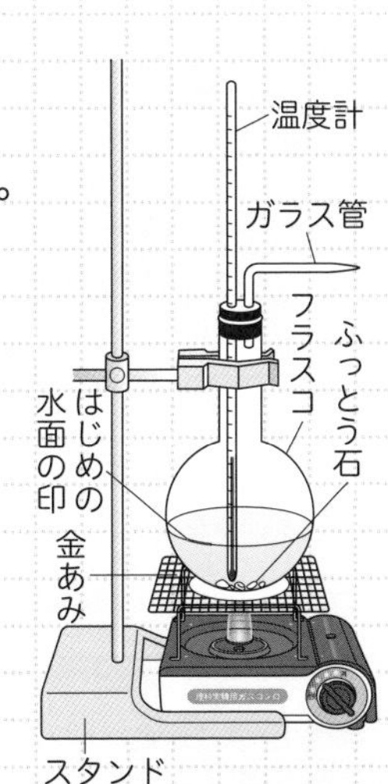

とつぜんのふっとう（とっぷつ）をふせぐために，必ずふっとう石を入れましょう。

わかること

▶35℃ぐらいで，フラスコの内側がくもってきます。
▶50℃ぐらいで，フラスコの内側の水の部分に小さなあわがつき始めます。

フラスコのゴムせんのかわりに，アルミホイルでふたをしても実験できますし，ふっとう石のかわりに，す焼きやレンガのかけらを使うこともできます。

▶65℃ぐらいで，フラスコの底からあわが出てきて，すぐに消えます。
▶75℃ぐらいで，フラスコの内側に水のつぶがつき始めます。
▶85℃ぐらいで，ガラス管の口から湯気が出始めます。
▶90℃ぐらいで，フラスコの底から小さいあわがたくさん出ます。
▶100℃近くになると，大きなあわが水面近くに上がってきます。
▶100℃になると，それ以上温度が上がらなくなります。

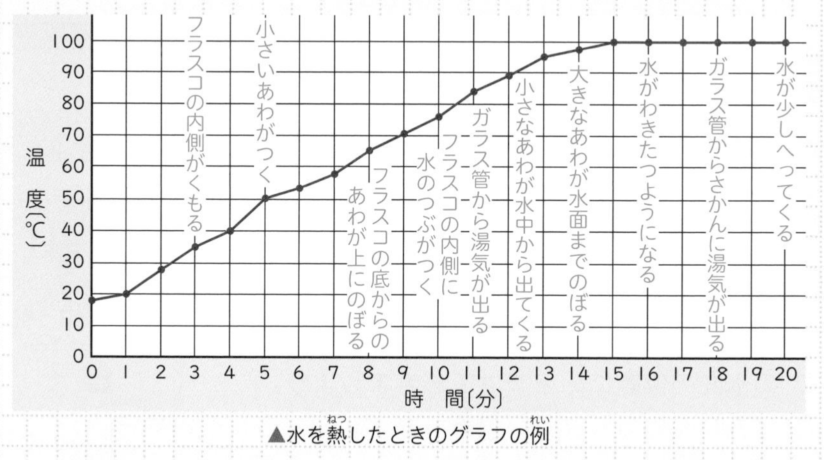

▲水を熱したときのグラフの例

①**空気のあわ**…水の温度が上がってくると水面に上がってくる小さなあわは，水にとけていた空気が，温度が高くなったためにとけきれなくなって出てきたあわです。

②**水じょう気**…100℃に近くなると出てくる大きなあわは，水が空気とよくにたすがたになったもので，**水じょう気**といいます。

③**ふっとう**…水を熱し続けると，水面から湯気が出てきて，あわが水中から出てくるようになります。これを**ふっとう**といいます。

④**ふっ点**…ふっとうするときの温度を**ふっ点**といい，水のふっ点は100℃です。熱し続けても水の温度は100℃以上にはなりません。

⑤**空気の圧力**(**気圧**)…ふっ点は**空気の圧力**(**気圧**)によって変化し，富士山など気圧が低いところではふっ点が下がります。

ふっ点はえき体の種類によって決まっています。えき体の種類がわからないときは，ふっ点を調べることでわかるときもあります。

2 水じょう気と湯気

1 水・水じょう気・湯気

実験・観察 湯気のようす

水を熱したときに出る湯気を調べてみましょう。

❶フラスコの水を熱する実験に使ったそう置を使いましょう。
❷水を熱してガラス管から湯気が出てきたら，水を入れた試験管を湯気にあてましょう。
❸出てくる湯気を，実験用ガスコンロの火であたためましょう。
❹ガラス管から湯気が出てきたら，湯気に金ぞくのスプーンを近づけましょう。

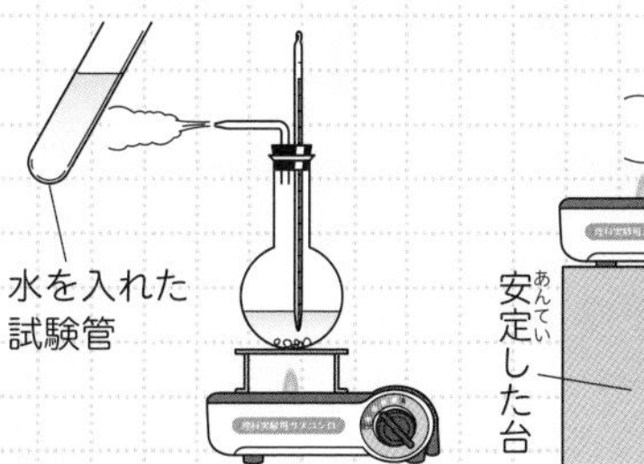

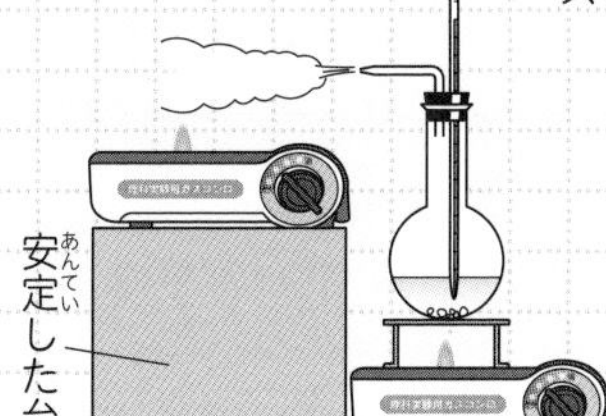

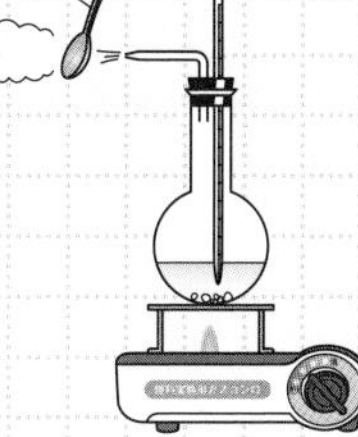

わかること

▶湯気の中に水の入った試験管をあてると，試験管のまわりに水のつぶがつきます。
▶湯気を下から実験用ガスコンロであたためると，湯気が見えなくなります。
▶ガラス管の口の近くの何も見えないところに金ぞくのスプーンを入れると，スプーンのまわりに水のつぶがつきます。

水じょう気は空気とにたすがたをしているものなので，目に見えません。目に見えない水じょう気が冷やされると，小さな水のつぶ(**水てき**)になり目に見えるようになります。この冷やされて目に見えるようになった水のつぶが**湯気**です。

空気の圧力(気圧)を高くして水のふっ点を上げて，料理をはやくつくれるようにした調理器具が圧力なべです。圧力なべを使うと，水の温度は120℃くらいまで上がります。

2 水じょう気から水をつくる

水じょう気は，冷(ひ)えて温度(おんど)が下がると，湯気(ゆげ)にもどるせいしつがあります。これを利用(りよう)すると水じょう気から水をつくることができます。

実験・観察 水じょう気と水

水じょう気から水をつくってみましょう。

❶右の図のようにフラスコをセットしましょう。
❷フラスコに水を入れて熱(ねっ)すると，ガラス管(かん)から水じょう気が出始(ではじ)めます。
❸この水じょう気を冷(つめ)たい水が入ったビーカーの中に入れた試験管(しけんかん)に集(あつ)めましょう。

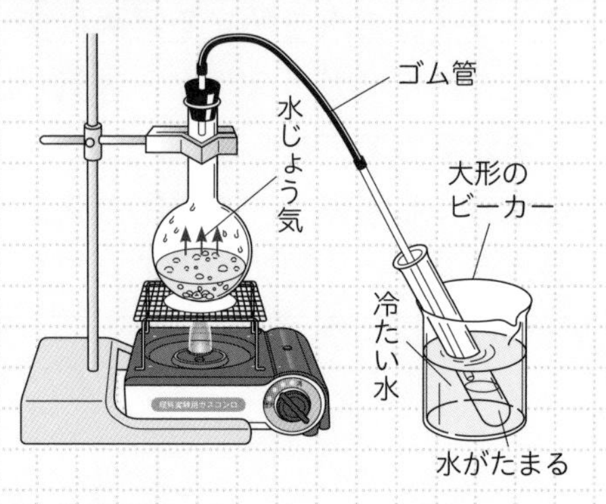

わかること

▶試験管の中に，水がたまっていきます。

①**じょうりゅう**…水を水じょう気にしてから冷やして，湯気(水てき)を水として集める方法(ほうほう)を**じょうりゅう**といいます。また，この方法で集めた水を**じょうりゅう水**といいます。じょうりゅうは，海水などからきれいな水(**真水**(まみず))をとり出す方法の１つです。

②**じょう発**(はつ)…図のように皿(さら)に水を入れて外に出しておいたり，水そうの中に水を入れた皿を置(お)いてガラス板(いた)やラップなどでふたをしておくと，皿の水が少なくなります。ふたをしたものには，水そうの中やガラス板に水のつぶがついています。このように，ふっとうしなくても水は水面(すいめん)から水じょう気となって空気中に出ていることがわかります。これを**じょう発**といいます。

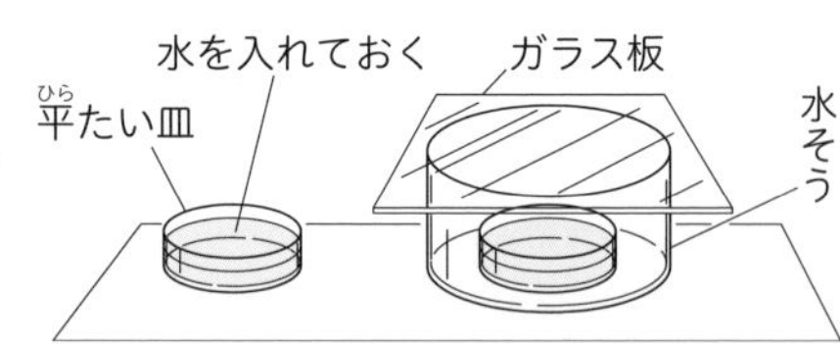

じょうりゅうを利用すると，お酒(さけ)から水よりふっ点の低(ひく)いエタノールをとり出すこともできます。アルコールのこいお酒はこのじょうりゅうしたエタノールを使(つか)ってつくっています。

3 水が水じょう気に変わるときの体積変化

実験・観察 水と水じょう気の体積

水じょう気になると体積はどのように変わるか調べてみましょう。

❶右の図のように試験管に水を入れ，自ざいばさみで試験管をささえましょう。
❷試験管の水面のところに印をつけておきましょう。
❸実験用ガスコンロで水をあたためましょう。
❹試験管の水がふっとうしたら，ガラス管とポリエチレンのふくろをとりつけたゴムせんを試験管につけましょう。

とっぷつをふせぐために，必ずふっとう石を入れましょう。ふくろがじゅうぶんふくらんだら，すぐに火をとめましょう。

わかること

▶ポリエチレンのふくろはすぐに大きくふくらみますが，試験管の水はほとんどへっていないことがわかります。
▶火をとめると，ふくらんだポリエチレンのふくろがしぼんで，中に水がたまります。

▶**水と水じょう気の体積変化**…水はあたためられて，水じょう気になると体積が大きくなります。そのため試験管の水はあまりへらなくても，水じょう気が集まるポリエチレンのふくろは大きくふくらみます。火をとめると水じょう気が冷えてもとの水にもどるため，体積が小さくなりふくろがしぼみます。水が水じょう気になると，体積はもとの水の体積の約 1700 倍になります。

水から水じょう気への大きな体積変化を動力として利用したのが，じょう気機関です。火力発電や原子力発電もこの体積変化を利用しています。

4 水のこおり方

実験・観察　水をこおらせたときのようす

水を氷で冷やしてみましょう。

❶試験管に水と温度計を入れましょう。

❷氷と温度計をビーカーに入れ，食塩を氷のかさの$\frac{1}{3}$ぐらい入れましょう。

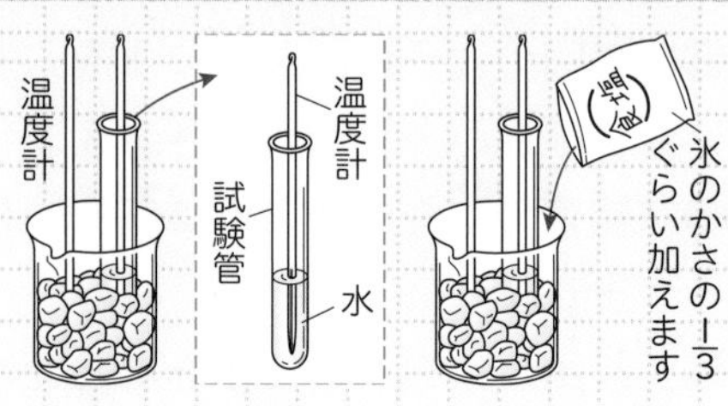

❸このビーカーに❶の試験管を入れましょう。

❹試験管の水の温度とビーカーの氷の温度を一定時間ごとにはかりましょう。また試験管の中のようすも観察しましょう。

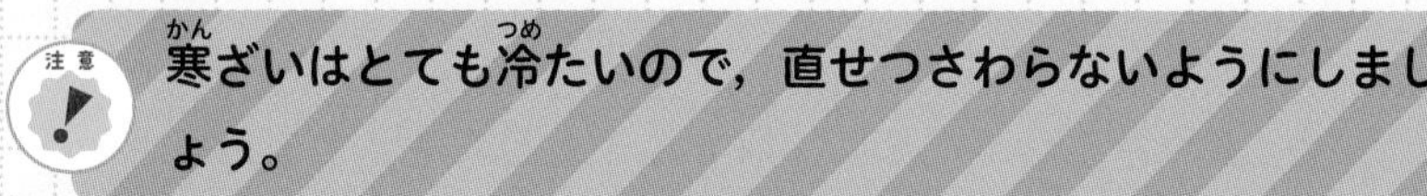

寒ざいはとても冷たいので，直せつさわらないようにしましょう。

わかること

▶氷を使って水を冷やすと，0℃で氷ができ始めます。このときしばらく0℃のままのじょうたいが続きます。

▶完全に氷ができると0℃以下の低い温度に下がります。

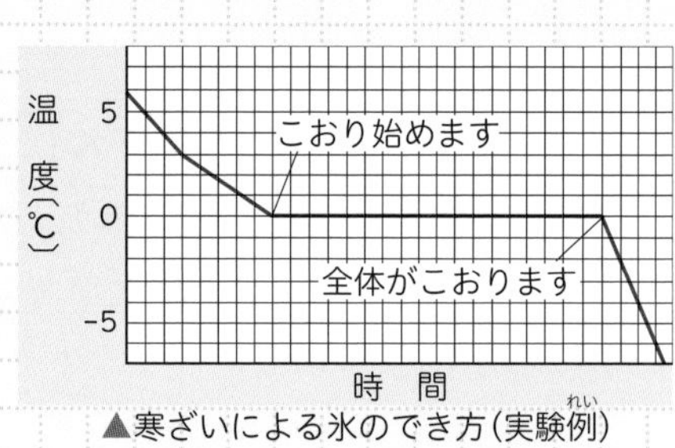

▲寒ざいによる氷のでき方(実験例)

①**水のこおるときの温度**…水は冷やされていくと，0℃になったときにこおりはじめます。このときの温度を**ぎょう固点**といいます。

② **0℃より低い温度**…例えば，0℃より3℃低い温度をあらわすとき「**－3℃**」と書きます。読み方は「**れい下3度**」または「**氷点下3度**」「**マイナス3度**」と読みます。

2つ以上のものをまぜ合わせて，ほかのものを冷やすはたらきをするものを寒ざいといいます。食塩と氷をまぜる方法がよく使われます。この方法では，約－20℃ぐらいまで冷やすことができます。

5 水が氷に変わるときの体積変化

実験・観察 水と氷の体積

水から氷になると体積はどのようになるか調べてみましょう。

❶水と温度計を入れた試験管の水面の位置に印をつけましょう。

❷ビーカーに氷と食塩を入れて寒ざいをつくりましょう。

❸このビーカーに❶の試験管を入れて，水を氷にしましょう。

寒ざい（氷と食塩）

水の高さの印をつけておきます

水

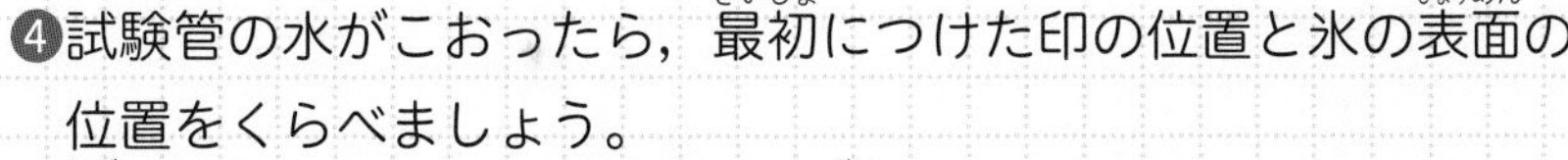

❹試験管の水がこおったら，最初につけた印の位置と氷の表面の位置をくらべましょう。

❺次に，水がこおった試験管をお湯の中に入れてあたため，すべてとけたときの水面の位置を，❶でつけた水面の位置とくらべましょう。

わかること

▶試験管の中の水がこおると，はじめの水面の位置より高くなっています。

▶水がこおった試験管をあたためて水にもどすと，はじめの水面の位置にもどります。

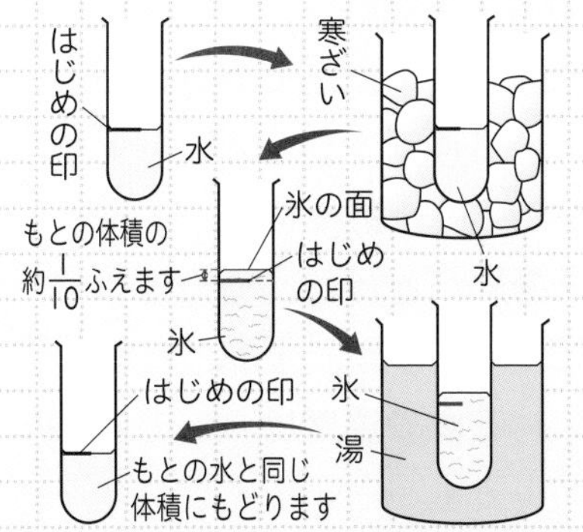

▶**水と氷の体積変化**…水は冷やされて氷になると体積がふえるので，氷の表面の位置はこおる前の水面の位置より高くなります。氷をとかすと，水面は最初の位置にもどります。水がこおると，もとの体積の約 1.1 倍に大きくなります。

氷に食塩をまぜると温度が下がるのは，食塩が水にとけるときにまわりから熱をうばうためです。キシリトールも同じせいしつをもっているので，キシリトール入りのキャンディーやガムを口に入れると少し冷たく感じます。

6 氷(こおり)がとけるときの温度(おんど)

観察 氷がとけるようす

氷がとけるときの温度を調(しら)べてみましょう。

❶ビーカーに氷と温度計を入れましょう。
❷このビーカーを 30℃ぐらいにしたお湯(ゆ)の中に入れ，ガラスぼうでゆっくりとかきまぜましょう。
❸ビーカーの氷の温度を一定(いってい)時間ごとにはかりましょう。
❹ ❸で記録(きろく)した氷の温度をグラフにまとめましょう。

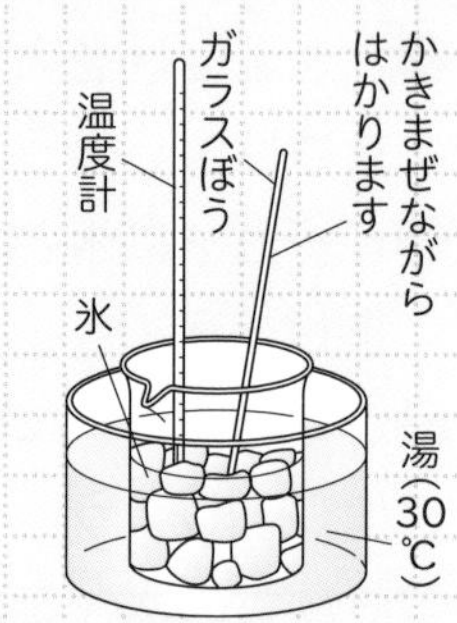

ガラスぼうでかきまぜるときは，ビーカーや温度計をわらないように，ゆっくりとかきまぜましょう。

わかること

- だんだんと氷の温度が上がり，0℃になると氷がとけ始(はじ)めます。
- 氷がとけ始める温度は0℃ですが，全部(ぜんぶ)とけ終(お)わるまで温度は0℃のままです。

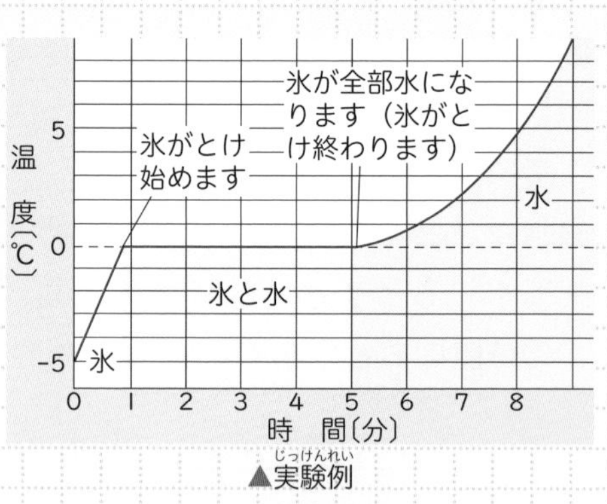

▲実験例(じっけんれい)

- **氷のとける温度**…氷がとけて水になるときの温度は0℃です。このときの温度を**ゆう点**といいます。氷がとけ始めてから完全(かんぜん)に水になるまでは，温度は0℃のままです。

雪国の道路(どうろ)は，春になるとひびが入っていることがあります。これは，道路のすきまに水が入り，それが夜の間に氷になったときにすきまが広げられるからです。

7 水のすがた

①**じょうたい変化**…水はあたためられたり，冷やされたりすると，水じょう気になったり，氷になったりと，すがたを変えます。この変化を**じょうたい変化**といいます。

②**水**…水のように，よう器に入れるとその形に合わせて一定の形になり，こぼれると一定の形にならないものを**えき体**といいます。

③**氷**…氷のように一定の形があり，その形が変わりにくいものを**固体**といいます。

④**水じょう気**…水じょう気のように一定の形がなく，おさえられると形が変わるものを**気体**といいます。

⑤**水のじょうたい変化と体積**…**気体**の水じょう気の温度が低くなり，**えき体**の水になると体積が小さくなります。えき体の水の温度が低くなり，**固体**の氷になると体積が大きくなります。

⑥**水以外のじょうたい変化と体積**…水以外のものは，えき体から固体になると，体積が小さくなります。つまり温度が低いほど，体積は小さくなるのがいっぱん的です。

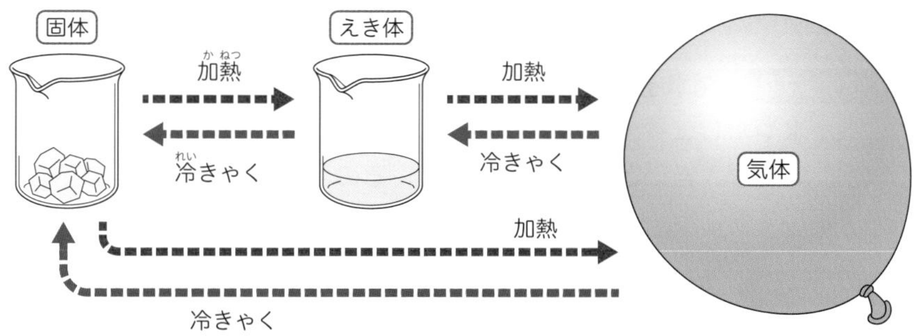

▲水のすがたと体積

⑦**空気中の水じょう気**…空気中には目に見えないですが，たくさんの水じょう気があります。冷たい飲み物が入ったグラスの外側に水てきがついたり，まどガラスがくもったりするのは，空気中の水じょう気が冷やされて，えき体の水にもどったためです。

ドライアイスは，固体から気体に一気に変化します。水のようなえき体の形にはなりませんが，これもじょうたい変化といいます。

8つのミッション！⑧

水は温度によって，氷・水・水じょう気という3つのすがたに変化することを学びました。えき体の水は，温度が高くなると気体の水じょう気になり，温度が低くなると，固体の氷になります。それぞれのようすを，水のつぶを使って説明してみましょう。

ミッション

水のじょうたい変化のようすを，「水のつぶ」を使って，図で説明してみよう！

考え方(例)

ステップ1 つぶの数を決めよう！

- 水がすべて氷や水じょう気になったとき，つぶの数はどのじょうたいでも同じになります。図で説明するときは，どのじょうたいのつぶも同じ数でかいてみよう。

ステップ2 それぞれの体積から予想しよう！

- 水が氷や水じょう気になったとき，体積がどう変化するかを考えよう。体積が大きいとつぶが広がっているのか，集まっているのかを予想してかこう。

ステップ3 形の変わりやすさを考えよう！

- 形が変わりにくい(かたい)ものは，つぶがきれいに整列しているので，それがわかるようにかこう。

ステップ4 じっさいにたしかめよう！

- インターネットや本を見て，氷・水・水じょう気のときのつぶのようすを調べよう。

解答例 378ページ

資料

1 高学年であつかう実験器具

1 けんび鏡の使い方

けんび鏡は，虫めがねで見るよりももっと小さなものを大きくして見ることができる器具です。小さなものを大きくして見るために，せつがんレンズと対物レンズの 2 つのとつレンズを組み合わせています。ものを大きくして見ることができますが，ぶあつくて光が通りぬけないものを見ることはできません。そのため，観察したいもの(試料)をそのまま見るのではなく，試料をうすくスライスするなどのくふうをしたプレパラート(標本)をつくって観察します。低い倍りつであれば，試料の上から強い光をあてることで，ぶあついものでもそのまま見ることができます。

高学年では，けんび鏡を使って水中の小さな生き物を観察したり，植物の細ぼうを観察したりします。

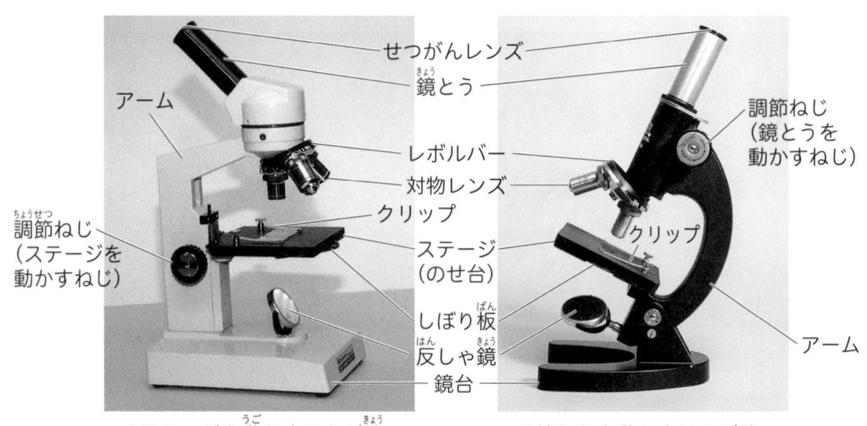

▲ステージを動かすけんび鏡　▲鏡とうを動かすけんび鏡

❶プレパラート(標本)のつくり方

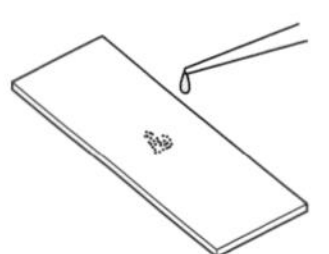

見るものをスライドガラスにのせ，スポイトで水を 1 てき落とす。

→

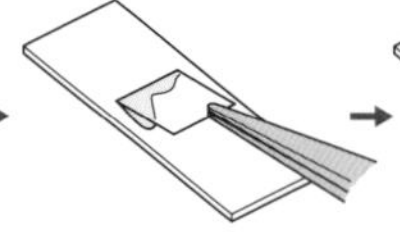

あわが入らないようにカバーガラスをかぶせる。

→

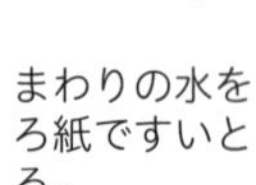

まわりの水をろ紙ですいとる。

花粉の場合は見るものをセロハンテープではりつける。

▲プレパラート(標本)のつくり方

●**ぶあついものを見るくふう**…ぶあつい葉の表面にある気こう(気体が出入りするあな)などは直せつ見ることはできませんが，見たい部分に木工用ボンド(かわくととうめいになる)などをうすくぬり，かわいたあとではがしたものを見ると，葉の表面の凹凸(おうとつ)がうつしとられたものを見ることができます。この観察方法をスンプ法といいます。

❷観察の手順

①レボルバーを回し，最初は低い倍りつにしておく。
次に，せつがんレンズをのぞき，反しゃ鏡を動かして明るく見えるようにする。

②プレパラートがステージ（のせ台）のあなの真ん中にくるようにのせ，クリップでおさえる。

③横から見ながら調節ねじを回し，対物レンズとプレパラートをできるだけ近づける。

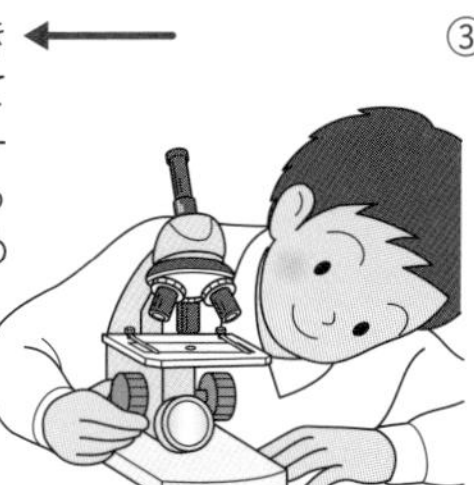

④せつがんレンズをのぞきながら調節ねじを回して対物レンズとプレパラートをはなしていき，はっきり見えるところでとめる。

●**けんび鏡の倍りつ**…けんび鏡の倍りつは，せつがんレンズの倍りつと対物レンズの倍りつをかけ合わせたものになります。

(けんび鏡の倍りつ)＝(せつがんレンズの倍りつ)×(対物レンズの倍りつ)

●**けんび鏡で見える像**…けんび鏡で見える像は，実さいのものと上下，左右ともに反対になっているので，上のほうに見えるものを真ん中で見るためにはプレパラートを上に動かし，左のほうに見えるものを真ん中で見るためにはプレパラートを左に動かすようにします。

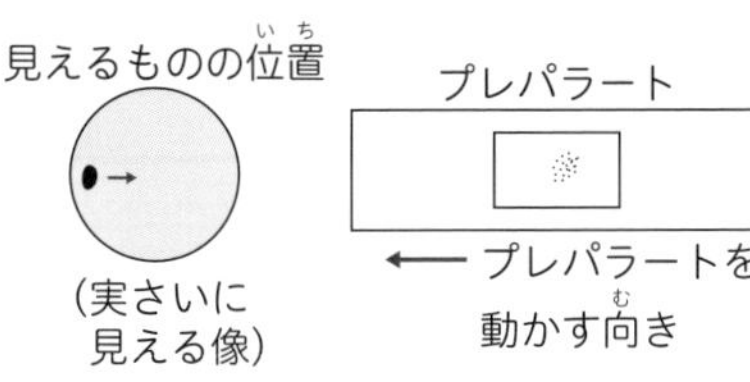

▲けんび鏡の像の動かし方

2 そうがん実体けんび鏡の使い方

ふつうのけんび鏡の多くは試料を 40 倍～600 倍ほどの大きさで見ることができますが，観察のためにプレパラートをつくることが必要で，また，アリのように動く生き物をそのまま観察することはできません。

そうがん実体けんび鏡は，倍りつは 10 倍～40 倍ほどですが，プレパラートをつくらず，試料をそのまま見ることができます。また，両目で見るために試料を立体的に観察できます。

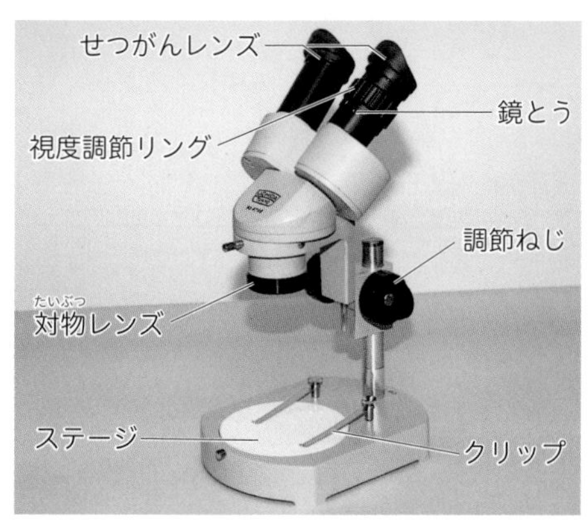

❶観察の手順

①両目でのぞき，鏡とうを動かして両目のはばに合わせ，左右で見えるはんいがひとつに重なるように調整します。

②右目だけでのぞき，調節ねじで右目のピントを合わせます。

③左目だけでのぞきながら，視度調節リングを回して左目のピントを合わせます。

④両目で観察します。

❷観察するときのくふう

①アリのように動く生き物は，小さいとうめいのケースの中に入れて観察します。

②ステージがとり外し式で，表とうらが白黒になっているものは，試料が観察しやすいほうの色を選び，その上に試料を置きます。

3 気体けん知管の使い方

気体けん知管は，空気中に自分の調べたい気体がどれくらいのわり合(%)でふくまれているかを調べるための器具です。気体の種類ごとに用いる管がちがいます。

❶気体けん知管の使い方

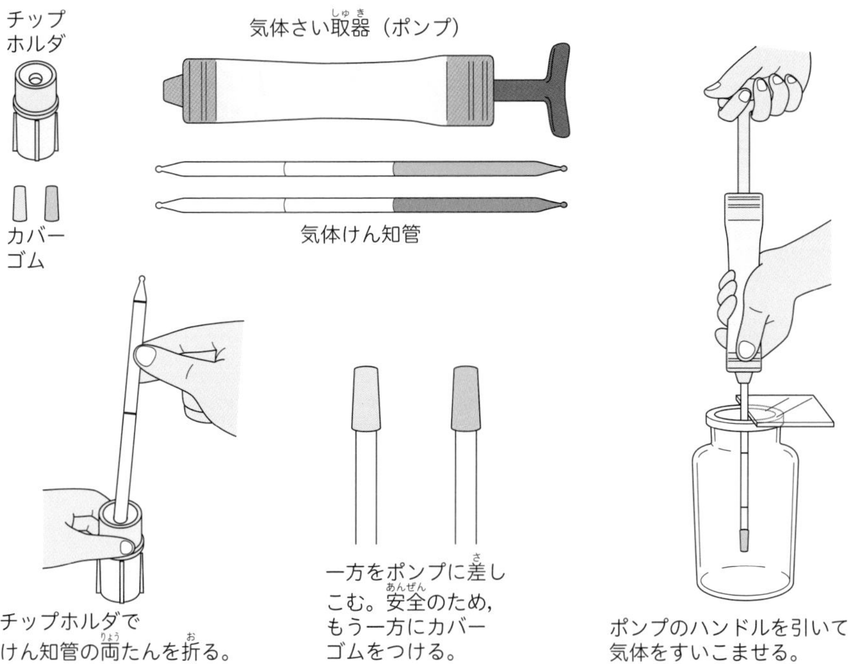

❷目もりの読み方

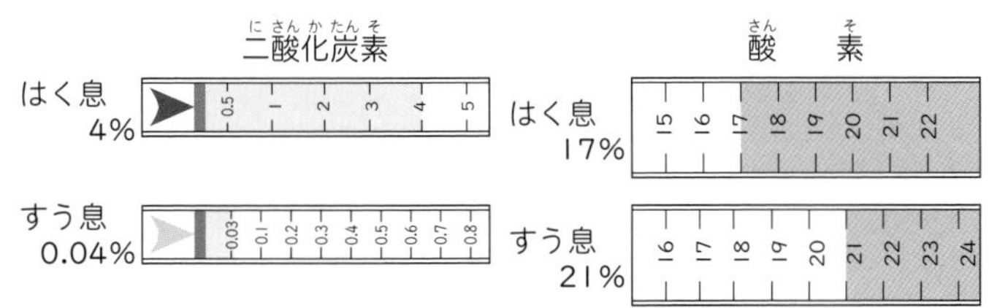

❸注　意

酸素用の気体けん知管は熱を発生するので，使用直後は管の部分にはさわらずカバーゴムの部分を持ちます。使い終わった気体けん知管はもえないごみとしてしょ理します。

2 自由研究をしてみよう

日ごろの体験の中で，「何だろう？」「どうしてだろう？」と，ぎ問に思ったり，「調べてみたい」「してみたい」と思ったことはないでしょうか？　それらをかい決していく自由研究にトライしましょう。

1 自由研究の進め方

①自由研究のテーマを決める
②計画をたてる
③計画を実行する
④まとめる
⑤発表する

①自由研究のテーマを決める

身のまわりのことで，ぎ問に思ったり，調べてみたいと思ったりしたことから，テーマ(調べる中心となる内よう)を決めます。

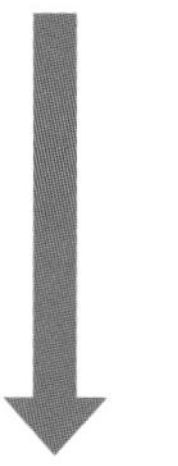

②計画をたてる

研究の進め方を考えます。観察するのか，実験するのか，調さするのかをテーマから考えます。

③計画を実行する

計画にそって研究を進めます。観察，実験，調さは細かいところまで記録します。自分の予想とちがう結果が出た場合には，なぜ予想とちがう結果なのか理由をよく考えましょう。もう一度実行する，方法を変えるなど，ふたたび計画をたてます。また，さいげんせいといって，「同じことをしたときに同じ結果が出る」ことがたいせつです。

実験は，できるだけ身近なものを使って行うことが理想です。

④まとめる

観察, 実験, 調さの「結果」から「わかったこと」,「ふりかえり（研究をふりかえって）」をまとめます。「ふりかえり」は，研究の感想や反省です。次に研究したいことをまとめたりして，今後の研究にいかしましょう。

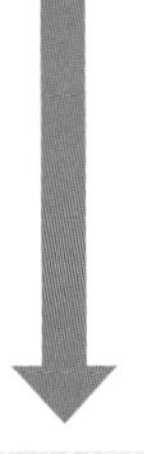

「結果」は，図や写真があるとわかりやすくなるね。特に写真での記録はたいせつだよ。数字は，表やグラフにするとわかりやすくなるよ。

⑤発表する

自由研究の成果をもぞう紙やタブレットのパソコンのソフトでまとめて，発表しましょう。また，ほかの人の発表もしっかりと聞いて，どんな研究をしているのかわかるようにしましょう。次に自分が研究するときにお手本となりそうなとり組みなどは，しっかりとおぼえておきましょう。

2 自由研究のテーマをさがそう

生き物にかかわる自由研究の例

①**身のまわりの生き物**(第1章 第1節)

身近な植物で水さいばいをしてみよう…どんな野菜が水さいばいしやすいでしょうか？ いろいろな野菜でたしかめて，根・くき・葉の育ち方を観察してみよう！

②**こん虫のからだと育ち方**(第1章 第2節)

こん虫図かんをつくってみよう…家の近くや学校で見つけたこん虫の図かんをつくってみよう！ いつ・どこでとともに，まわりのようすも記録しておこう！

③**季節と植物**(第1章 第3節)

植物の冬ごし図かんをつくってみよう…冬芽や，葉を落としたあとのすがたで記録した植物の冬ごしのようすの，図かんをつくってみよう！

④**季節と動物**(第1章 第3節)

初めて見た動物の日記をつけてみよう…今年になって初めて気づいた(見つけた)動物を，日付とともに記録してみよう！ 昨年よりはやい！？おそい！？

⑤**人のからだのはたらき**(第1章 第4節)

消化・きゅうしゅう・はい出にかかる時間を調べてみよう…食べてからはい出されるまでの時間を，例えばとうもろこしを，よくかまずに食べて，調べてみよう！

⑥**そのほかの自由研究のしょうかい**

土の中の生き物を調べてみよう…ツルグレンそう置を自分でつくり，いろんな場所の，土の中の生き物を調べてくらべてみよう！

地球にかかわる自由研究の例

①**日なたと日かげ**(第2章 第1節)

本当の北を見つけてみよう…本当の北は，方位じしんがしめす北と同じでしょうか？ かげの長さの変わり方を調べ，本当の北を見つけよう！

②天気のようすと水(第２章　第２節)

▶かんいしつ度計をつくってみよう…かんいしつ度計をつくって，しつ度と天気の変化の関係を調べてみよう！

③星とその動き(第２章　第３節)

▶星の動きを観察しよう…同じ星(星ざ)がどの方角に見えたかを，毎日同じ時こくに記録して，星の動きを観察しよう！

④月の形と動き(第２章　第４節)

▶月の高度変化を調べてみよう…南中したときの月の高度変化を調べてみよう！　月の形でちがうのでしょうか？　同じ形でも季節によってちがうのでしょうか？

⑤雨水のゆくえと流れる水のはたらき(第２章　第５節)

▶流れる水のはたらきを，実さいにたしかめてみよう…花だんの上などにつくった山のもけいに水をまき，その後の変化をくわしく観察しよう！

⑥そのほかの自由研究のしょうかい

▶日の出(日の入り)の方角を調べてみよう…かげの方角を調べて，日の出(日の入り)の方角の季節変化を調べてみよう！

エネルギーにかかわる自由研究の例

①ものの動き方(第３章　第１節)

▶ねじったゴムの力を使っておもちゃをつくろう…ねじったゴムの力で動くおもちゃをつくり，ゴムをねじった回数と動くようすのちがいを調べよう！

②光の進み方(第３章　第２節)

▶虫めがねを使って紙をこがそう…紙の色のちがいとけむりが出るまでの時間についてくらべよう！　太陽の位置と虫めがねのかたむきについても調べよう！

③音の伝わり方(第３章　第３節)

▶いろいろなもので楽器をつくろう…輪ゴムや糸の長さを変えたり，空きビンやペットボトルに水を入れたりして楽器をつくってみよう！

④じしゃくのせいしつ(第３章　第４節)

▶じしゃくの力を利用したおもちゃをつくろう…極のせいしつを利用して，「空中にうくおもちゃ」や「リニアモーターカーのおもちゃ」などをつくってみよう！

⑤電気の通り道(第３章　第５節)

▶身のまわりの電気の利用について調べよう…電気を利用した身近なものについて調べよう！　電気を「光」「音」「熱」などに変えるものについてまとめてみよう！

⑥電池のはたらき(第３章　第６節)

▶かん電池の種類と使える時間を調べよう…マンガンかん電池とアルカリかん電池のちがいと，どちらが長く使えるかを調べよう！じゅう電して使う電池も調べよう！

物質にかかわる自由研究の例

①ものの重さ(第４章　第１節)

▶つりあいを利用してモビールをつくろう…身のまわりにあるいろいろなもの(ペンやスプーンなど)を使って，モビールをつくろう！

②空気や水のせいしつ(第４章　第２節)

▶空気や水で手品をしてみよう…「コップの水で落ちないハガキ」や「空気ほうで消えるろうそくのほのお」「上っていく水の不思議(アルキメデスのポンプ)」などの手品をやってみよう！

③空気・水・金ぞくの温度(第４章　第３節)

▶冷たいジュースが飲めるペットボトルカバーをつくろう…身近なものでカバーをつくって温度の変化を調べよう！　カバーにはアルミホイル，紙，ポリぶくろなどを使おう！

④そのほかの自由研究のしょうかい

▶とけているものをとり出そう…海水やジュースなどにふくまれる水をじょう発させたときの変化を調べよう！　またドライヤーを使って実験してみよう！

3 自由研究の例

実験・観察 光を使って遊んでみよう！

光の自動車を走らせてみましょう。

❶大きな紙に道路地図をかきます。
❷鏡と同じ大きさの画用紙に自動車の形をかき，中を切りぬき，鏡にはりつけます。
❸道路に光の自動車を走らせ，何回目ではみ出さずにゴールできるか，友達どうしで競争しましょう。

人へ向けて光をはね返らせないようにしましょう。

結果

▶急ぐと，光の自動車が道路をはみ出してしまいました。

わかること

▶あせらずゆっくり走らせたほうが，ゴールしやすいです。

ふりかえり

・もっと少ない回数でせいかくにゴールできるようにしたいと思いました。

実験・観察 空気の力を使ってロケットを飛ばそう！

空気でっぽうのしくみを利用したペットボトルロケットをつくってみましょう。

❶ゴムせんやシリコンせんに空気入れのはりをさしこみます。
❷あつ紙などでコーンの形をつくり，ペットボトルの底にとりつけます。
❸工作用紙などを使って羽をつくり，ペットボトルにとりつけます。
❹ペットボトルに少し水を入れたあと，ゴムせん(シリコンせん)をペットボトルにとりつけ，実さいに飛ばしてみましょう。

ペットボトルを人に向けて飛ばしてはいけません。

結果

▶ペットボトルを遠くに飛ばすことができました。

わかること

▶羽の形や大きさによって飛び方がちがいます。

ふりかえり

- みんなと競争してみたいと思いました。

羽の形や大きさをくふうして，どうやったら遠くまで飛ばせるか調べてみよう！

実験・観察　葉の表面を観察してみよう！

植物の葉はいろいろな形をしています。スンプ法という方法を使っていろいろな植物の葉の表面を観察してみましょう。

❶植物の葉の観察したい部分に，木工用ボンドやマニキュアなどのとうめいせっ着ざいをうすくぬります。

❷かわいたら，せっ着ざいをぬった部分の上にセロハンテープをはり，ゆっくりとはがします。

❸虫めがねやルーペを使って観察してみましょう。

結果

▶葉によって表面の形がちがいます。

わかること

▶葉の表面の形にはいろいろな種類があります。

ふりかえり

- 葉以外のものも観察してみたいと思いました。

4 まとめ方

❶流れる水で運ばれる，石の形や大きさの変化

①テーマ：「流れる水で運ばれる，石の形や大きさの変化」

××小学校　4年3組　○○　△△

②きっかけ：川の下流に近づくほど石がまるく小さくなるのを，実験でたしかめてみようと思いました。

③じゅんび物：ペットボトル，石，水，はかり，筆記用具，カメラ

④方　法：ペットボトルに水と2種類の石を10こずつ入れてふり，200回ふるごとに石の形と大きさを調べました。

⑤結　果：

実験結果の表

回数(回)	200	400	600	800	1000
形					
大きさ					

回数(回)	1200	1400	1600	1800	2000
形					
大きさ					

表や写真，スケッチを利用しよう。

▲ふる前の石

▲2000回までふった石

⑥わかったこと：石の角はまるくなり，すながてきました。小さくなりやすい石となりにくい石がありました。

⑦まとめ：流れる水で運ばれるとき，たがいにぶつかって，石はまるく小さくなることがわかりました。

⑧ふりかえり：水を入れずにふったときでくらべてみたいと思いました。

⑨参考にしたもの：自由自在3・4年理科，インターネットなど。

⑩発　表：自由研究をもぞう紙にまとめて発表しましょう。

❷ 50gのものをくらべよう

①テーマ：「50gのものをくらべよう」

××小学校　4年3組　○○　△△

②きっかけ：ものの重さを学習し，もっといろいろなものの重さをはかり，体積のちがいをくらべたくなりました。

③じゅんび物：はかり，筆記用具，とう明のコップ，デジタルカメラ，身のまわりのもの(水，牛にゅう，さとう，サプリメント，こう茶の葉，犬のえさ，ボーロ，インスタントコーヒーのこな)

④方　法：はかりを使って身のまわりのもの50gをはかりとり，体積のちがいをくらべたり，本などで重さについて調べたりしました。

⑤結　果：

水

牛にゅう

さとう

サプリメント

こう茶の葉

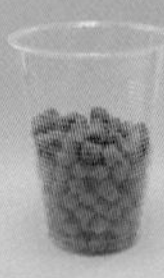
犬のえさ

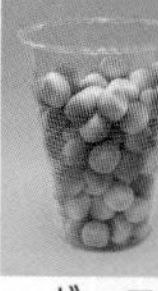
ボーロ

インスタントコーヒーのこな

⑥わかったこと：同じ重さでも，ものによって体積がちがいました。また，正かくにものの重さをはかるには，入れ物の重さを引かないといけません。インターネットで，もののつまりぐあいを「1 cm^3 あたりの重さ〔g〕」であらわしたみつ度を知りました。みつ度〔g/cm^3〕は，重さ〔g〕÷体積〔cm^3〕で計算できるそうです。

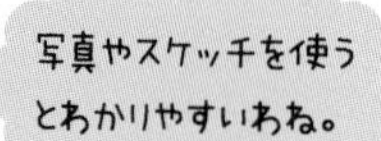

⑦まとめ：同じ重さでも，ものがちがうと体積がちがうことがわかりました。

⑧ふりかえり：スーパーの食料品に重さが書いてあるなど，身近なところで重さが使われているので，いろいろなもので体積をくらべてみたいです。

⑨参考にしたもの：自由自在3・4年理科，インターネットなど。

⑩発　表：自由研究をもぞう紙にまとめて発表しましょう。

8つのミッション！ 解答例　ミッション①

8　月　8　日(土)　天気(晴れ)　名まえ ○○ △△

セミの鳴き声調べ

セミの種類によって，鳴き声やからだの色，大きさなどもちがうことがわかった。何でちがう鳴き声を出しているのか，調べてみたい。

アブラゼミ

ニイニイゼミ

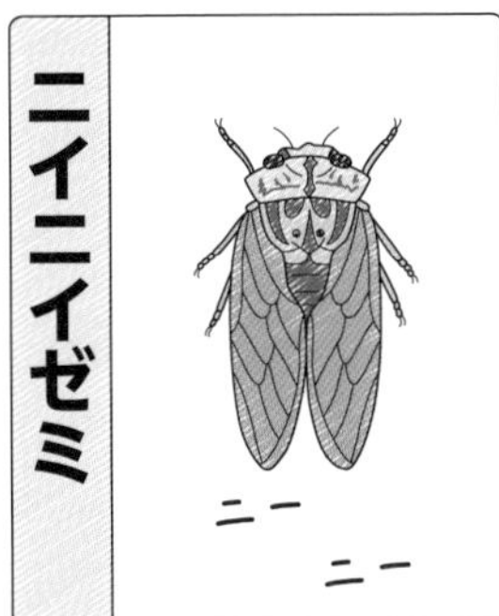

クマゼミ

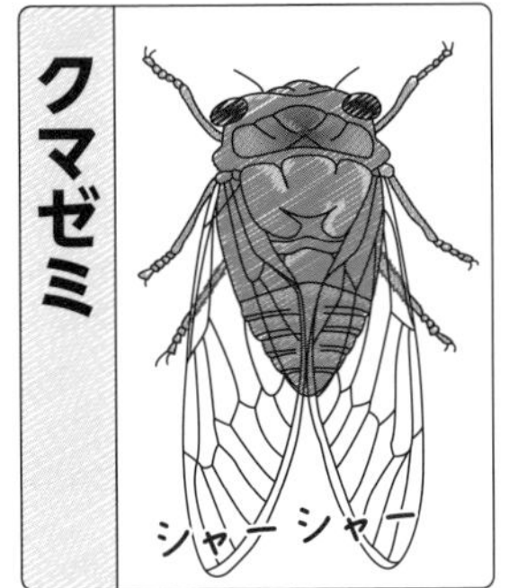

ミンミンゼミ

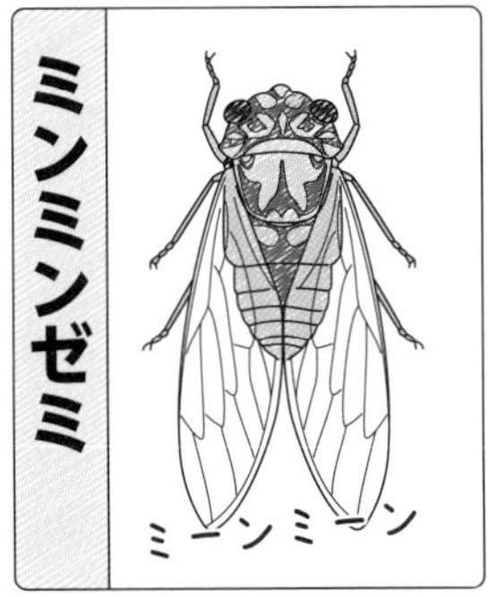

ヒグラシ

ツクツクボウシ

指導のアドバイス

- 観察に行くときは，長そで・長ズボンを着用し，どくやとげなどをもつきけんな生き物に気をつけさせてください。
- 観察したこと，気づいたことはなるべくくわしく書かせてください。あとでたしかめたときに，思い出すヒントになります。
- スケッチは色えん筆などで色をつけさせましょう。色を意しきすることで，よりていねいな観察につながります。

8つのミッション！解答例　ミッション②

5　月　12　日(火)　天気(くもり)　名前　〇〇　△△

イカのかいぼう観察カード

準備するもの：イカ，まな板，はさみ，ピンセット

イカのかいぼう図

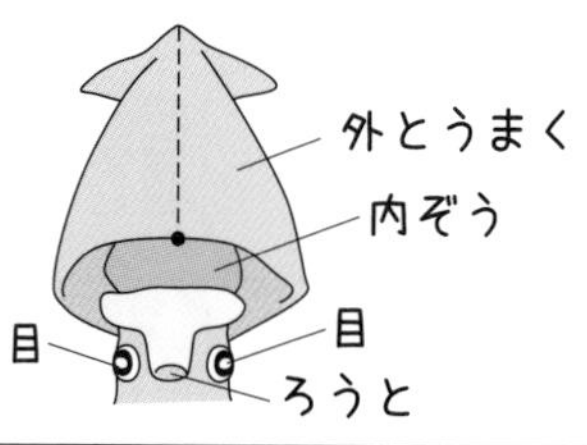

①外とうまくの中心をたてに切って開く。
②えらなどを観察する。

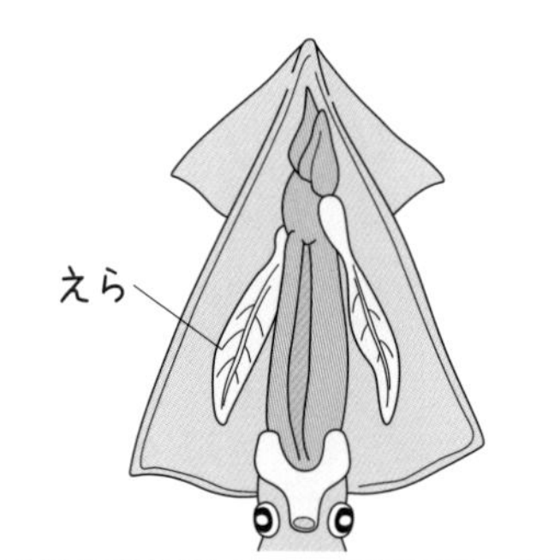

気づいたこと

●人とちがうところ
イカにはせぼねがなかった。
これは人とちがうところだ。

●人と共通するところ
イカには口，胃，腸や目，きん肉（あし）などがあった。

考えたこと

イカにはせぼねがないが，人にはせぼねがある。だから，動物をせぼねがある動物とせぼねがない動物のなかまに分けることができるかも知れない。

指導のアドバイス

- 観察カードには，かいぼう後のイカを観察したときのようすを記入させます。
- 食品えい生上のかんりの点から，かいぼうに用いたイカはすてるようにしましょう。

8つのミッション！解答例 / ミッション③

7　月　1　日(水)　天気(晴れ)　名まえ　〇〇　△△

調べ学習カード

1. 京都府の気象観測

京都府は17か所で気象観測を行っている。そのうち京都気象台では，気温・こう水量・風向・風速・日照時間・積雪深・湿度・気圧の観測を行っている。

右の図は気象観測を行っている場所をあらわしている。

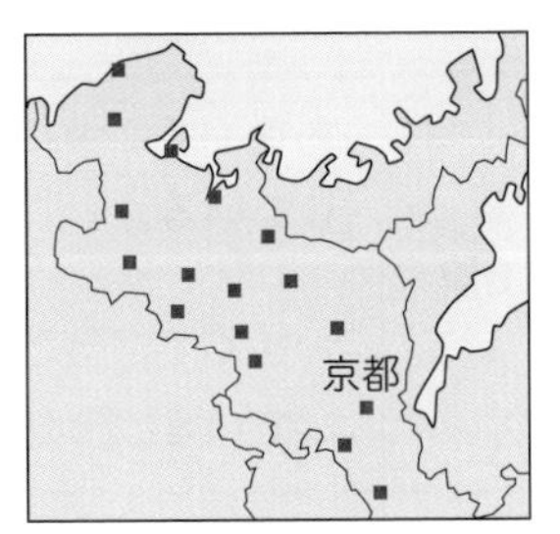

2. 京都市の気象

京都地方気象台は北緯35度0.8分，東経135度43.9分，標高41mにある。

午前10時の観測結果

気温	32.5℃	こう水量	0.0mm
風向	南西	風速	2.2m/秒
湿度	58%	日照時間	1時間のうち0.8時間
気圧	1013.4hPa		

指導のアドバイス

- ホームページにはたくさんのじょうほうがあるので，時間をかけていろいろなページを調べさせます。
- 気象じょうほうをまとめるときは，地いきや利用するじょうほうを決めてから行わせます。時間変化を調べたり，ほかの地いきとくらべたりさせると，理かいが深まります。

8つのミッション！解答例 / ミッション❹

6 月 22 日（月）　天気（晴れ）　名まえ ○○ △△

川の石の形と大きさ調べ

場所	予想 / 結果	記録	気づいたこと
上流	大きくてごつごつしている。 大きくてごつごつしている。		川の流れは急ではやいけれど，水の量は少ない。
中流	大きくてまるい。 大きい石と小さい石がある。少しまるい。		川原が広い。
下流	小さくてまるい。 小さくてまるい。		川のはばが広い。
考えたこと	上流の大きい石を運ぶ川の水の力はすごいと思った。		

指導のアドバイス

- ●まずは予想させ，その理由も言えるように練習させてください。自分で考えることで思考力を養えます。
- ●石を集めた地点のまわりのようすも記録することで，上流，中流，下流のちがいがイメージしやすくなります。
- ●観察したことをもとに，自分で考えたことを整理させてください。

8つのミッション！ 解答例 ／ ミッション⑤

10 月 15 日（木） 天気（くもり） 名前 ○○ △△

学習カード

1. 調べるもの

タマネギ・オオカナダモ・ムラサキツユクサの表面のようす。

2. 調べた結果

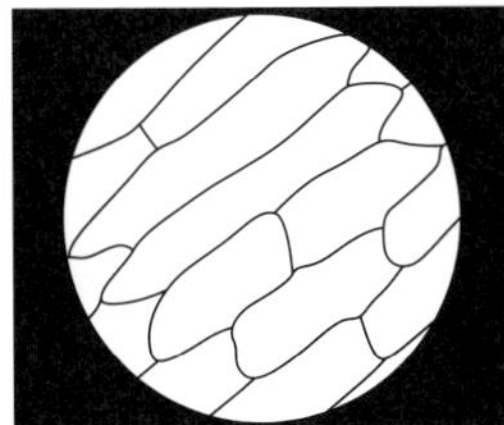
▲タマネギ

▲オオカナダモ

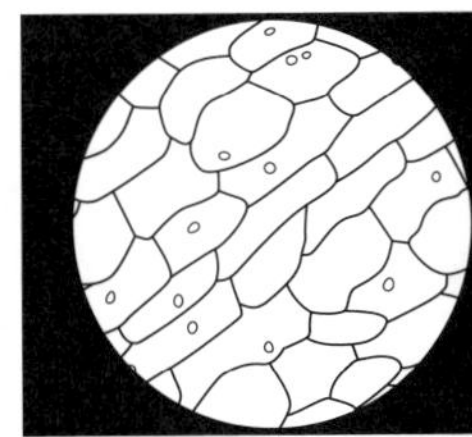
▲ムラサキツユクサ

3. 気づいたこと

同じくらいの大きさの部屋みたいなものがたくさんあった。ほかの植物の表面のようすも調べてみたい。

指導のアドバイス

- 大・中・小のビー玉を使って，文字が大きくなることをたしかめてから観察を行うと，けんび鏡で大きくして観察するイメージにつながりやすくなります。
- ガラスビーズはなるべく小さいものを使うと，より大きくして観察することができます。
- 観察したものはていねいにスケッチをさせることで，細かいちがいにも気づきやすくなります。

8つのミッション！ 解答例　ミッション⑥

6 月 10 日(月)　天気(晴れ)　名まえ ○○ △△

使うのに向いているかん電池調べ

調べるもの	予想 理由	結果	どうしてわかったか
テレビのリモコン	マンガンかん電池 テレビをつけるとき，チャンネルをかえるときなど，休み休みで使っているから。	マンガンかん電池	使っていない間に電流を回ふくできるマンガンかん電池のほうが向いている。 (インターネット○○より)
ラジコンカー	マンガンかん電池 スイッチを切っているときは休んでいるから。	アルカリかん電池	実さいにたしかめたら，アルカリかん電池のほうがはやく走って長もちしたから。
かい中電灯	アルカリかん電池 暗いとき，ずっと照らし続けて長もちさせないといけないから。	マンガンかん電池	小さな電流で動かせるから，使っていない間に電流を回ふくできるマンガンかん電池のほうが向いている。 (□□図かんp. 50より)

指導のアドバイス

- たしかめる前に，自分で予想する時間をしっかりとらせます。そのようにすると，たしかめたあとの記おくの定着がより深くなります。
- すぐにわからなかったことや気づいたことは，ノートやふせんに書いておくと，あとでたしかめやすくなります。
- 文けんやインターネットからたしかめたときは，文けん名とページ番号，ホームページ名などの引用元を書き残すようにさせると，高学年，中学生へと進級したときの学習習かんに差がついてきます。

8つのミッション！ 解答例　ミッション⑦

1 月 26 日（ 火 ）　天気（ 雨 ）　名まえ ○○ △△

アルミホイルの形と重さ調べ

アルミホイルの形	てんびんのようす	重さ(g)
広げたとき	つりあう	2.8g
細長くしたとき	つりあう	2.8g
まるめたとき	つりあう	2.8g
細かく分けたとき	つりあう	2.8g

指導のアドバイス

- 形を変えても重さは変化がないので，つりあうことに気づかせます。
- はかりを使って重さを数字であらわすことで，重さが等しいことに気づかせます。

8つのミッション！解答例　ミッション8

10 月 21 日（水）　天気（雨）　名まえ ○○ △△

水のじょうたい変化(へんか)のようす

じょうたい	図	説明(せつめい)
えき体の水		つぶとつぶが近くにある。つぶのつながりが弱いのでいろいろな形に変(か)わることができる。
気体の水じょう気		つぶの１つ１つがばらばらになっている。つぶとつぶの間が遠いので体積(たいせき)が大きい。
固体(こたい)の氷(こおり)		つぶとつぶが近い。つぶとつぶのつながりが強いので，つぶが動(うご)けず，形が変わらない。

指導のアドバイス

●水のつぶどうしのきょりがじょうたいによってちがうこと，そのきょりが体積の大きさと関係(かんけい)があることに気づかせます。

●水のじょうたいごとのつぶのようすを，それぞれの特(とく)ちょうがわかるように図にすることで，じょうたい変化のようすをイメージしやすくなります。

●水のつぶどうしのきょりが近いと，つぶどうしのつながりが強くなります。それが水の流動(りゅうどう)せいや固体の結(けっ)しょうのき本になることに結(むす)びつけると，理かいが深(ふか)まります。

さくいん

あ

い

き

く

け

こ

さ

し

す

せ

そ

た

ち

つ

て

と

な

に

ね

ふ

へ

ほ

ま

み

む

め

も

や

ゆ

よ

ら

り

る

れ

ろ

わ

執筆者

代表	川村 康文	東京理科大学理学部 教授
	安藤 昌太郎	東京理科大学大学院
	井筒 紫苑	星美学園中学校高等学校
	海老崎 功	京都市立西京高等学校 指導教諭・博士（学術）
	佐藤 陽子	武蔵野大学附属千代田高等学院 理科主任 東京理科大学大学院 客員研究員 武蔵野大学 客員研究員
	長南 幸安	弘前大学教育学部 教授
	二階堂 恵理	横浜市立矢向小学校 理科支援員
	菱木 風花	東京工業大学大学院

小学3・4年 自由自在 理科

編著者 小学教育研究会
代表 川村 康文

発行者 岡 本 泰 治

発行所 受験研究社

©株式会社 増進堂・受験研究社

〒550-0013 大阪市西区新町 2—19—15

注文・不良品などについて：(06) 6532-1581 (代表)／本の内容について：(06) 6532-1586 (編集)

Printed in Japan ユニックス・高廣製本

落丁・乱丁本はお取り替えします。